Les années cachées

Alexandre Grothendieck
avec Christian Escriva et Odile Sallantin

Les années cachées

Vie intérieure, créativité, connaissance scientifique, écologie radicale

Correspondance 1975-1989

Préface de
Alain Connes et Patrick Gauthier-Lafaye

Odile Jacob

3, rue Auguste-Comte, 75006 Paris

www.odilejacob.fr

ISBN : 978-2-4150-1035-5

À Nitya, Shanti, Rémi

« L'épisode où j'ai quitté la communauté mathématique pour ne plus y revenir, en 1970, a été vécu d'abord comme un douloureux arrachement, avant d'être ressenti comme une libération – comme le franchissement d'une porte que j'avais maintenue fermée sur moi très longtemps et qui s'était ouverte soudain sur un monde nouveau, insoupçonné... »

Alexandre Grothendieck, *La Clef des Songes*, (33), « Le tournant – ou la fin d'une torpeur ».

Sommaire

SOMMAIRE

Préface

d'Alain Connes et Patrick Gauthier-Lafaye

Le questionnement d'Alexandre Grothendieck, lorsqu'il quitte brutalement, en 1970, le milieu mathématique en s'interrogeant sur la pertinence de continuer cette activité alors que la vie sur la planète est menacée, est devenu maintenant d'une brûlante actualité, ne serait-ce qu'à cause des périls engendrés par le dérèglement climatique. Il a démissionné de l'institut spécialement créé pour lui, au prétexte que ce dernier recevait des financements de la Défense, alors que c'est une interrogation plus profonde sur le sens de l'activité de recherche qui le motive son départ. Elle est résumée par les quelques lignes écrites de sa main en dessous d'un dessin qui date de 1971, et qui représente des sorcières attisant le feu sous les formules de son fameux théorème de Grothendieck-Riemann-Roch :

« Pour donner un sens approximatif à ces formules, j'ai dû abuser, presque deux heures durant, de la patience des auditeurs. Écrites noir sur blanc (dans les *Lecture Notes* de Springer), cela prend environ quatre cents à cinq cents pages. C'est un exemple frappant de comment notre désir de connaissance et de découverte s'enfonce de plus en plus dans un discours dépourvu de vie. C'est pure folie tandis que la vie elle-même se transforme en un véritable enfer – et est menacée d'une disparition définitive. Il est grand temps de changer de cap ! »

Le livre de Christian Escriva et d'Odile Sallantin, à travers un échange passionnant avec Alexandre Grothendieck, lève le voile sur les années qui suivent sa rupture avec le monde mathématique. Il est nécessaire, afin d'aborder la lecture de cette correspondance, de commencer par se faire une idée de l'originalité et de la force du génie mathématique d'Alexandre Grothendieck, et de son enfance tragique. Ses travaux sont universellement reconnus comme aussi importants que les *Éléments* d'Euclide, en géométrie.

Alors qu'il vient juste d'avoir six ans, en mai 1934, Alexandre est placé par sa mère dans la famille de Wilhelm Heydorn, un pasteur protestant près de Hambourg. Après que la femme du pasteur lui a montré sa chambre au premier étage, quand il redescend l'escalier, sa mère a disparu. Ses parents quittent l'Allemagne et iront ensuite en Espagne pour soutenir la révolution. En 1939, les Heydorn, inquiets des risques courus par Alexandre en cette période de nazisme, contactent ses parents par l'intermédiaire du consulat. Il est mis dans un train et les rejoint à Paris. Son père Sascha (Alexandre) Shapiro, militant anarchiste juif russe, est interné au camp du Vernet en Ariège, puis à Drancy en 1942 et meurt à Auschwitz où il a été déporté. Alexandre Grothendieck, refugié dans la maison d'enfants du Secours suisse au Chambon-sur-Lignon, échappe, lui, aux nazis. Il poursuit ses études jusqu'à sa licence à l'université de Montpellier. En 1948, à vingt ans, il se rend à Paris où il est accueilli chaleureusement dans le milieu mathématique, dans le séminaire d'Henri Cartan à l'École normale supérieure, puis à Nancy avec Laurent Schwartz et Jean Dieudonné, où il les épate en résolvant nombre de questions ouvertes en analyse fonctionnelle. Il passe sa thèse sur sa grande découverte des espaces nucléaires[1] qui simplifie merveilleusement la manipulation des espaces de dimension infinie. Puis il bifurque vers la géométrie algébrique où, à nouveau, il est accueilli avec une remarquable bienveillance par Jean-Pierre Serre, comme en témoigne leur prolifique correspondance. Un pouvoir d'abstraction incomparable conjugué avec une puissance de travail hors du commun lui permettait

1. Qui n'ont rien à voir avec la physique du même nom bien que l'on puisse y désintégrer les mesures atomiques !

d'attaquer avec une patience infinie les problèmes qu'il rencontrait sur sa route. Cela a abouti à une œuvre qui constitue en quelque sorte une apothéose de la période structuraliste. Grothendieck y jette les bases de la nouvelle géométrie algébrique et met au jour un nombre impressionnant de concepts nouveaux, dont celui de topos.

Il reçoit la médaille Fields en 1966. Ses travaux ont une influence considérable sur les mathématiques pures mais ont aussi une autre composante. En effet, il est très rare que la recherche mathématique aboutisse à la création d'un concept dont la portée va bien au-delà du cadre des mathématiques et atteigne un sens philosophique.

La découverte des topos par Alexandre Grothendieck donne un merveilleux exemple d'un concept nouveau dont l'acquisition par notre pensée permettrait à la civilisation de franchir un pas essentiel dans la subtilité nécessaire à la compréhension des conflits, allant au-delà de la logique binaire du bien et du mal.

Les mathématiciens ont cherché à comprendre le « pourquoi » de son départ de la scène mathématique en 1970. Parmi les explications avancées, citons celle que Serre écrit, une quinzaine d'années plus tard, à Grothendieck à propos de *Récoltes et semailles* :

> « Mais tu ne te poses pas la question la plus évidente, celle à laquelle tout lecteur s'attend à ce que tu répondes : pourquoi, toi, tu as abandonné l'œuvre en question ? J'ai l'impression que, malgré ton énergie bien connue, tu étais tout simplement fatigué de l'énorme travail que tu avais entrepris... On peut se demander, par exemple, s'il n'y a pas une explication plus profonde que la simple fatigue d'avoir à porter à bout de bras tant de milliers de pages. Tu décris quelque part ton approche des maths, où l'on n'attaque pas un problème de front, mais où on l'enveloppe et le dissout dans une marée montante de théories générales. Très bien : c'est là ta façon de travailler, et ce que tu as fait montre que cela marche effectivement. Du moins pour les EVT[1] et la géométrie algébrique... C'est beaucoup moins clair pour la théorie des nombres (où les structures en jeu sont loin d'être évidentes – ou plutôt, où toutes les structures possibles sont en jeu). »

1. Espaces vectoriels topologiques.

Le départ de Grothendieck s'accompagnait d'un discours prônant d'arrêter la recherche, comme lors de sa conférence donnée au CERN en 1972, ou d'un texte intitulé : « Allons-nous continuer la recherche scientifique ? », publié dans la revue *Survivre et vivre*, qu'il avait cofondée. Ce questionnement est apparu à l'époque comme incongru et a suscité chez les mathématiciens une levée de boucliers qui a conduit Grothendieck à aller enseigner à l'université de Montpellier où Christian Escriva était jeune étudiant. C'est la suite de cette histoire que raconte ce livre, à la faveur d'une correspondance qui dura environ onze ans, et qui témoigne d'une rencontre et d'une amitié très forte entre deux êtres tourmentés qu'une même volonté de comprendre « à quoi sert une vie » a rapprochés, malgré leur différence d'âge.

Quand commence cette aventure, Christian Escriva s'interroge sur sa vocation de physicien, tandis que l'homme à qui il adresse sa première lettre pour évoquer ce problème personnel est l'immense mathématicien Alexandre Grothendieck. Par quel miracle ces deux personnalités ont-elles pu se rencontrer et faire de façon passionnée ce long chemin d'amitié reste un mystère. Sans doute Grothendieck avait-il un grand besoin de paroles et d'échanges, Christian étant quelqu'un d'intègre et d'intelligent qui a suscité sa confiance et son intérêt.

Ce qui est confirmé par Grothendieck lui-même quand il déclara au tribunal lors de son procès pour avoir hébergé ce qu'on appellerait maintenant un sans papier : « Notre rencontre était la chance offerte à l'un et à l'autre de trouver le frère dans ce visage nouveau. » D'une certaine façon, avec Christian Escriva, c'est peut-être ce frère qu'a rencontré Alexandre Grothendieck.

Mais pour nous, ce visage nouveau, c'est aussi celui d'un Grothendieck qui se montre très différent de la version officielle ayant cours de nos jours, que ce soit celle travaillée par lui-même dans *Récoltes et semailles*, ou celle liée aux témoignages de ses collègues mathématiciens.

En effet, malgré l'absence des lettres adressées à son ami, la mémoire de Christian Escriva lui permet quand même de remettre dans leur contexte les lettres que lui adresse Grothendieck, rendant encore plus vivant et émouvant ce témoignage d'une amitié fondée sur une confiance réciproque absolue quand ils se parlent. Cette correspondance nous les montre en effet tous deux dans un ardent désir mutuel de faire avancer leurs questions et de leur trouver la réponse la plus vraie et la plus éthique possible dans le but de les mener, chacun de leur côté, à justifier de leur existence ou du moins l'orientation de celle-ci.

Chaque lecteur pourra avoir son idée sur leur façon d'y parvenir. Mais nul ne doute que l'homme Grothendieck qui se révèle ici apparaît comme quelqu'un de prévenant, attentif à l'autre, délicat, aimant rire et plaisanter, chez lequel reste toujours présent ce mélange de passion et de patience infinie dans tout ce qu'il entreprend.

Profondément humain dans l'expression de ses qualités et de ses défauts, très présent dans son engagement amical, Grothendieck provoque chez son interlocuteur l'oubli du génie mathématique qu'il abritait et qui lui restera disponible jusqu'à la fin de ses jours. Ses lettres n'expliquent pas son génie, mais elles nous révèlent ce que l'expression mathématique de ce don lui a permis de surmonter.

En effet, elles nous font découvrir, derrière cette personnalité « solaire » décrite par Escriva, un être déchiré depuis sa cinquième ou sixième année, qui peut déclarer à son ami que toute sa vie n'est que « lutte contre le désastre intérieur » et qu'il a toujours dû se battre pour la survie de son être et ne « pas sombrer dans le désespoir ». Même si l'on s'en doutait, il nous confirme que les mathématiques furent toujours pour lui un moyen de résister à cette souffrance sans nom. Elles lui offrent en effet la possibilité de donner libre cours à sa créativité, d'y bâtir de somptueuses demeures et de les occuper sans être poursuivi par son passé si singulièrement tragique. Pourtant, même si elles furent jusqu'au bout son radeau de sauvetage, elles se révélèrent une impasse par rapport à l'objet de sa vraie recherche, ce qui explique en grande partie son départ de la « scène » mathématique, qui ne pouvait pas être celle où il savait que se jouait réellement sa vie.

Sa tentative de centrer ensuite sa vie autour d'une expérience de « méditation », qu'il pensait être plus juste et plus adaptée pour comprendre le monde, c'est-à-dire un lui-même qui serait généralisable ensuite, est digne de s'inscrire dans le grand livre du courage entêté et de l'intelligence la plus fine, pour essayer d'éteindre un incendie avec un verre d'eau. Mais comment Grothendieck, avec l'enfant qui n'avait jamais cessé de l'habiter et qu'il confondait avec l'« Innocence », pouvait-il faire confiance à un semblable, fût-ce à Escriva ou un psy, spécialiste de ce genre de souffrance, pour oser affronter son passé ? Comment retisser des liens porteurs de sens entre lui, maintenant si plein d'énergie créatrice, et lui, rescapé de son passé mortifère ? Tenter cette aventure très risquée d'approcher la vérité de son destin, inscrit dès avant sa naissance dans l'histoire de ses parents, était sans doute une tâche impossible. Et cette impossibilité se manifestait dans la distance qu'il installait, inconsciemment ou non, entre lui et son interlocuteur, que chacun pouvait remarquer et que Grothendieck lui-même confessait être constitutive de son être.

Ce que nous permet aussi de comprendre cette correspondance, c'est comment Grothendieck, qui avait toutes les raisons du monde pour être fou, ne l'est jamais devenu. On n'est pas fou quand on se retire ermite quelque part et que l'on parle aux plantes, mais on peut être celui dont parle Baudelaire :

« Celui dont les pensers, comme des alouettes,
Vers les cieux matin le prennent un libre essor,
– Qui plane sur la vie, et comprend sans effort
Le langage des fleurs et des choses muettes !

Pour l'énergie innée qu'il développe pour affronter la vie, il mérite, autant que pour son génie mathématique, toute notre admiration.

Nous ne doutons pas que les mathématiciens, dans cette correspondance où l'on entend Grothendieck réfléchir au sujet de la matière qui le fonde, retrouvent l'esprit grothendieckien qui, dans sa discipline, l'a rendu unique, ni que les psychanalystes à l'étude de ses lettres n'admirent le courage qui peut habiter certains êtres d'exception quand ils s'imposent de ne pas céder à l'engloutissement que peut provoquer la « douleur d'exister ».

Et pour les historiens, il n'est pas exagéré de dire que ce témoignage de quelqu'un qui, si longtemps aussi proche de Grothendieck, fait que nulle étude grothendieckienne à l'avenir ne pourra plus désormais ignorer cette correspondance.

Ce livre est un témoignage de la métamorphose d'un mathématicien génial en un penseur universel qui arrive à se dégager des contingences du monde

« Derrière les ennuis et les vastes chagrins
Qui chargent de leur poids l'existence brumeuse,
Heureux celui qui peut d'une aile vigoureuse
S'élancer vers les champs lumineux et sereins. »

Alain CONNES et Patrick GAUTHIER-LAFAYE

La biographie d'Alexandre Grothendieck en quelques dates

1928 (28 mars) : naissance à Berlin.

Son père, Alexander (Sascha) Shapiro (1890-1942), d'origine russe et juive, anarchiste, vit de son métier de photographe. Il a participé à différents soulèvements dans la Russie tsariste ou communiste et a passé onze années en prison, entre 1906 et 1917. A changé son nom en Tanaroff. Quitte la Russie en 1921. Sascha sera apatride jusqu'à sa mort. Sascha a un fils d'un premier mariage, Dodeck, né en 1917 ou 1918 et qu'Alexandre ne rencontrera jamais.

Sa mère, Johanna (Hanka) Grothendieck (1900-1957), est issue d'une famille bourgeoise luthérienne de Hambourg. Journaliste, anarchiste, elle désire être écrivain. Auteur d'un livre (non publié à ce jour), écrit à la fin des années 1940 : *Eine Frau.*

Hanka, mariée à Johannes Raddatz, donne son nom de jeune fille à son fils Alexander.

1933 : Sascha quitte Berlin pour Paris. En décembre, Hanka suit son mari à Paris. Alexander et sa demi-sœur Maidi (née en 1924, fille de Hanka, de son premier mariage avec J. Raddatz) sont placés dans une famille d'accueil près de Hambourg. Cette famille est celle de Wilhem Heydorn, instituteur, ancien pasteur et officier de l'armée. Alexander restera chez eux pendant cinq ans, entre 1933 et 1939. Il ne reçoit de sa mère que de rares lettres, et de son père, aucune nouvelle.

1936 : ses parents participent à la révolution espagnole. Ils reviennent en France après la prise de pouvoir de Franco.

1939 (mai) : Alexander retrouve ses parents en France.

1940 : Alexander et Hanka sont internés au camp pour femmes et enfants de Rieucros, près de Mende, en Lozère, puis au camp de Brens, près de Gaillac. Il fréquente le lycée de Mende. Sascha Schapiro est interné au camp du Vernet, en Ariège, puis à Drancy, avant d'être déporté par les autorités françaises à Auschwitz, où il disparaît le 14 août 1942.

Alexander fréquente le collège de Mende. Il francise progressivement son prénom en Alexandre.

1942 : Hanka reste dans le camp de Brens. Alexandre est caché au Chambon-sur-Lignon dans une maison d'enfants du Secours suisse et fréquente le collège Cévenol de cette ville qui abrite des enfants juifs. Cette école est dirigée par le pasteur André Trocmé et sa femme Magda. Alexander y restera jusqu'à la fin de la guerre.

Mai 1945 à 1948 : Alexandre et sa mère vivent près de Montpellier. Alexandre passe son baccalauréat en 1945. Études à l'université de Montpellier. Il bénéficie d'une bourse d'études et fait des travaux agricoles saisonniers. Hanka fait des ménages. Alexandre retrouve la théorie de l'intégrale de Lebesgue et présente ses travaux à son professeur, J. Soula.

1948 : Alexandre finit sa licence de mathématiques à l'université de Montpellier. Son professeur, Jacques Soula, le recommande au mathématicien Élie Cartan. Alexandre est reçu par Henri Cartan, fils d'Élie Cartan et obtient une bourse d'études sur la recommandation d'André Magnier, inspecteur général des mathématiques, membre de l'Entraide universitaire de France.

1948-1949 : suit le séminaire d'Henri Cartan à l'École normale supérieure, sur la recommandation d'André Magnier. Suit aussi les cours du mathématicien Jean Leray au Collège de France.

1949 (octobre) : sur les conseils d'Henri Cartan et André Weil, Alexandre se rend à Nancy. Il est accueilli par Laurent Schwartz et Jean Dieudonné. Il leur montre ses travaux sur la théorie de l'intégrale de Lebesgue, qu'il a retrouvée. Dieudonné lui présente quatorze questions que lui et Schwartz n'ont pas pu résoudre. Alexandre en résout la moitié en quelques semaines, et les autres pendant les mois qui suivent. Fréquente le séminaire Bourbaki.

Alexandre vit avec sa mère à Nancy.

1950-1958 : Alexandre, apatride, ne peut avoir de poste fixe au CNRS, auquel il reste rattaché. Ne désire pas la nationalité française, afin de ne pas être obligé au service militaire. Ne peut trouver du travail en France.

Début des années 1950 : intègre le Groupe Bourbaki, fondé en décembre 1934 par Jean Dieudonné, Henri Cartan, Claude Chevalley, Jean Delsarte et André Weil.

1953 : passe sa thèse, sous la direction de Dieudonné et Schwartz : *Produits tensoriels topologiques et espaces nucléaires.*

1953 : naissance de son premier enfant, Serge, fils de Mme Driquert qu'Alexandre a rencontrée à Nancy.

1953-1954 : poste de professeur associé à l'université de São Paulo, obtenu grâce à la recommandation de Laurent Schwartz.

1955 : passe une année à l'université de Lawrence, au Kansas.

1956 : revient en France.

1957 (décembre) : mort de Hanka Grothendieck. Alexandre envisage de devenir écrivain, mais se tourne à nouveau vers les mathématiques.

1958 (juin) : création de l'IHES par l'industriel mathématicien Léon Motchane, sur le modèle de l'Institute of Advanced Studies (IAS) de Princeton. L'IHES a pour ambition de se concentrer sur trois domaines : mathématiques, physique théorique, méthodologie des sciences humaines. Seuls les deux premiers seront développés au sein de l'IHES. Alexandre y rentre en mars 1959 et commence son séminaire sur la géométrie algébrique en mai. Les séminaires de l'IHES se tiennent à la Fondation Thiers ou dans diverses universités parisiennes, jusqu'en 1962.

1958 (août) : donne une conférence au Congrès international des mathématiciens, à Édimbourg.

Automne 1958 : début de la rédaction des *Éléments de géométrie algébrique*, avec Jean Dieudonné.

1958 (octobre) : se marie à Boston avec Mireille Dufour (1924-2009), dont il aura trois enfants : Johanna (née en 1959), Alexandre (né en 1961), Matthieu (né en 1965).

Fin 1958 : invité au département de Mathématiques de l'université Harvard.

1960 : quitte le groupe Bourbaki.

1960-1969 : séminaire de géométrie algébrique à l'IHES, publié sous le titre *Séminaire de géométrie algébrique du Bois Marie* (SGA).

1962 : l'IHES s'établit sur la commune de Bures-sur-Yvette.

1966 : reçoit la médaille Fields pour ses travaux en géométrie algébrique. Refuse pour des raisons politiques de se rendre à Moscou au Congrès international des mathématiciens, pour recevoir la médaille.

1967 (novembre) : voyage au Vietnam, alors en pleine guerre. Enseigne pendant trois semaines, dont une dizaine de jours à l'université évacuée de Hanoï.

1968 (mai) : se fait chahuter, à Orsay, par des étudiants contestataires. Défend la recherche en mathématiques.

1969 (décembre) : Alexandre apprend que l'IHES est « depuis trois ans financé partiellement par des fonds militaires ». Il décrit l'armée comme « un appareil d'asservissement, de destruction et d'avilissement de l'homme ». Conflit entre Alexandre et Léon Motchane, au sujet de ces financements.

25 mai 1970 : Alexandre ne peut obtenir de ses collègues un appui suffisant pour exiger de Léon Motchane de renoncer à ces financements. Il démissionne de l'IHES.

26 juin 1970 : conférence d'Alexandre à l'université d'Orsay, sur les dangers de la prolifération des armes nucléaires.

1970 (juillet) : redonne à Montréal la conférence d'Orsay, lors de l'école d'été sur la géométrie algébrique, à l'université de Montréal. Fonde le mouvement Survivre, dont le but est « la lutte pour la survie de l'espèce humaine, et même de la vie tout court, menacée par le déséquilibre écologique croissant causée par une utilisation indiscriminée de la science et de la technologie et par des mécanismes sociaux suicidaires ».

1970 : lecture de J. Krishnamurti et de C. Castaneda.

1970 (août) : parution du numéro 1 de la revue *Survivre*, devenue après quelques numéros, *Survivre et vivre.*

Été 1970 : diffuse des informations sur le mouvement Survivre, au Congrès international des mathématiciens à Nice. Conflit avec Jean Dieudonné lors de son action militante à l'occasion de ce congrès, dont Dieudonné est l'organisateur.

1970-1972 : professeur associé au Collège de France. Mêle débats politiques, questions écologiques et exposés mathématiques pendant ses cours. Après deux ans d'enseignement, postule pour un poste de professeur permanent, qui lui est refusé.

Été 1972 : Alexandre intervient lors de l'université d'été sur les fonctions modulaires, à Anvers, pour dénoncer le soutien de l'OTAN à cet événement.

1970-1972 : lors d'une tournée aux États-Unis, Alexandre visite différents départements de mathématiques dans des universités, associant exposés mathématiques et informations sur le mouvement Survivre. En mai 1972, rencontre Justine Bumby à l'université Rutgers (New Jersey). Ils vivent dans une communauté qu'Alexandre a fondée à Chatenay-Malabry (Alexandre parlera plus tard de ses « velléités communautaires »).

1972 : obtient la naturalisation française.

1973 : la direction du Collège de France met fin à son contrat.

1973 : Alexandre quitte le mouvement Survivre et Vivre. Il s'installe avec Justine dans l'Hérault, dans la région de Lodève investie par les milieux néoruraux de cette époque ; d'abord dans une communauté à Olmet, ensuite à Villecun. Contacts réguliers avec P. Deligne (jusqu'en 1981) au sujet des avancées en mathématiques et de ses propres recherches épisodiques.

1973 : naissance de John, fils de Justine Bumby et d'Alexandre.

Été 1973 : prend un poste de professeur à l'université de Montpellier, qu'il conservera jusqu'en 1988.

Se sépare de Justine fin 1973.

1977 : obtient la médaille Émile-Picard, décernée par l'Académie des Sciences, « pour son œuvre en géométrie algébrique ».

1978 : procès d'Alexandre « pour avoir hébergé un étranger en situation irrégulière ».

1979 (avril) : début de la rédaction du chant I de *L'Éloge*, prévu en trois chants. Alexandre détruira cet ouvrage en 1990 (probablement), à l'exception de son *Épilogue*.

1979 (juillet)-1980 (octobre) : se retire à Gordes (Vaucluse) dans la maison de l'anthropologue Robert Jaulin. Finit (juillet 1979) le premier Chant de son *Éloge*.

1980 (novembre)-1991 : habite à Mormoiron (Vaucluse).

1980-1981 : séminaire à l'université de Montpellier, d'où sera issu son tapuscrit *La Longue Marche à travers la théorie de Galois* (ouvrage rédigé de janvier à juin 1981), qui sera publié en 1995.

1983 (juin)-1984 (début) : rédige *À la poursuite des champs*.

1984 (février)-1986 (mai) : rédige *Récoltes et semailles*, initialement prévu comme une introduction d'*À la poursuite des champs*.

1984 : postule au CNRS. Présente un tapuscrit, *Esquisse d'un programme*, qui sera publié en 1994. Dans sa lettre de candidature, Alexandre indique qu'il ne désire pas s'occuper des recherches d'étudiants en thèse – ce qui le rend inéligible. Le CNRS trouve une solution intermédiaire : Alexandre n'est pas embauché, mais son salaire est payé par le CNRS ; il conserve son poste à l'université de Montpellier mais n'est plus tenu à assurer des cours à partir du mois d'octobre 1984.

1987 (avril)-1988 (avril) : rédige *La Clé des Songes, ou Dialogues avec le Bon Dieu*.

10 janvier 1988 : prend sa retraite.

19 avril 1988 : écrit une lettre à l'Académie royale des sciences de Suède, pour décliner le prix Craaford, attribué conjointement à lui et à P. Deligne.

26 janvier 1990 : rédige *La Lettre de la Bonne Nouvelle*.

1991 : confie ses documents scientifiques (28 000 pages) à Jean Malgoire. Brûle nombre de ses papiers personnels, de lettres de ses correspondants, la correspondance de ses parents…

1991 : s'installe à Lasserre (Ariège) où il vivra jusqu'à son décès.

3 janvier 2010 : *Déclaration d'intention de non-publication* : « Je n'ai pas l'intention de publier, ou de republier, aucune œuvre ou texte dont

je suis l'auteur, sous quelque forme que ce soit, [...], textes de nature scientifique, personnelle ou autres, ou lettres adressées à quiconque – ainsi que toute traduction de textes dont je suis l'auteur. Toute édition ou diffusion de tels textes qui aurait été faite par le passé sans mon accord, ou qui serait faite à l'avenir et de mon vivant, à l'encontre de ma volonté expresse précisée ici, est illicite à mes yeux ».

13 novembre 2014 : décès d'Alexandre Grothendieck à Saint-Girons (Ariège).

Les enfants d'Alexandre Grothendieck

Serge Grothendieck (1953-), fils d'Alexandre Grothendieck et d'Aline Driquert.

Johanna Grothendieck (1959-), artiste céramiste et autres arts plastiques, fille d'Alexandre Grothendieck et de Mireille Dufour.

Alexander-Sascha Grothendieck (1961-), artisan musicien, fils d'Alexandre Grothendieck et de Mireille Dufour.

Matthieu Grothendieck (1965-), artiste, fils d'Alexandre Grothendieck et de Mireille Dufour.

John Grothendieck (1973-), mathématicien, fils d'Alexandre Grothendieck et de Justine Bumby.

Présentation de la correspondance

Cet ouvrage reproduit un ensemble de lettres écrites pour la plupart entre 1975 et 1984, par le mathématicien Alexandre Grothendieck (1928-2014). Elles ont une portée générale, même si elles comprennent aussi des éléments personnels, et concernent des questions qui lui tenaient particulièrement à cœur.

Alexandre Grothendieck est connu pour ses contributions significatives aux mathématiques du XXe siècle, dans le domaine de la géométrie algébrique. Il est considéré par ses pairs comme l'un des mathématiciens les plus importants du siècle dernier, et même par certains, de toute l'histoire des mathématiques. Ses travaux dans ce domaine s'effectuèrent pour l'essentiel au cours des années 1950-1970. En 1966 il reçut la médaille Fields, équivalent en mathématique du prix Nobel. Mais que le lecteur ne s'attende pas à trouver des éléments liés à son œuvre scientifique et aux mathématiques dans les lettres reproduites dans le présent livre. Celles-ci datent des années qui suivirent le retrait de ce chercheur de la scène mathématique – mais non des mathématiques elles-mêmes –, au début des années 1970. Elles concernent des sujets situés hors du champ strict de cette discipline.

Alexandre Grothendieck traversa pendant cette période une crise personnelle et affirma qu'il fallait arrêter la recherche scientifique. En 1958 avait été créé l'IHES, l'Institut des hautes études scientifiques de Bures-sur-Yvette. Il l'avait été autour de sa personne de jeune mathématicien de trente ans, considéré déjà comme exceptionnel. Le facteur déclenchant le plus souvent mis en avant pour la compréhension de ce tournant de la vie d'Alexandre Grothendieck fut la découverte de l'existence de crédits militaires dans le budget de l'IHES : cet Institut recevait en effet des fonds du ministère de la Défense – cette contribution au budget global était très modique, de l'ordre de quelques pourcents.

Alexandre me raconta que ce moment fut pour lui crucial, et à l'origine des distances qu'il prit à l'égard du milieu scientifique officiel. Il proclama ensuite que sa décision était fondée sur la prise en compte de la situation écologique planétaire et sur ce qu'il sentit comme un « divorce entre science et vie ». Il créa en 1970 avec les mathématiciens Pierre Samuel et Claude Chevalley, le mouvement Survivre, devenu peu de temps après Survivre et Vivre. Ce groupe de réflexion sur l'écologie opéra une vive critique du rôle de la science dans notre société.

Le début des années 1970 fut pour Alexandre Grothendieck une période d'« écologie radicale », telle qu'elle s'exprima vers la fin des années 1960 et le début des années 1970. Pendant toutes les années qui suivirent et jusqu'à sa disparition en 2014, son mode de vie demeura profondément marqué par ces idéaux.

Il avait pris conscience au début des années 1970 du pillage généralisé de la planète et de la dégradation terrifiante de la biosphère. Selon lui, la plupart des scientifiques, à l'abri dans leurs institutions, s'efforçaient de croire qu'ils n'avaient aucune responsabilité dans ces désastres, que leurs recherches étaient bien au-dessus de tout cela. Sa crise intérieure l'amena à penser que faire de la science n'était plus une urgence : les temps avaient changé, la science telle qu'elle était pratiquée, officialisée, récompensée par des prix prestigieux, était devenue à ses yeux la nouvelle religion – et l'institution scientifique, « La Nouvelle Église universelle ».

Se préoccuper de la vie, la protéger et nous sauver nous-mêmes, était devenu essentiel. Nous avions certes compris jusqu'à un certain point l'architecture du monde, mais nous n'avions pas saisi le vivant dans toutes ses dimensions ; nous nous en étions séparés et en avions oublié la magie. Le projet de complète maîtrise de la nature s'était accompli au détriment d'écosystèmes élaborés pendant des millions d'années : moins de deux siècles de société industrielle avaient suffi pour commencer à les anéantir, et il fallait à présent s'arrêter de poursuivre des recherches dans l'esprit insufflé par Copernic, Kepler, Galilée, Descartes et Newton.

Je fis sa connaissance à l'automne 1973 à l'université de Montpellier, et nous eûmes des contacts personnels à partir de septembre 1975 et jusqu'au début de l'année 1984 à peu près – je ne le revis ensuite que peu de temps avant sa mort.

Les lettres reproduites dans le présent livre concernent pour l'essentiel la méditation, dans le sens que Grothendieck attribuait à ce terme et qui est explicité dans nos dialogues. Ceux-ci ont pour particularité de n'avoir pas concerné directement les mathématiques. Cette correspondance comporte certes des allusions fréquentes à cette discipline et aux travaux de ce chercheur, poursuivis alors à l'écart de toute institution officielle. Toutefois, ces réflexions s'insèrent dans des considérations d'ordre plus global sur la nature de la connaissance scientifique. Les lettres qu'il m'écrivit et les conversations que je rapporte sont l'expression de dimensions autres de sa personnalité.

La question centrale, le cœur de nos échanges a concerné la connaissance de soi. L'exploration de son intériorité le fascinait au plus haut point, tout autant que celle de l'univers mathématique, disait-il. Ce livre est donc avant tout le récit, par un scientifique hors normes, d'une plongée en soi-même. Son attrait pour la méditation est resté auréolé d'un certain mystère. De même, ses affinités avec certaines philosophies orientales ou d'inspiration orientale : celle de Gandhi par exemple, ou celle de Krishnamurti. Les deux ouvrages qu'il écrivit ultérieurement (*Récoltes et semailles*, et *La Clef des Songes*) donnent un aperçu de ses recherches intérieures. Les présentes lettres (1975-1984, pour la plupart) constituent des témoignages complémentaires, sans doute plus intimes encore.

Aux yeux de certains des mathématiciens ou des scientifiques qui connaissent son nom, les années qu'Alexandre Grothendieck vécut après son éloignement du milieu scientifique furent une folie. Il est en effet courant d'entendre à son sujet des propos tels que : « Quel mathématicien de génie, quel dommage qu'il soit devenu fou, quelle perte pour la science ! » Dans le milieu académique, certains pensent qu'il n'aurait pu continuer à assumer, à partir de l'âge de quarante-deux ans, la position de « pape de la géométrie algébrique » que certains lui attribuaient. Il n'aurait plus eu la force de poursuivre le travail de création intense vécu pendant les vingt-cinq années antérieures.

Si l'on considère que la science telle qu'elle existe aujourd'hui constitue la voie royale pour accéder à *ce qui est vrai*, il n'est guère surprenant que nombre de scientifiques considèrent ce tassement de sa créativité comme un égarement et une perte. Ce n'est pas cependant rendre justice à Alexandre Grothendieck que de le réduire à sa créativité mathématique, de penser que ce qui l'a traversé après son retrait de la scène scientifique est dépourvu de toute valeur, ou que ses préoccupations écologiques n'ont été qu'une fuite misérable, l'expression d'un manque de responsabilité, une défaillance dans l'acceptation de sa destinée, voire un enfantillage ! L'arrêt officiel de ses recherches pourrait évoquer un professeur Nimbus émergeant de l'univers mathématique pur : Grothendieck aurait soudain pris conscience que le monde ne se réduit pas à celui des abstractions de la géométrie algébrique ! Certains scientifiques n'ont pas manqué d'exprimer ceci, autrefois et jusqu'à aujourd'hui : dans l'après-Mai 68, l'attrait pour l'écologie l'aurait détourné des mathématiques. Or cette période fut pour lui l'occasion de prises de conscience douloureuses, et les raisons à l'origine de son départ des institutions officielles semblent en réalité bien plus complexes.

L'arrêt de son travail fut tout relatif, après son installation dans le sud de la France en 1973. Sa relation à sa discipline devint conflictuelle. Il poursuivit ses recherches sans les assumer, sans mettre au propre ses découvertes, et bien souvent sans les achever. Il cessa toute publication. Mais les mathématiques étaient devenues pour lui une seconde nature et il était inconcevable qu'il n'en fasse plus. Grothendieck maintenait un contact intermittent avec le milieu des mathématiciens et ne pouvait couper complètement le fil qui le maintenait lié à ce monde. À partir du milieu des années 1970 il atténua fortement ses propos tenus pendant les années précédentes. Il nuança son point de vue exprimé dans ses déclarations publiques sur la nécessité de mettre fin à toutes les recherches scientifiques telles qu'elles étaient accomplies.

Par la suite, il mit en avant des arguments autres que les financements militaires de l'IHES, dont il aurait pu avoir d'ailleurs connaissance plus tôt, s'il s'était intéressé au fonctionnement de l'institution qui l'hébergeait. Les historiens des sciences s'intéresseront peut-être un jour aux relations houleuses entre Alexandre Grothendieck et le créateur de l'IHES, Léon Motchane ; il ne fut sans doute pas facile pour Motchane d'avoir à gérer une personnalité aussi complexe.

Grothendieck invoqua la prise de conscience douloureuse de ce qu'il nomme dans une lettre (*cf.* lettre du 9 février 1981) la « sclérose spirituelle » induite chez le mathématicien par son activité de recherche : une stagnation intérieure qu'il sentait aller de pair avec un travail devenu exclusif. Doté d'une intelligence vaste et souple, il observa en lui l'oblitération de sa vie intérieure pendant les années dévouées entièrement à ses recherches et au cours des périodes où il s'y adonna à nouveau de manière moins entière. Il affirma découvrir le remède à cette « sclérose » dans ce qu'il nomma *méditation* : si l'on met à part ses passions amoureuses qui prenaient aussi une grande place et semblaient occulter tout le reste quand il les traversait, la méditation devint avec la recherche mathématique le deuxième pôle principal de sa vie.

À propos de son attrait pour la méditation, certains pensent que Grothendieck fut perdu par ce qu'ils nomment parfois – avec gêne ou mépris – « une crise mystique ». Comme Pascal aurait été perdu pour la mathématique et la physique par sa conversion au christianisme, Grothendieck aurait été détourné des mathématiques par un attrait soudain pour l'écologie et la vie intérieure. Mais peut-on reprocher à de tels êtres d'avoir perçu que la démarche scientifique ne pouvait apaiser leur soif de comprendre, de s'être préoccupés de questions touchant au sacré ou encore au devenir de la société humaine dans son ensemble ?

Certains lecteurs mathématiciens seront peut-être surpris, à la lecture de ses lettres, de voir Alexandre Grothendieck s'appliquer à restituer au plus près des versets du *Tao Te King* en s'appuyant sur plusieurs traductions. Il exprima pour cet ouvrage un intérêt passionné. Stimulé par la lecture de ce livre d'une portée universelle, écrit il y a vingt-cinq siècles, il rédigea le chant I d'un *Éloge*, œuvre initialement prévue en trois chants, *Innocence*, *Honte*, *Délivrance*, qu'il définit ainsi (dans sa lettre du 21 juillet 1979) : « Le vécu exprimé dans le chant I est le mûrissement soudain d'une vision "cosmique" de ma pulsion érotique et de la force créatrice vivant en moi. »

Il s'agissait d'une méditation, rédigée sous une forme poétique, sur la créativité humaine et la sexualité. C'était une expression de sa philosophie personnelle et de sa conception de la recherche mathématique. Ce livre aurait pu être intitulé *Éloge de l'Inceste* : il voulait signifier en effet notre capacité infinie à connaître, à pénétrer les mystères du monde : Alexandre avait retenu du *Tao Te king* le concept (présent aussi dans la philosophie hindouiste) de « Mère divine », « cosmique », « universelle ». Ainsi, le mathématicien indien Ramanujan, extraordinaire génie qu'Alexandre Grothendieck évoquait toujours avec une grande émotion, priait et remerciait la Mère divine de l'inspirer dans ses recherches.

Notre communication était très intense pendant la période de rédaction de son *Éloge*. Je le dissuadai de le publier, trouvai que le titre ambigu faisait courir le risque à son œuvre d'être prise au premier degré, comme une incitation à une régression. Mais Alexandre aimait la provocation ou du moins ne se préoccupait guère de déranger par ses points de vue peu orthodoxes. Il voulait intituler son ouvrage *Éloge de l'Inceste* pour désigner le contact avec la Mère cosmique, qu'il vivait lors de ses plongées dans l'univers mathématique. Ce titre obscur fut le sujet de maintes discussions et de disputes entre nous. Il le cita à plusieurs reprises dans son livre *Récoltes et semailles,* dont il entreprit l'écriture quatre années plus tard, après avoir renié cette œuvre antérieure, dans sa forme plutôt que son contenu.

Il y avait une apparente naïveté dans celle-ci. Elle était loin de la subtilité des concepts de Deleuze et Guattari dans leur *Anti-Œdipe*, publié quelques années plus tôt et qui nous sembla exprimer une vision similaire de la créativité humaine. Je commis l'erreur de me polariser sur le style de *L'Éloge,* au lieu de m'attacher au fond. Grothendieck détruisit son livre au début des années 1990 – à l'exception de l'*Épilogue*[1] – juste avant de s'isoler dans les Pyrénées ariégeoises. Les lettres en lien

1. Cet épilogue est reproduit, p. 213 *sq*.

avec cet *Éloge* tiennent une large place dans la présente correspondance et j'espère que leur publication pourra compenser en partie cette perte en donnant une certaine idée de l'ouvrage disparu, qui fut le premier qu'il écrivit hors du champ mathématique.

Cette correspondance évoque amplement la question de la créativité humaine et de ses paralysies. Alexandre Grothendieck pensait en effet que chaque être humain est doté de capacités créatrices puissantes, mais étouffées chez la plupart d'entre nous par ce qu'il nommait (reprenant un terme de Krishnamurti), « le conflit ». Grothendieck ne se considérait pas comme une exception du point de vue de ses capacités créatrices.

Grothendieck sentait qu'une relation autre à « la réalité » que celle instaurée par la démarche scientifique contemporaine était possible et souhaitable. Ce point lui semblait être la question centrale de notre époque : nous sommes devenus l'espèce qui met en péril l'existence même de toutes, la nôtre incluse. L'installation de ce mathématicien à la campagne dans un village retiré de l'Hérault, après son retrait du milieu officiel de la recherche scientifique, fut, entre autres, dictée par l'affaiblissement qu'il ressentait dans ses liens avec le monde vivant. Il supportait mal que ce désir de « retour à la nature » soit méprisé, ramené à de simples tendances rousseauistes et perçu comme un caprice inscrit dans la mode hippie de la fin des années 1960 et du début des années 1970. Il pressentait qu'un autre lien au vivant pouvait exister et le vécut dans une certaine mesure.

Pendant la période de sa vie où il écrivit ces lettres, Alexandre était le plus souvent heureux et détendu, ouvert, généreux, avide de communiquer (au-delà de tout ce que je peux exprimer), chaleureux. Cette image ne correspond sans doute pas à celle d'ermite farouche qu'il laissa de lui, forgée par les vingt-trois dernières années de son existence pendant lesquelles il vécut dans une solitude qui s'accentua au fil du temps. Qu'il ait par sa réclusion volontaire désiré se faire oublier, disparaître autant que possible de la mémoire des hommes, eut l'effet inverse et contribua à fonder autour de sa personne le mythe d'un génie irascible, voire misanthrope. J'aimerais que la publication de cette correspondance puisse contribuer à donner d'Alexandre Grothendieck une image qui me semble plus juste.

La question de la nature de la connaissance scientifique et de ses limites était toujours en filigrane de nos dialogues. Mes préoccupations essentielles concernaient ce qui nous semblait important pour notre époque : à quoi est-il raisonnable de se consacrer, vers quoi pouvons-nous tendre nos efforts ? Que pouvons-nous espérer et faire, face à la cupidité humaine affranchie de toutes limites, aux corruptions inconcevables, à la dégradation des écosystèmes, aux tentatives d'abrutissement des individus par les médias, aux atermoiements et à l'impéritie de la plupart des hommes politiques, perclus d'intérêts égoïstes, à leur asservissement au marché ? Ces questions clairement posées au cours de ces années 1970 sont devenues aujourd'hui paroxysmiques. Nous pressentions il y a une quarantaine d'années combien la vie même était menacée. Les dangers d'extinctions semblaient cependant un peu lointains, voire hypothétiques : nous espérions des prises de conscience radicales, des revirements salutaires, des décisions politiques énergiques. Les personnes qui tentaient alors d'alerter l'opinion publique pouvaient être perçues comme des oiseaux de mauvais augure, des empêcheurs de danser en rond. La situation a quelque peu changé au cours de ces dernières années, mais il semble difficile de ne pas penser que ce début de réveil de la société civile et du milieu scientifique est hélas bien tardif.

Dès mon premier contact avec lui à l'université de Montpellier à l'automne 1973, je ressentis à son égard la sympathie la plus spontanée. Pendant les années couvertes par la présente correspondance, Alexandre devint pour moi un interlocuteur privilégié. Les questions dont nous débattions engageaient nos existences au-delà d'un échange philosophique qui aurait pu devenir froid et impersonnel. Il fut l'ami longtemps rêvé, intelligent et sensible, souvent ardent, auquel on peut tout dire et qui mit fin en moi à la sensation pénible de l'isolement. La capacité que j'eus à l'écouter sans jugement était due sans doute à mon jeune âge et à la période que je traversais dans ma vie, une phase d'incertitude totale, de remise en cause radicale ; je n'avais plus d'échelle de valeurs. Le bien suprême pour moi comme pour les jeunes gens qui choisissaient de s'investir dans la recherche avait été la connaissance scientifique. Jusqu'à l'âge de vingt-deux ans à peu près, c'est-à-dire jusqu'en 1975, j'avais pensé que cette conviction plus ou moins consciente allait donner à ma vie une assise, en constituer le fondement et la structurer dans ses aspects essentiels.

Pendant ces années de dialogue Alexandre apprécia de pouvoir s'exprimer en toute liberté dans notre relation amicale, sans censure et sans gêne, avec la plus grande spontanéité. Il observait mes propres errements, mes recherches et mes hésitations, parfois même mes flottements, le plus souvent sans s'impatienter. Nous envisagions ainsi des questions qui nous tenaient à cœur. Nos conversations étaient souvent structurées, il adorait avoir ce qu'il nommait pour s'amuser un « ordre du jour », déclarer le matin qu'il nous fallait examiner telle ou telle question. Nous nous rencontrions le plus souvent chez lui. Je connus ainsi les différentes maisons où il vécut à partir de 1973, dans le sud de la France : dans l'Hérault près de Lodève, puis dans le Vaucluse d'abord près de Gordes et ensuite à Mormoiron près de Carpentras. Nous poursuivions par écrit les réflexions que nous n'avions pu conclure de vive voix.

Nous ne nous vîmes plus à partir de la fin de 1983, sauf peu de temps avant sa mort qui survint en novembre 2014. À partir de 1984, je n'eus de lui que des échos lointains. En 1991, il voulut rompre avec son entourage proche, et pendant les années suivantes s'isola progressivement. Il m'avait fait part bien des années plus tôt, de manière récurrente, de sa nostalgie d'une extrême solitude. Je tentais en vain de reprendre contact avec lui à partir du milieu des années 1990 et jusqu'à sa disparition.

Les soixante-seize lettres présentées ici sont de longueur très inégale ; la plupart d'entre elles me sont adressées. Quelques-unes, substantielles, sont destinées à Odile Sallantin ou à nous deux. J'ai conservé la mémoire de certains passages de lettres qu'il m'a écrites et que je n'ai pu retrouver, mais les lettres que j'ai égarées sont peu nombreuses. J'ai reproduit et commenté une lettre qu'il écrivit en janvier 2012 à son jardinier et qui témoigne de la relation particulière qu'il eut avec le monde des plantes.

Je n'ai pas voulu gommer les éléments personnels (me concernant) des lettres restituées dans le présent livre. Sélectionner les passages plus ou moins longs dont la portée me semble générale aurait pu amoindrir les dimensions vivantes et spontanées de nos réflexions. Ceci aurait donné à l'ensemble une rigidité qui ne serait pas le reflet de nos dialogues passionnés, de notre amitié qui ne fut pas exempte de reproches mutuels et de conflits parfois difficiles. J'ai tenté d'indiquer dans leurs grandes lignes les pensées qu'il me communiqua oralement. Les lettres sont pour la plupart des réponses à mes propres lettres qu'il détruisit en totalité en 1991. Il brûla alors aussi la plupart de ses documents personnels, avant de s'installer en Ariège.

Pendant les années de cette correspondance, il ne me vint jamais à l'esprit qu'Alexandre m'écrivait avec l'intention plus ou moins assumée, consciente, que ses lettres pussent un jour être publiées. Dans l'immédiateté de ces réflexions, dans le caractère brûlant qu'elles avaient pour moi, dans l'urgence que je ressentais de connaître des réponses aux questions dont nous parlions, je ne pensais pas un seul instant pendant toute cette période à une publication ultérieure. Pourtant sa manière méthodique de me parler ou de m'écrire à propos d'une incroyable quantité de thèmes qui le fascinaient aurait dû attirer mon attention. Je me souviens lui avoir fait part vers le début des années 1980, sans doute par provocation inconsciente, de mon intention de détruire l'ensemble de mes papiers personnels, y compris les lettres qu'il m'avait adressées. Mes documents, lettres et cahiers de notes devenaient envahissants ; m'en débarrasser me semblait pouvoir m'aider à tourner la page de la période méditative que j'avais traversée et dont je sentais qu'elle n'avait que trop duré. Le ton tranchant, la fermeté inhabituelle de sa réponse me surprirent et je n'en compris pas sur le moment la raison. Ces documents, me dit-il, n'avaient peut-être pour moi « pas grand intérêt pendant la période présente » mais je pourrais « peut-être les percevoir autrement, d'ici vingt ans ». Ainsi il me dissuada de les détruire. Il se trompa seulement sur le délai : je repris ses lettres trente années plus tard (trois ou quatre mois avant sa mort) et elles sont éditées plus de quarante années après sa remarque. Mais Alexandre eut toujours des difficultés avec les nombres ! Sa réaction face à ma provocation me semble significative aujourd'hui avec le recul apporté par les années. Je suis convaincu qu'il songeait en premier lieu aux lettres qu'il m'avait écrites, reproduites dans le présent ouvrage – il les ressentait comme des témoignages intimes qu'il voulait laisser aux hommes, des écrits dans lesquels il révélait le fond de son âme. Il aimait beaucoup le mot « authenticité ». Ces lettres sont le reflet de dimensions méconnues de sa personnalité, le témoignage de son existence passionnée dans les domaines des mathématiques et de sa vie intérieure.

Il est devenu clair pour moi qu'Alexandre était animé par le grand désir de raconter ce qui le traversait et comment il percevait le monde. Il savait qu'une grande partie de sa correspondance serait perdue ou détruite et devait avoir le sentiment en écrivant ses innombrables lettres, qu'il jetait des bouteilles à la mer. Dans la lettre du 2 juillet 1980 (dans laquelle il décrit les différents « courants » qui l'ont traversé, c'est-à-dire les dimensions qu'il distingue dans sa personnalité et les circonstances qui ont pu les faire naître) il écrit : « Bien sûr (je le précise une bonne fois à toutes fins utiles), tu peux faire lire cette lettre, ou toute autre lettre de moi, à qui bon te semble… » Il ne pensait pas que ces lettres dussent rester cachées.

L'aspect très spontané de nos dialogues ne me laissa pas soupçonner que lui-même percevait dans nos réflexions une portée générale, un caractère universel, une dimension transpersonnelle. Ma naïveté devait l'amuser, mon écoute rendait plus facile pour lui l'expression de ce qui lui tenait le plus à cœur. Certains lecteurs seront peut-être surpris de voir à quel point je lui parlais et lui écrivais de manière spontanée : comment fut-il possible à un jeune homme de communiquer ainsi avec un tel être, doté de capacités aussi exceptionnelles, rarissimes ? Je pressentais l'immensité de son œuvre mathématique, même si je ne l'avais pas étudiée. L'amitié qui nous lia fit disparaître en moi toute peur. J'avais beaucoup de difficultés à imaginer quand je passais du temps avec lui, si simple et affable, si attentionné, si humain et que nous partagions la vie quotidienne, que j'étais en présence d'un scientifique qui marquerait l'histoire des mathématiques. Je ne voulais pas y penser et entrevoyais vaguement qu'il s'arrangeait bien pour que son proche entourage (sauf bien sûr sa propre famille qui l'avait connu antérieurement pendant ses années à Paris où il avait une identité officielle de mathématicien exceptionnel) ne se questionne trop sur son passé. Il devait apprécier le relatif anonymat dans lequel il se trouva dans les milieux alternatifs qu'il fréquentait dans les années 1970 : avoir ainsi des relations directes, être sorti de l'isolement dû à son aura de mathématicien génial ! Il était en somme dans une situation de clandestin : une de ses proches, jeune femme du milieu marginal que nous côtoyions, me demanda un jour s'il était vrai que « Schurik était lauréat du prix Nobel ».

La position particulière dans laquelle je me suis trouvé dans ma relation avec Alexandre Grothendieck m'a rappelé plus tard celle que Johann Peter Eckermann eut à l'égard de Goethe. Eckermann fut son ami et confident ; il restitua ses conversations dans un ouvrage. Eckermann raconta qu'un effort de remémoration lui permettait de retrouver les propos du poète génial « comme à travers un fin brouillard ». Pourtant nous sommes parfois pris de doutes, à la lecture : est-ce vraiment Goethe qui s'exprime, ou Eckermann ? Une différence significative entre le travail d'Eckermann et le présent livre est que celui-ci est fondé en premier lieu sur des lettres qu'Alexandre Grothendieck écrivit et qui en constituent la charpente. Plus que toute autre lecture, ces réflexions poursuivies pendant des années m'ont profondément marqué. Je n'ai certes pas conservé le contenu littéral de nos échanges et n'ai pas tenté de les retranscrire sous forme de dialogue, mais mes commentaires me paraissent en restituer l'essentiel.

Il peut sembler surprenant qu'Alexandre ait pu consacrer autant de temps à l'écriture de lettres. Après son départ de Paris, sa séparation de l'institution scientifique et son installation dans le hameau reculé de Villecun dans l'Hérault, il se trouva privé de la plupart des contacts qu'il avait antérieurement. Écrire put être alors pour lui une respiration, une création permanente, le contact nécessaire avec les humains, l'élargissement d'une existence qui aurait pu lui paraître trop étroite.

J'évoque brièvement à propos de sa lettre du 20 mai 1978 le procès qui lui fut intenté : en vertu de l'ordonnance du 2 novembre 1945 il fut accusé d'avoir hébergé un étranger sans papiers, moine bouddhiste japonais que j'avais souvent rencontré dans la maison de Villecun. Par provocation Grothendieck demanda au tribunal que la peine maximale lui soit appliquée, tant l'ordonnance en question était aberrante.

Dans sa plaidoirie, Alexandre déclara au tribunal : « Mais alors même que j'aurais su que l'acte d'hospitalité constituait en l'espèce un délit pénal et pouvait entraîner des conséquences graves pour moi, je n'aurais pu m'empêcher d'agir comme je l'ai fait. Je ne pourrais pas m'empêcher d'agir encore ainsi à l'avenir, non seulement vis-à-vis du révérend Masunaga, qui était un ami cher, mais également vis-à-vis de n'importe lequel des nombreux étrangers que j'ai eu le privilège de pouvoir aider d'une façon ou d'une autre. Il y a eu parmi eux bien des gens que je n'avais jamais connus ni de visage ni de nom – notre rencontre était la chance offerte à l'un et à l'autre de trouver le frère dans ce visage nouveau. Que m'importe si mon frère est japonais ou français, arabe ou juif, et quels tampons ornent son passeport ! C'est dans cet esprit que j'ai été élevé par mes parents… Ils ont témoigné de cet esprit, au jour le jour, à travers luttes et persécutions, comme citoyens et comme proscrits, dans les prisons, les camps de concentration et jusque devant la mort. C'est ainsi qu'ils sont morts, c'est ainsi que j'ai vécu depuis mon enfance, c'est ainsi que je vivrai, que je le veuille ou non, pour le temps qui me reste à vivre. Je n'y puis rien, et aucune ordonnance n'y peut rien. »

Alexandre fut condamné symboliquement. Lui-même fut apatride jusqu'en 1971. Il n'adhérait à aucune religion instituée et n'était opposé à aucune. Le racisme, la xénophobie, le nationalisme que Stefan Zweig nommait « pestilence des pestilences », la peur de l'autre et l'inhumanité ont tendance aujourd'hui à se banaliser. Des horreurs pires encore sont peut-être à venir. Les écrits d'Alexandre Grothendieck à propos de ce procès sont d'une inquiétante actualité.

J'ai rédigé mes commentaires de ses lettres et la restitution de l'essentiel de nos échanges entre juillet 2014 (quelques mois avant son décès, le 13 novembre 2014) et septembre 2019. Lors de cette rédaction je n'avais de *Récoltes et semailles* (rédigé entre juin 1983 et février 1986) et *La Clef des Songes* (rédigé entre avril 1987 et avril 1988), que des impressions superficielles, acquises lors de la lecture rapide que j'en fis pendant quelques nuits dans sa maison de Lasserre en Ariège, deux ou trois semaines avant sa mort.

Pendant la période de rédaction du présent livre je n'ai pas voulu faire de ses deux ouvrages une lecture plus approfondie, par crainte qu'elle n'influe trop sur mon propre travail d'écriture. J'ai étudié ces deux livres pendant l'été 2019 après avoir fini l'essentiel de la rédaction. Il devint clair pour moi que les lettres qu'Alexandre m'écrivit concernent (à l'exclusion de questions strictement mathématiques) la plupart des thèmes qu'il développa dans ses deux écrits ultérieurs, tout particulièrement *La Clef des Songes*. Suite à ces lectures j'ai rajouté dans mes commentaires quelques références à ses deux ouvrages, à propos de certaines questions abordées dans ses lettres.

Le présent ouvrage peut donc être lu comme une introduction à ses deux œuvres qu'il considérait comme la suite naturelle de son *Éloge*.

La réflexion centrale qui traversa nos dialogues me paraît être celle de l'existence d'un niveau de réalité qu'il qualifie de « spirituel », appréhendable par ce qu'il nomme « méditation », et de son articulation avec un autre, qualifié de « mental » ou d'« intellectuel », appréhendable par la recherche scientifique telle qu'elle existe aujourd'hui.

Une autre dimension de nos échanges, amplement développée dans *La Clef des Songes*, concerne l'éventualité d'une « mutation » nécessaire dans l'humanité. Elle serait d'ordre individuel, par l'affaiblissement de nos tendances égotiques ; social, par une attention portée au bien-être de nos semblables ; éthique et écologique, par des changements dans nos habitudes consuméristes et l'expression d'une attention, d'un respect à l'égard du monde vivant ; politique, par des réformes radicales. Cette « mutation » semble aujourd'hui incontournable sous peine de cataclysmes dont il est difficile aujourd'hui de prévoir l'étendue.

Je voudrais remercier chaleureusement Odile Sallantin, Serge, Johanna, Alexander-Sascha, Matthieu et John Grothendieck, Alain Connes, Olivia Caramello, pour leur soutien, leurs relectures et maints conseils.

Christian Escriva,
Valderoure, juillet 2014-septembre 2019,
décembre 2023-juillet 2024

Rencontre d'Alexandre Grothendieck avec Christian Escriva

Je rencontrai Alexandre Grothendieck à la faculté des sciences de Montpellier à l'automne 1973, après son départ de l'IHES et du Collège de France. Il venait de s'établir dans la région de Lodève, dans l'Hérault. J'avais lu son nom dans le livre de Claude-Paul Bruter, *Sur la nature des mathématiques*, et entendu parler de « Groupe de Grothendieck » dans un cours de mathématiques que je suivais en troisième année d'études dans la même université. La spécialité que j'avais choisie était plutôt la physique théorique, mais j'avais décidé de me concentrer cette année-là sur les mathématiques.

Quand l'ami marocain avec lequel j'avais l'habitude de travailler en mathématiques m'apprit qu'Alexandre Grothendieck donnait des cours dans notre université, je lui répondis qu'il s'agissait sans doute d'une plaisanterie et qu'un mathématicien de ce niveau ne pouvait enseigner dans une université de province. Je pressentais en effet, des quelques éléments que je connaissais, que son œuvre devait être significative ! Cet ami m'apprit aussi qu'Alexandre Grothendieck enseignait en deuxième année d'université – ce qui me surprit encore davantage, vu la réputation de Grothendieck – et m'indiqua l'heure et le jour de son cours. La première impression que j'eus d'Alexandre fut étrange. Je pénétrai dans l'amphithéâtre alors que le cours avait déjà commencé. Il était vêtu d'un costume en épais velours noir et était pieds nus dans de simples sandales de cuir. Il avait alors quarante-cinq ans. Il parlait avec force et couvrait le tableau de calculs d'une écriture fine et difficile à déchiffrer. Je dus me concentrer pour suivre son propos. Parvenu au terme de ses calculs, il se rendit compte qu'il avait fait une erreur, dit laconiquement « une fois de plus ! », la rechercha, rectifia et demanda si chacun avait bien compris. Une étudiante, assise au premier rang, leva la main pour poser une question. Il saisit cette opportunité pour descendre de l'estrade que manifestement il n'aimait pas. Content de la perspective d'un dialogue, Il s'arrêta juste devant l'étudiante, approcha son visage tout près du sien. Elle en fut si impressionnée qu'elle ne put prononcer un mot ; il lui dit simplement : « Ah, tu as compris maintenant ! » Il semblait croire en effet qu'elle avait réussi entre-temps à répondre à sa propre question. Il paraissait persuadé que la plupart des étudiants parvenaient à suivre ce qu'il expliquait et leur proposa de se débarrasser rapidement de la formalité de l'examen universitaire, affirmant que celui-ci serait plus facile « tant que le souvenir de ce qui a été étudié en est encore frais ». Son cours était émaillé de remarques d'ordre plus général, touchant à des questions éthiques ou écologiques, ou concernant l'état de la société. J'en ressentis une puissante stimulation. Je me procurais ses cours écrits – il les avait rédigés soigneusement, dans un style très élégant ; une particularité était qu'ils comportaient relativement peu de calculs mathématiques. Il aimait manifestement l'écriture et notre langue (sa langue maternelle était l'allemand) qu'il maniait avec facilité et précision.

J'eus le sentiment étrange de rencontrer enfin un être humain, de le retrouver, de l'avoir déjà intimement connu alors même que je le voyais pour la première fois. Son énergie me parut hors-norme et sa sincérité et son intégrité, totales. Je n'eus pas de contact personnel avec lui pendant cette année universitaire. Dès cette première rencontre, dans l'esprit du jeune homme de vingt ans que j'étais, Alexandre eut pour moi le visage du personnage mythique qui vola le feu aux dieux pour en faire cadeau aux hommes : celui de Prométhée. Les psychanalystes parleraient de transfert. Ceci me paraît réducteur et ne recouvrir que de manière partielle, la réalité de notre relation : il s'agit plutôt à ce moment de la naissance d'une amitié dont le devenir fut de s'approfondir. Et il me semble qu'existent dans toute relation amicale certaines formes de ce que la psychanalyse nomme « transfert » et « contre-transfert ».

En juin 1974 je pris la décision de reprendre mes études de physique après une année passée à Montpellier, et les poursuivis dans une université parisienne, après avoir hésité à changer de voie et à continuer plutôt en mathématiques, tant cette année passée à l'université de Montpellier m'avait plu. L'intensité de la présence d'Alexandre Grothendieck était subtile au sein de cette institution. Il était à la fois l'objet d'une admiration non exprimée de la part de ses collègues et d'une jalousie sombre qui ne disait pas son nom. Intervenait peut-être aussi une rancœur due à la distance qu'il avait prise à l'égard du milieu scientifique, qu'il ne se gênait pas d'exprimer pendant ses cours. Ce poste qui lui avait été confié en deuxième année universitaire me semblait relever d'une brimade, revenir à reléguer un grand compositeur dans une tâche d'enseignement au sein d'un conservatoire municipal.

Après une année universitaire à Paris, je me concentrais sur des questions situées hors du champ strict de la physique et des mathématiques. Pour la première fois depuis plusieurs années, je ne consacrais pas l'été à l'étude de domaines de la physique théorique mais orientais mes réflexions sur l'écologie ainsi que les limites et la nature de la connaissance scientifique. Je lus la revue *Survivre et vivre* dont j'avais eu connaissance à Montpellier et qui prônait une écologie radicale.

Je lui écrivis une lettre vers la fin août 1975 pour solliciter une entrevue avec lui. J'avais préparé quelques questions. Elles touchaient à la responsabilité des scientifiques – question assez banale –, mais aussi à la valeur de la connaissance scientifique au sein de la connaissance en général. J'avais l'intuition que ce mode de connaissance, tel qu'il existait – et existe encore aujourd'hui – n'était qu'un point de vue parmi d'autres, sur les choses.

Ma lettre était respectueuse, longuement mûrie, j'appelais Alexandre Grothendieck « Cher maître », évoquais brièvement les questions qui me tenaient à cœur et exprimais mon souhait d'échanger de vive voix avec lui sur ces sujets. Je fus surpris qu'il me réponde par retour, ainsi que du ton léger de sa lettre et de la claire sympathie qui en émanait.

1. Villecun le 27 août 1975

Cher Christian,

Viens quand tu veux d'ici le 10 septembre – en principe je ne bouge pas de chez moi, d'autant plus que j'ai eu une fracture de la jambe et pour quelque temps marche encore avec des béquilles. Mon adresse est 34 700 Villecun.

Villecun est un petit village à 6 km de Lodève, Lodève est à environ 60 km de Montpellier. Au cas où tu n'aurais pas de voiture, je te signale qu'il n'y a pas de gare SNCF à Lodève, il faut prendre l'autocar à Montpellier jusqu'à Lodève, de là tu prends un taxi ou tu montes à pied. Pour éviter tout pépin, avertis-moi du jour de ton arrivée, soit par lettre, soit en me téléphonant au (67) 44 10 36.

Tu peux pieuter chez moi si ça t'arrange.

Sans doute ne t'attends-tu pas qu'un autre puisse résoudre *tes* problèmes – mais parfois en parler avec quelqu'un aide à y voir plus clair. Si tu passes chez moi, on trouvera bien un moment tranquille pour causer un peu.

Bien cordialement et à bientôt peut-être,
Alexandre

J'appréhendais un peu de le rencontrer, malgré l'affabilité de sa lettre. Je pensais qu'il était sans doute bien occupé et mettrait vite fin à notre conversation. J'espérais qu'il m'accorde une heure ! Je parcourus à pied les quelques kilomètres qui séparent Lodève de Villecun, me concentrai et formulai quelques questions précises – me disant qu'il me fallait saisir l'opportunité de cette entrevue pour lui poser des questions clés, et que cette occasion ne se reproduirait jamais. Il avait choisi ce joli hameau pour son calme. C'était une chaude journée de début septembre. Je demandai à un villageois où habitait Alexandre, il me montra une maison minuscule près de la petite place où coulait une fontaine, « la maison du professeur Grothendieck ». Alexandre m'accueillit gentiment. Il était très détendu et ouvert, pieds nus et vêtu d'un simple short. Il sembla intrigué, amusé par mon jeune âge et ma hardiesse d'oser le déranger.

J'eus l'impression d'être en présence d'un être qui se repose d'un long voyage ou se permet une halte après avoir accompli une tâche surhumaine. Il semblait libéré et léger.

Tout en lui dégageait une extraordinaire force, physique et psychique, que je n'avais jamais vue chez un être humain. L'arrêt de ses recherches mathématiques (au moins dans le cadre d'une institution officielle) lui donnait une certaine disponibilité. Ce fut en premier lieu sa présence chaleureuse qui me surprit. J'attendais de sa part une dureté et une intransigeance, voire une amertume ou même une haine à l'égard de l'ordre établi et du milieu de la science officielle. Je savais qu'il avait été chassé du Collège de France où il avait enseigné. Il me parut tolérant, patient et peut-être un peu résigné et triste. Il n'était guère optimiste sur le devenir de la planète et le sort de l'humanité face aux désastres écologiques qu'il pensait inéluctables.

Après ses longues années de création mathématique, Alexandre vivait une existence simple et aspirait à une vie alternative. La recherche scientifique telle qu'elle existe aujourd'hui ne lui apparaissait plus comme la voie royale de la connaissance. Ce n'était en tout cas pas la seule. Cette question me semble être la plus importante dont nous discutâmes ensemble ; elle traversa toutes nos réflexions pendant les années qui suivirent.

Dans sa maison au confort sommaire il vivait ce que nous nommons aujourd'hui « décroissance » ou « sobriété heureuse ». C'était sa manière de pratiquer l'écologie radicale, en accord avec ce qu'il avait compris pendant la période précédente à Paris au tout début des années 1970. Sa maison comprenait une pièce principale, très petite, meublée d'une table ronde, de quelques simples chaises et d'un vieux buffet. Elle servait de séjour, de cuisine et de salle de bains. Elle était pourvue d'un évier taillé dans un bloc de pierre et muni d'un robinet raccordé au réseau d'eau froide qui venait de la montagne et alimentait le hameau. En hiver, une cuisinière à bois fournissait aussi l'eau chaude. En été, il utilisait un simple réchaud à gaz pour la cuisine et l'eau chaude.

Dans le petit atelier qui jouxtait la cuisine, un escalier menait à l'étage composé de deux pièces, la première servait de chambre aux personnes de passage, l'autre était sa chambre qui lui servait aussi de bureau. Il fallait traverser la première pour aller dans la sienne. Les lits consistaient en de simples matelas posés sur le sol recouvert de tomettes. La literie comportait des couvertures, jamais de draps. Il faisait très peu usage de l'électricité, et comme il garda toujours la passion du bricolage, l'utilisait parfois pour alimenter un petit outil. Il s'éclairait plutôt au pétrole, par de jolies lampes en cuivre pourvues de longs verres. Ceci prête à sourire aujourd'hui, si l'on pense à l'origine du pétrole et aux problèmes posés par son utilisation. Le rejet de l'électricité d'origine nucléaire était radical dans les milieux alternatifs des années 1970 ; il n'existait quasiment pas alors d'électricité « verte », sauf issue de rares installations rudimentaires productrices d'électricité hydraulique, ou de quelques éoliennes. Des « toilettes sèches » étaient situées dans une minuscule pièce accolée à son logis.

Devant la porte d'entrée de la maison, tout contre, se trouvait une bergerie d'où émanait l'odeur puissante des chèvres.

Je me sentis tout de suite à l'aise dans cette ambiance. L'odeur était un mélange de feu de bois, de vieux meubles, de légumes lacto-fermentés, d'ail et de beurre. Je trouvais la même ambiance dans les autres maisons qu'il habita par la suite, et aussi le même ordre, la même méticulosité. Un surprenant mélange de simplicité et de beauté. Chaque objet était soigneusement choisi et rangé. Il avait un chat et lui parlait.

Cette première visite ne se passa pas comme je l'avais prévu : je restais finalement chez lui deux ou trois jours et constatai pour la première fois qu'il n'avait aucun sens de l'heure. Il adorait vivre et travailler la nuit. Le jour nous parlions presque sans interruption, et quand la nuit était avancée, je lui disais que je n'avais plus d'énergie et n'étais plus assez concentré. Il semblait en être désolé et finissait la conversation à regret. La question centrale dont nous parlâmes concernait l'éthique. Je ne parvenais pas alors à comprendre pourquoi la science peut être pratiquée par des êtres humains qui semblent en être dépourvus. L'activité de recherche scientifique m'apparaissait en effet comme l'une des tâches humaines les plus nobles. J'aurais presque pensé à cette époque qu'il fallait faire une prière avant de se plonger dans un travail en physique ou en mathématique, tant cette activité me semblait sacrée. Cette réflexion sur « la science sans conscience » peut sembler banale. La réponse est complexe. La collusion entre les scientifiques et le pouvoir politique avait sans doute commencé très tôt. Nous passâmes en revue quelques scientifiques dont l'éthique m'avait semblé problématique. Nous parlâmes du siège de Syracuse par les Romains et des légendaires miroirs d'Archimède, conçus pour incendier les bateaux à grande distance. Nous évoquâmes Newton, son poste de directeur de la Monnaie à Londres et son zèle à poursuivre les faux-monnayeurs – voire à assister à leur supplice. Comment avait-il été possible à Newton de pénétrer comme il l'avait fait dans les subtilités de l'univers mathématique ou de certaines lois qui régissent le monde physique, et de pouvoir faire abstraction de toute émotion ?

Le comble de l'horreur me semblait avoir été atteint par Fritz Haber, dont je connaissais quelques éléments biographiques. J'avais de Haber l'image du scientifique génial, lauréat d'un prix Nobel de chimie et qui travailla consciencieusement à l'invention des gaz de combat utilisés pendant la première guerre mondiale. Haber me semblait être l'incarnation du scientifique sans âme. Il réunissait en un seul être des capacités intellectuelles hors normes, une exceptionnelle capacité de travail, une culture prodigieuse et une inhumanité inconcevable. Sa femme, opposée à ses travaux sur les armes de destruction, se suicida devant lui d'un coup de revolver dans la poitrine. Le lendemain, Haber repartit sur le front russe poursuivre ses essais sur les gaz de combat. Il justifiait sans doute son attitude, à ses propres yeux ou aux yeux d'autrui, par sa responsabilité de défendre sa patrie ou des arguments de ce genre.

Je parlais à Alexandre de ma lecture du livre autobiographique de Heisenberg, *La Partie et le Tout*, et lui dis qu'elle m'avait laissé une impression de malaise. J'avais eu le sentiment qu'Heisenberg cherchait à justifier ses actes pendant la période nazie et de ne pas avoir quitté l'Allemagne. Certains scientifiques allemands avaient émigré aux États-Unis. Cette ambiguïté de Heisenberg me désolait. Alexandre ne connaissait pas ce livre.

Nous parlâmes du *Manhattan Project* qui aboutit à la fabrication des premières bombes atomiques. La collusion entre recherche scientifique et pouvoir politique atteignit alors des sommets. Alexandre me dit que s'il s'était trouvé dans la situation d'un scientifique appelé à participer à cette « œuvre », il aurait opposé un refus clair et définitif, sans la moindre hésitation. Je savais que le physicien Wolfgang Pauli, lors d'un séjour à Princeton pendant la guerre, avait eu la même opinion tranchée, un non catégorique quant à la demande qui lui était faite de participer au *Manhattan Project*. Quand je connus mieux Alexandre, je compris qu'il aurait préféré être tué plutôt que de collaborer à un travail en contradiction avec ce que sa conscience lui aurait dicté. Une participation de quelque ordre qu'elle soit à un tel abaissement, ce n'était pas pour lui. Il me parla de ce qu'il nommait son « réveil », ce moment où il eut connaissance de l'existence de crédits militaires dans le budget de l'IHES : il évoqua ceci en termes violents, d'une voix tremblante, me disant qu'il avait alors saisi que « les scientifiques se prostituaient avec les militaires ».

Je ne pouvais avoir une idée personnelle précise de l'importance de son œuvre mathématique. Mais comparé à Oppenheimer dont le rôle dans le *Manhattan Project* fut déterminant, Alexandre me semblait doté d'une dimension supplémentaire dans sa vie intérieure. J'appris plus tard que lors de la conception de l'IHES en 1958, Léon Motchane s'inspira beaucoup de l'Institute for Advanced Study de Princeton dont Oppenheimer était alors le directeur. Motchane demanda des conseils à Oppenheimer. Ainsi dès la création de l'IHES fut impliqué (de manière périphérique) un physicien dont l'éthique était sans doute très éloignée de celle d'Alexandre : Oppenheimer attira certes l'attention vers la fin de sa vie sur les dangers de la nucléarisation de la société, mais ceci semble plutôt dérisoire, comparé à l'antimilitarisme radical d'Alexandre Grothendieck.

Lors de ces premiers dialogues je posai à Alexandre de nombreuses questions sur le travail poursuivi au sein du groupe Survivre et Vivre pendant les années précédentes. J'avais retenu entre autres un concept troublant, celui de *dissidence* qui signifiait ni plus ni moins la rupture qu'il faudrait opérer avec la société industrielle et productiviste telle qu'elle existait, et dont nous ne reconnaissions plus les valeurs. Elle impliquait la nécessité d'opter pour un mode de vie marginal tel que le choisissaient à cette époque les jeunes gens qui s'établissaient dans des endroits retirés, en pleine nature. Les villageois les nommaient « hippies ». Cette marginalité me faisait peur par sa radicalité. Et Alexandre était dans une situation particulière puisque l'enseignement à l'université lui procurait un salaire confortable : il n'était pas dans un processus de rupture complète avec la société. Je compris plus tard qu'une coupure radicale est impossible et qu'on ne peut vivre tel Robinson.

La question centrale que nous abordâmes pendant ces journées concerna la responsabilité du scientifique ainsi que cette contradiction difficilement compréhensible : l'ambition de la science est d'embrasser « la réalité » dans toutes ses dimensions. Pourtant, le développement des technologies qui découlent de ces recherches de manière plus ou moins immédiate porte une lourde responsabilité dans la destruction progressive de la biosphère, voire dans la menace d'un total anéantissement de la vie sur Terre. Comment peut-il donc y avoir connaissance « absolue » par la démarche scientifique et en même temps potentielle destruction par les technologies qui en dérivent ? Comment un scientifique peut-il ne pas se préoccuper de questions éthiques ?

Nous parvînmes ainsi à la question sur la nature et les limites de la connaissance scientifique, telle qu'elle existe aujourd'hui : n'est-elle pas un regard particulier porté sur la nature ? Un point de vue limité, partiel, sur les choses ? Est-elle capable d'appréhender le monde vivant dans ses spécificités ? Ces questions nous occupèrent pendant les années suivantes. Elles semblent être des questions profondes de notre époque et qui se posent maintenant de manière plus aiguë encore.

Il m'apprit qu'il avait un moment envisagé d'abandonner ses recherches mathématiques pour se tourner vers la biologie, et dès ce premier échange me dit combien l'idée des biologistes « qui espèrent comprendre la vie à partir des statistiques » semblait ridicule à ses yeux. Il insista fortement sur cette réflexion qui semblait le tourmenter. Je comprenais cette question à propos des méthodes d'approche du vivant par la biologie, mais ne voyais pas quelles pouvaient être les autres portes de compréhension. Cette question fut l'objet de maints dialogues ultérieurs.

Dès cette première rencontre je fus surpris de remarquer qu'il n'avait pas beaucoup lu. Et je pus le vérifier bien souvent par la suite. Il pensait par lui-même et ne faisait que rarement référence à quelqu'un d'autre. Il avait cependant de maints écrivains une impression forte. Celle-ci avait peut-être été acquise par la lecture d'un passage essentiel qui lui avait été conseillé, ou bien par ce qu'une autre personne avait pu lui en dire dans les milieux cultivés au sein desquels il avait vécu. Une brève lecture d'ouvrages de moindre importance suffisait à lui en donner quelques impressions. J'eus le sentiment plus tard qu'il « sentait » ce genre de livres plutôt qu'il ne les lisait. Sa compréhension n'était pas seulement fondée sur la logique, même la plus sophistiquée.

Il décortiquait les ouvrages qu'il estimait, aimait en parler longuement et y revenir sans cesse. Dès lors qu'il s'agissait d'examiner une idée d'un philosophe ou d'un écrivain, il la prenait sous tous ses aspects, l'examinait dans ses fondements et toutes ses conséquences. Il remontait peu à peu aux présupposés, implicites ou non, procédait ainsi à un travail de démontage du livre, à une analyse serrée qui dissipait toute ambiguïté. Il parvenait ainsi au point où il était possible d'exprimer en mots simples la pensée de l'auteur. Et il tentait de pénétrer sa psychologie même. Alexandre aimait rechercher dans un livre ce qu'il nommait les « contradictions internes » : celles qu'il pouvait déceler dans l'œuvre écrite, mais aussi chez l'écrivain lui-même. Parfois, s'il trouvait des failles rédhibitoires, il se désintéressait et du livre et de son auteur. Il avait aussi l'habitude de scruter les passages parfois très brefs et anodins en apparence, qui pouvaient constituer les parties émergées de l'iceberg, révéler une information cruciale.

Je m'aperçus pendant les années qui suivirent que c'était bien ainsi qu'il lisait, quel que soit l'écrivain, Carlos Castaneda, Walt Whitman, Sigmund Freud, Khalil Gibran ou encore Lao-tseu…

Lors de ce premier dialogue, dans le calme de sa maison, il me dit en souriant, avec sympathie et fermeté : « C'est entendu, tu as tout lu… » J'encaissai le choc et compris que bien souvent j'avais dévoré les ouvrages à contenu philosophique comme un idiot, sans approfondir, sans esprit critique suffisant. Diverses visions du monde avaient défilé devant moi sans que je prenne le temps de les peser et les comparer, de garder certains éléments, d'en rejeter aussi. Ma manière de lire fut transformée. Et pendant les années qui suivirent, ce mode de pensée et d'examen des idées constitua une véritable méthode dans nos dialogues, à propos de ses lectures et des miennes : je lui exposais ce que j'avais étudié, il le passait alors au feu terrible de son intelligence, me demandait ce que j'avais compris. Ainsi mes lectures et toutes mes recherches personnelles furent-elles stimulées par la perspective d'échanger avec lui.

Que ce penseur se nommât Krishnamurti, Nietzsche, Gandhi ou Ramakrishna lui importait peu : il me semblait parfois qu'il manquait de respect à l'égard de tel ou tel auteur et je prenais cette liberté d'esprit pour un manque de déférence. Je lui disais alors quelque chose du genre : « Là tu y vas un peu fort. » Mais être si proche de lui signifiait aussi ne pas me rendre tout à fait compte de sa propre originalité, pour ne pas dire de son propre génie. Il souriait gentiment à ce type de remarque. Je ne savais pas, pendant ces années-là, qu'il s'agissait lors d'une lecture de procéder en somme à ce que Husserl nomme « réduction phénoménologique » – pénétrer dans les arcanes d'un phénomène, le contenu d'un ouvrage en l'occurrence, jusqu'au point de le *voir* en un éclair et pouvoir l'exprimer en quelques mots… C'est cela que voulut Alexandre par la suite, pour les livres qu'il me demandait expressément de lire afin de lui en rendre compte.

Nos échanges furent si vifs pendant ces premiers contacts et par la suite, que je le quittais en étant toujours dans un état de grand bouillonnement intérieur. Je prenais des notes, juste après – dans le train ou un hall de gare, dans un café où je faisais halte, n'importe où. Je lui dis un jour en plaisantant que j'avais ainsi le sentiment de ressembler à Carlos Castaneda rendant visite au sorcier yaqui Don Juan, dont il fut beaucoup question ensuite dans nos conversations.

Après ces premiers dialogues mon intention confuse, non consciente, de poursuivre des études scientifiques fut ébranlée. Ce que je désirais s'en trouva renforcé. Je me sentis précipité et stimulé dans des questionnements philosophiques, éthiques et épistémologiques. J'eus l'impression de me rapprocher de mes vrais intérêts, et pris conscience peu à peu du poids du conditionnement que j'avais subi pour m'investir dans l'étude des sciences dures.

Lors de ces dialogues, Alexandre me raconta qu'à la fin de l'adolescence, après sa sortie du camp de concentration, il avait réfléchi à ce qu'il allait faire dans sa vie. Il avait envisagé d'abord une carrière littéraire. Puis d'être physicien. Je fus amusé d'apprendre qu'il avait pensé à faire de la physique et aurait pu sans doute apporter à ce domaine des contributions essentielles : la physique n'en serait pas là où elle en est aujourd'hui. Alexandre s'était ensuite orienté vers les mathématiques. Quand il me fit le récit de ses débuts, j'eus le sentiment qu'il y avait dans sa voix une solennité, comme lorsqu'il exprimait des idées graves. Je crus entendre parler un mathématicien ordinaire, persuadé que la mathématique est plus noble que la physique, plus « pure » car plus éloignée de toute réalité matérielle immédiate. Il s'était jeté à corps perdu dans les mathématiques et exprima ainsi ses dispositions initiales : « Faire des mathématiques me paraissait bien, me paraissait noble. C'est pourquoi je pris cette décision. Aujourd'hui mon choix serait sans aucun doute différent : oui, si j'avais ton âge aujourd'hui, je ferais autre chose que des mathématiques ou de la physique ». Lors de cette conversation il rajouta qu'il s'était lancé dans ce travail vers l'âge de dix-sept ans « avec l'intention d'être le mathématicien le plus productif du monde ». Je ne sentis pas de vanité quand il le dit mais en fus quand même surpris. Pourtant c'était le vœu qu'il avait fait, tout simplement. Je ne sais si son désir avait été exaucé et n'osai à cet instant le lui demander. Mais ceci était en conformité avec un trait de son caractère que je découvris par la suite, l'absence de limites.

2. Villecun, le 25 septembre 1975

Cher Christian,

Ta décision de continuer à faire de la physique n'a certes pas été une surprise. Je connais bien l'emprise de cette force en nous qui nous pousse à faire une chose, dès lors que nous sentons que nous pouvons la faire, et la faire « bien ». À vrai dire, sous ton interrogation l'autre jour et tes objections apparentes, on sentait le désir de trouver chez autrui une justification d'un choix qui, au fond, était déjà fait. Peut-être t'attendais-tu plutôt à trouver une telle « justification » dans la rationalisation si courante (et si dérisoire) de la « destruction des structures par l'intérieur ». Mais pour peu que tu observes honnêtement, humblement la réalité, tu constateras que dans la mesure où tu « fais de la physique », tu renforces les structures existantes et tu contribues à ton propre isolement et à celui des autres ; aucun discours gauchiste (ou action même percutante) proféré dans tes heures de loisir, ne pourra rien y changer ! Aussi, ce que je te souhaite, c'est que, malgré le nécessaire isolement qu'implique ton choix et ses fruits, tu restes attentif et sans complaisance aux effets véritables de cet isolement même, et de ses fruits. Cela signifie être attentif aux *choses* elles-mêmes, au lieu de se laisser leurrer par les formules toutes faites par quoi nous essayons généralement (scientifiques ou pas...) de les exorciser. Et c'est là chose bien plus difficile et plus rare que d'être (ou devenir) un brillant physicien !

Merci pour le spécimen des « Nouvelles divines », que j'ai regardé avec intérêt. Veux-tu que je te le renvoie ?

Avec tous mes vœux de succès dans ton entreprise, bien cordialement,

Alexandre

Dans cette lettre Alexandre fait allusion à l'isolement impliqué par le travail scientifique et dont il avait pris conscience après avoir mis fin à ses recherches au tout début des années 1970. Pendant cette période d'éloignement des mathématiques, il était dans des dispositions d'ouverture particulières. Ce ne fut pas toujours le cas. Il écrit qu'il comprend ma décision « de continuer à faire de la physique ». Mais ce n'en était pas une : j'étudiai tant bien que mal une année de plus et clôturai ensuite de manière définitive ce chapitre de ma vie, cette période passée à l'étude des sciences dures.

La prétendue « destruction des structures de l'intérieur » était aux yeux d'Alexandre une option médiocre, hypocrite, la tentative de justifier une participation personnelle à un système reconnu comme absurde. Il avait opté pour un choix plus radical et s'était établi dans un village isolé mais dut gagner sa vie en enseignant les mathématiques dans une université. Il avait conscience des contradictions que cela signifiait, mais c'était le lien minimal qu'il avait dû maintenir avec la société, bien malgré lui.

Sa marginalisation était cependant allée jusqu'au point de se mettre à l'écart de toute forme de militantisme écologique. Était révolue la période consacrée à ces luttes destinées à faire prendre conscience au plus grand nombre des maux terribles que nous infligeons à notre environnement. Pendant l'été 1979 il passa une nuit entière à parcourir les anciens numéros de la revue *Survivre et vivre*. Depuis la pièce voisine je l'entendis rire à gorge déployée, pendant cette nuit-là. Le lendemain matin il me raconta que pendant ces années de combats écologiques il avait été mû par le désir de « sauver l'humanité ». Cet épisode était décidément clos. Il semblait avoir sur cette période un regard conciliant et était tout simplement passé à autre chose. Alexandre avait trouvé dans le milieu Survivre et Vivre une stimulation intérieure forte avant de percevoir la nécessité de mettre fin, pour son propre compte du moins, à cette expérience collective. Et il avait bien fallu qu'il en tire les conséquences. Sa réflexion s'était alors élargie à des considérations sur le caractère souvent limité de toute action humaine.

L'allusion (à la fin de la lettre) aux « Nouvelles divines » concerne la revue *Actualités divines* dont je lui avais envoyé un exemplaire et dans lequel on pouvait trouver des extraits de conférences que donnait Prem Rawat, alors âgé de dix-huit ans : cet auteur d'un ouvrage *Apprendre à s'écouter* est toujours actif en 2024. Alexandre s'y intéressait parce que Serge, son fils aîné, s'était tourné vers Prem Rawat au printemps de cette même année. Serge est encore son élève. J'étais resté perplexe face à l'intérêt d'Alexandre pour la *Bhagavad Gita* qu'il avait évoquée dès notre première rencontre à Villecun en septembre 1975, et dont je n'avais jamais entendu parler auparavant. Je désirais connaître sa réaction à l'égard d'écrits dont la veine me semblait similaire.

La *Gita* est la partie centrale d'une vaste épopée hindoue, le *Mahabharata*. C'est une réflexion sur l'action humaine, ses limites foncières et le nécessaire détachement qui devrait toujours l'accompagner. Alexandre était alors plongé dans la lecture de la *Gita* qu'il disait être « d'une sagesse rare ». Il m'avait longuement parlé de son enseignement central, qu'il résumait en termes simples, la nécessité de « poursuivre l'action sans se préoccuper du but ». Alexandre traversait une période méditative. Je me procurai ce livre dont il m'avait vivement conseillé la lecture, en me disant que je trouverais sans doute une édition commentée par Sri Aurobindo – c'était celle publiée chez Albin Michel.

Ce fut la première fois que j'eus accès à une œuvre de spiritualité hindoue. Ce domaine-là m'était étranger et me semblait un peu fumeux, confus, vague, entouré de mystère. Il me semblait que j'allais m'y perdre, voire y sombrer, je m'en méfiais. Pendant cette période, tout ce qui concernait l'intériorité humaine devait être rangé à mes yeux du côté des connaissances douteuses, imprécises. Je pensais que la spiritualité hindoue était trop loin de notre référentiel culturel et l'avais délibérément mise de côté dans mes recherches personnelles. Lors d'une conversation je fis à ce sujet une remarque teintée d'un léger mépris, qui le choqua. Seule la connaissance scientifique me semblait parée du sérieux nécessaire, constituer un socle sûr.

Mon opinion changea peu à peu, je m'ouvris et compris que la spiritualité hindoue est l'expression d'une autre vision du monde. Au-delà de l'immense puissance poétique du récit de la *Gita*, on y trouve exposé toute une conception de la responsabilité de l'être humain, de ses actes et de sa destinée. Alexandre y avait été sensible et je fus étonné de l'intérêt qu'il y portait, du hiatus entre sa position reconnue au sein du monde académique et son intérêt pour une œuvre aussi étrangère à notre culture occidentale. Il ne considérait pas que les philosophies traditionnelles exprimées dans des ouvrages telle la *Bhagavad Gita*, devaient être rejetées d'emblée, et qu'il ne fallait garder pour sûrs que nos pas durement gagnés au sein des paradigmes scientifiques. Je vis par la suite qu'il gardait toujours cette absence de principes, cette capacité à écouter, cette ouverture sans *a priori*, sans jugement – que ce fût à l'égard d'une philosophie, d'une religion, d'un art ou d'un être humain : il ne se souciait donc pas que tel ou tel auteur, telle ou telle œuvre, ne soit pas intégré dans le champ académique. À vrai dire, il s'en fichait complètement, ne se posait même pas cette question. Il s'attachait seulement à la profondeur d'une œuvre ou d'un auteur, qui méritait d'être explorée.

L'expression « être attentif aux choses elles-mêmes », utilisée par Alexandre dans la lettre précédente, est une allusion discrète à la philosophie de Krishnamurti, dont il me parla lors d'une visite ultérieure que je lui fis.

3. Villecun le 12 janvier 1976

Cher Christian,

Ci-joint un chèque de 100 F – avec mes remerciements pour le dépannage !

Je te souhaite bon travail – et à bientôt peut-être,
Alexandre

Je rendis à nouveau visite à Alexandre au début de l'hiver suivant, en décembre 1975. Je le trouvai devant sa maison, en train de fendre des rondins. Sa cuisinière à bois était alimentée par des bûchettes, ce qui nécessitait tout un travail. Il l'accomplissait volontiers et avec joie comme toute tâche physique.

Lors d'une longue conversation, tard dans la nuit, Alexandre évoqua pour la première fois Krishnamurti, que je ne connaissais pas et dont il avait lu plusieurs livres. La première allusion qu'il fit à cet auteur suscita en moi une fermeture, déclencha une réaction sotte de ma part, qui le choqua : je lui demandai s'il existait quelque relation entre cet écrivain et le groupe religieux Hare Krishna, souvent présent dans les rues de Paris. Les adeptes étaient vêtus d'un pagne de couleur safran, dansaient en agitant des clochettes, tapaient sur des tambours et chantaient leur mantra. Il me répondit sèchement qu'il ne voyait pas d'inconvénient, quant à lui, « à chanter et danser dans la rue » et « à porter une dhoti safran ». Il mit dans mes mains un exemplaire de *La Première et Dernière Liberté*, me souhaita bonne nuit et monta dans sa chambre. Je l'ouvris et lus quelques pages. J'eus l'impression d'être pénétré d'une lumière glacée, effrayante, presque insoutenable. Le sentiment que le ciel s'ouvrait. Ce qu'écrivait Krishnamurti me parut tout à fait nouveau, inattendu, inconcevable, d'une complète originalité. Son langage me parut étrange et inhabituel. J'eus une sorte de peur : il semblait parler d'un niveau de connaissance inconnu de moi, s'exprimer depuis une région de notre conscience dont je ne soupçonnais même pas l'existence.

Le lendemain matin je dis mon trouble à Alexandre. Il me prêta ce livre, je l'emportai chez moi et ne pus l'ouvrir que deux ou trois semaines plus tard, tant j'avais été ébranlé. C'était un premier contact avec l'expression d'une vision du monde éloignée de notre compréhension courante : je pressentis que l'auteur de ce livre était parvenu par ses efforts personnels ou un don rare, à un mode de perception qui n'était pas la négation de la vision scientifique dominante mais procédait de capacités d'entendement en sommeil chez l'être humain ordinaire. Je me mis à lire différents ouvrages de Krishnamurti, dont les *Commentaires sur la vie* qu'Alexandre me prêta ensuite.

Pendant les années suivantes, les points de vue de Krishnamurti furent l'objet de vives conversations entre nous et devinrent un référentiel, un arrière-plan plus ou moins exprimé, mais toujours présent. Le centre des conceptions de Krishnamurti nous parut être le « voir », mode de compréhension d'ordre supérieur à celui de la simple raison. Dans l'apport de ce philosophe à sa propre recherche, Alexandre insistait cependant plus sur le processus essentiel de « la fuite » dont il sera beaucoup question dans les lettres reproduites ci-après : mais « voir » n'est possible que si meurt en nous ce mécanisme de « fuite » qui signifie une limitation de nos capacités d'entendement.

Alexandre décrivait la pensée discursive impliquée dans les recherches mathématiques comme une « pensée parfaitement maîtrisée, claire, puissante, qui s'écoule comme un fin ruisseau » ; celle-ci pouvait amener à la vision claire ou du moins à un éclairage partiel d'un nouveau champ en mathématique. Mais Krishnamurti semblait être au-delà de cela : il parlait de l'arrêt de la pensée et de l'émergence de compréhensions sur fond de silence[1].

Pendant cette période et jusqu'au milieu des années 1980, la recherche intérieure d'Alexandre allait de pair avec un intérêt pour certaines philosophies orientales ou d'inspiration orientale : celles de Krishnamurti, de l'école de l'Advaïta vedanta (dont Ramakrishna, par exemple), ou de Gandhi. Son intérêt se portait aussi vers certains enseignements spirituels d'enracinement ancien (tel celui du sorcier yaqui des livres de Carlos Castaneda), dont il sera beaucoup question aussi dans nos échanges ultérieurs. On peut remarquer que pendant ces années 1970, dans les milieux contestataires et alternatifs qu'il fréquentait, la religion chrétienne faisait l'objet d'un certain rejet : le sentiment religieux était confondu avec l'adhésion à un dogme et à une Église.

Plus tard, dans *La Clef des Songes ou Dialogues avec le Bon Dieu*, rédigé en 1987-1988, Alexandre exprima un intérêt pour le christianisme, comme l'atteste sa référence à Marcel Légaut (1900-1990), mathématicien, chrétien – il évoque en (135), « Les mutants », (11), « Les mutants et la crise de la civilisation – ou de l'homme malade et de sa guérison » une « brève rencontre » qu'il eut avec ce chercheur chez lequel il sentit un « rayonnement intérieur qui n'est pas celui de la pensée ». Et vers la fin de sa vie, lorsque son isolement atteignit un point culminant, Alexandre fut marqué par la personne de Marthe Robin, mystique chrétienne contemporaine ; il lui voua même un véritable culte. À différentes périodes de sa vie il exprima en somme un intérêt pour les religions orientales tels le bouddhisme, le taoïsme et l'hindouisme dont la tradition de l'Advaïta vedanta, ainsi que pour le christianisme, certaines traditions chamaniques et le judaïsme – il décrivait la

1. Alexandre raconta plus tard, dans *La Clef des Songes* (« (126), La Paille et le grain, (3), Krishnamurti – un bilan ») combien la première lecture de ce philosophe, en 1972, l'avait « électrisé » et lui apparaissait désormais comme « une œuvre de démolition s'inscrivant dans un processus de décomposition d'une civilisation ». Il porte cependant sur lui, dans cet ouvrage écrit une quinzaine d'années plus tard, un regard extrêmement critique, impitoyable mais humoristique, amplement développé : il écrit par exemple que Krishnamurti « est imbu de cette vanité que lui seul est "grand" ». Cette « électrisation », je la connus donc aussi, en décembre 1975 quand il me montra le même ouvrage qui l'avait touché trois années plus tôt, *La Première et Dernière Liberté*.

Torah comme la « chronique d'un Peuple » et me parla avec admiration de l'intérêt du psychanalyste et mathématicien Daniel Sibony pour la Kabbale, qu'il n'avait lui-même manifestement pas étudiée.

Je ne pense pas cependant qu'il ait considéré (vers la fin de sa vie par exemple – car pendant la période de notre amitié ce n'était certainement pas le cas) que puisse exister une hiérarchie entre les diverses religions de l'humanité, dont l'essence lui paraissait similaire. Il est intéressant de constater que parmi les « mutants » qu'il décrivit plus tard dans sa *Clef des Songes*, êtres qui porteraient en germe, selon cette conception, l'avenir de l'humanité, se trouvent aussi bien Ramakrishna (de la tradition de l'Advaïta vedanta), Krishnamurti (qui peut être relié aussi à cette tradition, bien que lui-même l'eût nié), Fujii Guruji (bouddhiste japonais), Teilhard de Chardin, Légaut et Steiner (chrétiens). Il écrivit, dans *La Clef des Songes*, (51), « Les clichés du spirituel », (1), « haro sur "l'erreur" et sur "l'ignorance" », à propos de sa compréhension personnelle récente du sens de la doctrine chrétienne de la Rédemption : « même sans être chrétien ni me sentir appelé à le devenir jamais, c'est pourtant un soulagement d'en avoir enfin le cœur net et d'y voir plus clair. »

Comment définir ce qu'Alexandre pouvait entendre par la dimension « spirituelle » de ses recherches mathématiques ? Elles concernent, me semble-t-il, les « essences », au sens donné à ce concept par Platon, Spinoza ou la philosophie husserlienne. Qu'Alexandre n'ait lu ni Platon, ni Spinoza, ni Husserl, n'empêche pas sa compréhension profonde de ce qu'est une *essence* : les concepts mathématiques qu'il mit à jour lui apparurent bien en tant qu'essences. Et dans une lettre ultérieure (1er juin 1980), il évoquera « la compréhension d'une "essence" » que fut pour lui la vision de « la présence vivante de l'Enfant [en lui] ».

Les diverses essences ne concernent donc pas les mêmes régions de la réalité : certaines relèvent du monde des idéalités mathématiques, d'autres du monde de l'intériorité. De plus, même au sein des essences appréhendées dans l'univers mathématique, les degrés d'abstraction sont différents : selon le mathématicien Laurent Lafforgue, la « notion de topos », par exemple, apparaît comme « extrêmement abstraite » car elle propose « une géométrie non fondée sur les points ». Cependant, dans l'esprit d'Alexandre, ce que lui-même désignait par « spiritualité » ne pouvait être réduit au monde de telles abstractions, même les plus poussées : celles patiemment mises à jour par des investigations réalisées dans le cadre de la démarche scientifique actuelle, ou (semble-t-il) à sa marge – comme l'atteste le concept de topos, encore peu accepté dans le milieu mathématique.

Les questions sur l'existence, le sens de notre vie personnelle, celui de l'aventure de l'humanité et la situation dramatique actuelle, le mauvais pas dans lequel nous sommes désormais engagés et dont nous ne savons trop comment sortir, notre finitude individuelle et la signification de la mort, nos capacités humaines à connaître…, toutes ces questions le fascinaient et faisaient l'objet de ce qu'il entendait par « quête spirituelle ».

Lors de telles recherches il trouva sur son chemin les enseignements d'êtres étiquetés comme « mystiques » et parfois rejetés comme tels, puisque leurs champs d'investigations ne font pas partie de la science académique – leurs philosophies sont le plus souvent rangées dans la vaste rubrique nommée « ésotérisme » et considérées avec mépris. Mais si Alexandre se mouvait avec aisance dans l'univers mathématique, il savait aussi que nous ne sommes pas dotés, en tant qu'humains, de notre seule pensée discursive et de nos seules capacités intuitives impliquées dans de telles recherches. Et il ne lui venait même pas à l'esprit qu'il pût être bridé par les limites imposées aux champs des connaissances académiques. Ce qui au début de notre relation me choqua, par mon ignorance, devint vite les sujets de nos échanges passionnés.

4. Villecun, le 17 avril 1976

Cher Christian,

Merci pour ton mot et le n° 2 d'Impatience – dont Christian s'est emparé avec intérêt, disant que les articles sur le nucléaire étaient « très bien ». Il me l'a ramené quelques semaines après, j'ai jeté un coup d'œil pendant une demi-heure, avec cette impression (que tu dois bien connaître aussi) du « déjà lu », « déjà entendu », « déjà dit », « déjà envoyé » Que d'autres passent par là à leur tour, c'est sans doute une bonne chose – mais ce qui est étrange, c'est que des gens s'y arrêtent une fois pour toutes, à ce niveau tout verbal je veux dire, s'ajoutant à tout ce bruit dont le monde – nous tous – retentissons.

Ne peux-tu préparer une thèse d'état sans passer par une thèse de 3e cycle – donc sans te heurter au dilemme de la DGRST ? C'est certainement possible en Maths, et j'encourage plutôt autour de moi à court-circuiter la formalité superflue de la thèse de 3e cycle, si une « vraie » thèse peut être envisagée. C'est dommage que je ne puisse faire figure de patron dans ton cas ?! Au fait, qu'en serait-il de Lévy-Leblond ? (Excuse-moi si la question te semble stupide, mais en fait je ne le connais pas du tout…)

Cela fera bientôt deux mois que les cours n'ont pratiquement plus lieu ici – pourtant la grève étudiante se traîne sans grand enthousiasme, et en vase clos. Comme si ce qu'il y aurait (paraît-il) à défendre n'enthousiasme personne… Parmi les étudiants venant à mes cours, il y en a qui voudraient bien que la résistance à la « réforme » soit l'occasion d'une remise en cause générale de l'esprit dans l'enseignement à la Fac, les relations entre étudiants et enseignants, etc. Mais ils se sentent bien isolés il me semble – il y a une sorte de complicité tacite entre étudiants et enseignants, personne ne désirant affronter l'angoisse d'une mise en cause *concrète* d'un statu quo familier – somme toute rassurant dans sa médiocrité.

Je serai content d'avoir encore de tes nouvelles, quand tu auras envie de donner signe de vie.

Affectueusement,
Alexandre

Christian était un jeune adolescent du hameau, pour lequel Alexandre s'était pris d'affection. Alexandre fait allusion dans cette lettre à la revue *Impascience* dont je lui avais envoyé un exemplaire. Cette revue venait d'être créée et était dirigée par le physicien Jean-Marc Lévy-Leblond avec lequel j'étais en contact dans le cadre de mes études universitaires. Alexandre exprime dans cette lettre sa distance à l'égard de toute activité militante. Le numéro d'*Impascience* que je lui avais envoyé contenait une remise en question de l'énergie nucléaire, même pour une utilisation civile liée à la production d'électricité. Dans l'université parisienne dans laquelle j'étudiais je me heurtais de plein fouet à la question du bien-fondé de l'utilisation de cette énergie : l'un des enseignants de physique nucléaire, Jean Teillac, était haut-commissaire à l'énergie atomique. C'était un ancien élève d'Irène Joliot-Curie, fille de Pierre et Marie Curie. Teillac était convaincu de l'inanité des luttes antinucléaires : il pensait qu'elles étaient l'œuvre de retardataires et relevaient de l'imbécillité. Il qualifia de « laïus » un exposé que nous fit son assistant sur les questions préoccupantes posées par l'utilisation de l'énergie nucléaire, particulièrement la gestion des déchets. Je m'éloignais progressivement de la physique.

5. Villecun, le 22 juillet 1976

Cher Christian,

Enchanté d'avoir de tes nouvelles – et la perspective de te revoir ! En principe je suis à Villecun, mais je suis chez des amis des environs assez souvent. Enfin, si je n'y suis pas quand tu arrives, tu t'installes sans m'attendre, te fais à manger, etc.

Bien affectueusement,
Alexandre

Je passais du temps chez lui à Villecun pendant cet été 1976 et continuais ainsi à découvrir l'existence d'un milieu que j'avais commencé à connaître lors de mes visites précédentes. Son entourage était principalement le réseau alternatif des années 1970. Celui-ci prônait un rejet quasi intégral de la société de consommation, un retour à la nature caractérisé par la sobriété et l'attention portée à l'écologie. Alexandre évoluait un peu comme un étranger, dans ce milieu marginal. Sa personnalité solaire faisait qu'il était partout à l'aise, tout en n'étant pas identifiable à une classe sociale définie. Il détonnait partout, aussi bien par sa tenue vestimentaire que sa manière de s'exprimer : il ne semblait pas venu de ce monde !

Je me souviens des heures que nous passâmes cet été dans la propriété d'un couple de personnes qu'Alexandre connaissait dans la région. Nous étions partis tôt le matin en voiture, par une chaude journée d'août, et fûmes accueillis par ce couple sympathique. Il s'agissait de fabriquer du compost avec de la poudre d'algues, par une méthode particulière qu'Alexandre avait apprise. Je trouvais qu'il le faisait maladroitement, il n'avait pas grandi à la campagne et n'avait pas l'expérience du compostage. Pendant les années qui suivirent il persista dans le jardinage, retrouva peu à peu ces gestes ancestraux gravés en chacun de nous et plus ou moins enfouis.

Pendant la pause de midi, nous nous isolâmes dans une pièce de cette maison de campagne confortable. La lumière était tamisée. Je m'allongeai sur un canapé pour me reposer et me programmai pour dormir une heure. Il prit un livre dans la bibliothèque, un roman plus ou moins autobiographique qui avait reçu un prix littéraire et dont je connaissais seulement le titre.

Schurik déplaça un fauteuil, s'assit près de moi et entreprit de le lire. C'était agréable de se sentir dans l'ambiance suscitée par sa présence, une sorte de bouillonnement intérieur permanent, une densité, un volcan. Je m'endormis dans le bruit des pages qu'il tournait à un rythme anormalement rapide. Quand je m'éveillai il me raconta en détail le livre, me dit qu'il avait lu « une page sur deux », et que cela ne valait pas la peine, qu'il aurait mieux valu qu'il fasse aussi la sieste. Cela me fit rire, il était désolé d'avoir ainsi perdu son temps. Il lisait ce genre d'ouvrages à une grande vitesse, en saisissant l'essentiel. L'après-midi nous poursuivîmes la fabrication du tas de compost à laquelle il mit une grande application, comme pour chacun de ses actes.

Au cours du repas, notre hôte, un physicien, s'en prit à Alexandre, à propos de l'idée selon laquelle il fallait cesser sans délai la recherche. Il fut presque injurieux, faisant allusion à l'intérêt d'Alexandre pour le bouddhisme et disant qu'il ne lui manquait « qu'un moulin à prières ».

Bien évidemment les choix radicaux d'Alexandre et l'arrêt officiel de ses recherches mathématiques le perturbaient. Ce chercheur ne savait pas qu'il continuait à en faire de manière épisodique.

Alexandre ne réagit pas et resta tout à fait poli, cordial même, mais quand nous fûmes partis il me confia ses impressions, disant que ce scientifique était « bien incapable de prendre des décisions énergiques », qu'il « avait une équipe de plusieurs personnes sous ses ordres et que ses travaux n'avaient de toute façon pas grande originalité ». Cela me fit rire. Qu'Alexandre ne fut pas blessé par cette attitude désagréable et ne soit pas sorti de ses gonds m'étonna, comme sa manière d'analyser froidement la situation : ce physicien avait toujours fait des choix tout à fait conventionnels et n'avait aucune intention d'opérer des changements dans sa vie, ou du moins d'entreprendre des réflexions à l'intérieur d'un nouveau champ, situé hors de sa spécialité.

Au terme de la discussion, quand la situation à propos de ce chercheur fut clarifiée, Alexandre cessa d'en parler, comme si le sujet de réflexion était épuisé. Il n'en sembla pas atteint. Nous passâmes à autre chose. Le calme qu'il garda me surprit plus encore que l'attitude de ce scientifique qui fut presque grossier.

Alexandre exprima à cette occasion, à son intention, l'opinion qu'il avait développée quelques années auparavant dans une conférence au CERN en janvier 1972. Il mettait alors autant de passion à tenter de persuader qu'il fallait arrêter toute recherche scientifique, qu'il en avait mise auparavant à essayer de convaincre les mathématiciens de son entourage qu'il ne fallait pas faire autre chose que des mathématiques ! L'arrêt strict de ses recherches fut sans doute bref, concerna la période Survivre et Vivre seulement. Les périodes méditatives qui suivirent dans la seconde moitié des années 1970 et au début des années 1980 duraient au plus quelques mois – il était vite repris par ce qu'il nommait un « accès de fièvre mathématique ». La différence entre ces années-là et celles de la période de son acmé en mathématique, c'est-à-dire entre les âges de vingt et quarante ans, était qu'il n'appartenait plus à une institution officielle et ne publiait plus. Ses notes mathématiques s'entassaient. Alexandre était persuadé que ses recherches n'intéresseraient personne, quand la lecture de ses manuscrits serait possible après sa mort. Il se trompait, faisait une projection : il estimait que dans une situation analogue il aurait bien plus de joie à poursuivre des recherches personnelles en mathématiques, qu'à déchiffrer laborieusement ce qu'un mathématicien, même génial, aurait pu avoir trouvé. Comme J.-S. Bach il aurait pu écrire sur ses notes à la fin de chaque travail, pendant ces années-là, *S. D. G.*, *Soli Deo Gloria*, « à Dieu Seul la Gloire ». Pour Bach, cette mention n'était peut-être pas seulement une attitude d'humilité face à la perfection divine. Ce compositeur pensait en effet que nombre de ses œuvres ne seraient jouées qu'une fois, ou jamais.

Alexandre Grothendieck et l'université

6. Villecun, le 22 août 1976

Merci pour ton colis et ta lettre, reçus avant-hier simultanément. Nous avons goûté du bon thé dès le lendemain, en faisant du thé au jasmin pour accompagner un repas vietnamien chez « les brocanteurs », préparé par les soins de mon amie vietnamienne Tinh, qui vient de rentrer d'un mois de voyage au Vietnam. On a passé une excellente soirée chez eux, et le thé a eu tant de succès qu'on leur a laissé la boîte – je suis sûr que tu n'en seras pas fâché ! Mais c'est de la folie de dépenser des sous pour ce genre de luxe, alors que tu es tellement juste financièrement.

Je suis content que tu sois réceptif à la lecture de Khalil Gibran et de Krishnamurti. On pourrait commenter à différents niveaux tes remarques sur « militantisme actif » *versus* enseignement de Krishnamurti.

1° Il ne me semble pas que Krishnamurti (dans sa période de lucidité pénétrante, couvrant il me semble le temps où il a écrit le livre que tu lis de lui) recommande de s'abstenir de telle ou telle action ou type d'action particulier – tel que le « militantisme » sous quelque forme que ce soit (fût-elle même sanglante…). « Militantisme actif », etc., ne sont de toute façon que des étiquettes, ne pouvant tout au mieux que décrire la surface apparente d'une action, d'une attitude, d'un mode de vie. L'enseignement de K. me semble être plutôt que, quoi que nous fassions, nous soyons éveillés, *i. e.* attentifs à nos mobiles véritables et aux processus plus ou moins mécaniques (= conditionnés) dans lesquels ils s'inscrivent et qu'à leur tour ils déclenchent – et que nous soyons de même attentifs à autrui (chose en apparence plus difficile, et en fait beaucoup moins difficile). Ce faisant, la signification et la portée véritable de nos actions seront manifestes, et « cette perception même sera action » – elle transformera profondément notre vie, nos actions et modes d'action. Dans la mesure où nous sommes éveillés, notre action en chaque instant sera « juste », et par là seule « efficace » *i. e.* libératrice. Mais ce que sera l'action juste ne peut être prédit, ni formulé par aucune formule verbale telle que « militantisme » ou « non militantisme » – à chaque instant elle dépend de toute la richesse, toute la complexité (non verbalisables) de la situation unique dans laquelle nous nous trouvons impliqués. Et dans deux situations en apparence parfaitement semblables, non seulement deux personnes différentes pourront agir « juste » de façon très différente, mais même la même personne pourra agir « juste » de façons différentes.

2° Dans la mesure où on arrive à accorder un sens plus ou moins concret à des étiquettes générales comme « militantisme actif », « action politique », « activité pacifiste », etc. (tout en restant sur nos gardes pour ne pas nous laisser prendre au piège des mots, *i. e.* des étiquettes, des idées, des catégories), il ne me semble pas que l'enseignement de Krishnamurti implique le rejet ni l'acceptation d'aucun des modes d'action ainsi désignés. Il est clair, en lisant K., en étant informé sur son mode de vie, que pour sa propre personne il n'est aucunement tenté par l'action militante, politique, pacifiste... et sans doute même qu'il s'est convaincu de ses limites, ou même de son inefficacité foncière. (Et je suis d'ailleurs arrivé au même point depuis quelques années.). Mais ce serait, il me semble, tomber dans le dogmatisme même qu'on se propose de dévoiler, que de prétendre, à partir d'une telle préférence ou opinion personnelle, énoncer une règle générale telle que « toute activité organisée, ou la participation à une telle action, est vaine, et l'homme libre s'en abstient... ». (Il est arrivé que K. tombe dans du dogmatisme plus étroit encore...) Sans doute l'observation attentive du monde nous enseigne-t-elle les limites très étroites de toute action qui est tâche poursuivie en vue d'un certain *résultat* (comme l'est toute action organisée) ; mais en même temps nous reconnaissons et acceptons ce fait, bien plus apparent, que la vie humaine (sauf peut-être des exceptions rarissimes) ne peut se dispenser de s'atteler à des tâches – et il est bon sans doute de choisir des tâches qui nous paraissent (à un certain niveau limité certes) utiles. Et sans doute la qualité propre à la personne « éveillée » trouvera à s'exprimer et agira d'instant en instant, quelle que soit la tâche à laquelle elle se sera attelée. Mais ceci implique que la personne éveillée, la personne libre, n'est à aucun moment prisonnière de la tâche choisie, donc qu'elle soit détachée du résultat, du fruit que vise la tâche. (C'est la « folie contrôlée » de Don Juan dans *Les Enseignements d'un sorcier yaqui*, ce livre documentaire remarquable de Carlos Castaneda...)

3° La personne de K., son enseignement et la forme que prend son enseignement – même en se limitant au K. dans ses meilleures années – sont empreintes de nombreuses ambiguïtés et de contradictions qui ne me semblent pas purement verbales, mais essentielles. J'avais espéré pendant un temps que K. lui-même serait en mesure d'en fournir la clef, en lui soumettant à l'occasion les perplexités qu'il soulève. Peut-être aurait-il pu le faire il y a quinze ou vingt ans, qui sait ? Mais finalement il n'est peut-être pas si important pour quiconque de résoudre ces contradictions – c'est peut-être une sorte de luxe d'intellectuel rigoureux ! Ce qui importe, c'est que telle ou telle phrase surprenante, saisie au tournant d'une page, parfois nous transperce comme une épée lumineuse, secouant la carapace des idées reçues ancrées dans notre culture et bues avec le lait de notre mère. C'est que certaines œillères tout à coup tombent, et que nous commencions à ouvrir les yeux sur les aspects insoupçonnés de la réalité, que nos idées et nos habitudes mentales dérobaient jusqu'à présent à notre regard. La chose importante alors est de regarder hardiment en nous et autour de nous – non d'accumuler des lectures critiques d'un certain K et d'essayer d'en tirer une « doctrine » qui soit « cohérente ». Qu'en penses-tu ?

Bien cordialement à toi,
Alexandre

Ces réflexions sur la philosophie de Krishnamurti sont une réponse à des questions que je lui avais posées dans une lettre.

Il n'était pas nécessaire que j'entende de la part d'Alexandre des propos du genre : « Il vaudrait mieux que tu comprennes tout de suite », ainsi que des allusions à ce qu'il ferait s'il avait mon âge. Je me rendais compte peu à peu que j'étais partagé dans mon désir d'entreprendre une carrière scientifique et traversais un changement intérieur progressif. Quant à la position d'Alexandre, elle s'adoucit au fil des années et devint bien moins virulente à l'égard de la recherche.

Je n'étudiais que très peu de physique pendant cet été 1976. Ma seule motivation était de réussir un examen auquel j'avais échoué par manque de travail lors de la session précédente de fin de printemps. Mon enthousiasme dans l'étude de la physique avait beaucoup diminué pendant cette période.

L'énergie que je consacrais à l'étude de la physique ou des mathématiques depuis le début de mon adolescence, se retrouva disponible, libérée, et la capacité à me souvenir avec précision de mes rêves me revint. J'eus l'énergie de les noter pour les méditer ensuite. J'observais avec intérêt ce phénomène se dérouler en moi. Ma vie intérieure recommença à s'animer et j'eus le sentiment de retrouver une partie de moi-même qui m'avait été pour ainsi dire volée. Une région de ma sensibilité, fermée au tout début de mon adolescence, s'ouvrit à nouveau. Je pris douloureusement conscience de l'affaissement de ma vie intérieure, opéré par un intense travail intellectuel. Des éléments enfouis depuis le début de mon intérêt pour l'étude de la physique (vers l'âge de treize ou quatorze ans), resurgirent avec force. J'étais stupéfait. Ainsi cette polarisation vers la connaissance scientifique m'avait privé d'une dimension de mon être que je sentais essentielle !

Je fis part de cette observation à Alexandre : elle fut le point de départ de conversations multiples dont le contenu apparaît dans ses lettres des années ultérieures.

Les questions sur l'« action » qui sont envisagées dans cette lettre étaient en lien avec le cheminement d'Alexandre et le mien : je prenais peu à peu conscience de l'extrême gravité de la question écologique et ressentais le désir de « faire quelque chose ». Je m'inquiétais de savoir si une action pouvait avoir un sens, tant l'état de la planète semblait désespéré, et la plupart des responsables politiques, dépourvus de tout courage, de toute indépendance d'esprit : leur préoccupation première est en effet de demeurer au pouvoir. Une telle situation semblait sans issue, sans espoir, nous étions allés trop loin dans l'irrespect du monde vivant et le pillage.

Qu'aurait-il dit aujourd'hui ! Krishnamurti faisait l'éloge de l'intériorité, du travail méditatif capable de nous rendre plus sensible et conscient – mais je voyais par ailleurs l'état du monde et la nécessité impérieuse d'agir. Je m'étais demandé si l'attrait pour la vie intérieure ne pouvait faire courir le risque de se désintéresser du devenir de la société. La seule constatation d'injustices flagrantes commises à l'égard de nos semblables ou de notre environnement par exemple, peut susciter en nous une indignation, une révolte, nous encourager à une activité militante. Cependant pour Krishnamurti l'action « juste » ne peut s'enraciner que dans notre clarté intérieure (qu'il convient de définir...). Et la recherche de cette clarté n'exclut pas une action orientée vers l'extérieur.

Lors de mes premiers contacts avec Alexandre, je ressentais de manière un peu trouble que, au-delà de sa bienveillance et de son ouverture, il maintenait une certaine réserve, une légère distance à mon égard, presque imperceptibles. J'avais pris cela pour de la politesse, l'élégance et la discrétion dont il ne se départait jamais. Mais il y avait aussi en lui une sorte d'agacement.

Alexandre n'était pas seulement légèrement dérangé par ma position d'étudiant qui roulait à ce moment dans la bonne ornière. Il avait fait des choix de vie résolument marginaux, si l'on excepte son poste d'enseignant à l'université de Montpellier (il affirmait avec force pendant ses cours que sa seule motivation pour les donner était son salaire...). Ma position universitaire, si ténue fut-elle (celle d'un simple étudiant), un certain attrait que je ressentais encore pour « la science » et qui transparaissait au-delà des mots (même si je n'avais plus dans cette période-là le feu que j'avais connu pour ces études pendant les années antérieures), le renvoyaient à son propre rejet de la science institutionnalisée, assez fort chez lui pendant ces années.

Nous parlions très peu du contenu de mes études. Lors d'une conversation et après pourtant plusieurs séjours chez lui, je fis incidemment allusion à l'École normale supérieure et fus surpris de constater qu'il pensait que j'étais normalien. Il me dit qu'en effet il l'avait toujours cru, depuis que nous nous étions rencontrés. Je lui répondis en riant que je n'étais pas assez doué pour atteindre un niveau aussi impressionnant. J'étais simple étudiant lambda dans une université parisienne lambda. Un élément plus grave encore à mes propres yeux était le rapport aux choses que signifiaient les études nécessaires à l'entrée dans cette école prestigieuse : je sentais confusément qu'une telle conception du monde n'était pas dans ma nature ou du moins n'impliquait en moi que des dimensions limitées – j'étais plus tourné vers une vision poétique et dévorais tous les ouvrages de poésie dont j'apprenais l'existence.

Alexandre ne dissimula pas sa surprise d'apprendre que je n'étais pas normalien, sembla même stupéfait et resta un long moment silencieux comme s'il intégrait ce nouveau paramètre. Je fus étonné qu'il y accordât une telle importance. Son apprentissage des mathématiques n'était pas passé par l'École normale supérieure, contrairement à la plupart des mathématiciens français de haut niveau.

Un déclic sembla alors se produire en lui. Dès le moment où il apprit que je n'étais dans aucune institution brillante, il se détendit plus encore et sembla rassuré – il pensa peut-être que mon conditionnement était moindre et que notre dialogue serait facilité et plus original. Je pris conscience de sa méfiance et même de son horreur à l'égard des institutions, où la compétition est le plus souvent de règle ainsi qu'une forme subtile de violence, de cruauté et de conformisme obligé. Sa présence au sein d'établissements prestigieux avait dû être difficile pour lui et il en avait souffert. Je sus plus tard que lors de rencontres plus ou moins officielles ou même de dîners entre collègues, il pouvait s'emmurer dans un silence et apparaître comme désobligeant, voire désagréable.

Il était tout à fait différent pendant ces années-là : communicatif, accueillant, attentif. Alexandre n'aimait pas ce qui était un tant soit peu convenu, était plus à l'aise dans les situations toutes simples, dans des maisons sommaires ou dans la nature. Quand je pense à lui aujourd'hui, après si longtemps, je l'imagine infiniment plus heureux à partager des olives, du fromage et des tranches de pain dans la somptueuse nature, qu'un repas délicat dans un restaurant luxueux. Sa joie s'ancrait aussi dans la conscience de l'unicité de toute situation et même de chaque instant, dans le miracle absolu qu'est notre existence même. Pour clore un repas il aimait répéter la même plaisanterie : « Un de moins. »

Dans cette période notre relation prit un caractère plus personnel et notre amitié commença vraiment. Il comprit que j'avais entrepris une exploration intérieure ambitieuse qui visait à clarifier l'investissement que j'avais envisagé dans la recherche scientifique. Je cherchais à comprendre dans quelle mesure ce choix était le fruit d'un simple conditionnement ou était issu du tréfonds de moi-même (que j'espérais pouvoir atteindre...). Il ne s'agissait pas d'une question intellectuelle, j'étais poussé par la nécessité impérieuse de trouver ma voie.

Un phénomène surprenant eut alors lieu : en ma présence (ceci devait aussi se produire avec d'autres personnes) il me sembla qu'il s'autorisait à penser à haute voix. J'avais le sentiment que son cœur débordait tant il était avide de communiquer ; il paraissait submergé par les pensées et les émotions qui le traversaient et qu'il voulait exprimer. Ceci dura toutes les années de notre amitié.

Il était le plus souvent léger et confiant quand j'étais avec lui, au point de pouvoir se permettre cette liberté. Il commençait ainsi nos conversations : « T'ai-je déjà raconté mon passage au Collège de France et comment j'en ai été chassé ? » ; « Je ne t'ai pas encore parlé de mon séjour au camp de concentration » ; « Ce matin, nous sommes tranquilles, je voudrais te raconter le début de mes recherches en mathématiques » ; « Je ne t'ai jamais encore dit mes premières expériences sexuelles, c'est pourtant tellement important » ; « Je veux te parler de l'extraordinaire génie de Ramanujan, je pense que cela va t'intéresser » ; « Nous n'avons encore jamais parlé de la peinture de Van Gogh, qu'en connais-tu ? » ; « Je pensais ce matin à l'histoire des mathématiques... » ; « Qu'as-tu lu de la littérature nord-américaine ? »...

Ce qu'il me racontait me fascinait, ainsi que la possibilité de lui parler et de lui dire mes incompréhensions et mes tourments. Il pouvait passer des heures à parler dans le calme de la maison, pendant une promenade ou un déplacement en voiture, ou en toute autre occasion.

Je me sentais confiant en sa présence et m'exprimais volontiers. Parfois quand il voulait continuer à parler tard dans la nuit, je lui disais que je n'avais plus d'énergie, que j'étais épuisé et qu'il fallait que j'aille me coucher. Il en était surpris, nous nous souhaitions bonne nuit et il montait dans son bureau, travaillait, écrivait ou dessinait. Le lendemain matin il me montrait parfois un dessin, me disant qu'il avait eu « encore de l'énergie » après la fin de notre conversation et s'était senti inspiré.

Parler était pour lui une respiration, la manifestation de son indicible vitalité. Les échanges se poursuivaient ensuite dans les lettres. J'étais toujours surpris par la manière dont il ressaisissait le fil de nos réflexions. Après nous être dit bonjour, et quel que fût l'endroit où nous nous trouvions, il reprenait tout de suite la conversation au point précis où nous l'avions laissée dans nos lettres ou nos conversations précédentes – il en gardait une mémoire parfaite : « Un point était resté peu clair, tu te souviens ? »

Il poursuivait nos réflexions dès que nous nous retrouvions, même s'il venait me chercher en voiture à la gare de la petite ville voisine : j'avais le sentiment que le feu de sa pensée et de la mienne se rallumait instantanément, de manière presque violente, sur nos questions restées en suspens. Alexandre parlait en toutes circonstances.

Pendant ces années-là, il roulait dans une 2 CV fourgonnette grise qui devait dater du début des années 1960. Le siège du passager n'était pas fixé sur la partie arrière. Sa conduite était très spéciale ; il avait eu de grandes difficultés à obtenir son permis de conduire et avait dû passer cet examen plusieurs fois. Il accélérait à fond, faisait hurler le moteur et fonçait droit devant lui tout en me parlant, concentré comme à son habitude sur ce qu'il me disait, ou tout en m'écoutant – comme si ce que je lui racontais était la chose la plus importante au monde. Il tournait brusquement le volant quand il s'agissait d'aborder un virage, qu'il semblait avoir découvert à l'instant même – nous étions alors déportés d'un côté ou de l'autre de la voiture. Quand il devait freiner, il le faisait avec une telle brutalité – comme s'il avait découvert l'obstacle *in extremis* – que l'arrière de mon siège se soulevait ; il tendait instantanément son bras droit devant moi pour m'éviter d'être projeté sur le pare-brise (les ceintures de sécurité n'existaient pas encore) tout en continuant à parler ou à m'écouter, sans faire le moindre commentaire sur le cocasse de la situation. Je fus effrayé au début par cette conduite singulière. Mais je vis qu'il avait une telle présence d'esprit et de tels réflexes qu'il s'en sortait bien ainsi. Quelques années plus tard, quand j'eus appris à conduire et que nous nous trouvâmes ensemble dans la même voiture, prenant le volant chacun à notre tour, nous rîmes beaucoup des différences entre nos conduites ; il qualifia la mienne de « très *yin* », et la sienne de « très *yang* ».

À la fin de cette lettre, Alexandre évoque Carlos Castaneda, dont les ouvrages furent l'objet de conversations nourries entre nous pendant les années qui suivirent. Nous faisions souvent référence à Don Juan, le sorcier yaqui des livres de ce chercheur original. Alexandre les avait beaucoup lus et médités. Le contenu philosophique de l'œuvre de Castaneda nous fascinait. L'enseignement de sorcellerie nous semblait une curiosité peu utilisable.

Alexandre fait allusion à la fin de cette lettre à un contact personnel qu'il avait recherché avec Krishnamurti. Il avait en effet souhaité un échange direct épistolaire avec ce philosophe, lui avait écrit pour lui poser certaines questions. Les organisateurs des *talks* lui avaient répondu poliment en lui proposant de venir à Ojai (en Californie), à Brockwood Park (dans le sud de l'Angleterre) ou à Saanen (en Suisse) où Krishnamurti s'exprimait publiquement à des périodes fixes chaque année. Alexandre me dit que, bien sûr, il n'irait pas, puisqu'il ne se déplaçait quasiment plus. Son intérêt pour cet être singulier que fut Krishnamurti diminua pendant les années qui suivirent.

Alexandre était persuadé que j'allais replonger dans le travail scientifique. Je me sentais déchiré, attiré par l'exploration de ma vie intérieure. J'avais la possibilité de commencer une thèse de troisième cycle. J'étais perdu. Ma vision naïve d'adolescent d'une science pure, détachée de toute contingence terrestre, avait été contrariée par la prise de conscience des liens concrets entre la recherche scientifique et la société représentée par des institutions de tous ordres. Je cherchais désespérément dans le milieu scientifique des interlocuteurs sur ces questions mais n'en trouvais guère. Alexandre m'avait conseillé de rencontrer le mathématicien Roger Godement dont il me disait la grande intégrité morale. Je ne pus le joindre pendant tout cet été 1976.

J'avais fait part à Jean-Marc Lévy-Leblond, avec lequel j'avais réalisé un mémoire de DEA, de ma fascination et de mon obsession à l'égard des paradoxes apparents, bien cernés (et mieux compris aujourd'hui) qui avaient émergé de la mécanique quantique. Ce physicien m'avait fait part de sa réticence à s'occuper d'un étudiant en thèse, et me dit qu'il ne prenait jamais de thésards. J'avais insisté et il m'avait alors gentiment proposé un sujet qu'il qualifia de « conséquent », une réflexion sur les concepts utilisés en mécanique quantique et nos difficultés à penser les phénomènes au niveau subatomique, nos conditionnements dus à l'échelle à laquelle nous sommes habitués à décrire les phénomènes. Mais même un sujet d'une telle profondeur ne suffit pas à me décider à me remettre à l'étude de la physique théorique. Et ce mémoire de DEA, (« Observation du changement de signe d'un spineur sous une rotation de 2π »), rédigé pendant l'été et l'automne 1976 alors que je me reconnectais à ma vie intérieure, comportait des remarques (que je ne pus m'empêcher d'écrire) sur ce qu'Alexandre nommait « divorce entre science et vie ». Lui-même découvrit ce qu'il nomma « méditation » en octobre de cette même année.

Pendant cette période je fis une étrange expérience : au printemps 1976 j'avais malgré tout cherché, sans conviction, divers lieux pour poursuivre un travail de thèse. J'avais été informé par l'université dans laquelle j'étudiais qu'il y avait une place à pourvoir dans un laboratoire de l'École polytechnique. Le recrutement, complémentaire de celui effectué par le classique concours d'entrée, devait se faire sur dossier et sur entrevue. Je pris un autocar spécial qui menait à cette école. À l'instant même où le bus passa sous le porche j'eus la conviction intime, fulgurante, une vision venue je ne sais d'où, tout à fait inattendue, que je n'avais rien à faire là et qu'il ne fallait surtout pas que j'y sois, que c'était un danger pour moi. Peut-être y a-t-il dans notre vie des instants où notre âme nous parle sans détour, sans ambiguïté : à ce moment, elle s'exprimait et éclairait la décision que j'avais à prendre, bien malgré moi – j'aurais bien aimé retrouver la sécurité de la voie universitaire que j'avais laissée.

Je fus si détendu et euphorique pendant l'entrevue qui suivit (je savais que quel qu'en soit le résultat, je ne travaillerais jamais dans cette institution) que je fus choisi parmi les candidats. Je trouvais que c'était injuste pour les autres postulants : je ne faisais plus aucun travail sérieux en physique ; Alexandre avait contribué à allumer un feu qui couvait en moi depuis mon adolescence, sur des questionnements existentiels et philosophiques qui me semblaient essentiels, ainsi que sur la valeur cognitive de la science contemporaine. Je conçus alors une telle gêne d'être admis dans une école liée au ministère des Armées que je n'en parlais pas à Alexandre, antimilitariste notoire[1]. Et dans mes conversations avec lui je restais dans le vague quant à la suite possible de mes études. Il vit pendant les années qui suivirent que j'avais bel et bien décroché.

Il me voyait dans l'hésitation et avait envisagé d'être mon directeur de thèse, me disant : « Je ne suis pas physicien, mais on peut trouver un sujet. Et tant qu'à faire de la physique, autant le faire bien et que ce soit intéressant et que nous nous amusions ». Il sondait parfois le niveau auquel j'étais parvenu sur le plan scientifique. Un matin après le petit-déjeuner, il me rappela une fois encore qu'il n'était pas physicien mais avait certaines idées sur les théories physiques actuelles, acquises lors de ses échanges au sein du milieu scientifique. Il avait manifestement préparé ce dialogue – j'avais pris l'habitude de réflexions de ce genre en sa compagnie, à propos de questions bien mûries et formulées. Il me demanda ce que j'avais saisi de la théorie de la relativité générale.

1. Voir à ce sujet, par exemple, *La Clef des Songes*, (118) « Le roc dans les sables – ou moral patriotique et peur du flic », passage où il évoque « les lois [...] qui font obligation au citoyen de prêter main forte aux boucheries collectives [...] [et] sont aujourd'hui aussi raides et impératives, sinon plus [...] qu'elles ne le furent un peu partout il y a deux ou trois mille ans [...] ; le conditionnement des mentalités pour faire accepter par tous, ou presque tous, les monstruosités guerrières comme normales et dans la nature des choses, et la participation aux massacres à fanfares comme un devoir sacré ».
Voir tout au long de ce même ouvrage, ses réflexions sur l'ambiguïté, face aux guerres, de Gandhi, Marcel Légaut, Teilhard de Chardin, Fujii Guruji, etc., que Grothendieck reconnaît néanmoins comme des « mutants ». Lire aussi les pages vibrantes consacrées à Eddie Slovik (il écrit « Solvic », car il cite de mémoire un livre lu bien plus tôt, dans son jeune âge), soldat américain condamné à mort pour désertion ; voir notamment (135), « Les mutants », (11), « Les mutants et la crise de civilisation – ou de l'homme malade, et de sa guérison ».

Je lui fis part de ce que j'avais compris, le lien entre la densité d'énergie et les propriétés de l'espace. Je développai cette idée sans aller bien loin, en lui avouant que j'avais laissé en plan ce travail et que n'avoir pu étudier une théorie d'une telle beauté m'avait laissé un sentiment d'amertume et de frustration : j'avais été trop absorbé par les apprentissages imposés de domaines de la physique qui m'intéressaient sans aucun doute bien moins, dans l'enseignement universitaire. J'avais le sentiment que cette théorie, par sa perfection singulière au sein de la physique théorique, pouvait être comparée à la *Passion selon saint Matthieu* dans l'œuvre de Bach et toute la musique occidentale.

Je lui dis que je m'étais heurté à la difficulté préalable du formalisme mathématique, n'avais pu me plonger dans le calcul tensoriel et avais dû différer cette étude plusieurs fois sans parvenir à l'accomplir, faute de pouvoir y consacrer le temps nécessaire. Il reprit avec soin l'idée fondatrice, m'expliqua ce qu'il avait compris et conclut de manière abrupte en faisant un geste de la main et en haussant les épaules pour exprimer que ce n'était pas une entreprise difficile : « Il s'agit ensuite d'une simple petite manipulation mathématique », me dit-il. Il passa à autre chose.

Avec le recul apporté par les années, cette conversation me semble avoir eu lieu sur une autre planète – ceci se produisait souvent avec lui. J'adorais ce genre d'échange : l'entendre ainsi évoquer la théorie de la relativité générale et régler son cas en quelques instants ! J'exultais dans ces moments où il projetait sur les choses – ici, l'un des plus beaux domaines de la physique ! – une lumière aussi intense. Comme à tout étudiant en physique théorique, Einstein m'avait semblé être, aux côtés de Kepler, Galilée, Newton et Heisenberg, pendant ces années de ma vie consacrées à la science « normale », la connaissance descendue sur terre – un vrai dieu ! En évoquant cette théorie, Alexandre semblait pourtant traversé par une sorte de tristesse – que la science soit finalement aussi simple et ne puisse épuiser la richesse infinie des choses, dissiper dans leur totalité les ténèbres de notre ignorance fondamentale. De telles théories semblaient naïves à ses yeux, et les énigmes les plus essentielles, relever de questionnements philosophiques, existentiels, écologiques, éthiques.

7. Villecun, le 10 septembre 1976

Cher Christian,

Merci pour ta lettre, qui m'a fait plaisir, surtout de ce que tu dis sur l'intérêt réciproque entre toi et E. Vous auriez certainement beaucoup à apprendre l'une de l'autre, et l'un avec l'autre, si l'inclination spontanée parvient à porter ses fruits !

Sans doute la « pulsion de connaître » existe – de façon particulièrement évidente chez le jeune enfant – mais elle me semble assez rare chez le scientifique, étouffée qu'elle est sous la routine du métier et l'avidité possessive de l'ego. Peut-être aussi dépérit-elle fatalement et finalement meurt, quand elle se trouve canalisée dans une direction unique (fût-elle « multidisciplinaire » !), où seule la faculté intellectuelle peut se déployer, et qu'elle devient une espèce de « sport » sans plus ? Isolée de l'univers vivant, coupée de notre faculté d'amour et d'émerveillement, cette pulsion ne meurt-elle pas comme un membre ou un organe strangulé auquel le sang ne parvient plus ? Et où finalement aurions-nous le plus de chance de la rencontrer encore vivante – dans les salles de cours ou les laboratoires des universités et instituts de recherche, ou en dehors de ceux-ci, nourrie par le mystère d'un rucher bourdonnant, ou d'un troupeau de chèvres errant par les collines, ou du corps rayonnant de la bien-aimée ! Et parmi ceux qui aujourd'hui s'engagent dans une carrière de recherche (ou qui y persévèrent) en se disant et se croyant mus par la pure soif de connaissance, combien en est-il qui recherchent la sécurité, matérielle et psychologique, et qui invoquent la soif de connaissance comme l'alibi de bon aloi ? (Comme si notre désir de sécurité avait besoin d'un alibi !)

Sans doute notre pulsion créatrice peut-elle trouver une infinité de voies pour se déployer. Parmi celles-ci certaines ont été déjà tracées et parmi celles-ci encore certaines ont été désignées par la société présente comme « les » voies de la connaissance et de la création, elles ont été balisées et matérialisées par des enseignements structurés, des institutions, des diplômes, des professions reconnues, rétribuées et honorées.

Les voici devenues canaux, et nous constatons encore et encore que parmi ceux qui s'y engagent, il y en a bien peu décidément dont la créativité reste vivante ! Si nous voyons cela, que devient alors la motivation « pulsion de connaître » pour s'engager dans un de ces canaux ?

Après ces réflexions en vrac nées sous la plume même, il ne me reste qu'à te souhaiter bonne chance pour les examens que tu es peut-être déjà en train de passer !

Bien affectueusement,
Alexandre

La lettre précédente répond à celle que je lui avais écrite, dans laquelle j'évoquais « la pulsion de connaître » – c'était la meilleure expression que j'avais pu trouver pour décrire ce qui m'avait animé dans mes études scientifiques. J'en étais au point de penser que cette pulsion pourrait *préférentiellement* s'exprimer dans la recherche scientifique, que celle-ci serait la voie d'accès à « la vérité », la voie royale pour trouver le Saint Graal. Nous approfondîmes cette question pendant les années qui suivirent. Alexandre commence à l'évoquer dans cette lettre, par des allusions à l'amour, à la sexualité et au rapport à la nature.

Il fait allusion au début de cette lettre à une jeune femme, E., qu'il m'avait présentée et qui m'attirait. Les conversations sur l'amour et la sexualité prirent vite une grande place dans mes échanges avec lui. Il prenait plaisir à me mettre en contact avec des femmes de son entourage et ceci devint une sorte de jeu entre nous. Il me disait par exemple, d'un air entendu et avec un petit sourire : « Je connais une chevrière qui vit dans un lieu retiré en montagne, elle est bien seule, ce serait bien que tu ailles lui rendre visite… » Sa curiosité pour tout ce qui touchait à l'amour n'avait pas de limites. Il voulait connaître tous les détails et aimait ce qu'il nommait les « récits détaillés et circonstanciés », même en matière de sexualité ! Il en parlait sans la moindre gêne. Cela m'amusait beaucoup. À ses yeux, l'amour était un lieu parmi d'autres d'investissement du désir, l'expression de notre inlassable soif de connaître. La période de Mai 68 avait certes eu un rôle libérateur mais l'absence de répression et de culpabilité était aussi dans son tempérament. Il connaissait des femmes ravissantes et vivait pendant ces années-là dans une grande liberté. Il me dit un jour qu'il aimerait beaucoup voir un homme et une femme que nous connaissions faire l'amour. Certains parleraient ici de voyeurisme. Mais dans le domaine de la sexualité et de l'amour il est bien difficile d'établir une frontière entre le normal et la perversion.

Dans cette lettre, Alexandre fait une allusion à la routine des recherches de la plupart des mathématiciens et des autres scientifiques : « L'immense majorité des mathématiciens, me dit-il, ont peur de s'attaquer à de belles questions et se contentent le plus souvent d'améliorer des détails de démonstrations, de chercher des chemins plus rapides pour démontrer ce qui a été trouvé par d'autres de manière laborieuse. » Il semblait affligé par leur manque de courage. Il ne me dit pas cela avec mépris, plutôt avec tristesse. Cette question touchant à la créativité, en science ou dans d'autres domaines, devait prendre dans nos réflexions une place importante.

Son ouverture à l'égard de théories pseudoscientifiques à mes yeux délirantes me surprit. Sa position était en effet nuancée : il n'excluait pas que leur bien-fondé puisse un jour être prouvé et pensait plus raisonnable de s'y intéresser. Nous parlerions aujourd'hui de la possibilité de l'émergence de nouveaux paradigmes, au sein desquelles de telles idées pourraient trouver une certaine place. Au début des années 1960, Thomas S. Kuhn avait introduit dans ses travaux sur l'histoire des sciences et l'épistémologie le terme « paradigme » dans cette acception. Mais, vers le milieu de ces années 1970, nous ne le connaissions pas encore. Dans nos dialogues, nous parlions simplement de « points de vue », ou de « théories ». Ces termes nous amusaient, nous sentions combien les tentatives humaines de description de ce qui peut être nommé « réalité » sont soumises à des systématisations changeantes. Nous parlions souvent en riant de « théories qui s'affrontent », à propos de points de vue contradictoires.

Alexandre convenait que « les lois de la physique apparaissent comme des lois d'airain » (il exprimait ainsi cette idée), mais affirmait qu'il est probable que nous soyons ignorants de nombreux phénomènes, et même que nous ne connaissions pas encore grand-chose.

Il évoqua un jour les travaux du chercheur indépendant Louis Kervran. Il commença cette conversation en souriant et avec beaucoup de précautions, sachant combien j'étais soucieux de rigueur en physique et méfiant à l'égard de théories de ce genre, folles au regard des points de vue scientifiques du moment. Je fus surpris qu'il ait pour les idées de Kervran la moindre considération. Selon ce chercheur, des transmutations d'éléments chimiques pourraient se produire au sein d'un organisme vivant. Ce résultat serait aberrant dans le paradigme de la physique contemporaine, puisqu'il impliquerait une violation de la conservation de l'énergie. Or une telle violation n'est possible que pendant une durée très brève. En outre, l'énergie nécessaire à de telles transmutations, si celles-ci existaient, serait considérable. Elle est indisponible chez un organisme vivant.

Alexandre n'envisageait pas comme radicalement impossible que les idées de Kervran soient justes. Il était choqué par le fait qu'aucun scientifique, biologiste ou physicien, n'ait eu le courage de reprendre ces expériences dans un cadre expérimental rigoureux. De telles expérimentations, me dit-il, ne devaient pas présenter de très grandes difficultés. Selon lui, les scientifiques manquaient d'audace et avaient peur d'être qualifiés de « fous » s'ils entreprenaient des travaux de ce genre. Il déplorait que les scientifiques aient le plus souvent peur de s'aventurer au-delà des frontières assignées par les paradigmes en place.

D'un point de vue plus général, je ne peux affirmer qu'Alexandre ait eu un intérêt particulier pour ce qu'il est convenu de nommer les « phénomènes paranormaux ». Ce penchant semble jouer chez certaines personnes le rôle de compensation face à une science ressentie comme trop limitée dans les régions de la connaissance qui la concernent, ou impuissante pour la compréhension de certains phénomènes (s'ils existent) qu'elle n'a pas encore investis.

Il faisait parfois preuve d'une irrationalité qui me semblait délirante et que je ressens aujourd'hui comme l'expression de sa difficulté à exister ici-bas – il semblait plus à l'aise dans l'univers des abstractions mathématiques ! Ceci se révélait par exemple dans une habitude qu'il avait prise dans la conduite d'un véhicule : quand la route montait, il se balançait d'avant en arrière en prenant appui sur le dossier de son siège et se penchant brusquement vers l'avant, comme pour aider la voiture à grimper la côte, pendant que nous continuions à parler. Je lui dis que si j'avais bien compris le point de vue de la mécanique classique, ceci n'était d'aucune utilité puisque la force qu'il exerçait était intérieure au système constitué par la voiture et nous-mêmes : ses mouvements n'avaient pas d'effets sur l'avancement du véhicule. Il me répondit que ce que je disais était « peut-être vrai » mais qu'à son avis, se balancer ainsi devait « quand même aider un peu » quand nous montions une côte. Le ton tout à fait convaincu de sa réponse me fit rire et je le vis persister dans ce geste.

Je lui posais souvent des questions à propos de scientifiques, mathématiciens pour la plupart, dont je connaissais le nom et parfois quelques travaux. Ses réponses étaient la plupart du temps du genre : « Il est pusillanime » ; ou : « Il vint une seule fois aux réunions Bourbaki, cela lui suffit » ; ou : « Il a fait un joli petit travail » ; ou bien : « Il ne comprend vraiment rien aux mathématiques ». Très peu de scientifiques trouvaient grâce à ses yeux, rares étaient ceux qui semblaient l'impressionner, tels Cauchy (« il a mis de l'ordre dans les mathématiques, à un moment où régnait une grande confusion »), Poincaré, Ramanujan, Riemann... Il évoqua dans une conversation Alain Connes, avec une admiration mêlée de respect – il me sembla dans ces brefs instants qu'il me faisait part d'un sentiment intime, une estime à l'égard de travaux originaux, éloignés du champ qui était le sien. Il parlait de Pierre Deligne avec une certaine admiration, une envie presque ou même une légère jalousie, disant qu'il était « capable de travailler avec une tension très grande ». Un jour il me dit de lui, à voix basse – il semblait troublé : « Il est plus doué que moi[1]. »

1. La mathématicienne Olivia Caramello a attiré mon attention sur le passage suivant (*Récoltes et Semailles*, *Promenade à travers une œuvre*, ou *L'Enfant et la Mère*, 2. *L'importance d'être seul*) qui éclaire cette remarque : « Par la suite, j'ai eu l'occasion, dans ce monde des mathématiciens qui m'accueillait, de rencontrer bien des gens, aussi bien des aînés que des jeunes gens plus ou moins de mon âge, qui visiblement étaient beaucoup plus brillants, beaucoup plus "doués" que moi. Je les admirais pour la facilité avec laquelle ils apprenaient, comme en se jouant, des notions nouvelles, et jonglaient avec comme s'ils les connaissaient depuis leur berceau – alors que je me sentais lourd et pataud, me frayant un chemin péniblement, comme une taupe, à travers une montagne informe de choses qu'il était important (m'assurait-on) que j'apprenne,

Alexandre me raconta qu'il avait sombré pendant un temps dans l'indélicatesse courante dans le milieu de la recherche scientifique. Il se décrivit lors d'une conversation comme le « mandarin » qu'il fut, évoqua son attitude d'autrefois dans les séminaires de recherche. Les larmes lui vinrent aux yeux et sa gorge se serra pendant son récit. Il me dit combien il avait pu être parfois profondément désagréable. Sa voix s'étrangla comme s'il me confiait une grave faiblesse, un travers dont il aurait eu honte. Ce genre d'attitude est pourtant banal dans le monde scientifique, et doit être replacé dans l'ambiance de compétition qui y règne.

Il me dit que, lors d'un séminaire, un mathématicien avait exposé à l'assemblée une recherche personnelle de manière laborieuse. Alexandre l'écouta et comprit la maladresse et la lourdeur du raisonnement de l'orateur. Quand son collègue eut terminé, il s'avança brusquement au tableau et écrivit en quelques lignes une démonstration bien plus courte, directe : et ceci sans le moindre égard pour celui qui (me dit-il) « avait sué sang et eau pour trouver ce qu'il venait d'exposer ». Il m'avoua que ce comportement « odieux, épouvantable, sans la moindre conscience d'être agressif », avait été fréquent pendant sa carrière : « Les qualités morales, me dit-il, ne vont pas nécessairement de pair avec le fait d'être doué en mathématiques. Ce mathématicien en a peut-être été blessé pour toute sa vie ». J'avais du mal à comprendre qu'Alexandre, si empathique, pût être capable de telles attitudes. Il me sembla qu'il n'était plus la même personne et me parlait d'une autre existence. Il apprécia sans doute dans les milieux alternatifs qu'il fréquenta à partir de 1970, de cesser d'être craint comme il l'avait été dans le milieu mathématique.

---

et dont je me sentais incapable de saisir les tenants et les aboutissants. En fait, je n'avais rien de l'étudiant brillant, passant haut la main les concours prestigieux, assimilant en un tournemain des programmes prohibitifs. La plupart de mes camarades plus brillants sont d'ailleurs devenus des mathématiciens compétents et réputés. Pourtant, avec le recul de trente ou trente-cinq ans, je vois qu'ils n'ont pas laissé sur la mathématique de notre temps une empreinte vraiment profonde. Ils ont fait des choses, des belles choses parfois, dans un contexte déjà tout fait, auquel ils n'auraient pas songé à toucher. Ils sont restés prisonniers sans le savoir de ces cercles invisibles et impérieux, qui délimitent un Univers dans un milieu et à une époque donnée. Pour les franchir, il aurait fallu qu'ils retrouvent en eux cette capacité qui était leur à leur naissance, tout comme elle était mienne : la capacité d'être seul. »

8. Villecun, le 11 octobre 1976

Cher Christian,

Tes « oui-mais » m'ont semblé un peu alambiqués – et ta référence à des choses comme « connaissance ultime » et « aspirations les plus hautes » un peu pompeuses – du Victor Hugo, en somme ! – et j'ai eu l'impression un peu d'un dialogue de sourds. Je parlais vessies, et tu parles lanternes – est-ce toi qui éludes les vessies, ou moi les lanternes ? À toi de voir, cher Christian ! Mais à défaut des lanternes, crois-tu que la physique, la linguistique ou même la psychanalyse puissent t'y aider ? Cela dit, il y a certainement bien des choses intéressantes et même fascinantes dans ces disciplines, qui peuvent compenser pour certains ce qu'ils perdent ailleurs (à leur insu).

J'ai peu parlé avec E. – et même en parlant de choses non banales, la communication est restée superficielle. Cela tient surtout, il me semble, à une certaine raideur ou inertie spirituelle en moi, qui ne se débloquent qu'occasionnellement et préférentiellement dans des situations très différentes de celles où elle et moi nous sommes rencontrés. C'est sans doute cela surtout qui fait que la différence d'âge (et peut-être de statut social aussi !), qui joue si peu entre toi et moi (à ce qu'il me semble), continue à constituer comme un mur invisible entre nous.

Quand te reverrons-nous dans les parages ?

Affectueusement,
Alexandre

J'avais fait part à Alexandre de mon hésitation à reprendre un travail en physique à la rentrée 1976, ainsi que de mon intérêt pour la psychanalyse et les travaux de Noam Chomsky. Alexandre voyait dans ces intérêts une *fuite*, concept central chez Krishnamurti et dont il sera question dans des lettres ultérieures. Pendant cette période il avait l'intime conviction que ce qu'il nommait *méditation* est d'un ordre supérieur à toute activité intellectuelle, y compris même la recherche mathématique au niveau où il la pratiquait. Sa position se nuança ensuite.

9. Villecun, le 19 novembre 1976 (1 heure du matin)

Cher Christian,

Je trouve ta lettre en rentrant de Montpellier – toujours aussi confiante et cordiale, malgré l'impression que tu as de « dialogue de sourds ». Ce que tu dis me semble parfaitement valable : beaucoup d'occupations (études, recherches, développement de techniques intellectuelles, artistiques et autres) ont été, et peuvent être pour certains, l'expression d'une quête authentique, d'une étape nécessaire dans une progression – ou autre chose qu'une fuite, une résistance, une citadelle, une stagnation ou une régression. Et sans doute concordons-nous aussi à penser que ce n'est pas la désignation, l'étiquette d'une occupation ou étude (telles que « physique », « psychanalyse », « peinture », « tir à l'arc », etc.) qui puisse révéler, dans un cas d'espèce, si elle est expression, moyen d'une étape, ou d'une fuite. Peut-être ai-je conclu à tort, du ton de ta dernière lettre, ou de tes dernières lettres, que tu prenais « *for granted* » (« comme allant de soi ») que le fait de te livrer à des activités « nobles » (entendant par-là, sans doute, que des activités de même étiquette ont été poursuivies par certains, au cours des âges, dans un esprit de quête désintéressée, passionnée, etc., etc.) signifiait ipso facto qu'elle n'était pour toi moyen de fuite, etc. Tu semblais plutôt sur la défensive, comme si tu te justifiais de suspicions informulées (que tu suscitais sans doute par là même) – et comme conséquence peut-être d'un certain malaise inconscient, le ton de ces lettres était un peu emphatique – ce qui n'est pas le cas de la dernière lettre, beaucoup plus « *matter of fact* »… De toute façon il n'y a que toi qui puisses discerner en toute connaissance de cause quelles forces te poussent dans la voie choisie – à condition de regarder sans peur, c'est-à-dire sans déjà connaître la réponse d'avance ! (Je ne sais si la psychanalyse te sera d'aucun secours pour découvrir pourquoi tu décides de t'y intéresser… !)

Tes lettres semblent montrer en tout cas assez clairement qu'il y a conflit (sans doute profond et violent) en toi, pour la voie à suivre. L'angoisse consciente dont tu parles dans cette lettre n'en est-elle un signe particulièrement évident ? Il y a une « partie » de toi (un ensemble de désirs, de peurs, etc.) qui fait violence à une autre qui résiste… Peut-être serait-il beaucoup plus urgent de voir au fond de cette angoisse, de ce conflit, de l'assumer au lieu de le subir – plutôt que de te lancer avec un cœur divisé dans des activités, si « nobles » soient-elles ?

Depuis environ six semaines, je suis engagé moi-même dans un travail de ce type – non par curiosité intellectuelle, mais pour y avoir été véritablement acculé. Le moment crucial est celui où on fait face à l'angoisse, où on la regarde face à face – et où on voit ce qu'elle cache. Je crois que souvent ce qu'elle cache c'est tout simple, tout bête – et l'angoisse était le bruit qui avait pour fonction de la brouiller, de la tenir caché. Énormément de bruit pour très peu de chose, mais dont on s'est fait un monde ! Et quand « le peu » est vu et assumé, le bruit cesse comme par enchantement, et tu ris du « peu » comme du bruit, avec une sorte d'étonnement incrédule, qu'on puisse être si fou ; toute cette angoisse, cette souffrance, toute cette comédie pour « ça » !

Je ne pense pas bouger de Villecun pour les mois qui viennent, et tu seras bienvenu quand tu voudras. Pour plus de sûreté, écris-moi si tu peux quand tu auras une idée de faire un tour, pour le cas où de mon côté je m'absenterais quand même pour quelques jours.

Bien cordialement à toi,
Alexandre

La lettre précédente est une réponse à celle que je lui avais écrite pour lui faire part de mon intention de ne pas reprendre pour l'instant mon travail en physique et de suivre des cours de philosophie et de psychanalyse (sans m'inscrire…) à l'université Paris-VIII, installée alors dans le Bois de Vincennes.

Un vent de liberté soufflait dans cette université, concession que l'État avait faite aux étudiants après les grandes vagues de Mai 68. L'impulsion de mai ne s'était pas encore effondrée. Les allées du campus étaient envahies de marchands de toutes nationalités, étudiants pour la plupart, qui préparaient des plats, parfois sur des feux de barbecues : le campus ressemblait à la place Jemaa El-Fna de Marrakech. Les services d'hygiène de la ville ne tardèrent pas à intervenir en interdisant ces ventes « pour des raisons d'hygiène » puis en déplaçant (en 1980) cette université en un lieu plus contrôlable – les bâtiments de Vincennes furent rasés.

Le campus de l'université de Vincennes avait des airs d'agora. La parole semblait libérée, les idées bouillonnaient, les langues étaient déliées comme pendant la brève période de Mai 68. La philosophie de Deleuze, le marxisme (représenté essentiellement par Alain Badiou) et la psychanalyse (représentée en premier lieu par Jacques-Alain Miller) me paraissaient être un enseignement à plusieurs voix. Leurs dissonances étaient le plus souvent profondes. Chaque étudiant tentait de faire sa synthèse.

Je fréquentais surtout les cours d'Alain Badiou et de Jacques-Alain Miller.

Badiou donnait un cours sur le matérialisme dialectique et Miller un enseignement sur le thème « La psychanalyse est-elle une science ? ». Miller examina dans ses cours les critères classiques de scientificité – notamment ceux de Popper – et aboutit naturellement à la conclusion que la psychanalyse n'est certainement pas une science, en ce sens. Lors de la cure psychanalytique émergeaient des « morceaux de réel », spontanés, authentiques : c'est en cela qu'il fallait rechercher des vérités.

Au sujet de Badiou, Deleuze avait affirmé que par son adhésion au marxisme il était dans « un suicide intellectuel ». Badiou stigmatisait « l'anarchisme désirant » de Deleuze. J'assistais parfois aux cours de Deleuze : je le sentais profond, original, puissant, exceptionnellement clair et pédagogue. Je fus surpris par sa grande modestie, sa simplicité et son affabilité. Mais ma tête était encore trop carrée – je n'avais pas assez de maturité pour comprendre la portée de sa philosophie ; je trouvais cependant un peu plus tard, en 1979, lors de mes dialogues avec Alexandre à propos du *Tao Te King*, d'étranges résonances entre les idées de Deleuze et celles de Lao-tseu. Alexandre prit alors Deleuze en sympathie, même s'il ne le rencontra jamais.

L'ambiance des enseignements est difficile à décrire : lors d'un cours de Jean-François Lyotard auquel j'assistais, un jeune homme entra brusquement dans la salle, se colla à lui, l'interrompit et lui demanda sur un ton empreint de sous-entendus concernant le renom que Lyotard avait acquis dans un certain milieu intellectuel : « Monsieur, s'il vous plaît, pouvez-vous me dire le titre de votre dernier livre ? » Lyotard tenta de s'en tirer en disant qu'il pouvait trouver n'importe où la réponse à sa question. Le jeune homme le remercia ostensiblement et quitta la salle. Pendant le cours de Miller, un jeune homme entra par le haut de l'amphi, l'interrompit et cria à voix haute, s'adressant aux étudiants : « Vous n'en avez pas assez d'être transformés en moutons ? » Miller attendit qu'il ait fini et lui demanda : « Ça va mieux maintenant ? » Le jeune homme lui répondit que oui et sortit aussitôt.

Pendant un cours de Deleuze, un étudiant prit la parole et nous informa qu'un « nouveau philosophe », le plus célèbre de tous, le plus mondain, devait le soir même « se produire à Beaubourg ». Il invita les étudiants présents à venir le chahuter, ce que nous fîmes. Deleuze haussa les épaules – il pensait que nous étions jeunes et avions du temps à perdre. Lui-même avait déjà réglé le cas des « nouveaux philosophes » dans un texte qu'il avait fait distribuer gratuitement, « À propos des nouveaux philosophes et d'un problème plus général ». Il écrivit qu'il trouvait leur pensée « nulle ».

De psychanalyse il fut beaucoup question dans mes échanges ultérieurs avec Alexandre, en 1979 surtout. Le contact avec lui avait été pour beaucoup dans mon ouverture au monde de l'intériorité : il peut sembler paradoxal que celle-ci ait pu se produire sous son impulsion alors même que l'essentiel de sa propre énergie avait été consacré jusqu'alors à l'exploration de l'univers mathématique. Cependant son attention était en premier lieu orientée pendant ces années-là vers la recherche intérieure. Dans *Récoltes et semailles* (IX, 4, [36], « Désir et méditation »), il racontera qu'il a découvert la méditation le 15 octobre 1976, c'est-à-dire à peu près un mois avant l'écriture de la lettre précédente. Alexandre décrira la « nuit de [sa] première méditation, apparue sous la pression d'un besoin impérieux, urgent, alors [qu'il] avait été comme submergé dans les jours précédents par des vagues d'angoisse ».

10. Villecun, le 21 décembre 1976

Cher Christian,

Je pars demain pour quelques jours à Nice, mais je serai de retour le 26 décembre, et serai enchanté que tu viennes faire un tour. Il y aura probablement deux ou trois amis japonais, moines tous trois, mais on trouvera bien l'occasion de bavarder ensemble !

Cordialement,
Alexandre

Je rendis visite à Alexandre fin décembre à Villecun. Un groupe de moines bouddhistes japonais avait eu connaissance de ses idées exprimées dans le mouvement Survivre et Vivre. Le chef spirituel était Fujii Guruji (Nichidatsu Fujii), fondateur de l'ordre bouddhiste Nipponzan-Myohoji. Fujii Guruji était considéré par les moines de son ordre comme une réincarnation de Nichiren, moine du XIIIe siècle à l'origine d'une école du bouddhisme qui s'était ensuite scindée en plusieurs branches.

Fujii Guruji fit un séjour chez Alexandre. Je me trouvais à Villecun peu de temps avant son passage. Alexandre était dans les préparatifs du séjour de son illustre hôte. Fujii Guruji parcourait le monde entier pour encourager la construction de temples, symboles de la paix. Il avait eu un contact personnel avec Gandhi qui lui avait donné le titre de « Guruji ». La personnalité de Fujii Guruji impressionnait Alexandre et ce fut la première fois (et peut-être la dernière) que je le vis un peu inquiet de rencontrer un être humain. Fujii Guruji avait des origines très modestes et nous savions qu'il avait pratiqué ses méditations dans des conditions matérielles plus que sommaires, se contentant, selon Alexandre, « de manger un bol de riz par jour quand les voisins voulaient bien lui en donner ». Il me dit qu'il craignait que la maison de Villecun soit « trop primitive » pour le moine. Pourtant son identité de mathématicien célèbre et génial ainsi que sa personnalité le mettaient d'ordinaire à l'abri de toute forme de crainte et de timidité, à l'égard de qui que ce soit.

Je rencontrai ainsi plusieurs moines de cet ordre bouddhiste. L'un d'eux, le Révérend Kuniumi Masunaga, âgé de trente-cinq ans à peu près, ancien hippie, séjournait souvent chez Alexandre. En vertu de l'ordonnance du 2 novembre 1945, sa présence dans la maison de Villecun généra quelque temps après une plainte déposée contre Alexandre. Il était en situation irrégulière.

Ces moines étaient d'une grande affabilité. Alexandre m'expliqua que Fujii Guruji n'imposait rien aux moines de son ordre, ne prescrivait aucune limite. La chasteté était conseillée, non exigée. Fujii Guruji leur demandait de chanter le mantra *Nam-myōhō-renge-kyō*. Je questionnai Alexandre sur ces rituels : étaient-ils des prières ? Il me répondit que, pour lui, c'étaient de jolis chants. Dans mon esprit, ceci n'avait non plus rien à voir avec un dogme religieux. Chanter ce mantra ne signifiait en aucune manière adhérer à une religion ou à une secte. Il n'y avait guère de différence pour lui comme pour moi, entre écouter du chant grégorien, des chants soufis ou chanter ce mantra. Nous n'adhérions l'un et l'autre à aucune religion organisée ; ceci simplifia sans doute beaucoup notre relation et contribua à créer un arrière-plan libre de préjugés pour nos regards et nos réflexions. Nous n'éprouvions pas le besoin pour faire vivre en nous certaines questions essentielles sur l'existence, de nous rattacher à telle ou telle tradition religieuse, le christianisme par exemple, ou le bouddhisme : il n'en fut même jamais question.

Pendant cette période nous chantions ce mantra plusieurs fois par jour et même quand nous nous déplacions en voiture, ce que je trouvais un peu exotique. Le mantra était chanté en s'accompagnant d'un tambour ! Ceci apaisait l'activité mentale et pouvait parfois créer des polyphonies d'une beauté surprenante[1]. Alexandre me disait cependant en aparté qu'il préférait le silence et n'aimait pas la musique en fond sonore quand il travaillait.

---

1. Grothendieck décrira ces chants et ses relations avec le groupe religieux Nipponzan-Myohoji dans *La Clef des Songes*, (61), « Fujii Guruji – ou le don ».

Ce mantra ainsi que ses propres chants furent la seule musique que j'entendis dans la maison d'Alexandre. Il chantait à tue-tête des chansons qu'il inventait, parfois en plaisantant. Il n'avait aucun instrument. Et quand nous parlions de musique, c'était toujours de celle de Bach, pour lequel j'avais alors une vénération naïve, au point de l'écouter presque exclusivement – elle était devenue pour moi une sorte de drogue. Alexandre l'adorait et prononçait le nom de Bach en allemand. Je lui avais parlé de Glenn Gould et de son interprétation des *Variations Goldberg*, qui m'était apparue comme la plus proche de celle de Bach lui-même, telle que je l'imaginais. Je pourrais dire pourtant aujourd'hui la même chose de l'interprétation de Zhu Xiao-Mei, que je trouve plus émouvante encore que celle de Gould ! Je m'étais vite rendu compte que bon nombre d'interprètes, de formation plus conventionnelle, académique, détestaient Gould. Mais Alexandre n'avait aucun appareil à musique et nous n'eûmes jamais l'occasion de l'écouter ensemble.

Nous parlâmes de notre relation à la musique. Pendant cette période de ma vie, la musique de Bach était pour moi l'image de la perfection absolue, le summum de ce que l'être humain a pu concevoir, dans l'art et même dans l'ensemble de ses créations. Je pensais qu'au-dessus il n'y avait rien. Cette musique rachetait à mes yeux toutes les insuffisances, tous les délires, toutes les horreurs inqualifiables, toutes les hontes. Je lui racontai que la découverte de la musique de Bach pendant mon adolescence, cette révélation, avait donné au monde tel que je le percevais des tonalités particulières : il était devenu plus coloré, plus parfumé.

Je lui demandai comment il pouvait vivre sans musique, même dans cette période de sa vie où il avait pris la décision de revenir à la simplicité. Il avait appris à jouer du piano. Je manquai de tact en mettant en doute son jeu et lui dis qu'il ne pouvait avoir approfondi tous les domaines. Il en fut presque froissé et me répondit qu'il était assez adroit, se débrouillait et avait travaillé avec sérieux. Je me rendis compte de la sottise de ma remarque. Je n'eus jamais l'occasion de l'entendre jouer. Mais il mettait dans tout ce qu'il entreprenait une telle ferveur et était capable de travailler avec une si grande persévérance, qu'il pouvait avoir développé un talent en musique parallèlement à ses recherches en mathématiques. Son jeu devait être clair et précis, simple et sincère, profond comme tout ce qu'il accomplissait.

Il me raconta qu'il contemplait dans les mathématiques des merveilleuses architectures qui valent bien la musique de Bach. Je ressentis la morsure de la jalousie et lui répondis que la contemplation de l'univers mathématique nécessite d'importantes études préparatoires, est réservée à quelques heureux. Il pouvait plonger dans les mathématiques, dans leur perfection et leur beauté silencieuse. Elles l'aidaient à pouvoir se passer de Bach. Il savait aussi que l'écoute de la musique peut être addictive et faire sombrer le mélomane dans une contemplation esthétique stérile. Il conclut cette conversation en chantant de sa voix de basse le début de l'aria de la Cantate BWV 82, *Ich habe genug* (« Je suis comblé »).

Même au paroxysme de la claustration qu'il s'imposa vers la fin de sa vie, il n'écouta pas de musique. Il m'est quand même difficile de comprendre qu'il ait pu se priver de la douceur et de la chaleur réconfortantes des Cantates de Bach. Ses dernières années furent d'une telle tristesse ! Son isolement fut atroce. Il vécut la fin de sa vie parmi les plantes, compagnes discrètes, ultime contact pour lui avec le monde vivant.

11. Villecun, le 24 mai 1977

Cher Christian,

J'ai été content d'avoir à nouveau signe de vie de toi. Viens à Villecun quand tu voudras – il ne manque pas de belles marches à faire dans la région, et on aura toute occasion alors de parler de vive voix de ce qui te tient à cœur. Je ne pense pas bouger d'ici, sauf pour un tour en Allemagne *via* Paris, probablement dans les trois premières semaines de juillet.

Bien affectueusement à toi,
Alexandre

Pendant la fin de l'année 1976, toute l'année 1977 et le début de l'année 1978, je fus très investi dans mes études de philosophie marxiste, stimulé par les cours d'Alain Badiou que je suivais à la faculté de Vincennes.

Alexandre, fils d'anarchistes, assimilait le marxisme au stalinisme et ne parlait pas des « marxistes », mais des « staliniens ». Il ne croyait pas au grand soir et n'y crut probablement jamais. Il était anarchiste dans l'âme. À ses yeux un gouvernement, quel qu'il soit, dégénère nécessairement en un organe de pouvoir abusif. Et seule la libre association d'êtres humains éclairés chacun par leur propre lumière intérieure, préoccupés du bien-être de leurs semblables plutôt que de leurs propres intérêts, pourrait constituer le fondement d'un système politique sensé. L'anarchisme d'Alexandre représente l'idéal suprême, au-delà même de la cité rêvée par Platon, gouvernée par le philosophe roi.

Il n'aurait par tempérament jamais voulu s'impliquer dans des responsabilités d'ordre politique – tout au plus aurait-il peut-être consenti à une certaine période de sa vie à s'investir à un niveau local, communal par exemple : certainement pas dans une instance plus élevée qu'un conseil municipal ! Alexandre ne lisait jamais de journaux et n'écoutait pas la radio (il n'en avait d'ailleurs pas). Les seules informations dont il disposait sur la situation mondiale provenaient de son entourage. Il connaissait à peine le nom du président de la République, aurait été bien incapable de dire celui d'un seul de ses ministres. Cela ne l'intéressait pas. Et il n'avait guère de sympathie pour tout ce qui représentait une autorité, de quelque ordre qu'elle fût. S'il devint un mandarin par son activité de recherche mathématique, ce fut bien malgré lui.

Pendant ces années-là, le marxisme et le maoïsme suscitaient moins d'attrait dans les milieux intellectuels : ils semblaient être devenus obsolètes. Les informations sur les atrocités commises au Cambodge par les Khmers rouges nous parvenaient. Celles perpétrées dans des camps sibériens avaient été décrites par Soljenitsyne. Et nous avions connaissance des centres de rééducation de Mao Tse Toung. Après l'abandon de mon travail scientifique j'avais cependant besoin d'un confort intellectuel, d'un système. Je tentai de les trouver dans le marxisme, malgré ma lecture d'*Une journée d'Ivan Denissovitch* et maintes mises en garde par des personnes de mon entourage. Je dévorais *Le Capital* ainsi que d'autres ouvrages liés au maoïsme et au marxisme.

J'aimais la pédagogie de Badiou, sa grande rigueur, sa culture impressionnante et son intelligence sidérante. Alexandre m'écoutait lui exposer ces idées sur le matérialisme dialectique et patientait, considérait sans doute qu'il s'agissait d'un égarement à mettre sur le compte de mon jeune âge et qui ne tarderait pas à me passer. Me voir croire au grand soir semblait l'amuser. À propos de mon intérêt pour le marxisme, il finit quand même par me dire un jour, avec fermeté et délicatesse, selon son habitude : « C'est bien quand cela ne dure pas trop longtemps. » Son propre père fut emprisonné par Lénine après l'avoir été par le tsar, et mourut ensuite à Auschwitz. Il connut donc les abominations du tsarisme, celles du communisme naissant, puis l'horreur absolue du nazisme.

Quant à mon intérêt pour l'écologie, il s'était éveillé en 1972 en écoutant une interview de Claude Lévi-Strauss à la télévision. Il dit, à propos de notre devenir : « Nous, humains, sommes comparables à des vers de farine dans un sac, qui ne cessent de se multiplier et finissent par périr à cause des toxines qu'ils ont eux-mêmes sécrétées. » Ces paroles si simples de Lévi-Strauss, si claires, prononcées avec tellement de tristesse et de résignation, avaient été pour moi un électrochoc. L'écologie devint la toile de fond de ma vision de notre situation générale. Je sentis que mes orientations personnelles allaient être influencées de manière déterminante par la question écologique.

La lecture assidue des numéros de *Survivre et vivre* m'avait aussi beaucoup marqué. Les articles de cette revue constituaient un examen serré des problèmes écologiques qui se posaient au début des années 1970. Nous n'avions pas encore pendant ces années-là de compréhension claire de l'effet de serre et des dérèglements climatiques, de leur importance cruciale dans la crise écologique dans laquelle nous sommes aujourd'hui précipités. Nous évoquions alors en premier lieu les contaminations des sols et l'érosion de la biodiversité.

Un possible « écofascisme » était envisagé. Ces éventualités sont toujours actuelles. L'émergence d'une dictature verte pourrait être suscitée par différents facteurs, par exemple la prise de conscience des extrêmes dangers que nous font courir le saccage de la planète et l'épuisement des matières premières. L'intensification des pollutions et peut-être l'impossibilité même de respirer dans certaines régions urbanisées pourraient hâter l'expression de cette nouvelle forme de fascisme. Celui-ci pourrait être une réaction excessive à une situation d'urgence, où notre survie elle-même serait en jeu. De telles tendances fascisantes paraissent exister en tout être humain et correspondre à des durcissements en nous face à des peurs de toutes sortes, à une sclérose de nos capacités à penser, un abaissement, une obéissance servile à des règles.

Pendant l'été 1977 eurent lieu de nombreuses manifestations écologistes, auxquelles je participais. J'eus l'impression d'un pèlerinage. Après des manifestations antinucléaires en région parisienne, j'allais à Naussac en Lozère où avait été organisée une manifestation contre la construction d'un barrage. Le 31 juillet 1977 eut lieu celle de Malville où un jeune militant pacifiste, Vital Michalon, fut tué par la déflagration d'une grenade qu'il reçut en pleine poitrine. L'ambiance fut atroce. J'eus le sentiment de voir l'horreur de la guerre pour la première fois. Les bombes lacrymogènes croisaient les pierres que nous lancions. Je vis une main arrachée par une grenade. Il y eut une pluie battante pendant l'après-midi et j'eus l'impression de vivre à ce moment la déroute dramatique du mouvement écologiste sous la forme qu'il avait connue dans l'après-Mai 68. Lors du retour, la colonne de plusieurs dizaines de milliers de manifestants s'étirait sur des kilomètres. Elle ressemblait à une armée battant en retraite, dans la boue. Chacun de ces événements me semblait sceller le contraire de ce que nous recherchions. Après chaque manifestation antinucléaire nous disions en effet : « Nous voilà avec une centrale nucléaire de plus. » Aujourd'hui, j'ai le sentiment qu'à partir de cette manifestation tragique, le mouvement antinucléaire et les luttes écologistes de manière plus générale prirent un autre visage : les écologistes devaient inventer des tâches et des modes de vie plus cohérents. Il fallait accepter d'accomplir des actions de portée limitée. Nous ne pouvions obtenir d'un gouvernement aveugle qu'il accepte de repenser dans sa globalité la question de la production de l'énergie.

Je me réfugiai chez Alexandre dès mon retour de Malville, j'étais épuisé et désemparé, très angoissé. Je pleurai et lui racontai en détail ce que je venais de vivre, les interminables débats entre militants écologistes pendant la nuit précédant la manifestation, les dissensions, la non-violence des uns, le désir d'en découdre des autres et de se battre frontalement. Il m'écouta avec attention et comme d'habitude sans fixer de limites au temps de notre dialogue, me demanda s'il m'avait semblé utile de jeter des cailloux sur les flics – c'est le terme qu'il utilisait. Ce fut l'occasion de nouvelles réflexions sur le militantisme et le nécessaire détachement qui sied à l'action politique. Le nucléaire en tant que choix de production d'énergie par le gouvernement français nous semblait une erreur profonde, un égarement dramatique. Nous avions perdu du temps pour le développement d'énergies alternatives non polluantes. La situation écologique allait s'aggraver. Nous pensions en premier lieu aux gisements importants d'énergie à trouver dans les possibles économies – par exemple, la sobriété qu'Alexandre vivait à son niveau personnel. Nous évoquions les recherches d'autres sources, locales et décentralisées : solaire, éolienne, hydraulique. Je lui racontai les débats violents qui avaient lieu à propos de l'énergie nucléaire dans l'université parisienne dans laquelle j'avais étudié : certains étudiants en défendaient l'usage, persuadés de la possibilité de sa maîtrise et qu'un peu plus de science nous mettrait tout à fait à l'abri de catastrophes. J'avais le sentiment qu'ils roulaient dans la bonne ornière, étaient mus par un sentiment idiot de puissance et par l'arrogance que peuvent avoir certains scientifiques dans le projet de « dominer la Nature ». Des opinions de ce genre, rétrogrades, stupides, allaient d'ailleurs toujours de pair avec des ambitions carriéristes : l'énergie nucléaire était pendant cette période créatrice d'emplois et recrutait des ingénieurs. Alexandre concédait tout au plus que ce type de connaissances devrait être utile à la gestion de la transition énergétique et au démantèlement progressif, le plus rapide possible, des centrales nucléaires.

Il pensait que l'énergie d'origine nucléaire n'aurait jamais dû être utilisée et ne devrait jamais l'être. Qu'elle puisse exister, par notre compréhension de la nature même de la matière et de l'énergie, ne signifiait pas qu'elle dût être exploitée. Les connaissances scientifiques ou le développement de nouvelles technologies même les plus élémentaires, ont ouvert des possibilités dont la réalisation n'est certes pas toujours souhaitable. Les impacts sur l'environnement sont trop importants et les risques encourus trop considérables.

Il aurait pu être imputé à Alexandre de vouloir « revenir à l'éclairage à la bougie ». Ceci correspondait en effet à peu près à ce qu'il vivait pendant cette période d'écologie radicale. Cependant, depuis quarante ans, notre compréhension a évolué : l'écologie n'est pas l'expression d'une tendance régressive, la négation intégrale du progrès technique. Il ne s'agit pas d'espérer un basculement vers les modes de vie rudimentaires mais de repenser les nôtres, d'accepter de modifier nos habitudes consuméristes individuelles, même si certaines orientations politiques globales devraient être choisies. Il n'est évidemment plus possible de revenir à l'idéal taoïste exprimé dans le verset LXXX du *Tao Te King* :

> J'imagine un petit pays peu peuplé,
> où, y aurait-il eu des outils
> qui centuplent les rendements,
> on se serait refusé à en faire usage…
> où, en guise d'écriture,
> l'on s'en tiendrait aux cordelettes à nœuds…

Alexandre était plutôt technophobe ; il n'utilisa jamais d'ordinateur, exprimait un désintérêt radical à l'égard de l'informatique et se contentait d'une feuille de papier et d'un stylo à encre ou d'un crayon, ainsi que d'une vieille machine à écrire. Cela lui suffisait pour faire des mathématiques ou rédiger des livres. Ce fut sans doute une raison supplémentaire puissante pour lui d'aimer les mathématiques, de les préférer à la physique : celle-ci nécessite des appareils dont il dit (dans sa conférence au CERN, au début de 1972) qu'ils ne peuvent être fabriqués « avec quelques morceaux de bois ». Il ne pensait certes pas que les solutions à nos maux d'aujourd'hui pourraient être trouvées dans une intensification de la recherche scientifique, du moins dans le cadre des paradigmes actuels. La situation s'est indéniablement compliquée aujourd'hui, si l'on pense par exemple aux questions posées par les dépollutions, à la gestion des centrales nucléaires existantes (même dans le cas où la décision de démantèlement serait prise) ainsi qu'à l'apport d'internet et à la facilitation de la communication sur un plan que nous pourrions qualifier d'horizontal.

L'écologie radicale d'Alexandre pourrait dans cette perspective être perçue en tant que saine réaction au matérialisme contemporain exacerbé. Cette position idéologique doit être nuancée. Lui-même mit de l'eau dans son vin après la période passée dans l'Hérault et le Vaucluse : il introduisit dans sa vie un peu plus de confort matériel quand ses forces physiques commencèrent à diminuer.

Je peux faire ici une remarque à propos de l'intelligence artificielle et de ce qu'il en aurait dit ou écrit – peut-être même l'a-t-il évoquée dans ses manuscrits de Lasserre dont l'exploration n'a pas encore été entreprise. Je peux affirmer avec assurance qu'il n'aurait pas pensé – et je suis à peu près certain que cette conviction a perduré jusqu'au terme de sa vie – qu'une machine, même la plus sophistiquée qu'il soit possible de concevoir, même apte à se reprogrammer au fur et à mesure, à croître comme peut le faire un être vivant par un apport d'énergie extérieure (lumière, etc.) – qu'une telle machine, donc, ne pourrait égaler l'intelligence humaine, notre étonnante capacité à élaborer des concepts philosophiques, tels ceux d'*essence* (concept platonicien), de *scientia intuitiva* (concept spinoziste), d'*épochè* et de *réduction phénoménologique* (concepts de Husserl), de *fuite* (concept de Krishnamurti), d'*agencement* et de *ligne de fuite* (concepts de Deleuze et Guattari), ainsi que celui de *sub specie aeternitatis* (dans la perspective de l'éternité, sous l'aspect de l'éternité, concept religieux et spinoziste). Ou bien, des concepts psychanalytiques freudiens (tels *inconscient* et *refoulement)*, jungiens (tels que *Soi* et *synchronicité*) ; ou encore scientifiques, tels ceux que le mathématicien découvre par l'exploration de l'univers mathématique…

Peut-on imaginer une machine dotée de la capacité de peindre des tableaux, telles la série des nocturnes de Van Gogh ou *L'Annonciation* de Léonard de Vinci ? De composer *L'Art de la fugue* ou d'écrire *Une saison en enfer*, *La Bhagavad Gita*, le *Tao Te King*, *L'Éthique*, *Se libérer du connu* ou *Leaves of Grass* ? D'une manière plus générale il n'est pas concevable – et je sais qu'Alexandre en était intimement persuadé, comme d'une évidence – qu'une machine ne pourrait pénétrer dans ce que Goethe et Heisenberg nommaient *régions supérieures* de la réalité, thème central de *La Clef des Songes* et désignées par le terme *plan spirituel*. Une machine, même dans un siècle, même dans cinq, ne pourra être dotée de notre intelligence abyssale, seule capable d'appréhender ces *régions spirituelles*. Si une telle machine existait, nous aurions nous-mêmes disparu ou serions réduits à l'état de déchets – et nous ne pouvons même pas imaginer ce qu'il pourrait alors en être d'écosystèmes élaborés par la nature pendant des centaines de millions d'années, la *natura naturans* de certains théologiens et de Spinoza : nous serions des morts-vivants, gouvernés par des algorithmes, submergés par le matérialisme. Nous aurions alors touché véritablement le fond de l'abîme.

12. Villecun, le 20 mai 1978

Cher Christian,

J'ai reçu il y a peut-être deux mois une lettre d'une fille allemande, B. E., qui connaissait mon nom par toi et surtout ton copain D. – malheureusement l'adresse qu'elle m'avait donnée était canulée, et sa réponse vient de me revenir – Je me demande si tu aurais une adresse courante où lui écrire – et peut-être par la même occasion j'apprendrai ce que tu deviens. Viendras-tu faire un tour cet été – ça me ferait plaisir de te revoir. À tout hasard je te joins un petit fragment de vie militante... Cordialement et à bientôt peut-être,

Alexandre

N.B. Joints à cette lettre :

Plaidoirie d'A. auprès du tribunal correctionnel de Montpellier, date 13 février 1978 (N.B. : jugement rendu le 27 février, d'après coupure de journal).

Lettre d'A. à Alice Saunier-Seïté, ministre des Universités, du 10 mai 1978.

Lettre d'A. à M. Rouzaud, administrateur provisoire de l'USTL, du 30 janvier 1978.

Diverses coupures de journaux, dont *Libération* du 13 février 1978.

Dans une lettre ultérieure (17 juin 1978) Alexandre joignit quelques documents complémentaires des précédents, relatifs au procès qui lui fut intenté (d'après l'article 21 de l'ordonnance du 2 novembre 1945) pour avoir hébergé un moine bouddhiste japonais en situation irrégulière : une lettre (7 février 1978) au président de la République, Valéry Giscard d'Estaing, ainsi que deux documents (tracts) de fin janvier ou début février 1978 : *La dernière guerre n'est-elle donc toujours pas terminée ? Est-ce à nouveau le temps du mépris ?* et *Un million de hors-la-loi en France ?*

Ces documents[1] attestent de sa générosité et de son altruisme. Juif par son père, rescapé des camps de concentration, apatride jusqu'en 1972, il était d'autant plus sensible à toute forme de xénophobie. L'intention de l'ordonnance en question était de lutter contre le séjour en France de criminels nazis, après la deuxième guerre mondiale. Elle avait été exhumée au début des années 1970 et détournée pour interdire l'hébergement d'étrangers sans papiers. Avec un recul de plus de quarante années, ce procès semble annoncer la situation inquiétante qui se renforce insidieusement aujourd'hui : la banalisation du racisme. Il semble que ces questions vont se poser de manière plus pressante encore avec l'afflux croissant de réfugiés climatiques en provenance de régions de la planète devenues inhabitables, et de réfugiés politiques fuyant des régimes insupportables.

Dans son courrier à l'administrateur provisoire de l'université des Sciences et Techniques du Languedoc, Alexandre attirait son attention sur les difficultés que l'application de cette ordonnance pouvait générer pour les étudiants étrangers, et exprimait sa crainte que « l'éventualité même de telles complications n'agisse comme un argument dissuasif décisif à (leur) encontre ».

1. La plaidoirie et ces divers écrits d'Alexandre Grothendieck seront publiés dans leur intégralité aux éditions Gallimard dans la collection « Tracts », courant 2025.

Dans la lettre ouverte au Président de la République, une quinzaine de « citoyens français [...] représentant environ un tiers des habitants de la commune d'Olmet et Villecun (Hérault) » se disaient « émus et indignés que trente-cinq ans après la fin de la guerre et des lois d'exception antijuifs, un citoyen honorablement connu soit poursuivi (et passible d'une peine de prison de deux mois à deux ans et d'une amende de 2 000 à 200 000 francs) ». Alexandre appliquait à fond la philosophie apprise dans *La Bhagavad Gita*, le détachement qui sied à toute action humaine et à ses fruits ! Il ne négligeait pas d'envoyer des lettres dont on pouvait douter qu'elles aient le moindre effet.

Dans les deux tracts qu'il rédigea, il releva que par cette ordonnance le racisme devenait « obligatoire » et « [désignait] du doigt et [mettait] pratiquement au ban de la société, comme des individus dont la fréquentation est dangereuse, tous les étrangers vivant en France ». Il écrivit que « le signataire de ces lignes [avait l'honneur] [...] d'être le premier "bénéficiaire" de cette ordonnance passe-partout », décrivit « l'inculpé », « professeur à la faculté des sciences de Montpellier, naturalisé de fraîche date, lui-même (ironie providentielle) ancien rescapé des camps de concentration » et remarqua : « Si cette ordonnance ne vous choque pas..., c'est que la liberté est morte dans notre pays. C'est qu'il serait devenu mûr pour un RÉGIME POLICIER. »

Enfin, dans un courrier adressé au ministre des Universités et postérieur au procès, il l'informa « cesser toute responsabilité officielle de directeur d'études ou de recherches vis-à-vis de chercheurs ou d'étudiants... », et que « sous ces conditions, continuer à assumer à titre officiel des responsabilités académiques censées contribuer au rayonnement culturel de la France, à un moment où un tournant insidieux dans la jurisprudence comme dans l'attitude des pouvoirs publics, [semblait] annoncer la résurgence d'une barbarie spirituelle de fait, [lui paraissait] un faire-semblant auquel [il ne tenait pas à s'associer] ».

Pour son procès Alexandre demanda l'aide d'une avocate, mais prononça une plaidoirie[1]. Il se défendit à contrecœur, disant qu'il avait été « arraché inopinément à de paisibles méditations mathématiques,

1. Je l'ai évoquée dans « La présentation de la correspondance » en début d'ouvrage, p. 29.

apparemment bien hors de mise par les temps qui courent ». Ce procès fut cocasse. Alexandre affirma qu'il désirait, s'il y avait condamnation, que la peine maximale lui fût appliquée. Le tribunal fut embarrassé. Mettre en prison un mathématicien renommé, lauréat de la médaille Fields, pour avoir hébergé un moine bouddhiste japonais sans papiers, aurait été plutôt ubuesque. Et la presse s'était déjà emparée de l'affaire. *Libération* avait titré « Le professeur Nimbus en correctionnelle », ce qui ne fut pas du goût d'Alexandre – il me parla de cet article « affligeant ».

Il était un peu préoccupé de l'issue du jugement et évoqua à plusieurs reprises un possible emprisonnement, me disant : « Cela m'arrangerait bien, je serais tranquille pour mes méditations. » Une condamnation à la prison ferme semblait exclue. Mais la manière dont il parla de « l'intérêt de l'emprisonnement » m'inquiéta. Ce n'était ni une plaisanterie ni une bravade. Son propre père avait été emprisonné et j'avais perçu la propension d'Alexandre à l'isolement. Quand il me fit part de ce souhait pour la première fois, je sentis mon sang se glacer et le sol se dérober sous mes pieds. Les larmes me vinrent aux yeux, je lui dis qu'il oubliait les personnes qui l'aimaient et qu'il se faisait sans doute beaucoup d'illusions sur la tranquillité du monde carcéral. Cette idée me parut saugrenue et sinistre. Son insistance, sa gravité m'interpellèrent et je compris peu à peu qu'il mûrissait une décision de ce genre. Même après l'épisode de ce procès, je l'entendis exprimer à plusieurs reprises son souhait d'être mis en prison, où il pourrait méditer sans être dérangé. Quand il tenait de tels propos il me semblait tout à fait inaccessible ; il n'était plus possible de communiquer avec lui, rien ne pouvait le détourner de cette idée. J'eus dès lors un mauvais pressentiment ; celui-ci s'avéra hélas justifié. Alexandre commença en effet à plonger, treize années plus tard, dans un isolement qui s'intensifia progressivement.

Le tribunal tenta de mettre fin à cette situation délicate en le condamnant pour la forme à une amende de 1 000 francs.

Pendant l'année 1977 et le début de l'année 1978 j'avais travaillé au sein d'un groupe Permanences anti-expulsion (PAE) lié à l'Union des communistes de France marxistes-léninistes (UCFML) fondée par Alain Badiou. L'intention était de défendre les travailleurs immigrés « en situation irrégulière » qui pouvaient être renvoyés de manière expéditive dans leur pays d'origine. Alexandre percevait dans cette attitude des autorités ce qu'il appelait « le bruit des bottes ». Nous évoquâmes longuement ces questions. Je ne tardais pas à prendre conscience des limites de ces actions militantes – même s'il me semble bien sûr aujourd'hui encore qu'elles sont plus que jamais indispensables : elles doivent être accomplies par chacun à son propre niveau, et même si la perspective de la nullité apparente de leur impact peut susciter en nous un découragement ou un désespoir.

13. Massy, le 30 mai 1978

Cher Christian,

Je suis à Paris pour quelques jours (probablement jusqu'à mardi prochain le 6 juin) – si tu as le temps, on pourrait se rencontrer, soit à Paris, soit à Massy où j'habite chez mon ex-épouse Mireille et nos deux garçons Alexandre et Matthieu. Passe-moi un coup de fil au 011 40 32, ou à défaut de m'y trouver, au 930 06 18.

Bien affectueusement et à un de ces jours j'espère !
Alexandre

Nous nous vîmes à Paris à cette occasion, dans la chambre de bonne que j'occupais au septième étage d'une maison du douzième arrondissement. Je me souviens avec précision de l'intense dialogue de cette journée, dont il fut ravi. Il la conclut en disant qu'il était « content d'avoir vu quelqu'un avec qui il avait quelque chose à dire » – il manquait d'interlocuteurs pendant cette période de sa vie ! Nous parlâmes comme d'habitude sans discontinuer, surtout de l'œuvre de Carlos Castaneda qui n'avait jamais cessé de l'intéresser depuis qu'il l'avait découverte au début des années 1970. J'étais plongé dans cette lecture depuis un ou deux ans et la poursuivis pendant une ou deux années encore, tant elle me paraissait profonde. Nous connaissions les quatre premiers ouvrages de l'œuvre de Castaneda, *L'Herbe du diable et la petite fumée*, *Voir*, *Le Voyage à Ixtlan* et *Histoires de pouvoir*. Les ouvrages suivants, *Le Second Anneau de pouvoir* et *Le Don de l'aigle*, accessibles au début des années 1980, nous intéressèrent moins – il nous sembla que Castaneda exploitait un filon. L'essentiel nous paraissait avoir déjà été exprimé dans ses premiers textes.

Dans l'œuvre de Castaneda, pensions-nous, un message philosophique d'une rare sagesse devait être distingué d'un enseignement de sorcellerie éloigné de notre culture. La philosophie du sorcier Don Juan, présentée d'une manière pédagogique, nous semblait d'une très grande richesse. Je pense par exemple à cette remarque : « Lorsque tu t'impatientes, tourne-toi simplement vers ta gauche et demande un conseil à la mort. Tout ce qui n'est que mesquineries s'oublie à l'instant où la mort s'avance vers toi, ou quand tu l'aperçois d'un coup d'œil, ou seulement quand tu as l'impression que ce compagnon est là, t'observant sans cesse… La mort est le seul conseiller valable que nous ayons. »

Dans le premier volume de son œuvre, *L'Herbe du diable et la petite fumée*, nous fûmes impressionnés par la formule de Castaneda sur les « quatre ennemis » rencontrés sur son chemin par « l'homme de connaissance », le « guerrier ». Don Juan parle de la Peur, la Clarté, la Puissance, la Vieillesse. Par Peur, il entend la crainte devant l'inconnu : celle-ci peut prendre de multiples visages ! Le dépassement de cette Peur permet d'atteindre la Clarté, « la clarté d'esprit qui efface la peur » et permet que « rien ne semble caché ». La Clarté est aussi un ennemi et peut transformer le chercheur en « guerrier sans objectif ». Si la Clarté en tant qu'ennemie est vaincue, le guerrier peut « accomplir tout ce qu'il veut » et accéder à la Puissance, autre ennemi : le guerrier peut devenir « cruel et capricieux », incapable de « se contrôler lui-même » ; il peut ne pas comprendre « que cette puissance apparemment conquise ne lui appartient pas réellement ». Si le guerrier vainc cet ennemi il atteint « un degré de parfaite maîtrise sur toute chose ». L'homme de connaissance ne vaincra jamais tout à fait le quatrième ennemi, la Vieillesse.

Les récits de prises de psychotropes racontés par Castaneda dans le premier volume, donnaient envie d'en faire l'expérience – Alexandre me dit que ses quelques tentatives avec le cannabis (dans les milieux marginaux qu'il fréquenta en région parisienne pendant la période Survivre et

Vivre) ne lui avaient guère réussi : un simple joint d'herbe ou de résine lui donnait des maux de tête insupportables. Je sentais que sa pensée était si puissante qu'il ne pouvait se détendre pour laisser agir la plante. Il y avait en lui de fortes résistances à sortir du champ de la raison.

Et il ne ressentait pas le besoin de prendre le moindre psychotrope. Son intense curiosité était le moteur de sa créativité. Il ne buvait pas de café et quasiment jamais d'alcool, prenait des infusions de plantes ou plus rarement des thés légers. Il ne pensait pas, comme l'affirment certains scientifiques contemporains, que le café est une drogue nécessaire à la créativité, voire « qu'un mathématicien est quelqu'un qui transforme du café en théorèmes » – il ne supportait tout simplement pas cette plante. J'avais le sentiment que son état intérieur était caractérisé par une « conscience claire », celle que nous pouvons connaître quand notre alimentation est simple et de bonne qualité, que nous prenons suffisamment de repos et ne sommes pas trop sédentaires. Alexandre avait besoin d'un environnement qui lui convenait, d'une maison qu'il aimait, d'une sécurité matérielle minimale, et surtout de beaucoup de silence. Mais il avait été forgé par les années terribles de la guerre et avait connu pendant son adolescence les abominations du camp de concentration. Les conditions matérielles dans lesquelles il vécut après son installation dans le sud de la France pouvaient apparaître comme une absolue sobriété. Pour lui, elles étaient un luxe.

Par l'ouvrage *L'Herbe du diable et la petite fumée*, Castaneda ne nous paraissait pas avoir eu un rôle positif sur les jeunes. À la question de Castaneda « Pourquoi m'avez-vous fait prendre ces plantes de pouvoir autant de fois ? », Don Juan répondit : « C'est parce que tu es bouché… Il y a toutefois d'autres catégories de gens qui n'en ont pas besoin. » Cet éloge des drogues pouvait encourager des jeunes gens à s'engager dans des expériences qui pouvaient devenir des impasses stérilisantes ou même mortifères. Cependant Castaneda minimisa dans ses ouvrages ultérieurs l'importance de l'usage des psychotropes sur le chemin de « l'homme de connaissance » et rapporta que selon Don Juan, « ces plantes […] produisent un dommage immense au corps ».

Nous fîmes un parallèle entre les conceptions exprimées dans *Voir* et celles de Krishnamurti : l'arrêt du « bavardage intérieur », de la pensée-bruit, était selon Don Juan le préalable nécessaire à l'apparition de perceptions non ordinaires. *Le Voyage à Ixtlan* était à nos yeux un vrai trésor, une somme d'enseignements plus structurés et utilisables qu'il fallait méditer. *Histoires de pouvoir* nous paraissait plus hermétique et il nous sembla que cet ouvrage marquait un basculement vers ceux que Castaneda rédigea ultérieurement.

Ses livres étaient traduits pendant ces années-là dans de nombreuses langues et lus dans le monde entier. Leur véracité était vivement discutée. Certains lecteurs pensaient que Castaneda était un fabulateur. Selon eux, il était certes génial, mais tout ce qu'il avait écrit était le fruit de son imagination, tant les personnages que les circonstances. Nous évoquâmes souvent cette question par la suite : il nous semblait tout à fait impossible qu'il ait tout inventé. Il était exclu à nos yeux que des enseignements d'une telle richesse aient pu être conçus de toutes pièces par un anthropologue (le milieu universitaire lui contestait d'ailleurs ce titre), même d'une profondeur et d'une intelligence exceptionnelles. Castaneda avait eu nécessairement contact avec une culture ancienne élaborée des siècles durant.

Alexandre lui avait écrit (par l'intermédiaire de l'éditeur) que ce qu'il racontait était « le récit d'une fuite » et qu'il avait manqué de courage dans les épreuves que le sorcier Don Juan lui avait fait traverser. Bien évidemment, Castaneda ne lui avait pas répondu. Alexandre pensait que ce simple étudiant en anthropologie avait eu la chance de rencontrer sur son chemin un être d'une rare élévation, le sorcier Don Juan, et avait été limité par ses propres peurs, n'avait pas été capable d'intégrer pleinement ses enseignements. Je pensais, au contraire, que Castaneda les avait assimilés au moins dans une certaine mesure, puisqu'il les restituait d'une manière vivante, capable de nous toucher. Aux yeux d'Alexandre, Castaneda avait été un mauvais élève. Je trouvais osé de sa part d'avoir écrit à Castaneda pour lui reprocher d'avoir eu peur, alors que lui-même n'avait pas eu de connaissance personnelle directe de ce niveau d'expérience intérieure ! Alexandre était fasciné par ces expérimentations et n'hésitait pas à se prononcer à leur sujet, même si elles échappaient à son vécu. Il était persuadé qu'il n'aurait pas connu la moindre peur dans les expérimentations et les voyages intérieurs que Don Juan lui aurait permis de vivre, s'il avait été à la place de ce jeune étudiant. Et il me fit une remarque de ce genre vers la fin de cette année-là, quand je lui fis le récit d'une expérience intérieure forte, non suscitée par des psychotropes et vécue à l'occasion d'une retraite dans un monastère.

14. Villecun, le 17 juin 1978

Cher Christian,

Excuse le retard stp à t'envoyer la documentation promise – j'étais un peu bousculé au retour de Paris et avais finalement oublié, comme d'ailleurs j'ai tendance à négliger un peu (tout comme toi, me disais-tu) les activités « militantes ».

Bien amicalement et à bientôt j'espère,
Alexandre

Le bonjour stp à D. et à S.

15. Villecun, le 11 août 1978

Cher Christian,

Merci pour ton mot et pour tes interventions auprès des Comités Anti-expulsions. Je n'ai pas de nouvelles pour le moment pour le procès en appel – dès que j'en aurai je te ferai signe.

Oui je serai à Villecun en septembre, et serai enchanté de t'y retrouver.

Bien affectueusement,
Alexandre

Mon enthousiasme militant commençait à se dissiper et cessa vers la fin de l'année 1978. J'avais informé le groupuscule maoïste du procès dont était victime Alexandre. Dans cette structure fortement hiérarchisée et dirigée par des militants dont nous ne connaissions pas le vrai nom (des raisons de sécurité étaient invoquées), furent dénoncées « mes tendances anarchistes et dangereuses ». Je le quittai juste avant d'en être chassé. Mettre fin à cette implication ne fut guère difficile. Je m'aidais de mes rêves. Dans un rêve humoristique, je regardais avec perplexité, de l'extérieur, un cercle constitué par les amis militants, les « camarades ». Ils tournaient en rond. Cela ne valait pas la peine de dépenser ainsi autant d'énergie. J'étais sorti du cercle ! Même si la défense d'immigrés « en situation irrégulière » était noble et digne d'être accomplie, je percevais ainsi ce que ce travail militant était devenu pour moi.

Le lendemain même de ce rêve, je mis fin à cette activité politique. Je le racontai à Alexandre. Il fut soulagé de me voir franchir ce cap. Il me semble aujourd'hui qu'à compter de ce moment, j'eus tendance à basculer dans l'extrémité opposée, une vision plutôt spiritualiste de l'être humain. Celui-ci, tel qu'il est théorisé par le marxisme, m'apparaît dépourvu de toute épaisseur et être seulement le jeu de forces extérieures sur lesquelles il n'a pas de prise, en tant que simple individu. Mais de son côté, la vision spiritualiste a tendance à oblitérer les dimensions historique, sociale et matérielle de l'être humain, pensées par le marxisme.

Alexandre Grothendieck,
les rêves et la psychanalyse

16. (sans lieu, ni date)

[Le début de la lettre est manquant]

[…] monde, chez les hommes comme chez les femmes. Il me semble que c'est simplement une expression de cette peur du manque de partenaire sexuel, ou de mari disposé à la prendre en charge (dans le cas des femmes par ailleurs bloquées dans leur libido…). C'est bien chouette d'avoir quelqu'un disposé en permanence à faire l'amour avec nous, et avec entrain ! À tel point d'ailleurs que pour être l'heureux bénéficiaire d'un tel microparadis, on passe sur bien des choses souvent, et finalement même sur l'entrain…

Bon, passons à la rubrique « militantisme ». Merci pour la « plateforme », que j'ai lue et appréciée – c'est presque digne de la plume du Grand Timonier lui-même ! Pour ta suggestion de collectionner quelques témoignages écrits, elle est acceptée avec empressement, mais il me semble plus sérieux que chacun prenne la peine de rédiger une déclaration personnelle, plutôt que de se contenter de remplir un formulaire. Pour un article dans Libé, cela ne peut pas faire de mal (s'il n'est pas aussi con que celui pondu par M. L. en février), mais je n'ai pas envie de m'en occuper – si F. y tient, il n'a qu'à s'en occuper lui-même. Tiens-moi au courant stp pour le procès des 86 travailleurs immigrés.

Oui, j'ai été voir le film de Guedj avec les deux garçons, leur maman, et le copain, Jean, avec lequel j'étais venu de Montpellier. Tout le monde a été content, à cela près que la plus grande partie du film m'a passé par-dessus la tête, faute d'habitude du langage cinématographique. Il y avait une quinzaine de personnes dans la salle, nous y compris. Le film ne fait pas trop de ravages !

Transmets stp mon affectueux bonjour à S. et à D., si tu les revois – et à bientôt de se lire ou de se voir !

Affectueusement,
Alexandre

L'allusion au Grand Timonier, Mao Zedong, est une remarque ironique à mon intérêt (qui venait de me passer) pour le maoïsme. Le film de Denis Guedj, *La Vie, t'en as qu'une*, est un regard sur la société industrielle, la déshumanisation dans les grandes cités et les lieux de travail. Alexandre ne comprenait pas « le langage cinématographique. » Il essaya de débrouiller l'intrigue en y recherchant la logique sous-jacente – alors qu'il n'y en a pas ! Ce film procède par petites touches, cherche à susciter des impressions chez le spectateur en lui présentant la réalité telle qu'elle est.

17. Villecun, le 10 septembre 1978

[écrit sur un papier gribouillé de quelques notes mathématiques]

Cher Christian,

Installe-toi stp, je reviens dans la soirée, j'ai dû partir pour affaire urgente. À tantôt,

Alexandre

18. Villecun, le 7 octobre 1978

Cher Christian,

Cela fait un moment que j'ai reçu ta bonne lettre – et que je te dois une réponse, accaparé, comme tu dois t'en douter, par un mouvement de vie particulièrement intense. Comme il y a deux ans, depuis un mois, j'ai l'impression que chaque jour apporte son propre message unique, et parfois je me sens littéralement débordé par les dons toujours imprévus, si totalement imprévisibles que me prodigue la vie jour après jour – j'ai envie de crier : arrêtez, que je souffle un peu et mette un ordre – mais la vie refuse de s'arrêter, et c'est bien ainsi. La méditation écrite est arrêtée net depuis deux semaines – ou plutôt, elle a passé dans des lettres écrites dans la pression des circonstances – à des femmes surtout, comme de juste ! Elle semble entièrement intégrée à la vie – pourtant je me languis parfois de trouver les heures calmes où je fais le point et où avec un regard autre je peux reprendre les questions « générales » me concernant au point où je les avais laissées, il y a deux semaines.

J'ai été frappé de ta façon d'interpréter ta maladie de quelques jours comme « ultime ruse de l'esprit » qui voudrait empêcher un travail intérieur de se faire. Il me semble que c'est plutôt cette *interprétation* de toi qui est une ruse (certainement pas « ultime ») des résistances à ce travail, pour t'empêcher de saisir à pleines mains la perche bienvenue qu'est la maladie en telles circonstances. La maladie, qu'elle soit purement physiologique (à supposer que cela existe...) ou « psychosomatique », n'est-elle pas la réponse énergique du corps et du psychisme, quand l'un ou l'autre est en besoin urgent de repos, pour rentrer en eux-mêmes, en tirant le rideau devant toutes ces activités qui nous empêchent, ne serait-ce qu'à titre d'alibi, de consacrer toute notre énergie à ce travail de régénération ? Si la maladie est astreignante ou épuisante à tel degré extrême qu'elle empêche tout travail psychique conscient de se faire (ce qui sans doute n'était pas le cas chez toi dernièrement), nul doute qu'elle est néanmoins salutaire, car à l'abri du repos forcé de la maladie, le travail de maturation inconsciente ne pourra-t-il pas continuer avec une puissance accélérée ? Notre travail conscient n'est peut-être que la mouche du coche, souvent, l'intellect qui s'agite en tous sens, croyant être le moteur d'une motivation qui suit son cours, mue par des forces profondes qui lui échappent peut-être entièrement ! Mais pour en revenir à l'arrêt forcé par la maladie, je me rappelle que lorsque j'avais (il y a quatre ans) eu l'accident qui devait me clouer au lit pendant plus de deux mois, d'emblée ai-je compris que ce n'était pas là mésaventure, mais un *don* inespéré – inespéré parce que, avant qu'il ne me trouve, je n'aurais su comprendre à quel point il m'était nécessaire. Sans doute y avait-il en moi alors, avant même l'accident, une très grande soif (encore inconsciente) d'entrer en moi-même, de voir clair, de poser, d'arrêter – devenue consciente soudain, dès que l'occasion de se réaliser s'était présentée. Et qui sait si cette soif n'a pas été à l'œuvre pour *créer* « l'accident providentiel » ! Si ces intentions sont justes, cela semblerait indiquer que ta propre soif de connaître était relativement faible encore devant les résistances à toute connaissance de toi – puisque tu n'as pas sauté joyeusement sur l'occasion que ta maladie t'offrait ! Tout au moins est-ce là une possibilité qui peut-être mériterait examen…

Ce que tu dis sur ma position de « maître », et les obstacles que cela implique dans ma communication avec autrui recoupe bien des observations qui me reviennent en ce moment. Je commence à me rendre compte que l'attitude du « maître » a été chez moi une attitude invétérée, apparemment déjà depuis ma petite enfance, si je m'en rapporte à un incident frappant que m'a rapporté ma mère du temps où je devais avoir deux ou trois ans. De telles dispositions sont sans doute autocatalysantes, et cela d'autant plus qu'aux automatismes qui conditionnent une attitude de « maître » répondent chez beaucoup des automatismes tout aussi invétérés et tout aussi inconscients « d'élèves ». J'ai dû croire naïvement, pendant des années, que de récuser ma qualité de maître dans le champ des maths, en plaçant la force vive de ma vie en dehors de ce champ, mettait une fin à cette situation fausse maître-élève, que j'avais quand même fini par détecter (*in the long last !*). Or il devient très clair qu'il n'en est rien – et je me demande s'il y a une seule relation encore aujourd'hui, où inconsciemment je n'assume la position du « maître » – de celui qui est appelé à *enseigner* (non à commander, certes). C'est là une constante si immuable dans ma vie, dans mes relations à autrui, qu'il faudra vraiment que j'examine la nature de cette attitude. Dernièrement (= il y a deux semaines) j'en étais arrivé au point où la *vanité* (et ce qu'elle recouvrait, encore inexploré) apparaissait comme le problème central dans ma vie. Mais il ne me semble nullement évident que « l'attitude du maître » soit réductible à la vanité, au désir « d'être quelqu'un » devant soi-même ou les autres. De toute façon, pour découvrir la vérité de la chose, il me faudra plonger – ce ne sera pas cette nuit encore, sans doute ! Mais est-il besoin de dire que tout commentaire (surtout s'il semble « désobligeant ») me donnant des informations « de l'extérieur » sur ma personne, serait bienvenu ! C'est dommage que de telles informations soient finalement si rares – et il ne suffit pas non plus de les solliciter pour les voir affluer. Les obstacles à la communication dus à la peur sont innombrables, apparemment...

Je crois qu'il est important d'*assumer* ses désirs, beaucoup plus que de les vivre. De toute façon, rien ne sert de « vivre » un désir non assumé – on ne peut le vivre authentiquement que lorsqu'il est assumé. Cela signifie pour moi que ce désir est *compris* et *accepté*, sans aucun résidu de honte ou de peur. Comprendre un désir signifie notamment comprendre s'il est de nature fictive, purement conditionnée, ou s'il est un désir venant des profondeurs de notre être – ou si c'est un amalgame de désirs éventuellement contradictoires – ou le substitut pour un désir caché et inavoué – ou le désir d'autrui repris à notre compte, mais qui reste en nous comme un corps étranger. Seulement quand il y a cette compréhension d'un désir, peut-il être question de l'accepter – et seulement quand nous sommes disposés d'avance à nous accepter, peut-il être question de comprendre un désir. Et ce n'est que par cette compréhension que la question de « vivre le désir » acquiert un sens – autrement c'est une formule creuse qui cache notre confusion, notre peur de comprendre. C'est dans cette compréhension que le grain des désirs authentiques se sépare de l'ivraie des désirs factices, des désirs-baudruche – et seule pour les premiers la question de « les vivre » peut encore se poser, il me semble. Mais il me semble aussi que le désir est assumé, qu'il a perdu son halo trouble du fruit qu'une partie de nous voudrait refuser à une autre – dès ce moment la question de son exaucement a perdu la plus grande partie de son acuité, ou elle devient même entièrement accessoire. C'est alors que la simple raison reprend ses modestes droits, et qu'elle peut évaluer les questions de simple *opportunité*, sans pour autant se trouver au service d'une partie de nous qui voudrait opprimer l'autre. Car dans la mesure où nous assumons nos désirs, nous mettons fin précisément en la division de nous-mêmes en parties antagonistes. Je pense en particulier aux désirs incestueux ou homosexuels – et je suspecte que lorsque la question de vivre de tels désirs nous apparaît comme une sorte de défi menaçant porté à notre courage ou à notre authenticité ou à notre liberté intérieure, etc. – c'est que ces désirs restent encore troubles, non assumés – non débarrassés de leur potentiel de menace, de crainte, de conflit. Un désir est assumé, me semble-t-il, dès lors qu'il cesse d'être l'occasion de conflit en nous, et alors seulement.

Tu rapproches la « méthode » des notes que je t'ai passées avec la technique de libre-association en psychanalyse. J'avais entendu parler de cette technique, et il est en effet possible que cela m'ait influencé inconsciemment. Mais sur le coup la démarche que j'ai suivie n'était pas une méthode réfléchie, plutôt un tâtonnement parfois fervent, appuyé par des habitudes de rigueur intellectuelle forcément pataude, mais néanmoins bien utiles – et sachant s'effacer au moment où son rôle était révolu.

Voilà que cette lettre déjà est devenue longue, alors que je n'ai fait que répondre en courant à la tienne.

Que te dire alors « sur mes avancées », sur lesquelles tu aimerais que je te tienne au courant ? J'en serais bien embarrassé en ce moment – mon mouvement spontané serait de te raconter mon vécu depuis qu'on s'est quittés – et plusieurs nuits d'écriture n'y suffiraient pas ! Je te dirais seulement à ce propos que j'ai fait une rencontre véritablement « foudroyante » avec une femme à peu près de mon âge, Yole, il y a deux semaines exactement (tiens tiens !) – elle a donné à ma vie un « centre » qui depuis bien longtemps en avait été absent. Elle habite près d'Avignon, et je m'apprête précisément à aller demain passer quelques jours chez elle. Dans la journée elle enseigne l'histoire et la géographie dans un lycée, et j'espère trouver alors la tranquillité – à l'abri d'autres amis ou amies – pour refaire le point. S'il y a quelque chose de « communicable » à signaler alors, je te tiendrai au courant volontiers. Mais sans doute une lettre de toi sera le plus sûr incitatif à le faire vraiment.

En attendant, bien affectueusement,
Alexandre

Je trouvais qu'Alexandre avait une propension à enseigner dans quelque domaine que ce fût – même très éloigné des mathématiques. Il indique allusivement : « J'ai dû croire naïvement, pendant des années, que de récuser ma qualité de maître dans le champ des maths, en plaçant la force vive de ma vie en dehors de ce champ, mettait une fin à cette situation fausse maître-élève. » Depuis le début des années 1970 il reniait en effet son identité de mathématicien, ne voulait pas être rabattu sur elle et s'efforçait d'exister ailleurs. J'avais le sentiment qu'il était infiniment doué et que ses dons auraient pu trouver à s'épanouir dans bien des activités. Il me donnait l'impression d'être multiple. L'intensité de la concentration qu'il mettait dans la moindre tâche, même anodine, était toujours surprenante.

Sa capacité d'écoute était très grande. Pendant ces années-là elle me semblait procéder plutôt de sa raison que d'un plan sensible et intuitif. Son attention paraissait focalisée sur le contenu manifeste de ce qui était dit par son interlocuteur. Il adorait les mots et dans les dialogues était extrêmement attentif aux termes utilisés. Je peux aujourd'hui exprimer mon sentiment à ce sujet – à cette époque, il y a presque quarante ans, je n'aurais pu le formuler ainsi : Alexandre écoutait en essayant de comprendre ce qui était dit, à partir des mots plutôt qu'en s'attachant à un au-delà des mots, à ce qui est perceptible sans appartenir au simple contenu manifeste des propos. Il me dit lors d'une conversation : « Fut un temps où je n'accordais d'importance, lors d'un échange, qu'au contenu logique de ce que me disait mon interlocuteur ». Je trouvais pourtant que c'était encore le cas dans une large mesure. Je le vis changer au fil des années sous l'effet de la méditation et des nombreux contacts avec des personnes ordinaires, qui ne venaient pas du milieu scientifique dans lequel il avait essentiellement évolué pendant la période où il faisait – selon son expression – « des mathématiques à jet continu ».

Pendant toutes les années que dura notre amitié, mon écoute n'était pas située sur le niveau de la « simple » logique. J'en aurais été tout à fait incapable et cela ne m'aurait pas intéressé – lui non plus, d'ailleurs. Il ne manquait pas de relever par moments, sans ménagement, les défaillances de mon raisonnement (il utilisait alors des expressions du genre « toi et ta logique ! »). Mais je l'écoutais et lui parlais avec le cœur ; je n'étais pas très attentif au contenu logique de ce qu'il disait. Ceci se manifestait par le fait qu'il parlait souvent plus que moi, et que mon écoute était autre. Il en était conscient et traduisait cela en me disant que je « sentais » les choses (c'est le terme qu'il utilisait), les ambiances ou encore les paroles d'un interlocuteur.

Nous pouvions par exemple nous remémorer un échange avec une personne rencontrée pendant un bref moment ou avec laquelle nous avions passé une soirée. Alexandre pouvait avoir repéré dans ses propos une faille logique, minime. La pensée d'Alexandre m'apparaissait comme le scalpel le plus fin, le plus incisif, le plus précis et élégant que j'avais pu voir dans ma vie. Cette faille indiquait que la personne avait menti ou exagéré. Je pouvais l'avoir perçu par d'autres voies, un trouble qui semblait en un instant envahir la pièce, un frémissement particulier dans les paroles, trahissant une émotion spéciale, un décalage entre la vérité et ce qui avait été dit, un décrochement dans le fil de son propos, sur un plan subtil. Voir Alexandre parvenir laborieusement à une telle conclusion évidente *a priori* – quand on se fondait sur l'intuition plutôt que sur la logique – m'amusait. Il écarquillait les yeux quand je lui disais par exemple que notre interlocuteur avait de toute évidence menti. Parvenir à des conclusions similaires par des voies aussi différentes nous étonnait et nous interpellait.

Les réflexions sur le désir, dans cette lettre, sont une belle expression de sa philosophie. Le désir est à ses yeux le véritable moteur de toute action humaine, bien plus encore sans doute que ne peuvent l'être les impératifs dictés par une époque. Sa vision du désir me paraissait proche de celle de Gilles Deleuze. Alexandre ne connut ce philosophe qu'à travers ce que je lui en dis ou des lectures que je lui en fis. Il en sera beaucoup question dans les dialogues que nous eûmes pendant la période qui suivit. La remarque à propos des « désirs incestueux ou homosexuels » fait référence à des impulsions qui peuvent nous traverser. L'interdit de l'inceste relève d'une loi transcendante (nous parlâmes de cela à propos du *Tao Te King*, dans nos échanges de l'année suivante, 1979, postérieurs donc à cette lettre). L'allusion aux désirs homosexuels s'adresse – entre autres personnes sans doute – en premier lieu à moi-même : il tentait régulièrement de me brancher (à sa manière, c'est-à-dire avec délicatesse, subtilité et élégance), ce qui est bien compréhensible vu notre proximité, l'intimité et la force de notre communication et de notre affection mutuelle. Je n'étais pas dans ces dispositions (pour différentes raisons, entre autres parce que j'étais très tourmenté par l'urgence de trouver ma voie) et faisais semblant de ne pas comprendre.

Je sais aujourd'hui qu'il souffrit de ma fermeture, au-delà de ses assertions fortes sur l'importance essentielle « d'assumer ses désirs plutôt que de les vivre ». Pourtant, dès l'été 1976 et mon abandon de tout travail scientifique (j'ai déjà remarqué cela à propos de sa lettre du 29 août 1976), ma vie intérieure recommença à s'animer et la capacité de réminiscence de mes rêves me revint : je fus stupéfait de voir remonter à la surface, dès le début de ce processus, des désirs enfouis en moi, et l'un des premiers rêves puissants concerna des tendances homosexuelles éradiquées depuis mon enfance, vers l'âge de six ou sept ans – je me gardais bien de faire part de ces rêves à Alexandre ! Je compris que de tels penchants doivent exister en chacun de nous et sont la plupart du temps broyés par notre éducation et nos conditionnements. La situation a heureusement évolué depuis le milieu de ces années 1970, de tels désirs peuvent aujourd'hui s'exprimer plus librement, du moins dans certains pays et certaines cultures, et même si beaucoup de chemin reste encore à faire pour cette intégration. Chez Alexandre, je percevais cela en lien avec l'absence de toute limite, qui semblait naturelle, consubstantielle à sa personne : il n'en faisait pas toute une histoire ! Ces désirs le traversaient et il les accueillait, les reconnaissait.

Cette lettre contient aussi des allusions à sa pratique de ce qu'il nommait « méditation ».

Celle-ci procédait de la réflexion sur des éléments réels tels que des souvenirs personnels anciens ou récents, des rêves aussi ; il les scrutait, essayait d'en percevoir le sens caché. Sa méthode ne se limitait pas à une technique d'association libre parfois pratiquée en psychanalyse. L'écriture le soutenait, jouait le rôle de fil rouge. J'adoptais moi-même cette méthode, mais pas exclusivement. Du point de vue de la psychanalyse il s'agit d'un projet insensé : les résistances personnelles interdiraient à tout sujet d'être son propre analyste. Mais Alexandre parlait volontiers de ses recherches à quelques personnes de son entourage, dont moi-même – et la communication amicale n'a-t-elle pas aussi une valeur thérapeutique, même si elle n'a pas lieu dans le cadre, en principe aussi neutre que possible, de la consultation psychanalytique ?

Alexandre m'avait donné lors d'une visite précédente chez lui plusieurs centaines de pages de notes de méditations – une infime partie de ce qu'il avait écrit. Dans la période qui suivit il fit cela assez régulièrement, pour que je puisse prendre connaissance de ses recherches intérieures. Ces lectures exigeaient beaucoup d'attention de ma part pour pénétrer dans l'extrême complexité de ce qu'il écrivait, et pour être à la hauteur de ses exigences quant à l'écho qu'il attendait de moi. Dans cette lettre il définit ainsi son travail : non pas « une méthode réfléchie, plutôt un tâtonnement parfois fervent, appuyé par des habitudes de rigueur intellectuelle forcément pataudes, mais néanmoins bien utiles, et sachant s'effacer au moment où son rôle était révolu ». Sa méditation ne doit donc pas être comprise comme la recherche d'un silence d'où pourraient émerger des visions, des éclairs de lucidité – ce que Husserl nomme « conscience pure ».

Husserl tente de donner à cette autre forme d'entendement une assise et une rigueur philosophique. Il désigne par le terme *époché* ce silence de la pensée discursive, ce regard libéré de toute mémoire, de tout passé, de toute souffrance, de tout *a priori*, de toute grille interprétative, de tout dogme, de toute pensée parasite. J'ai déjà indiqué que Krishnamurti ou le sorcier Don Juan nomment « voir » ce mode d'entendement. Or, les compréhensions d'Alexandre émergeaient au terme de longues analyses ; et si nous avions intégré jusqu'à un certain point ce qu'est le « voir », la pratique systématique de la méditation écrite, chez Alexandre, signifiait bien que sa méthode n'avait pas le « voir » comme fondement. Ma propre recherche tentait de procéder différemment, dans une certaine mesure. Je reviendrai ultérieurement sur cette question centrale.

Dans cette lettre riche il fait aussi allusion à sa conception de la maladie. Il pensait que celle-ci peut parfois avoir des origines dans un conflit personnel irrésolu, « non assumé » comme il disait, c'est-à-dire non conscient. Lors d'une conversation je lui demandai ce qu'il ferait s'il apprenait qu'il avait une maladie grave : il me répondit qu'il cesserait « séance tenante » toutes ses activités pour « essayer de comprendre ce qui se passe ». Il était intimement persuadé que nous sommes nous-mêmes à l'origine de la plupart de nos maladies et que celles-ci sont de merveilleuses occasions pour nous « d'y voir plus clair ».

Jamais je ne le vis prendre le moindre médicament, sauf des plantes. Dans la dernière maison où il vécut, à Lasserre, je vis sur l'étagère de sa cuisine un gros flacon d'huile essentielle de *Melaleuca alternifolia*. Il devait l'utiliser par voie externe, pour ses propriétés anti-infectieuses. Il était réfractaire à la médecine conventionnelle et ne dut jamais y recourir, sauf peut-être pour certaines anesthésies dentaires. C'était un adepte des médecines naturelles et de la naturopathie. Il pensait que les défenses immunitaires, stimulées tout au plus par des plantes, une alimentation de bonne qualité – le jeûne dans les situations les plus graves –, la clarification de notre vie intérieure et la prise de décisions énergiques, étaient suffisantes pour se maintenir en bonne santé ou se guérir.

Je ne le vis jamais utiliser de médicament homéopathique. Mais l'absence apparente d'intérêt pour l'homéopathie ne résultait pas d'un scepticisme à son égard : l'efficacité des hautes dilutions ne faisait pour lui aucun doute, même si cette médecine n'avait pas fait l'objet d'études statistiques approfondies. Il me dit un jour que l'activité manifeste de ces substances (certaines personnes de son entourage proche en utilisaient) était un mystère du point de vue scientifique. Il ébauchait des explications qui m'amusaient, parlait d'un effet qui pourrait être celui « d'un seul photon ». Les soins par des remèdes dont le mécanisme d'action est mystérieux ne lui semblaient pas devoir être écartés sous le simple prétexte qu'il n'existait pas encore de théorie explicative satisfaisante. Au XVIe siècle, les fontainiers de Florence n'avaient pas de scrupules pour construire des pompes à vide et les utiliser, même s'ils n'avaient aucune idée des lois qui régissent l'équilibre des fluides. Que les pompes à vide, même usinées avec le plus grand soin, soient incapables d'élever l'eau à plus de 10,33 m environ, leur semblait être un phénomène étrange – mais cette incompréhension n'était pas rédhibitoire pour leur usage.

Dans sa maison de Mormoiron dans le Vaucluse où il vécut pendant quelques années, il souffrit d'une grave rétention urinaire, à la suite d'une période de travail intense que son corps n'avait pu supporter. Il était alors trop sédentaire et traversait des contrariétés personnelles. Il calfeutra avec soin la porte et la fenêtre de sa cuisine et fit chauffer à fond le poêle à bois sur lequel il jeta des seaux d'eau pour transformer la pièce en sauna. Je lui dis qu'il avait eu de la chance que son propriétaire ne soit pas arrivé à ce moment. Mais ce monsieur l'estimait, l'appelait « professeur Grothendieck » et semblait avoir accepté l'excentricité de son locataire. Alexandre me fit le récit de sa guérison avec une satisfaction manifeste.

Il me raconta en une autre occasion qu'avant une opération dentaire assez lourde il avait demandé au chirurgien-dentiste de ne pas être anesthésié – il voulait éviter la prise de substances chimiques, même dérivées de plantes. Pour préparer cette intervention il avait choisi « une question mathématique délicate » à laquelle il pourrait réfléchir pendant l'opération. L'intense concentration sur ce problème l'avait aidé à moins ressentir la souffrance. « C'était quand même un moment difficile à vivre », me confia-t-il. Il avait perçu les limites de sa capacité à supporter la douleur. Je lui répondis que c'était là une situation originale pour faire des mathématiques – « La science comme narcotique » que Nietzsche avait stigmatisée ! Mais l'auteur de *La Généalogie de la morale* voulait ainsi dénoncer la limitation de la conscience humaine inhérente à la démarche scientifique – un affaissement de notre intelligence et l'évitement de questions fondamentales sur l'existence. Dans son expérience étrange, Alexandre tentait, par la concentration intellectuelle, de détourner le corps de la souffrance provoquée par l'intervention chirurgicale.

Lors d'un séjour à Villecun pendant l'hiver, j'eus une infection assez grave à la gorge. Alexandre m'indiqua un vieux remède capable de provoquer une réaction locale salutaire – ce protocole surprenant fut plutôt violent, mais efficace. Il me conseilla de mettre autour du cou, pendant la nuit, des chaussettes en laine bien mouillées : « La chaussette droite, du côté droit, et la gauche, du côté gauche : c'est juste pour qu'elles soient mieux placées », me dit-il en me disant de bien me couvrir. Je lui répondis que j'avais des difficultés à distinguer la chaussette droite de la gauche. Des remarques de ce genre, de sa part, me semblaient toujours étranges : il devait pourtant être à l'aise dans la pensée de symétries complexes !

Dans la vie courante, il avait des grandes difficultés avec les nombres, dès lors qu'il s'agissait de compter, pour une tâche quotidienne, par exemple une simple facture à vérifier. Il m'interdisait de dire le résultat en premier, trouvé par calcul mental. Il devait le plus souvent s'asseoir pour mieux se concentrer, semblait accablé, presque angoissé et paniqué, mettait un point d'honneur à pouvoir trouver la bonne réponse. Je l'observais avec stupéfaction et avais l'impression qu'il impliquait pour cela toute sa bonne volonté ; il s'agissait pour lui de parvenir à « redescendre » à un niveau purement mécanique, celui d'un calcul mental stupide. Il finissait tout de même par aboutir au résultat et l'énonçait en triomphant, en insistant bien (il ne plaisantait pas !) sur ses capacités à réussir cette épreuve. Cela m'amusait, mais il n'aimait pas mes plaisanteries à ce sujet. Sa relation avec les nombres était étrange. Compter lui semblait dépourvu de tout intérêt, tout comme ce qui ne relevait pas de la géométrie. Celle-ci semblait être son véritable royaume. Il parlait parfois, en souriant, des « horribles analystes[1] ».

---

1. Ces difficultés avec les nombres semblent être chez lui un trait puissant de caractère, une sorte de *point aveugle* : dans *La Clef des Songes*, (85), « Les mutants », (1), « Le ballet des mutants ; Hahnemann et Riemann », Alexandre évoque (aux côtés du mathématicien Bernhard Riemann) le médecin inventeur de l'homéopathie Christian Samuel Hahnemann (1755-1843)

19. Villecun, le 25 novembre 1978

Cher Christian,

Merci pour tes deux substantielles lettres – je n'y réponds qu'avec retard, et mon courrier commence à s'accumuler dangereusement, car j'ai été pas mal absorbé encore par ma vie et surtout par la réflexion. Pourtant je ne trouve que relativement peu de temps pour une réflexion systématique – cela doit faire plus d'un mois que je n'ai pas eu l'occasion d'une réflexion écrite prolongée. Par contre, il me semble qu'il y a un travail souterrain important qui se fait – et quand les circonstances m'amènent, sans que je l'aie cherché, à écrire certaines lettres, je suis tout surpris parfois d'y voir formulées, d'une main parfois lente mais jamais hésitante, des choses nouvelles que je savais « sans le savoir » – la lettre étant l'occasion d'amener au jour le *résultat* d'un travail intérieur qui s'accomplit à mon insu.

Par la force des choses, la réflexion consciente est confinée presque entièrement aux moments consacrés à la correspondance – ce qui en limite d'ailleurs le thème de façon un peu arbitraire, soumis à l'occasion du moment. À part cela, mes notes personnelles se limitent à une description de quelques rêves frappants, et il y a quelques jours à un travail d'approfondissement (en coup de vent !) d'un double rêve particulièrement important. Arriver à sonder un rêve est une chose fascinante, une ouverture à un langage d'une force et d'une souplesse extraordinaires – et lorsque le message est compris, le sentiment d'évidence, de plénitude dans la compréhension est du même ordre irrécusable que lorsqu'une situation mathématique a été entièrement élucidée et comprise. C'est la deuxième fois dans ma vie qu'il m'est donné de pénétrer le sens d'un rêve recélant un message important – en l'occurrence il authentifiait d'une façon subtile, mais au fond très claire, le constat fait

– qu'il range donc parmi ses « mutants » – et les dilutions homéopathiques. Pour expliquer ce qu'est une dilution d'ordre élevé il prend l'exemple d'une 25 CH (vingt-cinquième centésimale hahnemannienne) et écrit qu'il s'agit d'une dilution de 10^{-25} : en réalité, il s'agit d'une dilution de 10^{-50}, puisqu'à chaque étape la concentration de la substance initiale est divisée par 100.

la veille dans une lettre à Yole d'un changement important survenu (comme je disais tantôt, à mon insu) dans mes relations aux femmes. L'avenir dira si ce changement est aussi réel qu'il m'avait semblé alors, et comme le rêve l'a confirmé, par son « vécu » propre notamment…

Il est d'ailleurs apparu une parenté profonde entre un double rêve, et le rêve d'il y a deux ans, qui a été si important pour moi.

Par contre, il y a trois rêves sur le thème de la mort, présentant des points semblables frappants, que je n'ai trouvé encore l'occasion d'approfondir. L'un figure l'agonie de mon père, le deuxième celle de ma mère, dans le troisième apparaît comme personnage principal mon fils aîné Serge. Il n'y a dans ces rêves aucun sentiment de crainte de la mort, mais par contre une sorte d'indifférence distraite à l'égard de mes proches, dont je finis par devenir douloureusement conscient au cours de chacun des trois rêves. Il serait important que j'arrive à entrer dans ces rêves – c'est peut-être ce que j'ai de plus urgent à faire pour le moment. Malheureusement le premier de ces rêves remonte bientôt un mois – je pensais méditer dessus à fond le jour même, malheureusement j'ai été arraché à cet intérêt pourtant intense par un vécu à ce moment plus intense encore…

Là je t'écris au hasard de la plume, sans vraiment répondre à ta lettre – la raison étant je crois, qu'il n'y avait rien de très « chaud » dans mon souvenir de ces lettres (pourtant substantielles) à quoi plus particulièrement j'aurais eu envie de répondre. Je vais donc bêtement répondre à quelques points qui se présentent en relisant.

Il est bien possible que je sous-estime l'influence en l'importance que je peux avoir pour autrui, en dehors de mes relations amoureuses ou familiales, et notamment en relation avec ma propension (qui semble bien innée !) à assumer vis-à-vis d'autrui une position de maître – de celui qui aurait quelque chose à enseigner, et dont le rôle serait d'enseigner. Peut-être cette propension conduit-elle à mon insu à *dépersonnaliser* ma relation à autrui – ce qui certainement l'appauvrit – et à mésestimer par suite le poids de cette relation dans la vie de l'autre. Il est typique à cet égard que, non seulement j'ignorais que ma personne avait une « importance » pour toi (pourtant, en y réfléchissant c'est une chose évidente par le fait même de la permanence d'une relation qui ne doit rien à la simple « occasion » de se rencontrer ici ou là...) – mais que j'avais oublié que dans ton avant-dernière lettre relue à l'instant, une des choses substantielles que tu m'apprenais précisément, c'était l'importance que cette relation avait pour toi, qu'en fait tu la considérais (à tort ou à raison !) comme un de tes « problèmes » majeurs. Apparemment il y a aussi une certaine résistance en moi à admettre que la relation à moi puisse être un « problème » – il aura fallu que je relise le passage ou tu en parles une 2e fois, avant d'en prendre finalement acte, à l'instant même ! Une raison possible pour cette résistance à admettre que ma personne puisse constituer un « problème » pour une personne amie, c'est qu'un tel fait contredit l'image de la transparence – allant assez bien somme toute avec le rôle de maître ! – qui m'est chère. Bien sûr, entre *aspirer* à la transparence et en *entretenir* secrètement *l'image*, le pas n'est pas bien grand ! Quant à toi, ma supposée « transparence » ne semble pas t'avoir particulièrement frappé – par contre tu utilises plusieurs fois le terme « cohérence », qui ne signifie pas du tout la même chose. Sans doute la cohérence est-elle chose relativement aisée – alors que la transparence est difficile. La cohérence peut être le *résultat* d'un travail délibéré, d'un effort. Je doute que la transparence puisse ainsi être résultat.

C'est parfois assez drôle de voir avec quelle insistance nos propres désirs et opinions pèsent sur l'interprétation apparemment arbitraire de ce qui est entendu ou lu. Je t'avais écrit que ma vie avait trouvé un « centre », qui en avait été absent longtemps – tu en as conclu aussi sec que j'admettais que la vie d'une personne en général, et la mienne en particulier avait besoin nécessairement d'un centre... Or en t'écrivant que ma vie était centrée, je savais bien que je n'avais pas besoin de « centre », il était apparu sans que je l'aie cherché, voilà tout, comme un don merveilleusement imprévu. C'était un don d'emblée bienvenu. Quatre semaines plus tard, le centre disparaissait aussi subitement qu'il était apparu. Comme de juste j'en étais d'abord désarçonné – c'était encore un don de la vie, mais un de ces dons à qui d'emblée on résiste ! Même la maturité, semble-t-il, n'élimine pas ces réactions viscérales à la frustration – mais elle désamorce dans une très large mesure ces réactions, elle réduit leur durée à quelques jours (ou quelques heures ou minutes, suivant le cas) – alors que la méconnaissance de leur nature peut rendre leur effet irréversible.

Le fait que ma relation avec Yole ait cessé d'être centre de ma vie signifie certes un changement profond dans cette relation, mais nullement qu'elle soit devenue moins riche, moins vivace, moins ouverte sur les possibles – pour elle ou pour moi. Ce soudain décentrage a été peut-être un *choc* créateur, pour elle et pour moi. J'y ai fait allusion au début de cette lettre, pour ce qui est de moi. Mais Yole aussi soudain confrontée à elle-même, finalement s'est mise en marche, il me semble. Je l'ai appris pas plus tard qu'hier soir. Et le choc a été plus « dur » pour elle que pour moi. Faut ce qu'il faut !

Ne te fais pas de souci pour ton manque d'enthousiasme militant, notamment dans « ma cause » ! Ce que tu fais me semble infiniment plus fascinant et plus utile aussi. En fait, tu es la seule personne que je connaisse qui, comme moi-même à certaines périodes (dont le présent), met la découverte de soi-même au centre de sa vie, qui sente toute la portée et toute la fascination d'un tel travail. Sans doute n'est-ce que dans des périodes exceptionnelles de notre vie qu'un tel travail peut occuper toute la plus grande partie de notre énergie. Il est possible que Yole s'engage dans une telle période – manifestement un travail important a commencé, et elle sent un besoin intense de l'approfondir, d'aménager sa vie trop « brouillée » en fonction d'un tel travail. Mais il semble que chez elle comme chez moi, la réflexion ou méditation reste subordonnée à des besoins pressants enfin reconnus – alors que chez toi on a plutôt l'impression de « l'art pour l'art ». Ainsi ce que je découvre concerne toujours le *présent* au premier chef, le passé seulement par ricochet. Chez toi cela semble l'inverse – peut-être aussi y a-t-il une peur secrète d'aborder le présent, d'attaquer de front ce qui est actuel – alors que le passé, du fait même qu'il se présente comme « passé », prend des allures relativement anodines.

Pour revenir au procès, il paraît qu'il ne passera pas avant le mois de février, mars. Je ne me sens d'ailleurs aucun enthousiasme combatif – il est devenu trop clair que ce sont des combats d'arrière-garde, des barouds d'honneur. Il n'est pas clair pour moi si aujourd'hui il y a encore un combat de longue haleine qui ait un sens. Ma dernière lettre à Klaus Croissant était pour l'essentiel une méditation sur ce thème, et sur le thème plus vaste de notre relation à nos « tâches ». Il me semble que dans quelque situation où nous nous trouvons, si nous avons énergie et lucidité, nous pouvons trouver une tâche qui ait un sens et nous y consacrer. Cette tâche n'est pas nécessairement un combat, bien sûr. Avant de s'engager dans un combat, la responsabilité du « guerrier » n'est-elle pas d'en prendre les dimensions, d'en mesurer la portée et les limites, de mettre au clair ses propres relations à un combat à mener, ses motivations – pour pouvoir décider si le combat a bien un sens ? La plupart des combats menés n'ont aucun sens, ils ne sont qu'une partie du *bruit* qui emplit le monde – un combat ne peut avoir de sens, être autre chose que du bruit, que s'il y a connaissance de soi, il me semble. Et la même chose est sans doute vraie pour toute tâche au sens noble du terme, qui dépasse le souci de pourvoir aux « nécessités » de la vie pour soi et sa famille. C'est pourquoi la tâche qui doit précéder toute autre, me semble-t-il, est celle de se découvrir. Il est vrai que c'est une tâche qui n'a pas de fin. Pourtant, chaque question particulière qu'elle nous propose (comme p. ex. celle de nos relations à un combat, à une tâche déterminée) peut être (et doit être) entièrement sondée, élucidée, vidée.

Je ne vois pas pourquoi le fait d'avoir une « image du monde » – ou le fait que celle-ci soit cohérente ! – ferait problème. Tu constates toi-même que, formulée ou non, nous avons chacun une image du monde. Sans doute en avons-nous même souvent plusieurs, interchangeables suivant les besoins, tant au niveau conscient qu'inconscient. La « cohérence » serait alors l'unicité de l'image, ou l'absence de contradictions entre plusieurs images. J'ai bien sûr le sentiment d'une telle cohérence – mais ce n'est pas l'aboutissement d'un examen, plutôt l'effet d'une belle assurance, qui ne m'a que rarement fait défaut. Pourtant je me rends bien compte depuis huit ans que mon image du monde jusque vers 1970 « décollait » terriblement de la réalité – qu'elle ne *marchait* absolument pas ! Pourtant, elle était bien cohérente, si ça se trouve... Pour m'assurer de la cohérence d'une image du monde actuelle, il faudrait que je prenne la peine de formuler une telle image. Ça risque d'être un gros travail, et il n'est pas évident qu'il soit bien utile. Plus utile et plus difficile serait que j'essaie de saisir l'image de *moi-même* que je continue sans doute à nourrir, et que je la confronte à la réalité ! À vrai dire, ce serait plus utile que d'essayer sans succès de m'empêcher d'avoir une image de marque ou d'y ajouter foi…

Le fait que mon « image du monde » reste en majeure partie informulée, « comme chez tout le monde », ne me gêne pas. Le rôle d'une telle image est après tout utilitaire – et en cas de besoin, chaque fois je constate en sondant qu'une vision « cohérente » au sujet de tel ou tel aspect de la vie se met en place sans effort, comme une chose sue, bien comprise, alors même qu'on n'aurait pas eu à la formuler jamais avant. Ce n'est pas que je sous-estime l'importance de la formulation consciente – elle me semble essentielle. Mais dans l'état actuel de ma vie, ce serait un gaspillage d'énergie de formuler des choses avant le moment où le besoin apparaît de préciser ces choses-là…

C'est sans doute étrange que – sauf à un moment très isolé et très primaire, désemparé de ma méditation (il y a deux ans de cela), je ne sois pas amené à remonter à mon enfance, pour comprendre et assumer des conflits du présent. Il me semble même que plus j'avance dans ma vie, plus mon passé s'amincit, ainsi que ma mémoire du passé. Parfois j'en suis frappé – et je ne sais pas s'il y a lieu que je m'en réjouisse, ou que je m'en afflige. À vrai dire, je n'y ai pas trop accordé d'attention jusqu'à présent – car cela n'a pas encore constitué un « problème », une source de conflit, disons. Je ne sais si un jour je sonderai le passé lointain – pour le moment il y a tant de choses qui paraissent tellement plus urgentes. Mais je ne vois vraiment pas en quoi la présence d'un « analyste » y serait plus utile que pour tout le reste. Il me semble avoir compris que le rôle ingrat de l'analyste, c'est de « guérir » de ses problèmes un « patient » qui, avec une force désespérée, s'accroche précisément à ces problèmes, auxquels il ne veut renoncer à aucun prix – un patient qui ne veut absolument *pas* être guéri ! Il y a alors un état de connivence, caché charitablement à l'un et à l'autre par les péripéties plus ou moins mouvementées de l'analyse, le transfert, etc. – qui n'en finissent pas de noyer le poisson, et donnent au patient le sentiment parfaitement justifié d'en avoir pour son argent, et à l'analyste celui (non moins justifié) de faire tout son devoir. Mais dès que dans une personne il y a une soif véritable de découverte de soi, une curiosité qui se trouve stimulée par les résistances rencontrées, et un désir puissant, et le courage de vider ses problèmes – je doute que l'analyste soit encore utile à grand-chose. Il serait au mieux la mille unième patte d'un mille-pattes – que celui-ci la laisse en route, et il s'en portera aussi bien pour continuer son chemin ! Et un analyste honnête n'attendra pas sans doute que le mille-pattes finalement le sème en route, et il prendra les devants – ou il proposera à son ex-patient de lui payer dorénavant cent francs par séance pour être admis comme témoin d'une « analyse » sans analyste !

Bigre, il est trois heures du matin presque – temps de m'arrêter. Je pensais encore répondre à Odile qui m'a écrit, j'espère pouvoir le faire demain dimanche. Donne-lui mon amical bonjour stp si tu as l'occasion.

Bien affectueusement,
Alexandre

P.-S. Merci pour le texte de Nietzsche sur les savants que je viens seulement de lire, avant de me mettre à t'écrire. J'avoue que le texte m'accroche moins que toi – il me semble même en apprendre plus sur les marottes de N. que sur l'état de « savant » !

Alexandre poursuivit la méditation sur ses rêves tout au long de ces années-là, en alternance avec le travail mathématique. Il mettait autant d'enthousiasme pour l'une et l'autre recherche et souvent n'établissait pas de hiérarchie entre ces deux activités. Il écrit dans cette lettre que sa méditation concerne les éléments du présent. Plus tard il se plongea dans son propre passé, notamment dans sa relation avec ses parents, à travers leurs lettres.

Je lui avais parlé dans une lettre précédente de sa « cohérence ». Tous ses actes me semblaient en effet pensés, fondés sur des réflexions préalables. Il prend soin dans cette lettre de distinguer cette « cohérence » d'une « transparence » dont il m'écrit qu'elle ne semble pas m'avoir « particulièrement frappé » ! En effet il n'était pas à mes yeux « un sage ». Alexandre était tourmenté, n'avait pas atteint ce qu'on peut appeler la sérénité. Je n'éprouvais pas quand je le rencontrai, ou pendant la période de notre amitié, le même sentiment que j'eus à l'égard de Krishnamurti, au début des années 1980. Cet enseignant, éduqué à partir de l'âge de onze ans dans le milieu confortable et douillet de la théosophie, persuadé qu'il avait à assumer une mission « d'instructeur du monde », était l'objet d'une adulation qui m'agaçait, au sein du cercle des personnes venues l'écouter. Il affirmait avec force la nécessité pour tout être humain de trouver soi-même son chemin, de ne pas s'en remettre à un maître quel qu'il soit. Sa position était pourtant bien celle d'un *guru*, selon la tradition hindouiste. L'idolâtrie dont il était l'objet me fut même insupportable. Cependant, la clarté de ses propos, son assise intérieure, la joie immense qui semblait l'habiter, me parurent tout à fait singulières.

Alexandre parle « d'une sorte d'indifférence distraite à l'égard de [ses] proches ». Ce fut pourtant une période de sa vie pendant laquelle il était près de sa famille et entouré d'amis. Il vivait seul mais accueillait avec affabilité les personnes qui lui rendaient visite. Je percevais cependant en lui quelque chose d'inaccessible, une région de son intimité qui ne s'exprimait que rarement et dans des circonstances particulières. Par exemple, quand nous nous promenions dans la nature et que notre cœur était léger. Mireille me dit un jour qu'il était « seul ». Je ne le sentais pas ainsi, puisque j'avais avec lui une communication profonde. Mais je pressentais au-delà une tendance un peu morbide à la solitude.

J'avais cru comprendre qu'il était nécessaire à ses yeux d'avoir un « centre » dans notre vie. L'abandon de mon travail en physique m'avait donné le sentiment de perdre le fondement de mon existence. J'étais habitué à plonger dès mon lever dans ce travail aux ramifications innombrables, mais néanmoins assez bien cerné et pourvu de contours. Cette étude me donnait un certain sentiment de sécurité, celui d'être sur une voie. La recherche d'ordre plutôt philosophique et orientée vers ma vie intérieure, ainsi que l'introspection entreprise ensuite, étaient bien plus difficiles, aléatoires, incertaines et dépourvues de toutes limites. Je n'avais plus le confort apporté par le lien au milieu universitaire et me retrouvais en marge, hors du clan ! Mes dialogues avec Alexandre m'avaient entraîné si loin qu'il m'était devenu difficile de trouver un chemin « officiel » dans les domaines des savoirs universitaires, et dont l'intérêt fût suffisant à mes yeux, au point de suivre des cours et préparer des examens. Je me retrouvai ainsi dégagé de toute carrière académique, avec la multitude d'avantages que cette situation me procurait, mais aussi tous ses inconvénients.

Alexandre affirmait qu'il n'avait pas besoin de « centre ». Je n'avais pas le sentiment que ceci correspondait à son vécu. La recherche en mathématique avait joué ce rôle dans sa propre vie, du moins pendant les années où il s'y était consacré à l'exclusion de toute autre tâche. Il m'avait expliqué que la plupart du temps cette entreprise était une sorte de *routine* (c'est bien le terme qu'il utilisait) et que ce qu'il désignait en tant que *percées* était l'exception : ce sont les moments où de vastes compréhensions émergent de longs travaux préparatoires. Ce travail s'apparentait pour l'essentiel à une « routine » mais donnait à sa vie un centre.

Et quand il entreprit ses méditations sous une forme systématique, en étant « tiré en avant » (selon son expression) par une question à explorer, cette recherche intérieure fit aussi figure de centre dans sa vie. Dans une lettre ultérieure (29 septembre 1979) il m'écrivit, commentant son activité méditative dont il disait que c'était « le grand travail de (sa) vie, jusqu'à aujourd'hui » : « il est possible qu'au terme de ce travail, apparaisse chez moi une disponibilité, une décontraction du flâneur peut-être, qui sait ? – qui m'ont manqué toute ma vie. » Mais il ne fut jamais « un flâneur » et ne put jamais se satisfaire d'une vie ordinaire, convenue.

Alexandre donne dans son courrier précédent un écho d'une lettre qu'il venait d'écrire à Klaus Croissant, l'un des avocats de la Fraction armée rouge (RAF), nommée Bande à Baader-Meinhof de manière péjorative. Croissant avait été emprisonné en Allemagne pour son soutien à cette organisation. L'histoire de celle-ci – elle fut autodissoute en 1998 après trente années d'existence – fut jonchée de cadavres : militants politiques, hommes de loi, patrons, militaires, policiers, banquiers, hommes politiques… La détention de Croissant dans la prison de Stuttgart-Stammheim avait suscité de grandes inquiétudes avant et après son extradition de France (le 16 novembre 1977) où il s'était réfugié le 11 juillet en demandant l'asile politique. Le 10 octobre fut rendu publique une pétition signée par des intellectuels célèbres, philosophes, scientifiques, avocats, artistes, dont Deleuze, Guattari, Sartre, Foucault, ainsi que le mathématicien Laurent Schwartz. Les signataires s'inquiétaient de la violation du droit d'asile et des droits de la défense, ainsi que de possibles dérives autoritaires des démocraties, en Allemagne, en France, dans divers pays d'Europe. Divers membres de la Fraction armée rouge moururent pendant leur incarcération dans la prison de Stuttgart-Stammheim : Ulrike Meinhof se pendit dans sa cellule le 9 mai 1976 ; Andreas Baader, Gudrun Ensslin et Jan-Carl Raspe furent trouvés morts le 18 octobre 1977 – selon la version officielle il s'agit d'un suicide collectif ; Irmgard Möller tenta de se suicider le 18 octobre 1977 ; Holger Meins mourut de longues grèves de la faim réitérées, qu'il mena pour protester contre les conditions de détention, telle la privation sensorielle : elles s'apparentaient aux abominables méthodes nazies. Ces jeunes gens visaient par leurs luttes armées la nucléarisation de l'Allemagne, le capitalisme, les sociétés dans lesquelles toute opposition serait criminalisée.

L'extradition de Croissant fut vécue comme un événement terrible qui suscita d'importantes fractures au sein de l'opinion et du milieu intellectuel. Deleuze et Guattari ne dissimulèrent pas leur soutien ou même leur sympathie à l'égard de la lutte armée de ces jeunes gens exaltés, révoltés, traumatisés par les délires de la génération précédente – les parents de plusieurs d'entre eux avaient été des nazis convaincus. Foucault fut plus nuancé, affirma son désaccord avec ces luttes armées, dénonça la violation du droit d'asile et écrivit que la démocratie marquait par cette répression un basculement : « la sécurité [était] au-dessus des lois ». Dès la fin de l'année 1974, Sartre avait rendu visite à Baader dans sa cellule et pris conscience de la sympathie du chef de la Fraction armée rouge pour le régime soviétique avec lequel il était prêt à collaborer ; le philosophe dit en aparté à Daniel Cohn-Bendit, qui l'accompagna en Allemagne, que Baader était « con » : depuis l'insurrection de Budapest de 1956 contre le régime communiste hongrois, Sartre était revenu du communisme soviétique, l'abhorrait et se préoccupait plutôt des dissidents. Il dénonça cependant les conditions d'incarcération des membres de la Fraction armée rouge.

Grothendieck fut informé de cette pétition (probablement par Henri Cartan ou Laurent Schwartz) et entra en contact avec Croissant pendant son emprisonnement : ce fut l'un des rares actes militants qu'il accomplit après son installation près de Lodève. La violence comme fondement de l'action politique était rédhibitoire pour lui, ne correspondait pas à sa philosophie. Il avait de la sympathie pour *les buts* des membres de la RAF, les percevait comme un combat contre un État dont les contours devenaient *fascistoïdes* – comme le dirait aujourd'hui Emmanuel Todd. Cette régression de nos démocraties se manifestait par la manipulation des individus par les médias possédés par les pouvoirs en place, et pouvait évoluer vers l'impossibilité d'exprimer des désaccords au risque d'être qualifié de « terroriste » – classique criminalisation de toute opposition, dans ce genre d'État. Aujourd'hui, le qualificatif « terroriste » est même appliqué aux militants écologistes non violents.

Le choix des *moyens* utilisés par ces jeunes gens était tout à fait insoutenable aux yeux d'Alexandre. L'incroyable courage d'une militante telle qu'Ulrike Meinhof, sa révolte absolue, pouvaient susciter notre estime. Mais ces militants avaient nié le caractère sacré de toute vie, celle de leurs victimes et la leur. Ils avaient semé la terreur, leurs actes procédaient de délires et avaient tout au plus valeur de sacrifices. Et ce fut une opportunité pour l'État de renforcer la répression. Leur philosophie était aux antipodes de celle exprimée dans le verset XXXI du *Tao Te King* :

> Les armes sont des objets funestes…
> L'homme de la Voie s'en écarte…
> Elles ne font pas partie de l'arsenal du sage,
> il n'y recourt qu'à son corps défendant.
> Passant plus haut que toute la sérénité,
> il ne se glorifie pas de ses hauts faits…

Il fallait bien tenter d'inventer autre chose que ces luttes frontales, ces formes terribles de violence, inévitables peut-être si des bouleversements significatifs survenaient – une période révolutionnaire ne peut se faire sans heurts dramatiques. Nous pouvions méditer le *Discours de la servitude volontaire* de La Boétie, d'une surprenante lucidité. Alexandre était sensible aussi au livre *La Désobéissance civile* de cet être exceptionnel que fut Henry-David Thoreau, à sa référence à notre conscience individuelle qui peut nous servir de guide. En 1977, *La Révolution moléculaire* de Félix Guattari fut une aide pour penser autrement la politique : dans la vision de ce coauteur (avec Deleuze) de *L'Anti-Œdipe*, celle-ci pouvait être impliquée dans des actes en apparence ponctuels, anodins ou insignifiants.

Alexandre me traduisit quelques lettres que Croissant lui avait écrites depuis sa prison de Stuttgart-Stammheim. Il l'encourageait à mettre à profit son emprisonnement pour méditer et se projetait bien sûr dans la situation de son interlocuteur, qu'il estimait. J'avais le sentiment que les lettres de Croissant étaient assez formelles, presque forcées, un peu troubles, et que cet avocat n'accrochait pas à ce qu'Alexandre tentait de lui dire : il me semblait même que tout cela lui passait par-dessus la tête et qu'Alexandre ne s'en rendait pas vraiment compte. Après sa libération qui survint au début des années 1980, Croissant travailla dans les services secrets de la Stasi, police politique de la RDA dont il dit qu'il s'agissait du « meilleur État allemand ». Il avait de la sympathie pour l'Union soviétique.

Après l'installation d'Alexandre dans le sud de la France, c'est-à-dire dès qu'il quitta le mouvement Survivre et Vivre, contribuer à faire connaître son point de vue sur la situation catastrophique de notre biosphère n'était plus son désir le plus intense. Il ne considérait pas cependant que le militantisme écologique manquât de noblesse : à ses yeux toute action en aussi grande adéquation que possible avec ce que nous pouvons appeler notre « conscience intérieure » avait une valeur.

Ce qu'il aurait aujourd'hui pensé des combats courageux des écologistes ne me semble faire aucun doute : contre l'absence de décisions énergiques en faveur de l'environnement, ou face à l'inertie consternante des recherches sur les énergies renouvelables, l'anéantissement d'écosystèmes pour l'exploitation de minerais, la cruauté à l'égard des animaux, la persistance insensée à autoriser l'usage de pesticides tueurs d'abeilles, l'exploitation obstinée de centrales nucléaires obsolètes au risque d'accidents gravissimes, la poursuite de recherches sur les OGM ainsi que l'entêtement dans le soutien d'une agriculture délétère pour les sols et la santé, catastrophique pour les ressources en eau…

Alexandre n'aurait certes pas nié la nécessité de luttes radicales, éventuellement frontales, et les aurait encouragées pourvu qu'elles soient accomplies dans la non-violence. Mais son écologie des années qui suivirent serait de nos jours plutôt qualifiée de « spirituelle » : il s'agissait d'abord de travailler sur notre conscience personnelle. S'il n'eut à partir de cette période quasiment plus aucun investissement politique, c'est qu'il se sentait plus créatif ailleurs – il était tourmenté par des questionnements philosophiques et existentiels, estimait avoir assez dépensé d'énergie et de temps dans les actions militantes classiques. Son renom dans le milieu scientifique aurait pourtant été bien utile aux luttes écologiques. Et il est évident qu'il les pensait nécessaires, les approuvait avec toute sa conviction intérieure.

Alexandre était très tourné vers les idées de Gandhi, véritable modèle pour lui, au même titre que le fut Krishnamurti. Il prit ses distances avec l'un et l'autre vers le début des années 1980, mais était pendant les années 1970 fortement imprégné de leur philosophie. Son mode de vie, marqué par un retour à la simplicité et une extrême méfiance à l'égard de la société industrielle, était inspiré de celui de Gandhi. Des échos amortis du Mahatma provenaient des Communautés de l'Arche fondées par Lanza del Vasto. Alexandre vivait non loin de l'une d'entre elles, celle de Roqueredonde près du Bousquet-d'Orb dans l'Hérault. De temps en temps, des visiteurs ou des permanents en séjour dans cette communauté venaient lui rendre visite. C'étaient le plus souvent des jeunes gens tournés vers la non-violence, en recherche, sincères et inquiets de notre devenir et de celui de la planète. Alexandre me parlait de certains visiteurs, en aparté, comme faisant partie de ce qu'il nommait avec une légère causticité le « milieu de la haute spiritualité ». Pendant l'un de mes séjours chez lui, deux dames élégantes et polies, respectueuses, toutes vêtues de blanc, lui rendirent visite ; il leur servit des tranches de pain et des sardines à l'huile qu'il avait préparées dans un plat ovale en terre cuite vernissée !

J'avais entendu Lanza del Vasto quelques années auparavant lors d'une émission télévisée au cours de laquelle le journaliste avait essayé de le déstabiliser, lui disant que ses choix de vie et ses actions n'avaient aucun impact, n'empêchaient pas la société d'aller mal. Je fus surpris de la réaction – ou plutôt de l'absence de réaction – de Lanza face à cette agression, de son calme imperturbable, fruit manifeste d'un long travail intérieur ; il se contenta de répondre : « Nous sommes des grains de sable dans les rouages de la machine, ce n'est déjà pas rien. »

De lui j'avais lu *Le Pèlerinage aux sources*, récit de son voyage initiatique dans l'Inde des années 1930 et de sa rencontre avec Gandhi. J'avais entre autres relevé un passage dont je parlais à Alexandre : il s'agit du récit de l'ultime entrevue entre Lanza et Gandhi. Lanza fit part au Mahatma de son intention de rentrer en Europe pour créer des communautés inspirées de celles que Gandhi avait fondées en Inde. Gandhi l'écouta et remarqua seulement : « Est-ce Dieu qui t'appelle à faire cela, ou est-ce toi-même qui t'appelles ? » Il le questionnait ainsi sur son intention : était-elle une banale impulsion de son ego ou une véritable inspiration, fruit d'une injonction provenant d'un plan supérieur ? Je trouvais courageux que Lanza del Vasto ait rapporté cela dans son livre, puisqu'il s'agissait d'une allusion manifeste de la part de Gandhi, à sa possible intention égotique dans le projet de fondation de ce qui allait constituer les Communautés de l'Arche.

L'antimilitarisme d'Alexandre convergeait avec celui de Lanza del Vasto qui s'impliqua dans les luttes pacifiques contre l'extension du camp militaire du Larzac (1971-1981) : ces combats cristallisèrent une opposition plus générale à la société industrielle, nucléarisée, anti-écologique, policée, violente, régressive et inégalitaire. Pendant ces années, une « idée », une vision d'ensemble, portées par des militants politiques tels que René Riesel, Lanza del Vasto et José Bové, semblèrent commencer à s'incarner. Ces luttes frontales paraissent aujourd'hui bien plus difficiles encore, face à la puissance accrue, impitoyable et meurtrière des organes de répression – comme l'attestèrent récemment, en France, les réactions terrifiantes face à certaines luttes pour la gestion écologique de l'eau et des terres. Les dissidences doivent trouver des chemins originaux, non violents, conviviaux, fondés sur le respect du vivant, la conscience de sa magie et du délire actuel qu'est la séparation opérée entre l'être humain et la nature.

Alexandre percevait Lanza comme un disciple de Gandhi et était plus intéressé par le maître que par l'élève. Du Mahatma il avait surtout retenu la non-violence, qu'il considérait comme le summum de l'action politique. Je connaissais son pacifisme et savais que le meurtre lui inspirait un sentiment de dégoût. Nous convenions de penser que chaque être humain peut être traversé par maints désirs, même celui de meurtre : mais l'important est de « voir » ce désir, comme tout autre, et le « voir » le fait disparaître, se dissiper comme une brume.

Sa conviction intime du bien-fondé de la non-violence était profondément ancrée en lui. Dans une situation extrême il se serait laissé tuer sur place sans hésitation plutôt que d'accomplir un acte contraire à ce que lui dictait sa conscience. Il me parla en les stigmatisant, de « ceux qui sont non-violents tant qu'on ne leur tape pas dessus » !

Pourtant, quand nous évoquâmes la personne du général Franco, peu de temps après la longue agonie de ce dictateur pendant l'été 1975, Alexandre évoqua son ami anarchiste espagnol Félix Carrasquer, aveugle, impliqué dans la pédagogie[1]. Il semblait admiratif que Félix ait envisagé d'assassiner le Caudillo, qu'il considérait comme « une honte pour l'Espagne ». Être aveugle l'en avait empêché. Alexandre rapporta que Félix lui avait parlé de cela avec calme et sans ambiguïté aucune. Mon ami ne sembla pas critiquer le fait de vouloir ainsi mettre fin à la vie d'un tyran par un acte violent. Sur la violence, il n'avait peut-être pas la stricte position de Gandhi.

Alexandre prit plus tard ses distances à l'égard de Gandhi et se mit à lui trouver toutes sortes de défauts : il savait par exemple qu'à un certain moment de sa vie Gandhi « avait imposé à sa femme la chasteté, certainement sans lui demander son avis ». Il brûlait ainsi ses idoles[2]. De Krishnamurti il s'éloigna aussi (*cf.* par exemple sa lettre du 31 juillet 1979).

---

1. Carrasquer fut classé plus tard par Alexandre parmi ceux qu'il nomma « mutants » : *La Clef des Songes*, (103), « Félix Carrasquer », (1), « Éclosion d'une mission ».
2. Alexandre donnera une description de la personnalité de Gandhi et de ses contradictions dans *La Clef des Songes,* (67), « Le Mahatma en uniforme – ou hommage au non-soldat inconnu ».

Je me souviens d'une conversation que j'eus avec Alexandre à l'automne 1980 dans la maison où il habitait alors, près de Gordes. Il reconnut l'influence cruciale qu'eurent sur lui Gandhi et Krishnamurti. C'était pendant une période de méditation profonde, de plongée en lui-même et de tentative désespérée de comprendre sa destinée : il fit un geste avec sa main, de coupure de sa tête en deux moitiés, droite et gauche, et me dit en pleurant que pendant les années précédentes il était en somme « moitié Gandhi, moitié Krishnamurti ». Il voulait dire qu'il n'était pas alors lui-même : il imitait. Et à ses yeux il importait avant tout d'être soi-même : l'imitation d'êtres humains, même aussi exceptionnels, constituait selon lui une faiblesse.

En réponse à une question que je lui avais posée, Alexandre remarque dans la lettre précédente que son « image du monde jusque vers 1970 "décollait" terriblement de la réalité – qu'elle ne *marchait* absolument pas ». Or 1970 correspond à son « réveil » – certains diraient : le début de sa folie – après sa période d'intense créativité mathématique et son départ de l'IHES.

Selon lui, l'image du monde qu'il s'était forgée pendant cette période était donc foncièrement bornée. C'est une allusion claire au caractère limité, selon son point de vue, de la connaissance scientifique, et à la fameuse tour d'ivoire dans laquelle la plupart des scientifiques sont (à ses yeux) emprisonnés : le cercle fermé de ce qu'il avait nommé « Nouvelle Église Universelle ».

J'avais recopié à l'intention d'Alexandre des passages de Nietzsche extraits du *Gai Savoir*, de *La Généalogie de la Morale*, et peut-être du *Zarathoustra*. J'étais à la recherche de tout ce qui pouvait m'aider à acquérir de la science contemporaine (du moins, des sciences dures) une compréhension distanciée – et à comprendre ses limites. Il me semblait que peu de penseurs relativisaient le point de vue scientifique : j'avais l'impression que celui-ci était devenu *le* regard sur « la réalité », le seul digne d'intérêt, le passage obligé pour connaître : selon ces conceptions, ce qui était de l'ordre de la vérité ne pouvait provenir que de là !

Cela ne semble guère avoir changé, près de quarante années après. Il est courant d'entendre certains scientifiques se plaindre que les sciences dures n'attirent pas assez de vocations chez les jeunes gens. Mais ces sciences, telles qu'elles se présentent aujourd'hui, ne constituent peut-être pas la voie royale pour la connaissance, ou du moins ses seuls chemins. Ne s'agit-il pas de la situation banale décrite par Thomas S. Kuhn dans ses ouvrages ? Les paradigmes en place ont tendance à imposer certains points de vue sur les choses et à nous faire oublier qu'il peut en exister d'autres : nous ressemblons alors à des carpes nées dans un bassin, pensant que le monde se réduit à lui, puisqu'elles n'ont pas connu d'autres environnements. La situation contemporaine, les nécessités de notre époque ne sont pas prises en compte dans ces regrets à propos des choix des jeunes gens sur la voie qu'ils vont suivre dans leur vie. La poursuite des recherches scientifiques classiques et institutionnalisées, peut aujourd'hui ne pas être perçue comme la tâche la plus urgente.

Pendant cette période, Nietzsche était à ma connaissance l'un des rares philosophes capables d'un regard critique à l'égard de la science pendant la seconde moitié du XIXe siècle. Je passais beaucoup de temps à lire son œuvre, en parlais à Alexandre avec chaleur – je lui en fis quelques lectures. J'avais trouvé dans ses écrits des critiques sur la science de son temps, qui me touchaient par leur grande perspicacité. Par exemple, dans ce passage de *La Généalogie de la morale* que je recopiais à son intention dans une lettre : « La solidité de nos meilleurs savants, leur application aveugle, leur tête qui bout jour et nuit, la maîtrise même de leur métier – combien souvent le véritable sens de tout cela est de ne pas se laisser atteindre par l'évidence de certaines choses ! La science comme narcotique : *connaissez-vous cela* ? … Parfois – ceux qui ont affaire à des savants le savent bien, – d'un mot inoffensif, on les blesse au vif, on s'aliène la sympathie de ses amis savants au moment où on croit les honorer, on les fait sortir des gonds simplement parce qu'on n'a pas été assez fin pour deviner quelle sorte d'homme on avait devant soi : *des hommes souffrants* qui ne veulent pas s'avouer à eux-mêmes ce qu'ils sont, des hommes engourdis, égarés, qui ne craignent qu'une chose : *devenir conscients*[1]. » Alexandre approuvait

1. Ce passage de *La Généalogie de la morale* est en résonance étrange avec le paragraphe de *La Clef des Songes*, « Le tournant – ou la fin d'une torpeur », dans lequel Alexandre évoquera le

ce genre de réflexions et disait que Nietzsche avait réellement saisi son époque et pouvait nous aider à comprendre la nôtre.

Cependant il ne trouva chez Nietzsche rien de bien original selon lui, ou qu'il ne sut déjà. Ce point de vue d'Alexandre m'agaçait : Nietzsche faisait en effet figure à mes yeux de demi-dieu. Il avait contemplé son époque d'un œil acéré ; au point même de pouvoir prendre ses distances à l'égard de la prétention des scientifiques à l'omniscience par une méthode enracinée dans la culture grecque avec la naissance de la géométrie, et qui s'était précisée avec Descartes et Galilée.

Cette sagacité de Nietzsche me paraissait tout à fait singulière. Mais Alexandre ne percevait en cela qu'un ensemble d'idées déjà comprises et prenait plaisir à me décontenancer, s'amusait de me voir ainsi fasciné par l'auteur du *Zarathoustra*, souriait de mon enthousiasme sans bornes. Plus tard, dans *La Clef des Songes* il reconnut pourtant la perspicacité de ce philosophe qu'il cita aux côtés du mathématicien Bernhard Riemann, évoquant « la profondeur et l'innocence du regard d'un Riemann ou d'un Nietzsche[1] ». Il n'accorda cependant pas à Nietzsche l'honneur d'être classé parmi ses « mutants », qualité qu'il attribua à Riemann. Je suis étonné de le voir ainsi évoquer un philosophe qu'il n'avait que très peu étudié. Peut-être le lut-il plus attentivement vers le milieu des années 1980, ou se souvint-il des lectures que je lui en fis. Il me semble que Nietzsche demeura sur le seuil de la porte que les « mutants » avaient de toute évidence franchie, et qu'Alexandre décrivit tout au long des pages de sa *Clef des Songes*.

J'avais le sentiment que mon ami n'était intéressé que par ce qu'il n'avait pas encore saisi. Ce qui était connu devenait mort pour lui et il n'éprouvait pas le besoin d'en trouver confirmation ailleurs, même chez un philosophe génial. Une question à laquelle il avait répondu était suivie par une autre à laquelle il s'attaquait : il n'y avait plus rien à découvrir,

---

« moment crucial » où il s'est « secoué d'une torpeur mortelle et arraché d'un milieu anesthésiant, d'une étouffante ambiance de “serre chaude” scientifique » (*La Clef des Songes*, Éditions du Sandre, 2024, pp. 121-126).

1. *La Clef des Songes*, (86), « Les mutants », (2) « La science spirituelle (R. Steiner, T. de Chardin) ».

il passait donc à autre chose ! Il ne faisait pas cela en mathématique seulement. Ce qu'il nommait une « belle question » me paraissait dévoré, consumé par sa pensée comme par une flamme : apparaissait alors telle une évidence, une réponse brève, concentrée à l'extrême, lumineuse.

Alexandre précise son point de vue sur la psychanalyse dans cette lettre du 25 novembre 1978 : nous évoquions souvent la doctrine psychanalytique et elle devait prendre plus d'importance encore dans nos dialogues de l'année suivante, lors de la rédaction de son *Éloge.*

En réponse à une question que j'avais dû lui poser à ce sujet, il développe dans cette lettre ses réticences à l'égard de la psychanalyse. Selon les psychanalystes, payer les séances était pour « l'analysant » une manière d'exprimer la force de son engagement. Le coût rédhibitoire des cures et l'obligation de gagner plus d'argent pour les financer, constituaient pour moi une raison importante pour ne pas prendre d'analyste. Je vivais en effet modiquement et travaillais juste assez pour m'assurer le strict minimum vital.

Une raison plus profonde était qu'Alexandre était mon véritable interlocuteur, mon thérapeute. Il était pour moi, selon l'expression lacanienne, « le sujet supposé savoir ». Dans notre dialogue intervenaient certes nos propres doutes, nos angoisses et nos projections personnelles. Ceci est aux yeux d'un psychanalyste un élément déterminant, suffisant pour éliminer toute valeur à nos échanges et à leur potentiel de clarification. Mais je savais qu'il n'existe pas d'analyste « neutre ». Même dans le cadre d'une thérapie menée par un praticien lacanien silencieux au possible, en retrait et bien installé dans son « attention flottante », une philosophie et des préjugés étaient bien présents à l'arrière, dissimulés mais néanmoins agissants. Le dialogue ultérieur avec Alexandre autour du *Tao Te King* fut aussi l'occasion de clarifier cette philosophie implicite à la psychanalyse et me renforça dans ce sentiment. Je ne rencontrai pas, pendant cette période où je pus parfois envisager (sans enthousiasme) de me faire aider par un analyste, de personne avec laquelle j'aurais pu avoir une communication aussi profonde qu'avec Alexandre. Le recul apporté par les années me permet d'affirmer que ma réticence à entreprendre une cure psychanalytique s'enracinait en outre dans le sentiment confus qu'une telle cure pourrait me normaliser, m'inciter à regagner sagement le sentier battu d'une carrière scientifique. Ma perplexité d'alors face au concept freudien de surmoi s'est clarifiée aujourd'hui : il me semble que Freud considérait « la science » telle qu'elle existait et existe encore, comme le summum de la réussite de notre civilisation – ce dont il est possible de douter. Mais peut-être la psychanalyse s'est-elle dégagée depuis quelques dizaines d'années des propres conditionnements de Freud ; peut-être a-t-elle quitté une certaine normativité.

20. Villecun, le 27 décembre 1978

Cher Christian,

Je te souhaite de bonnes fêtes et de bonnes vacances de fin d'année – avec tout le recueillement que tu souhaites ! – et une Nouvelle Année riche en découvertes.

Il ne manque pas de choses à dire et à raconter, bien sûr – mais cette fois-ci je vais couper court, et me borner à te signaler que l'audience d'appel pour « mon » affaire est fixée au 15 mars.

Affectueusement,
Alexandre

PAS. Transmets stp mon bon souvenir, et mes vœux de bonne année, à Odile.

21. Villecun 9 janvier 1979

Cher Christian,

J'ai été très content aujourd'hui de recevoir ta longue lettre (du 2 janvier), d'une richesse vraiment exceptionnelle. C'est la première fois que je sens très nettement que tu empoignes à bras-le-corps des problèmes actuels, chauds de ta vie. Cela ne signifie pas que tu ne l'aies déjà fait depuis un moment, comme tu le penses d'ailleurs. Peut-être n'y avais-je pas tellement « accroché » avant, avais-je eu cette impression de « l'art pour l'art », parce que je n'y trouvais pas grand-chose où ma propre expérience ou intuition puisse s'accrocher (sauf pour constater de temps en temps que tu « faisais l'idiot » et de te le signaler...). Par contre, ta dernière lettre est pleine de choses « qui font tilt » – de sorte que mon intérêt pour ta recherche n'est plus motivé par la seule sympathie, ni par le plaisir de rencontrer quelqu'un d'autre qui (sans s'encombrer d'un analyste) s'est laissé fasciner par une recherche en lui-même. Ce qui me frappe le plus, c'est que tu sembles bien en train de comprendre quelque chose aux processus de l'impuissance. Or depuis de nombreuses années, dans la plupart de mes relations, et ressenti de façon de plus en plus aiguë – je bute sur l'impuissance aux mille visages ! Impuissance dans le jeu amoureux (à jouir et faire jouir « joyeusement » comme tu dis, généreusement) ; impuissance dans l'amour tout court (incapacité à assumer le don de soi et le risque du don) ; impuissance dans le travail intellectuel, la recherche notamment – et dans tout ce qui demande initiative, curiosité, punch..., et cela inclut aussi bien l'inhibition des possibilités d'expression « artistique » par le chant, la danse, le dessin, la peinture, la sculpture, etc., que l'incapacité où on est le plus souvent d'assumer la réalité de sa propre personne, cette allergie généralisée à l'humble vérité que nous avons tous plus ou moins. Dans tous ces cas (sauf peut-être le dernier) n'y a-t-il une parenté profonde – ne s'agit-il pas chaque fois de l'inhibition, du blocage d'une créativité qui existe bel et bien, d'un élan pour lequel nous avons bien la force, mais rarement le courage ! J'ai souvent, non, continuellement à présent, perçu avec force cette impuissance chez autrui (pas en toi, je dois dire !) – beaucoup plus rarement en moi. Sans doute est-elle moins visible, moins envahissante chez moi que chez beaucoup d'autres – et la raison en pourrait bien être qu'à aucun moment de ma vie dont j'ai souvenance, la personne de mon père n'a été associée à une peur, à une angoisse. C'est faute d'avoir jamais connu cette angoisse-là, peut-être, que j'ai tant de mal à comprendre le processus de l'impuissance. Dieu sait pourtant s'il a pesé sur ma vie « par personnes interposées » – sans compter les « impuissances » plus subtiles dont j'étais moi-même le sujet. La seule chose que j'ai comprise, vue, c'est que l'impuissance est l'effet d'une peur, d'un profond mépris de soi, d'une profonde conviction de sa propre nullité, de sa propre incapacité – le tout inconscient, bien sûr – et le manque de courage aussi pour essayer au moins honnêtement (au lieu de faire semblant, de jouer la comédie), le manque de courage pour se mettre à l'épreuve et accepter le test avec sérénité.

Devant l'impuissance d'autrui, je me sens finalement entièrement désarmé – impuissant ! Pourtant, pendant longtemps, je ne manquais pas d'optimisme euphorique, m'imaginant qu'il suffit de sentir les capacités créatrices en l'autre pour être capable de « faire passer » cette perception, et pour stimuler le courage de réaliser ces possibilités.

Mais les « échecs » semblent s'accumuler sur mon chemin. Une meilleure compréhension de l'impuissance permettrait-elle d'aider autrui à dépasser son impuissance, à stimuler sa créativité ? Cela semble presque un miracle, chez l'adulte, lorsque soudain il y a déblocage… !

Il y a deux aspects de ton expérience de « l'impuissance » que je voudrais arriver à comprendre le mieux possible. Tout d'abord, comment est née la peur qui engendre l'impuissance – qui n'est que la peur d'être soi-même, de s'abandonner au calme courant de son propre être ? Cette peur doit remonter à des faits de la toute première enfance – ne peut-on néanmoins en reconstituer la genèse et la croissance ? Sans doute est-elle liée à un manque d'amour chez le père, ou à une attitude d'écrasement même involontaire ?

Mais il est notoire que les garçons qui grandissent *sans* père ont des problèmes sérieux d'impuissance dans leur vie d'adulte. Il faut la présence du père, mais une *certaine* présence, semble-t-il.

Deuxième point : pourquoi l'angoisse qui déjà inhibait ta vie sexuelle, mais laissait indemne ta vie intellectuelle (laquelle constituait ton investissement le plus fort) – pourquoi tout d'un coup a-t-elle bloqué *également* celle-ci ? La réponse la plus naturelle est donnée implicitement dans ta lettre, quand tu y constates que ton investissement en physique « avait été comme une sorte de gigantesque castration ». (J'ai connu encore récemment comme je t'ai dit, cette angoisse-là, comme réponse à un travail mathématique prenant des dimensions quasi obsessionnelles.) Mais pourquoi as-tu pu faire au début de la physique à jet continu pendant des années, sans qu'il y ait aucunement inhibition par une angoisse ?

D'ailleurs, tu dis que l'angoisse sexuelle « avait mis un masque », s'était « déguisée en angoisse intellectuelle ». Je ne suis pas sûr de comprendre ta pensée – du moment que l'angoisse n'avait *pas* disparu de la vie sexuelle, en quoi son apparition ailleurs aussi était-elle un déguisement ? Et quelle avait été la fonction de ce déguisement ?

Je te donne en vrac quelques autres commentaires.

Quand je te parlais de mon impression que tu te cantonnais dans des problèmes un peu platoniques (ni en aucune autre occasion d'ailleurs) je n'ai songé à ton séjour en ville qui était moins propice, etc. Le lien entre les deux choses semble si ténu, si artificiel, que j'ai eu l'impression d'abord que tu faisais encore l'idiot – mais pourquoi ?

Ça aurait été tout naturel si tu continuais vraiment à « tourner autour du pot » – une façon de brouiller les cartes, un bruitage. Mais ta lettre montre bien au contraire que tu es bel et bien entré dans le vif...

À un moment tu écris « relation féminine », voulant dire « relations avec des femmes » (« j'ai eu un assez grand nombre de r. f. »). Ce lapsus est-il significatif ?

Deux fois tu utilises l'expression « vaincre une angoisse » – et il me semble que le choix de l'expression révèle une méconnaissance de la nature de l'angoisse – une angoisse ne peut pas être vaincue ! On peut la *surmonter* dans certaines situations (elle n'en disparaît pas pour autant, et n'est pas moins agissante pour autant) – ou elle peut aussi s'évanouir sans laisser de trace par une compréhension qui « l'assume ». D'ailleurs, quand tu dis que les mouvements d'angoisse devant le « basculement intérieur » « correspondaient à une lutte intérieure qui vise à vaincre l'angoisse de castration lors de la puberté », je ne te suis pas très bien. Tu parles sans doute de processus inconscients – or j'ai du mal, à partir de mes observations, à imaginer au niveau inconscient une « lutte visant à vaincre une angoisse ».

Ton observation que la physique servait à masquer le conflit (ou plutôt, à l'*éluder*), qu'elle était un exutoire – me semble de portée extrêmement générale. L'immense majorité des activités humaines dans le monde d'aujourd'hui n'a-t-il pas précisément cette fonction-là ? Ce que tu me dis sur le rôle important de l'eau dans tes rêves m'a beaucoup frappé. En effet je fais beaucoup de rêves « récurrents », et dans une majorité de ceux-ci, l'eau intervient comme l'élément essentiel du rêve. Je n'ai encore pénétré le sens d'aucun de ces rêves – faute peut-être de m'y être jamais attelé. Mais il y a deux mois j'ai eu un tel rêve particulièrement fort que j'ai noté, qui fait partie d'une « série » de trois rêves où, dans chacun, la mort est présente. J'espère que je trouverai encore l'occasion de méditer sur la signification de ces trois rêves, étroitement apparentés à plus d'un titre. Qu'il me suffise pour le moment de préciser que la plupart de mes rêves chroniques « aquatiques » sont chargés d'un élément d'angoisse (eau qui monte et peur d'être noyé, p. ex.).

Ce que tu me dis de tes rêves où tu apparais simultanément sous forme de personnages différents, l'un opprimant l'autre, m'a bien sûr aussi beaucoup intéressé, puisqu'un rêve de cette nature (que tu as dû lire, je crois) en octobre 1976 – joue un rôle particulièrement important dans mon itinéraire. J'espère qu'on aura l'occasion de parler de vive voix et longuement de tous ces rêves, réellement fascinants.

Ce que tu dis de cette heure de « basculement intérieur » est aussi très intéressant – tu ne précises pas quand cela a eu lieu. C'est étrange que cet état ait pu coexister avec la peur – ou est-ce la peur qui y a mis fin ? C'est dommage en un sens que tu aies eu peur – sinon tu y serais encore ! As-tu l'impression que tu serais incapable de « fonctionner » de façon acceptable dans la vie de tous les jours, si un tel état perdurait ? J'ai l'impression que je n'aurais pas peur – mais c'est sans doute une impression parfaitement gratuite. C'est peut-être bien, au contraire, la présence d'une « peur » très subtile et très cachée, qui fait barrage à l'apparition d'un tel état de perception en moi (comme en d'autres...).

Dans tes réflexions à propos des « combats de longue haleine » je reconnais un thème central de tes interrogations, mais ta perception semble avoir bien évolué depuis quelque temps. Je me rappelle que tu insistais beaucoup sur la nécessité d'avoir un « combat » à mener, un investissement central dans sa vie (à part de l'investissement amoureux sans doute). Tu sembles moins angoissé à ce sujet maintenant – sans doute parce que tu amorces un épanouissement où précisément tu sens moins le besoin d'un « exutoire » comme la physique, etc. Dans une lettre à Klaus il s'agissait d'une question bien différente – si une lutte était possible, pouvait avoir un sens, contre la « barbarie » généralisée (des états et des personnes) qui envahit le monde entier, chaque pays et chaque peuple et chaque citoyen. C'était l'occasion d'une réflexion plus générale sur le choix et le rôle des « tâches » (pas nécessairement des « combats ») – la question si la tâche était de « longue » ou « courte » haleine n'était pas soulevée. Sans doute sommes-nous d'accord pour trouver qu'un engagement qu'on prendrait – pour quelque durée que ce soit, avec l'idée p. ex. que ce soit « pour la vie » – ne peut nous lier qu'aussi longtemps que subsiste le désir et l'élan qui nous l'a fait prendre. Un mûrissement intérieur, une compréhension nouvelle entièrement imprévus pourraient changer complètement nos dispositions – quel sens cela aurait-il alors de continuer à suivre (par « fidélité » à un passé mort) une voie qui ne serait plus la nôtre ?

Pourtant, il t'est arrivé comme à moi d'engager un « combat » avec l'idée que ce serait pour la vie. Cette idée provenait d'une ignorance bien sûr – et cette ignorance n'a pourtant pas été un obstacle insurmontable pour apprendre par ce combat, pour être changé par lui – ni pour le quitter quand le moment était venu, quand une certaine ignorance était dissipée.

Je ne vois vraiment rien de triste dans tout ça, au contraire !

Quand des avenues sont fermées, quand nous sommes « castrés », c'est par notre propre choix.

Et si nous restons ignorants c'est par notre choix encore !

De quoi pouvons-nous nous plaindre !

Question pratique : si tu as besoin de sous pour pouvoir te dispenser d'en gagner pendant quelque temps, je peux t'en donner, si cela ne risque pas de te causer une gêne. Ou bien t'en prêter à longue échéance…

Embrasse bien Odile – a-t-elle reçu ma bafouillante bafouille ?

Affectueusement,

Alexandre

P.-S. Ce serait bien si tu faisais connaissance de Tiha, le fils de Tinh, si tu as envie de le contacter. Tél 930 06 18.

Je crois que cela pourrait lui faire beaucoup de bien de se lier d'amitié avec toi.

Dans une longue lettre, je lui avais parlé des limites que je sentais à ma créativité et lui avais posé à ce sujet des questions d'ordre plus général.

Je lui avais fait part d'une certaine inhibition traversée dans certaines périodes, dans ma vie sexuelle ou intellectuelle. La sexualité était l'une des questions dont il adorait parler – c'était même l'un de ses sujets de conversation préférés ! Il avait vécu des relations amoureuses passionnelles. Plus tard, en 1983 (il avait cinquante-cinq ans), je fus d'ailleurs surpris par son rejet de la sexualité et son souhait de mener une vie monacale : ceci se réalisa à partir de 1991. Mais pendant les années 1970, l'amour et la sexualité étaient l'un de ses trois pôles d'intérêt, avec la méditation et les mathématiques.

Dans cette lettre de début 1979, Alexandre ramène l'impuissance, dans quelque domaine que ce soit (art, travail intellectuel, sexualité, recherche, capacité à assumer ce que nous sommes) à une peur qui pourrait être liée à celle de notre père à chacun. Nous pûmes préciser ce point de vue plutôt étroit au cours des mois suivants et pendant les années ultérieures.

J'avais parlé à Alexandre d'une certaine inhibition que j'avais développée récemment à l'égard de toute activité d'étude et de recherche en physique. Je lui avais raconté que lorsque j'avais entrepris ce travail sérieusement, vers l'âge de quatorze ans, j'avais pris mon courage à deux mains, par une sorte d'acte de foi, mais en ressentant l'arbitraire de cette décision que je m'imposais face à l'infinité des possibles : grâce à cette limitation s'était peu à peu ouverte devant moi la beauté des théories physiques ou des quelques domaines mathématiques dans lesquels j'avais pénétré. J'en fus transporté, fasciné. Perdre le contact avec une telle beauté, par la fin de tout travail en physique théorique, demeurait comme une blessure mal guérie, un déchirement. Les « sciences dures » me manquaient. Nous en parlions souvent – cela agaçait Alexandre et il me disait alors de « me remettre sérieusement à l'étude de la physique, de lâcher la bride pendant quelque temps, de dialoguer ensemble sur ces questions, d'approfondir ». Je pressentais dans quels mondes un dialogue avec un homme tel que lui allait m'entraîner. Il se serait agi de plonger dans ces recherches, de reprendre les fils que j'avais laissés, d'être transporté dans des univers fascinants… J'avais bien sûr compris que la splendeur et la souplesse de son intelligence étaient telles qu'il allait intégrer à une vitesse supersonique des domaines de la physique théorique qui lui étaient à peu près inconnus, et que j'allais être aspiré dans ces recherches comme dans un maelström. Je craignais de céder à cette passion et me sentais incapable de ne m'y investir qu'à moitié, de travailler en dilettante. En outre, je sentais de manière confuse mais avec suffisamment de clarté quand même pour prendre des décisions personnelles, qu'une telle voie n'était pas la mienne – je pense aujourd'hui que le lien puissant avec la nature, vécu pendant mon enfance, était agissant, m'animait d'une manière subtile.

Je sais que certains lecteurs trouveront cette peur de m'impliquer à nouveau dans les sciences académiques (en compagnie d'un tel ami) étrange, voire délirante : j'avais l'impression qu'un retour aux recherches scientifiques aurait signifié pour notre dialogue et mes propres recherches, une redescente : les méditations philosophiques me semblaient alors en effet les plus élevées, les plus précieuses – le sens de l'existence, de la vie et de la mort, notre finitude apparente, ces questions d'une profondeur absolue.

Ma vie intérieure me semblait avoir été occultée pendant mes années de travail en physique. C'est en ce sens que je parlais à Alexandre de « castration » : je percevais dans mon angoisse l'expression de l'oblitération de mon intériorité, entraînée par l'étude des « sciences dures ». Ceci pourra paraître incompréhensible puisque l'entreprise scientifique semble être par excellence la recherche de la vérité : pourtant, comment pourrait-on affirmer qu'elle est la voie royale pour trouver ce qui est vrai, alors que notre vie intérieure est là, présente, mystérieuse, abyssale, et semble réchapper par son mystère à la démarche scientifique actuelle ?

Alexandre savait cela et traversait pendant ces années-là, comme il le pouvait, ses périodes de fièvre méditative, celles de fièvre mathématique et ses passions amoureuses. La commune mesure à l'activité de recherche mathématique, à la méditation et aux relations amoureuses est l'élévation intérieure qu'elles suscitent. Alexandre parlait parfois de ces différents pôles en faisant des rapprochements inattendus : les mathématiques étaient une « maîtresse exigeante » ; la clarté et la précision qu'il recherchait dans la méditation écrite rappelaient celle d'une théorie mathématique ; la méditation était « une pénétration »...

Ces diverses connexions avaient pour lui la même valeur, et il ne percevait pas en elles de hiérarchie. Les mathématiques en étaient une dont il avait la maîtrise et qu'il pouvait rétablir ou abandonner, à volonté. Il me dit en diverses occasions qu'il s'y plongeait « parce qu'il n'avait rien de mieux à faire » ! La valorisation de la création mathématique par notre culture et la reconnaissance sociale ne semblaient avoir à ses yeux aucune importance, même si la réalité était probablement plus compliquée. Je lui demandai un jour ce qu'il avait fait en somme pour obtenir la médaille Fields et être nommé professeur au Collège de France. Il se défendit d'avoir eu la moindre intention – il s'excusa presque ! – et me répondit en souriant : « Je n'ai fait qu'une seule chose : des mathématiques. Tout le reste, le Collège de France, etc., est arrivé tout seul. » Il dit que ce départ fut sans regret et me raconta qu'il avait demandé de pouvoir parler de questions d'ordre général lors de ses cours au Collège de France, à côté de son exposé de mathématiques. Il désirait partager en deux durées égales le temps qui lui était octroyé. Lors d'un de ses cours il avait par exemple proposé de réfléchir à une question concernant l'éducation des adolescents : fallait-il ou non les laisser se masturber ? Ce genre de débat déplut à la direction du Collège de France. Il me fit le récit de la réunion houleuse qui devait décider de son maintien à son poste ou de son expulsion, compte tenu des conditions qu'il demandait. Le philosophe Michel Foucault avait été l'un des rares à le défendre. Il n'eut cependant pas avec lui de contact personnel.

Alexandre fait allusion à certains états intérieurs, évoqués dans ma lettre précédente et que j'avais traversés au tout début de mon adolescence. Nous eûmes l'occasion d'aborder cela à diverses reprises pendant les mois et les années qui suivirent. Il ne se souvenait pas d'avoir vécu de tels états mais avouait que la période de son enfance avait disparu de sa mémoire. Je lui avais décrit les moments pendant lesquels j'avais la sensation d'être au bord d'un grand vide. J'avais alors le sentiment qu'il m'était difficile de ne pas y sombrer et ressentais une angoisse insupportable. Je devais m'allonger pour ne pas tomber. Ma sensibilité de jeune adolescent me fit vite comprendre que certains êtres humains avaient dû être enfermés pour cela, et je n'en parlais pas à mon entourage. Certains parleraient de « sorties du corps », concept qui n'a pas de place dans la psychologie officielle. J'avais découvert qu'un remède à cela était de penser – cela m'éloignait du vide, atténuait ou faisait disparaître la sensation d'être au bord du gouffre et l'angoisse qui l'accompagnait. Je lui confiai que cette redescente forcée à ce niveau mental fut dans ma vie un bouleversement profond de mon être, une perte de sensibilité, un aplatissement, un affaissement de mon intelligence – dans le sens le plus noble du terme, c'est-à-dire ne recouvrant pas seulement la seule pensée rationnelle. Je canalisai alors mon énergie vers l'étude de la physique théorique.

Alexandre n'avait pas l'expérience de ce genre d'état intérieur mais pressentait les limites de la pensée discursive, même la plus puissante – la sienne par exemple.

Je racontai à Alexandre le souvenir le plus ancien que j'avais de mon contact avec le monde de l'abstraction mathématique : dans la petite école primaire de la ville de province où je vivais, les élèves étaient peu nombreux et les classes groupées par deux niveaux d'étude. La classe était séparée en deux parties, deux travées, chacune dotée du classique tableau noir. L'instituteur s'occupait alternativement de chaque groupe d'élèves. J'avais huit ans et étais dans le groupe des plus jeunes. L'instituteur travaillait à ce moment avec l'autre groupe après avoir donné au nôtre un exercice à faire. Je levais la tête et le vis dessiner une figure de géométrie sur le tableau. Je sentis à cet instant monter en moi une terrible angoisse. Mon cœur d'enfant se glaça. J'eus le vertige et compris qu'il faudrait que je subisse cela, que je ne pourrais y réchapper. Ma joie était de passer mon temps dans les champs, à observer les grenouilles, les lézards, les insectes, à courir après les papillons. Quelques années plus tard, à l'adolescence, j'acceptai de passer sous les fourches caudines du travail intellectuel et fis l'effort d'étudier un peu de mathématiques et de physique. Je découvris alors la beauté formelle des théories scientifiques. Cela m'enthousiasma pendant quelques années. Mais je n'étais pas fait pour cela et mis longtemps à comprendre que cette approche des choses n'était pas dans ma nature.

Je vécus donc mon adolescence comme une transition angoissante, un amoindrissement terrible de ma sensibilité et de ma joie intérieure. Je racontai à Alexandre qu'un sentiment étrange avait cependant persisté en moi (il n'a jamais cessé de perdurer, depuis), tel un vestige de cet état d'enfance. Il me traversait régulièrement, du moins pendant les périodes pendant lesquelles je me sentais heureux : c'étaient des instants de léger vertige et de vacillement, l'étonnement face au mystère absolu d'être là et parfois même une stupeur. Ils me permettaient de voir le monde d'un regard qui me semblait être le premier. Rien n'était évident, et surtout pas d'exister. Dans ces moments, ma présence, ma vie elle-même me semblaient hautement improbables, accidentelles, fragiles – pareilles à une flamme qui pourrait s'éteindre à tout instant. Je lui expliquai que ce vertige était parfois accompagné d'une légère angoisse mais qu'il me donnait une capacité à m'émerveiller. En somme cet état survenait quand j'allais bien et que mon énergie était suffisante. Alexandre me dit qu'il n'avait jamais ressenti cela – ou peut-être ne l'avait-il jamais formulé ainsi : dans ses recherches mathématiques il était en effet doté de la capacité d'envisager d'un œil neuf des questions réputées insolubles.

Nos dialogues concernaient essentiellement la même question : existe-t-il un niveau de connaissance d'un ordre différent de celui d'une pensée scientifique, même géniale ? Alexandre avait l'intuition de l'existence d'un tel niveau de connaissance, d'un état d'être qui rend possible une appréhension tout à fait différente de la réalité, ou du moins de certaines de ses régions. Le sentiment de notre incapacité à donner une réponse satisfaisante à une telle question, cette incompréhension, ne me quittaient jamais et nous en parlions souvent – c'était une question si profonde que nous y revenions encore et encore. Elle fut au cœur de nos dialogues et je la lui avais posée dès notre première rencontre chez lui. Je lui racontai l'étrange perception que j'avais eue un soir d'automne, fin 1973, à Montpellier, l'année où je l'avais rencontré : je rentrai chez moi à la tombée de la nuit, m'arrêtai quelques instants pour observer un fascinant halo lumineux autour d'un lampadaire, dans le brouillard. Les élégants calculs mathématiques qui rendent compte des caractéristiques de la figure de diffraction défilèrent dans mon esprit et j'eus à cet instant la conviction intime que cette description était incomplète, même si d'un certain point de vue elle était cohérente et splendide. Notre point de vue scientifique sur les couleurs ne peut rendre compte de toutes les dimensions de cette figure de diffraction, ne suffit pas à dissiper son mystère. N'est-ce pas cette tentative de saisir la lumière dans une dimension autre que sa seule nature physique, que fit Monet dans la série de tableaux de la cathédrale de Rouen ?

Lors d'une conversation, Alexandre me fit part d'une idée profonde à propos de l'approche scientifique actuelle de « la réalité », en tant que simple perspective sur les choses. Je fus surpris de l'entendre s'exprimer ainsi, de manière aussi claire et tranchée, sans aucune ambiguïté. Il m'avait proposé de faire une promenade dans la campagne pour récolter au bord d'un chemin des mûres de roncier que nous mangions ensuite à la maison, trempées dans du lait de chèvre. C'était une splendide journée ensoleillée de septembre. Une telle activité de récolte de fruits ou de plantes sauvages détend l'esprit et nous aide à recréer avec la nature un lien subtil, brisé pour la plupart d'entre nous. Mon cœur était léger et j'exultais d'être avec lui. Il était détendu, presque euphorique : la joie d'exister !

Je lui demandai quel était son vœu le plus cher, son aspiration la plus profonde. Il ne répondit pas tout de suite – il faisait toujours cela quand une question le touchait – et s'arrêta de ramasser des mûres ; il resta figé, les yeux mi-clos. Puis les larmes lui vinrent aux yeux et je sentis en lui monter une vague. Il me dit alors, d'une voix forte, inhabituelle et qui me surprit – il tremblait presque : « C'est d'être délivré de la tyrannie de la pensée ! » Ceci étonnera sans doute certains lecteurs, persuadés que la pensée discursive est la forme la plus sublime de l'activité humaine, l'aboutissement ultime de l'évolution du monde vivant et ce que la Nature a réussi le mieux jusqu'à présent. Ces personnes trouveront étrange cette réponse faite par un être considéré par ses pairs comme un mathématicien exceptionnel, un archétype du mathématicien génial, voire du génie humain ! Elles la trouveront peut-être incompréhensible ou même délirante. Certains diront qu'il avait littéralement perdu l'esprit et avait besoin de se reposer ; ou qu'il évoquait les aspects épuisants de l'activité de pensée, dans un travail de recherche mathématique accomplie au niveau qui était le sien. Il faisait certes allusion à la puissance de sa pensée qui jamais ne le lâchait. Mais il était intimement persuadé de l'existence d'une relation autre à la réalité, non fondée sur la rationalité et à laquelle il aspirait à accéder.

Spinoza affirme qu'un tel niveau existe, au-delà de la pensée même concentrée à l'extrême : un « genre de connaissance » autre. Il distingue le niveau de la *ratio* (ou *connaissance du deuxième genre*), la pensée rationnelle, et celui de la *scientia intuitiva* (ou *connaissance du troisième genre*), mode de connaissance direct et fulgurant qui me semble identique au « voir » de Krishnamurti et du sorcier Don Juan des ouvrages de Carlos Castaneda. Cette question essentielle sera évoquée à propos de la lettre d'Alexandre du 18 juillet 1981.

Dans cette même lettre, Alexandre fait allusion à une expérience personnelle que je lui avais brièvement racontée dans ma lettre précédente datée du 2 janvier 1979. J'avais séjourné à l'abbaye bénédictine de Ligugé près de Poitiers vers la mi-décembre 1978 lors d'une retraite d'une dizaine de jours. Mon intention était d'observer jour et nuit toutes les pensées qui me traversaient, d'en être conscient autant que possible, au lieu de les subir et qu'elles se produisent à mon insu. La nuit je m'efforçais de me réveiller après chaque rêve, le notais et me rendormais. Pendant la journée j'analysais mes rêves de la nuit passée et travaillais avec une très grande intensité jusqu'à en pénétrer le sens, à en dégager la signification cachée, à pouvoir les embrasser d'un seul regard, à en avoir une compréhension intégrale. L'écriture m'aidait à canaliser ma concentration. Les moines étaient bienveillants et à l'origine peut-être d'un soutien subtil. Ils me suggérèrent gentiment d'assister un peu aux offices, je choisis celui chanté en grégorien. Le mercredi des Cendres je participai à la cérémonie impressionnante d'imposition de cendre sur le front, « *Memento, homo, quia pulvis es, et in pulverem reverteris* » [« Souviens-toi, homme, que tu es poussière et que tu retourneras à la poussière »]. Un moine me proposa de revenir faire un séjour dans cette abbaye lors d'un épisode neigeux et de se promener ensemble pieds nus dans la neige. Ma cellule était glaciale – dans cette période de l'année il n'y avait pas de visiteurs et le bâtiment des hôtes n'était pas chauffé, par économie. L'un d'eux vint me voir, me demanda de lui parler de ma retraite. Je lui dis quelques mots de mon travail sur mes rêves, il me répondit : « La nuit nous sommes entre les mains de Dieu. » Il voulait dire que nous n'avons pas à accorder la moindre attention, la moindre importance à nos rêves, quand nous sommes reliés à Dieu. Sa remarque me parut inspirée, lumineuse, mais je n'osai lui répondre que je ne me sentais pas à un tel niveau : je ne pouvais et voulais faire abstraction de ma vie onirique. Je perçus que ce moine eut quelques doutes sur mon adhésion au christianisme : il avait bien sûr compris que j'avais fait le choix de ce lieu pour me retirer dans le calme.

Vers la fin de mon séjour je me promenais après le repas du milieu de journée sur les vastes terres de l'abbaye, traversées par une voie de chemin de fer mais empreintes d'un calme mystérieux. C'était une promenade ordinaire et sans intention particulière. J'avais longtemps regardé ce qui m'entourait, l'eau courir dans la rivière, le pont de bois, les arbres en bordure du grand champ, un écureuil qui m'avait regardé sans frayeur, les plaques de glace sur les flaques d'eau. Je me dirigeai vers la rivière avec l'intention de rentrer mais eu envie de me promener encore un peu et rebroussai chemin. Les nuages s'étaient un peu dissipés, le soleil d'hiver brillait et l'air était plus doux. Mes pensées n'étaient dirigées vers rien de précis ; peu à peu ce qui m'entourait prit un relief et une présence inhabituels mais je ne le remarquais pas et cela ne fit pas surgir en moi de pensée consciente sur ce changement qui commençait à se produire dans ma perception ordinaire. Je marchais et perdais peu à peu conscience de l'action de marcher, m'abandonnais, me laissais glisser dans cet état sans qu'intervienne la moindre intention. Je m'arrêtai et regardai un brin d'herbe recouvert de givre que les rayons du soleil faisaient scintiller ; je vis sa beauté et sa perfection, sa présence et sa réalité indicibles. Il était vivant, comme je l'étais moi-même, j'avais avec lui une étrange parenté. Il m'était indissolublement proche et l'impression me vint, le sentiment d'évidence que j'étais ce brin d'herbe, que ce brin d'herbe était moi. Je restais longtemps à le contempler, lui et le givre, puis me tournais vers les arbres et les nuages. Eux aussi étaient vivants et participaient à la vie, j'avais avec eux aussi quelque chose de commun, ils étaient moi, et j'étais eux. Je n'étais pas enfermé dans les étroites limites de mon corps. Nous participions du même dessein cosmique et il y avait en moi comme en toute chose un fonds commun éternel, inextinguible. Je marchais un moment, tout mon être vibrant avec les nuages, l'herbe, les arbres, la terre, le vent… Une vision me traversa, celle de la mort, qui n'existait pas, il y avait en moi quelque chose d'éternel, comme en toute chose, elle ne devait pas être crainte. Il me vint à l'esprit que je portais un nom, je dus faire un effort pour m'en souvenir ; je finis par le retrouver, à des années-lumière de distance, étrange et arbitraire, dérisoire, dans une région de réalité que je ne parvenais presque plus à appréhender. Je ne saurais dire combien de temps durèrent ces perceptions.

Peu à peu une partie de moi se mit à observer ce que j'éprouvais, l'idée me vint que c'était peut-être cela, la folie, ou certaines formes de folie. Je me demandai comment je pourrais être dans la vie ordinaire si je persistais dans cet état intérieur : comment pourrais-je accomplir la moindre tâche dans le monde des hommes où règnent l'hypocrisie, l'absurdité, les considérations sordides – comment être inséré dans la vie sociale, ne serait-ce que pour subvenir à ses besoins ? J'entrevis de manière vague qu'il me serait impossible de vivre, même en insufflant dans mon existence toutes les expressions de ce que le sorcier Don Juan nommait « folie contrôlée », actes absurdes auxquels nous sommes tenus pour pouvoir continuer à exister parmi nos semblables. Mais la communion avec ce qui m'entourait persistait, de manière un peu atténuée, avec l'impression que c'était sans importance d'être repéré et catalogué comme fou ; j'étais une parcelle en résonance avec le Tout et ce n'était pas d'enfermer mon corps qui pourrait me donner le sentiment pénible de l'isolement ; n'étais-je pas sans limites, l'essentiel en moi n'était-il pas quelque chose de libre, d'insaisissable ? La peur s'engouffra peu à peu en moi, la peur de la folie, de ne plus pouvoir revenir dans le monde de la réalité ordinaire que pourtant j'avais vu comme fou, absurde, délirant : nous vivons dans l'esclavage de nos désirs égoïstes, perdant notre vie dans des activités dérisoires, mécaniques ; notre vie intérieure n'est faite que de bruit, n'est qu'une immense agitation. Nous ignorons que nous ne sommes pas coupés du Tout et que notre sensibilité est sans limites.

Les choses peu à peu reprirent leur apparence familière, mon corps lui-même me donna l'impression de se détacher de ce qui m'entourait et de regagner ses étroites limites habituelles. Mon agitation mentale recommença, dans une tristesse mêlée de soulagement, celle de retrouver un état de perception ordinaire, médiocre et pourtant rassurant. Selon l'allégorie de la caverne de Platon, après avoir vu la lumière éblouissante du dehors et l'avoir ressentie comme insoutenable, je fis le choix de revenir vers le fond obscur.

Ma redescente mentale fut étrange. Je pensai qu'il serait impossible de persister dans un tel niveau de sensibilité. Sur le chemin du retour, quand je regagnai ma cellule du monastère et franchis les quelques marches d'accès au bâtiment des hôtes, mon cœur se serra peu à peu, une tristesse m'envahit : la peur viscérale avait repris le dessus. Je crus prendre une décision, qui n'en était pas véritablement une : mes méditations, mes spéculations philosophiques devaient se terminer, j'allais clore cette période, reprendre le fil de mes études de physique théorique, demander à Alexandre de me guider dans un travail de recherche scientifique et de déterminer ce que nous pouvions envisager ensemble. Mais j'appréhendais ce que dans le tréfonds de moi-même je pressentais comme un sacrifice – retrouver le chemin balisé d'une carrière scientifique – et n'en fis rien. Cette expérience intérieure devait demeurer en moi, tout au long de ma vie, comme la plus marquante, une intrusion dans l'éternité.

Je rendis visite à Alexandre peu de temps après, postérieurement à sa lettre précédente. Je voulais lui parler en détail de mon expérience.

Il avait compris la singularité de ces instants et me dit avec fermeté qu'il désirait un récit le plus détaillé et exhaustif possible. Il s'assit pour m'écouter et s'installa confortablement. J'avais connu des moments de dissolution et d'effacement de l'ego. Il me dit qu'il n'en avait jamais vécu de tels. Les larmes lui vinrent aux yeux et il exprima une certaine tristesse, une nostalgie : pourquoi n'avait-il pas traversé une expérience intérieure telle que celle-ci ? L'avoir vécue, me dit-il, présentait pour moi un danger, celui que « l'ego s'en empare » – il voulait signifier que ce genre de vécu pouvait susciter ultérieurement en moi un phénomène d'inflation égotique.

Sa réaction à mon récit fut tout à fait inattendue et me sidéra. J'étais pourtant accoutumé à ses réactions imprévisibles, ses opinions paradoxales, ses excentricités en tous genres. Il était capable d'accueillir quelqu'un, à la maison, pieds nus et vêtu d'un simple slip. Il pouvait aussi sortir en ville dans cette même tenue, pour faire des courses. Ces excentricités faisaient partie de son charme, de son caractère, j'en riais la plupart du temps. Certaines de ses remarques déclenchaient même parfois chez moi des crises de fou rire – il me regardait alors d'un air amusé. Les singularités d'Alexandre me donnaient à réfléchir, étaient impliquées dans l'extraordinaire stimulation intérieure apportée par notre amitié. Mais il dépassa en cette occasion tout ce que j'avais pu observer chez lui ou entendre de sa part, depuis que je l'avais rencontré : il me reprocha vivement d'avoir eu peur et de ne pas être resté dans cet état : « Pourquoi n'as-tu pas persisté dans ce niveau, me dit-il, qu'importe de mourir puisque tu as eu la compréhension de l'éternité ? Tu aurais pu y demeurer. » Je lui répondis que j'avais envie de vivre, même si j'avais parfois l'impression d'être dans une prison étroite, voire horrible.

Alexandre me parla alors de l'expérience qu'une de ses amies avait vécue dans le vacarme d'une rue de Londres. Elle traversait dans sa vie de grandes difficultés personnelles, se trouvait dans un immense désarroi et touchait le fond du désespoir. Dans l'ambiance d'une rue assourdissante d'une grande ville elle connut des instants de « non-séparation », l'effacement de toute peur, de toute inquiétude à l'égard de sa destinée individuelle. Elle perçut nos liens subtils avec tout ce qui vit, l'existence en nous de dimensions qui échappent à la temporalité et à la destruction. Alexandre fut très troublé pendant sa narration et se mit à pleurer : il évoquait une région de l'expérience humaine à laquelle lui-même n'avait pu avoir accès – il semblait presque en colère et monta le ton, ce qui ne lui arrivait quasiment jamais. Je fus choqué et ne répondis rien. Des vécus intérieurs aussi fondamentaux, qui remettent en question les limites mêmes de nos connaissances, lui étaient restés étrangers. J'étais triste que ces portes soient demeurées closes pour un être tel que lui[1]. Je me sentais illégitime, un monceau d'hésitations et d'angoisse ; il me semblait être indigne du cadeau que j'avais reçu. Il finit son récit et me raconta avec passion l'expérience de son père, emprisonné par les bolcheviks pendant onze ans : un vécu du même genre, alors que Sascha avait atteint dans son cachot le fond de la haine et le désespoir absolu. Je lus plus tard la restitution qu'Alexandre en donna dans *La Clef des Songes.* Ces expériences

1. Dans *La Clef des Songes*, (74), « Richard Maurice Bucke – l'apôtre d'une autre réalité »), rédigé moins d'une dizaine d'années plus tard, Alexandre fera allusion à mon expérience, parmi trois du même genre (l'une d'elles est sans doute celle que je rapporte, d'une de ses amies, dans une rue de Londres – je ne me souviens pas qu'il m'en ait raconté une autre encore – à part celle de son propre père) : « Trois personnes parmi mes amis m'ont fait part d'une expérience similaire, de courte durée chacune. [...] Il est hors de question pour moi qu'il y ait eu affabulation chez aucun des trois – ce sont des choses qui se sentent ! [...] Mais l'effet d'une telle révélation vive et fugace reste le plus souvent limité, du fait que rares sont ceux qui la "prennent au sérieux" [vraiment...], qui savent y reconnaître un "message crucial" [...] et qui s'emploient à sonder et à approfondir le sens du message à longueur de vie. [...] Pour autant que je puisse en juger, chez aucune des trois personnes auxquelles j'ai fait allusion (pas plus que jadis chez mon père), il n'y a eu un tel travail. »
Après le récit détaillé que je lui en fis de vive voix en janvier 1979, je ne me souviens pas que nous ayons reparlé de cette expérience, qui fut la plus singulière de mon existence et eut des implications cruciales pour ma vie ultérieure. Il est certain que ce vécu manqua à Alexandre. Il eut quand même l'aplomb d'écrire un livre entier, d'un millier de pages, sur ce thème touchant à une forme autre de conscience – dont il n'avait pas de connaissance directe, personnelle du moins, quand il écrivit cet ouvrage : après 1987 ou 1988, je ne sais s'il traversa une telle expérience. Si c'est le cas, elle ne peut pas ne pas être évoquée dans ses manuscrits de Lasserre, non encore explorés. En somme, il scruta dans *La Clef des Songes* une forme de conscience humaine dont il n'avait pas d'expérience, mais perçut le caractère essentiel de l'existence de ces champs de réalités non accessibles à la conscience ordinaire. De ce point de vue, et comme il le reconnut dans ce même ouvrage ([79], « Ramakrishna – ou le mariage de la Mère et d'Éros »), « [sa] mission prolonge de quelque façon celle de Bucke, le prophète de l'avènement d'une "conscience cosmique" commune à tous les hommes ». J'évoquerai à nouveau ces idées de Bucke à propos de la lettre du 15 avril 1980. Je dois rajouter (cela apparaîtra dans la suite de ses lettres et de mon récit) qu'il ne semble pas exister de discontinuité radicale entre le mode de conscience impliqué dans la recherche mathématique vécue à son plus haut niveau, et ce mode de conscience « élargie ».

exceptionnelles le fascinèrent tout au long de sa vie : il ne les balayait pas d'un revers de la main en les qualifiant d'élaborations illusoires d'esprits dérangés ou de constructions fantasmatiques.

Il est étrange pour moi de savoir qu'Alexandre parvint dans sa vie sur les cimes de la pensée mathématique et ne connut pourtant jamais ces états intérieurs – du moins, pendant les années de notre amitié. Mais je suis à peu près certain qu'il n'en eut pas non plus l'expérience ensuite, sauf bien sûr dans les moments immédiats précédant sa propre mort. Il faut donc bien accepter l'idée d'une différence qualitative entre la pensée scientifique même la plus accomplie, et l'expérience spirituelle, pour ne pas dire « mystique ». Mais il ne semble pas exister de hiatus absolu entre ces deux niveaux de l'expérience humaine. Quelques années après ces dialogues, au printemps 1982, lors d'une causerie que donnait Krishnamurti dans le sud de la Californie, à Ojai, j'eus l'occasion de demander à ce philosophe un éclaircissement à propos de la discontinuité apparente entre pensée scientifique, concentrée à l'extrême, et expérience de ce qu'il nommait *Voir*. Mais les questions des auditeurs étaient posées par écrit ; la mienne ne fut pas retenue par les secrétaires qui faisaient le choix de celles auxquelles Krishnamurti allait répondre. Je trouvais quelques années plus tard un éclaircissement sur cette question, dans l'ouvrage qui restitue certains dialogues qu'il eut avec le physicien David Bohm : Krishnamurti concède à l'artiste ou au chercheur scientifique, la capacité de « vision partielle » ; celle-ci peut être décrite comme un « fragment » de ce qu'il nomme « vision pénétrante totale ».

Le chercheur scientifique dans ses instants de découverte ou l'artiste dans ses instants de création, connaissent la jubilation de ce que Krishnamurti nomme « vision ». Pour le chercheur ou l'artiste, celle-ci n'est cependant pas du même ordre, de la même profondeur et de la même intensité que celle dont l'expérience personnelle de Krishnamurti semble relever. Dans *La Clef des Songes*, (65), « Traversée du désert, et révélation – ou des semailles attendant leur moisson », Alexandre écrira (à propos de la période de vingt-cinq années de recherches mathématiques – entre 1945 et 1970 – qu'il qualifie de « stagnation spirituelle quasiment totale ») : « J'avoue que je n'ai pas le sentiment d'avoir entièrement résolu encore cette contradiction apparente, et ceci d'autant moins qu'il n'y a pas de doute pour moi [...] que dans mon travail mathématique, tout au moins au moment même du travail, une dimension spirituelle n'était nullement absente. [...] Sûrement cette "composante" restait trop fragmentaire dans ma vie, elle ne mettait à contribution que des couches ou secteurs trop limités de la psyché, pour avoir une action spirituellement fécondante, ou seulement vivifiante. » L'expérience du chercheur scientifique inspiré aurait donc à voir avec celle du mystique !

Dans cette même occasion, je parlai à Alexandre d'une lecture faite pendant l'année précédente et qui m'avait beaucoup touché, celle du livre de Ronald D. Laing, *La Politique de l'expérience*. L'un des créateurs de l'antipsychiatrie y décrit avec minutie des états de changement de conscience vite catégorisés par la psychiatrie officielle comme crises de folie. Je lus à Alexandre des passages tel que celui-ci : « Si l'espèce humaine survit, les hommes de l'avenir considéreront notre époque éclairée, j'imagine, comme un véritable siècle d'obscurantisme. [...] Ils sauront que ce que nous appelions schizophrénie était l'une des formes sous laquelle – souvent par le truchement de gens tout à fait ordinaires – la lumière a commencé à se faire jour à travers les fissures de nos esprits fermés. [...] La folie n'est pas nécessairement un effondrement, elle peut être aussi une percée. [...] L'individu qui fait l'expérience transcendantale de la perte de l'ego peut ou non perdre l'équilibre, de diverses façons. Il peut alors être considéré comme fou. Mais être fou n'est pas nécessairement être malade. [...] Que personne n'imagine que nous rencontrons la vraie folie, pas plus que nous ne sommes vraiment sains d'esprit. [...] La vraie santé mentale implique d'une manière ou d'une autre la dissolution de l'ego normal. » Je pensais que des expériences similaires à celle que j'avais traversée devaient être vécues par bien des personnes. Mais elles n'en parlaient probablement pas et les classaient peut-être même parmi les délires incompréhensibles.

Alexandre revient dans cette lettre sur son dialogue avec Klaus Croissant, déjà évoqué dans celle du 25 novembre précédent. Leurs âmes se retrouvaient dans leur souffrance commune face à ce qu'Alexandre nomme dans cette lettre « barbarie généralisée ». Alexandre échangeait avec Croissant à propos de la signification de l'action humaine, politique en l'occurrence, et sur l'importance de dégager autant que possible celle-ci de toute intention égotique. Nous parlions souvent (il revient sur ce point) des « engagements » que nous pouvions prendre à un moment de notre vie et concernant des tâches que nous accomplissions alors pendant une période qui peut être plus ou moins longue. Nous pouvons nous libérer de tels engagements dès lors qu'ils ne sont plus en adéquation avec ce que nous sommes devenus, du fait de notre évolution. Je lui avais parlé de mon engagement dans « la science », pendant mon adolescence. Il m'avait parlé du sien, et comment il s'en était aussi délié, dans une certaine mesure. Il ne s'agissait donc pas de reniements, mais de libérations de liens que nous avions noués à un moment, dans certaines dispositions intérieures, en accord avec la conscience qui était alors la nôtre.

À la fin de la lettre il me propose un soutien financier régulier. Il s'inquiétait des conditions matérielles sommaires dans lesquelles je vivais à Paris et revenait sur cela de manière récurrente. Je ne voulais pas être dépendant de lui, mais ce fut aussi par orgueil que je n'acceptais pas sa proposition bienveillante. Je faisais pourtant un travail inintéressant pour gagner ma vie : son unique avantage était de me prendre très peu de temps, de me laisser beaucoup de liberté.

Autour du taoïsme

22. Villecun, le 4 avril 1979

Cher Christian,

Hier dans la nuit, j'ai passé quelques heures assez intenses à essayer de pénétrer l'intention de quelques passages du *Tao Te King* concernant la Mère, l'Enfance, la sexualité, en partant des vers XXVIII que tu m'avais montrés. Il me semble bien pouvoir avoir saisi le sens originel, d'une grande force – comme il fallait s'y attendre – édulcoré au point du méconnaissable par les traducteurs, paralysés par leurs peurs liées au sexe. L'ambiguïté du sexe, dans son double aspect toujours présent, l'importance d'assumer pleinement cette ambiguïté ; l'importance de retrouver l'état du petit enfant, du nouveau-né, et de retrouver et de perpétuer la Mère, la relation profonde entre ces deux choses ; l'importance de connaître la splendeur du corps par l'abandon à la « pulsion originelle » de retour à la Mère, au Sans-rivage ; la nécessité de dépasser le « savoir sur le sexe », les interdits du sexe et des lois qui les appuient, tout cela me paraît exprimé avec une grande force, de façon claire et simple – mais brouillé à plaisir par des traductions sirupeuses.

Notre dialogue, et le texte de Walter Jerven d'une grande force, mais parfois sibyllin un peu, m'ont bien sûr beaucoup aidé. Il me semble qu'au niveau inconscient Jerven a bien compris et accueilli cette partie du message, mais que le contrôle du conscient n'a pas permis que cette compréhension se manifeste de façon trop éclatante.

J'ai souligné en marge les passages qui me paraissent correspondre de façon particulièrement frappante au message de tes rêves sur la Mère, et à notre dialogue. (Cela ne signifie pas bien sûr que les passages non marqués soient moins importants.)

L'allusion à *l'inceste symbolique comme le sens profond de la pulsion érotique* me paraît parfaitement claire chez Lao-tseu – c'est beaucoup plus qu'une allusion – il en fait le signe de « l'accord au Tao » pour que « s'accomplisse en toi le mystère de l'Inconnaissable ». Il est vrai que le sens du message n'apparaît qu'en confrontant plusieurs chapitres du *Tao Te King* qui ne se suivent pas : XXVIII et surtout LII et LV. Et il est bien possible que Lao-tseu s'était senti obligé de séparer ce qui manifestement allait ensemble, de peur que le sens véritable, éclatant de façon trop irrécusable, ne produise des réactions de rejet immédiat qui rendraient impossible une diffusion et une pérennité de son message. Se mettant à sa place, on voit qu'il était devant une situation ardue, qu'il a su assumer avec un doigté parfait, en s'exprimant de façon suffisamment claire et forte pour que ceux en disposition pour l'entendre puissent l'entendre, et trouvent courageusement à assumer Éros dans sa plénitude – et suffisamment floue pour que le message passe à travers les mailles de la censure, qui est restée présente, active, efficace jusqu'à aujourd'hui même – notre dialogue de lundi et ce qu'il a révélé l'atteste de façon assez éloquente !

Il y a une sorte d'exultation, à plus de deux mille ans de distance, à découvrir soudain le sens vivant et insoupçonné d'un message. C'est étrange que je ne m'étais pas rendu compte avant, lisant *Tao Te King*, que Lao-tseu y disait quelque chose d'essentiel sur « la libido » – sur la pulsion érotique, la « Pulsion originelle ». Manifestement je ne suis pas le seul ! Le sens du passage de LV « Infatigable comme le bébé justement qui vagit… » devient parfaitement clair – car dans le jeu de l'amour les amants crient et vagissent – sans être enroués, c'est vrai, même si le jeu se continue encore et encore, faute d'arriver à s'en détacher !

Ne nous dit-il pas : gueulez comme le petit enfant réclamant après sa mère, faites l'amour à brin de zinc quand vous y êtes, sans vous retenir en rien – rentrez dans le vagin de la Mère, baisez-la de part en part : en la baisant vous la perpétuez en vous, la personne de votre mère personnelle fut-elle morte depuis des décennies – ignorez, oubliez le savoir et les interdits : c'est ainsi que vous êtes en accord avec le Tao, la loi cosmique, et que s'accomplit en vous le mystère de l'inconnaissable. Vous aurez beau baiser la Mère par-devant et par-derrière et disparaître en Elle encore et encore – baigner en elle et mourir en Elle et éclater en Elle, et la fouiller encore et encore – plus intimement vous la connaîtrez plus profondément vous l'aurez fouillée et vous serez blottis dans Elle – et plus profond, plus fascinant sera le mystère qui se perpétue et se renouvelle en vous, vous révélant la splendeur du corps et la splendeur du monde !

Voilà le message – une portée du message – de ces trois chapitres – sûr que s'il avait pu le faire, Lao-tseu n'aurait pas hésité à parler clair et crû – n'ayant pas peur des choses il n'avait certainement pas peur des mots ! Mais étant donné les circonstances, je trouve qu'il s'est admirablement bien débrouillé. En somme, je me suis borné à me faire son interprète et porte-parole auprès de toi, tant par la traduction que je te soumets, que par les commentaires. Je me sens comme une perche tendue avec bienveillance – à toi de jouer, la saisir ou la rejeter !

Affectueusement,
Alexandre

P.-S. Je te joins « Tenku » comme exemple particulièrement frappant d'un retour à la Mère complètement sublimé, d'une force et d'une fertilité exceptionnelles...

Retour à la Mère (dans *Tao Te King*)

XXVIII

Se savoir pénétrant
et pourtant demeurer pénétré
c'est vivre l'Élan originel :
Emporté vers le Sans-rivage
le Sans-rivage t'enfante à l'Élan sans fêlure

Se savoir clair
et pourtant demeurer enveloppé d'ombre
c'est vivre la vision originelle.
Naissant dans l'Inconditionné
L'Inconditionné t'enfante à la fraîcheur originelle

Se savoir valeureux
et pourtant demeurer humble
c'est vivre la profondeur originelle.
Accueillant le Tao
le Tao t'enfante comme Celui qui humblement accueille

Savoir accueillir humblement
c'est se faire vase du Tao.
Être vase du Tao
c'est être maître de toute chose

LII

L'immesurable, origine de tout devenir
est Mère de toute chose.

Connaître la Mère – est connaître Enfance.
Connaître Enfance – est perpétuer la Mère.
Perpétuer la Mère délivre de Finitude.

Inclus dans le multiple, ouvert à l'Un –
Le Fini jamais ne nous leurre.
Ouvert au multiple, fermé à l'Un –
cause leurre sans fin.

Percevoir l'infime exige grande vision.
Se garder vulnérable est le mystère du Tao.

Action par Enfance
est retour à la Mère.
Retour à la Mère
Libère du Fini.

LV

Le pénétré est comme le nouveau-né :
pas plus qu'un bourdonnant insecte
ne l'effraie le libre désir de la bête.

Ignorant les interdits du sexe
il est instrument de l'Élan originel
pour que se révèle la splendeur du corps.

Infatigable comme justement le bébé
qui vagit des heures durant sans être enroué
il manifeste son accord au Tao.

En cet accord s'accomplit en lui
le Mystère de l'Inconnaissable :
de pléthore de savoir il écume sagesse.

Conformité aux lois simule force,
mais qui se conforme se fige.
Tôt finit qui défie le Tao.

VI

Le silence profond dure.
Il est Mère de tout ce qui ne périt pas
Dans son mouvement repose devenir
du Ciel et de la Terre.

Le silence profond est mouvement
en soi-même
Son mouvement repose en lui-même.

LXXI

Abrite Cela qui sait – sans le savoir :
(assurance) pénétration atteinte.

Savoir – et se savoir savant,
appelle dessèchement.

Crainte de dessèchement
préserve du dessèchement.
L'éveillé craint le dessèchement
et n'est pas atteint par la chose crainte.

Au printemps 1979 dans une librairie parisienne, j'ouvris par hasard le *Tao Te King*, pour la première fois. Un être humain avait exprimé des compréhensions qui me parvenaient par-delà les siècles. Son auteur me parlait à l'oreille et me révélait des grands secrets. J'eus l'impression vague que cette lecture me rappelait des connaissances enfouies en moi et que je redécouvrais, enfin ! Je fus submergé par cette œuvre et basculai dans un autre espace. Je ne saurais dire le temps que dura ma sidération. Le libraire s'avança vers moi et me parla gentiment : « Jeune homme, vous êtes dans une librairie, non dans une bibliothèque. » J'achetai deux exemplaires, rentrai chez moi et en envoyai un à Alexandre dès le lendemain, en lui faisant part dans une lettre de quelques premières impressions. Il n'aima pas cette traduction, préféra celle de Walter Jerven publiée en allemand en 1928, et qu'il avait déjà dans sa bibliothèque. Il reconnut qu'il était jusqu'alors passé à côté de cette œuvre : il m'écrivit en effet quelques jours plus tard, dans sa lettre du 7 avril 1979, que cet ouvrage lui avait auparavant donné « l'impression d'un ésotérisme hors d'atteinte pour [ses] faibles moyens spirituels ». Nous nous procurâmes plusieurs traductions dont celles d'Étienne Perrot et d'un jésuite, le père Larre. Nous les comparâmes. Bien des années plus tard, je connus celle de Jean Levi réalisée à partir d'un manuscrit exhumé d'une sépulture trouvée en 1973 à Mawangdui, dans le Hunan. Cette traduction me semble la plus poétique et la plus précise parmi toutes celles que j'ai pu lire. Elle n'existait pas lors des dialogues que j'eus avec Alexandre en 1979. Certains termes utilisés par Jean Levi sont inhabituels, diffèrent des traductions courantes du *Tao Te King* : ainsi le terme « empire », qui correspond au « monde » de la plupart des traductions (*cf.* verset XXIX, ci-dessous).

J'eus le sentiment, en le parcourant pour la première fois, de lire un éloge délicat de notre vie intérieure, du silence, de la simplicité, de la discrétion, de notre capacité infinie à connaître et du respect que nous devrions avoir à l'égard de la nature – perçue par Lao-tseu comme un « vase sacré ».

Voici quelques passages (dans la traduction de Jean Levi) qui suscitèrent en moi cet éblouissement :

Qui sait ne parle pas.
Qui parle ne sait pas.
Obstrue toute ouverture,
ferme toute porte,
fusionne toute lumière,
unifie toute poussière,
émousse tout tranchant,
dénoue tous les nœuds.
Telle est l'obscure identité. (LVI)

Les paroles sincères ne sont pas belles,
les belles paroles ne sont pas sincères.
La sagesse n'est pas l'érudition,
l'érudition n'est pas la sagesse...
Le saint n'amasse pas :
plus il se dévoue, plus il a,
plus il donne, plus il est riche.
Le rôle du Ciel consiste à être bénéfique et non nuisible,
celui de l'homme devrait être d'œuvrer et non de rivaliser. (LXXXI)

Accède à la vacuité, tu seras l'axe du monde :
Préserve ta quiétude, tu en seras l'étalon.
Face au pullulement des êtres,
je contemple leur retour.
La création, en un incessant carrousel,
revient toujours à sa racine.

Le retour à la racine procure la quiétude,
la quiétude fait retour à la nature innée,
le retour à la nature innée obéit à la norme…
Connaître la norme c'est tout accueillir ;
qui accueille tout est universel,
qui est universel est royal,
qui est royal est le Ciel,
qui est le Ciel est la Voie. (XVI)

Ils se réjouissent et se gobergent,
noceurs faisant ripaille à un grand sacrifice,
oisifs montant à une tour au printemps.
Moi seul suis impavide…
Je suis le nouveau-né qui n'a pas encore ri.
Léger, je flotte comme un sans-abri.
Tout le monde a des surplus,
moi seul ai tout perdu,
car j'ai gardé mon innocence.
Mon esprit est confus, confus !
La foule est éclairée,
moi seul suis bouché.
Je vais au gré du vent et fluctue comme la mer.
Ils savent tous y faire, moi seul suis réfractaire.
Pourquoi si solitaire ?
C'est que je tète encore ma mère. (XX)

La caractéristique de la haute Vertu
Est de procéder de la Voie.
La Voie, dans l'univers des choses,
est évanescente, insaisissable.
Évanescente et trouble,
elle recèle en son sein une image.
Évanescente et trouble,
elle recèle en son sein un objet.
Indistincte et obscure,
elle recèle en son sein une essence.

Cette essence est très réelle
Car la vérité est en elle… (XXI)

Connais le masculin,
garde le féminin,
sois le ravin du monde.
Qui est ravin du monde
s'attache à jamais la Vertu :
qui s'attache la Vertu
fait retour à l'état de nourrisson.
Connais la gloire, garde la honte,
sois le ravin du monde ;
qui est ravin du monde
aura son content de Vertu :
qui a son content de Vertu
fait retour à l'état de bois brut… (XXVIII)

Qui voudrait s'emparer de l'empire à son profit
va, je le vois, au-devant d'un échec.
L'empire est un vase sacré dont nul ne peut user.
Qui s'en sert le brise, qui l'étreint le perd…
Le sage se garde de l'excès, de la démesure, du luxe. (XXIX)

Sage gardant caché un jade sous sa robe de bure. (LXX)

Ce chef-d'œuvre de la littérature mondiale, cet immense livre, ce trésor, fut à l'origine d'un échange nourri avec Alexandre. J'appris plus tard le point de vue d'Henry Miller au sujet de cet ouvrage qu'il découvrit à un âge avancé : « Si j'avais lu ce livre plus tôt, ma vie n'aurait pas été la même. »

Alexandre trouva de profondes résonances entre la philosophie de Lao-tseu et la sienne : quelques années plus tard, dans *La Clef des Songes*, il plaça ce sage chinois au même rang que Bouddha ou le Christ, par l'impression qu'il lui fit[1]. Cette lecture déclencha dans sa

1. *Cf. La Clef des Songes*, (29), « Rudi et Rudi – ou les indistinguables ».

pensée une vague de grande amplitude qui dura quelques mois pendant lesquels il rédigea son *Éloge*. Quand il eut fini la rédaction du premier Chant dont j'avais pris connaissance au fur et à mesure de son élaboration, je craignis qu'il soit mal interprété. Je sentais que le message était trop profond pour pouvoir être compris. Le titre choisi par Alexandre et auquel il tenait beaucoup me semblait ambigu et pouvait générer des incompréhensions. Je lui déconseillai de publier ce livre. Ceci fut l'occasion d'un conflit violent entre nous, mon ami se rangea hélas à mon point de vue qui me semble aujourd'hui limité ; il prit la décision quelques années plus tard de détruire cet ouvrage – à l'exception de son *Épilogue* qui fut retrouvé parmi les documents du fonds de l'université de Montpellier : il m'avait envoyé ce texte pour relecture pendant l'été 1979.

Cet *Éloge,* très élaboré, longuement médité, était d'une grande densité, contrairement à ses écrits ultérieurs, *Récoltes et semailles* et *La Clef des Songes* ; ces ouvrages sont en effet des notes de méditation moins condensées. Il me semble aujourd'hui qu'Alexandre révélait dans cette œuvre la clef de son exceptionnelle créativité. La destruction de ce tapuscrit fut un gâchis.

Une autre raison peut expliquer ma réaction : la forme donnée par Alexandre à son *Éloge*. Les concepts qu'il utilisait étaient pour la plupart issus du *Tao Te King*. Je les trouvais peu adaptés à un ouvrage écrit au XXe siècle. J'avais approché les travaux de Deleuze et Guattari sur le désir, étudié leur vision qui m'apparaissait similaire à celle d'Alexandre. Ces deux philosophes avaient recherché des concepts fins, articulés avec subtilité. Ceux qu'Alexandre avait adoptés me semblaient simplistes.

Mireille m'avait pourtant donné la clef de cette question, j'aurais pu comprendre et dépasser cette gêne : pendant l'été 1979 je lui avais parlé des aspects un peu « naïfs » de l'écriture d'Alexandre et de mon malaise à l'égard de la forme ; elle me répondit que ceci constituait justement son originalité en tant qu'écrivain. Cela faisait partie intégrante de son style : une spontanéité dans l'expression qui pouvait apparaître comme de la naïveté mais était sa marque propre. Elle comprenait Alexandre et avait saisi cela.

J'aurais dû m'attacher à la puissance et à la sincérité du message d'Alexandre. Mais le jeune homme que j'étais avait cru percevoir une limite à ses talents et prit plaisir, comme il m'écrivit dans sa lettre du 29 septembre de la même année (après que je lui ai dit mon sentiment à propos de la publication de son livre), à « faire des ronds dans l'eau ». Tout se passa comme si je ne lui avais pas reconnu une identité d'écrivain et la capacité à s'exprimer dans une veine autre que celle d'articles mathématiques. Pourtant il m'avait dit plusieurs années auparavant qu'avant de se lancer dans les mathématiques, il avait envisagé d'être écrivain et de vivre de sa plume. Sa propre mère est l'auteur d'un roman, largement autobiographique, non publié encore : elle lui avait peut-être transmis un goût pour l'écriture. Les lettres de Van Gogh, archétype du génie humain, sont une œuvre en elles-mêmes. Écrivain, Alexandre le fut aussi. Je le voyais écrire tout le temps. Il détruisit des quantités considérables de notes de méditation. Je n'en lus qu'une petite partie. En lire l'intégralité aurait été une occupation à temps plein.

Rares sont les « savants » dans l'histoire de la science moderne qui se sont exprimés de manière si personnelle. Il aurait fallu que je passe outre à cette gêne quant à la forme qu'il avait donnée à son *Éloge*. Celle-ci était un aspect d'importance secondaire, même si lui-même la considéra comme essentielle quelques années plus tard, dans *Récoltes et semailles*. Il reconnut alors que j'avais raison quant à la forme, trop provocatrice et emphatique. Mais il ne renia certes pas le fond de son œuvre, sa vision des capacités cognitives humaines, infinies par principe.

Il donna sa mesure dans *Récoltes et semailles* et *La Clef des Songes*. Les presque quarante années qui suivirent l'écriture et l'édition du premier de ces livres (1983-1984 et 2022) ou du second (1987-1988 et 2024), attestent bien du peu d'intérêt que suscitèrent ces ouvrages, longs, profonds, difficiles, inclassables. Il est vrai qu'ils étaient lisibles sur Internet, mais l'on ne sait combien de lecteurs ces livres trouvèrent. Dans *La Clef des Songes* il évoqua ainsi la « forme d'expression nouvelle », la « forme littéraire » qu'il pensait avoir inventée : « Il est bien possible que le seul fait d'exprimer ce que j'ai à dire sous cette forme d'une recherche qui se déroule au grand jour, soit en lui-même plus important et plus efficace pour "faire passer" mon message en faisant comprendre ce qu'est la libre création tant intellectuelle que spirituelle, que la justesse ou la profondeur des vues que je suis amené à développer[1]. »

Je me rendis chez lui, à Villecun, peu de temps après ma découverte du *Tao Te King*. Il considéra le message de cette œuvre comme essentiel et commença à en creuser le sens. Dès la première lettre (4 avril 1979) qu'il m'écrivit à ce sujet, juste après lui avoir rendu visite et que nous en ayons parlé, il s'intéressa aux aspects du *Tao Te King* en relation avec l'amour et la sexualité. Son regard sur cette œuvre était ainsi orienté. À mes yeux cette dimension n'était pas essentielle chez Lao-tseu. Il n'était pas de cet avis : Il semblait en effet convaincu à ce moment que la pulsion de connaissance, la « pulsion originelle », est d'ordre érotique. Et il pensa avoir trouvé le message véritable de Lao-tseu « brouillé à plaisir par des traductions sirupeuses » : le vécu amoureux en tant qu'archétype de toute expérience cognitive. Je résistais à cette interprétation et voyais plutôt dans le *Tao Te King* le fruit d'une connaissance abyssale de la vie, le récit d'une expérience mystique non limitée à la sexualité. Alexandre affirme dans la lettre précédente qu'en passant à côté de cette interprétation je ne saisis pas le message profond de ce livre. Il parlait librement de sexualité et pouvait s'exprimer crûment. Pendant ces années-là, il vivait sa sexualité dans la liberté.

Son opinion sur la nature de l'énergie créatrice se nuança par la suite : dans son ouvrage *La Clef des Songes* rédigé quelques années plus tard après *Récoltes et semailles*, il décrivit son *Éloge* comme « une longue réflexion sur la créativité dans l'homme et dans l'Univers, mais avec cette fois un accent très net (voire excessif, au point parfois de devenir lassant) sur l'appréhension "charnelle", voire "érotique" des processus créateurs ». Et il ajouta : « Ainsi, dans les trois œuvres successives *L'Éloge, Récoltes et semailles, La Clef des Songes*, qui toutes trois développent le thème central de la création, l'accent se trouve mis à tour de rôle sur l'aspect charnel, intellectuel (ou plus généralement,

1. *La Clef des Songes*, (47), « Le "style-recherche", ou une forme nouvelle au service d'un esprit ».

mental), et spirituel de la créativité[1]. » Il distingua donc trois régions de la réalité dans lesquelles la pulsion de connaissance et la créativité peuvent exister : la sexualité, l'intellect et le monde spirituel. Cette vision est différente de celle qui était la sienne lors de la rédaction de son *Éloge* : il pensait alors que tout désir était de nature sexuelle, ce qui semble correspondre à la théorie de Freud sur la sublimation. Pourtant, peut-on dire qu'une œuvre telle que *L'Annonciation* de Fra Angelico, peinte sur un mur du monastère San Marco à Florence et que l'on découvre en gravissant les dernières marches de l'escalier intérieur, à l'entrée des couloirs qui conduisent aux cellules, serait le fruit de son énergie sexuelle sublimée ? N'est-elle pas plutôt l'expression d'une créativité qui a trouvé à se déployer dans une région de la réalité dont il faut bien reconnaître l'existence, et que pourtant Alexandre nommait déjà pendant cette période d'élaboration de son *Éloge* : le monde spirituel ? Il parlait en effet, par exemple, de « ses faibles moyens spirituels » (*cf.* sa lettre suivante) à propos de ses tentatives de lecture du *Tao Te King* antérieures à celle d'avril 1979.

Au cours de cette année 1979, il lut l'œuvre de Lao-tseu comme le récit d'une expérience de non-séparation, qu'il nomma « inceste symbolique ». Alexandre découvrit donc une affinité entre le message de ce livre et ce qu'il vivait dans ses intenses recherches mathématiques. Je lui demandais souvent de me les raconter. Je ne pouvais saisir leur contenu, il était désolé que mes connaissances mathématiques ne soient pas suffisantes et de ne pouvoir les partager avec moi : il commençait parfois une explication d'une idée mathématique, je décrochais vite et l'interrompais. Mais il me parlait de son vécu de mathématicien, de la contemplation d'immenses structures. Alexandre utilisait souvent des expressions ou des termes à connotation érotique ou sexuelle, tels que « pénétrer », « se fondre », « s'immerger ». Il parlait de « préliminaires » pour désigner les « quelques heures de travail nécessaires à la mise en train », à la concentration – à l'établissement d'un contact subtil avec le monde des idéalités mathématiques : un accordage, une entrée en résonance.

1. *La Clef des Songes*, IV, « Aspects d'une mission », (1), « Un chant de Liberté », (46), « Liberté créatrice et œuvre intérieure », note de bas de page.

Dans une lettre précédente (9 janvier 1979) il avait fait allusion à des rêves d'un contenu particulier que je lui avais racontés. Ils impliquaient l'eau comme élément dominant : la mer, des bateaux, la présence sur le rivage, la contemplation des vagues… Ces rêves pouvaient être corrélés à diverses émotions : une fascination, une jubilation, une nostalgie, un sentiment de tristesse et parfois de danger, de forte angoisse associée à un risque de noyade ou d'engloutissement. Dans cette période de ma vie, ils étaient récurrents. Quand je lui en fis part pour la première fois il me dit bien les connaître, qu'ils étaient aussi fréquents chez lui et faisaient partie de ses « rêves chroniques ». Il les nommait « rêves aquatiques » ; ils sont évoqués dans sa lettre du 9 janvier précédent, dans leur version angoissante. Je sentais leur relation avec la nostalgie de l'Indicible, de l'Infini. Ils avaient à voir (nous fûmes d'accord sur ce point) avec un état particulier d'ouverture et d'accueil. Il s'agissait de l'expression d'un désir de fusion avec la Totalité, la Mère Divine de la tradition hindouiste. Cette expérience est rapportée dans certaines traditions spirituelles. Dans son *Éloge*, Alexandre nomma cette Mère universelle « Sans-rivage ».

Pendant l'été 1979, nous eûmes à diverses reprises l'occasion d'évoquer l'ouvrage de Michel Tournier, *Vendredi ou les Limbes du Pacifique* : Robinson, isolé sur son île, séjourne régulièrement (avant l'arrivée de l'Indien Vendredi) dans une grotte qu'il peut atteindre par un boyau étroit et dans laquelle il se love tel un fœtus : ces moments ne relevaient pas à nos yeux d'une régression, c'étaient des expériences spirituelles, des moments d'immersion dans le Tout. Par ces séjours dans le sein même de l'île, Robinson puisait les forces nécessaires à sa survie.

Je lus plus tard (et n'eus pas l'occasion hélas d'en parler avec Alexandre) le *Malaise dans la civilisation* dans lequel Freud exprime une fermeture radicale à l'égard du « sentiment océanique », appris de Romain Rolland qu'il qualifie pourtant d'« homme hors du commun » et d'« estimable ami ». Freud décrit ce sentiment d'après l'auteur d'*Au-dessus de la mêlée*, comme « la sensation de l'“éternité”, le sentiment de quelque chose d'infini, d'illimité, de quasiment “océanique” ». Le fondateur de la psychanalyse avoue être « incapable de découvrir [en lui] ce sentiment “océanique” » et le range parmi les pathologies, en tant que vestige d’un « sentiment primaire du Moi [...] conservé dans la vie psychique de beaucoup de gens [...] [et qui] se juxtaposerait [...] au sentiment du Moi de la maturité, plus étroit et plus aigu ».

La fascination de l’auteur de *La Clef des Songes* pour ses « rêves aquatiques » est à mettre en relation avec le vécu de ses recherches, ses mathématiques « au féminin », ses immersions dans les régions de la réalité descriptibles par cette science. Sa vision sur la signification et la portée de ces expériences de « dissolution » vécues dans de tels rêves est donc aux antipodes de l’interprétation qu’en donne Freud, significative de sa conception de l’inconscient. Pourtant Grothendieck reconnaîtra plus tard, dans cet ouvrage sur les rêves, que Freud est (« à l’exception de ma modeste personne », écrira-t-il), « la première personne dans l’histoire de notre espèce à avoir vu clairement les incroyables forces de résistance de la psyché[1] ». Il ajoutera cependant que le créateur de la psychanalyse « faisait profession d’ignorer l’existence même d’une réalité spirituelle » et que celle-ci est « la dimension manquante dans la vision novatrice développée par Freud ».

Dans ce même passage, Alexandre rajoutera sur la liste de « ceux qui avaient vu » (entendez : « les incroyables forces de résistance de la psyché ») Krishnamurti et Marcel Légaut. Il est difficile de ne pas relever l’assertion d’Alexandre à son propre sujet, à savoir que lui-même les avait comprises aussi : on peut penser que bien des êtres ont vu ou entrevu l’existence de telles forces – certains humains qui ont médité, depuis la nuit des temps, dans des grottes ou des cellules, dans le silence de la grande nature ou la foule, et n’ont pas laissé de traces – ces êtres peuvent avoir perçu l’existence de nos résistances intérieures et de notre inconscient, avant même que celui-ci soit désigné.

1. *La Clef des Songes*, (6), « Le fruit défendu », (1), « Résistances et souffrances du créateur ».

23. Villecun, le 7 avril 1979

Cher Christian,

J'ai retravaillé plusieurs fois les traductions (plutôt : restitutions libres) du *Tao Te King* que je t'avais envoyées – voici la dernière version en date – je ne sais s'il y en aura d'autres ! Aussi j'ai mis des titres. Tout ce travail – allant de pair avec des dialogues qui le stimulaient – m'a été bien utile à mieux me pénétrer de la signification de choses que je savais déjà au fond, mais dont je ne mesurais pas toute l'extraordinaire importance. Elle m'est révélée en tout premier lieu par les dialogues que j'ai eus dernièrement, à commencer par celui avec toi qui a été le plus approfondi – et en deuxième lieu par la caution tout à fait imprévue de Lao-tseu. Je ne puis dans l'immédiat mesurer l'importance, l'impact sur moi de cette caution, de cette confirmation de choses que de tout temps peut-être j'ai senties avec force, certes, mais dans une sorte d'isolement – cette perception perdait de son impact sur la totalité de ma vie, du fait de ne trouver apparemment terreau qu'en moi-même et en mes parents, et pas autrement à l'extérieur de moi. Or le témoignage de Lao-tseu est d'une force, d'une dimension que je n'aurais peut-être pas su assumer par moi-même, avec comme seule caution mon sentiment intime. Et d'ailleurs, le consensus universel n'encourage guère à une méditation de grande envergure sur Éros, il dirait plutôt, psychanalystes en tête « ce n'est après tout que... » – des glandes, la libido, les gènes... enfin tu vois ce que je veux dire. Et c'est la découverte soudaine d'une vision autre, où Éros n'est pas « que » ceci ou cela – où c'est l'élan vital lui-même, l'énergie qui amène toute vie – y compris toute « vie spirituelle », toute méditation. La découverte d'une vision toute proche de moi, s'enracinant dans le quotidien chez un « grand sage » dont j'avais gardé, obnubilé par un intellect envahissant, l'impression d'un ésotérisme hors d'atteinte pour mes faibles moyens spirituels, etc.

Et voilà, fouillant à peine un peu, que le sens de tels ou tels textes soi-disant insondables devient clair et intelligible – et correspondant à bien des choses que depuis longtemps je soupçonnais ou savais ou aurais pu savoir (que mes parents au fond savaient fort bien, y compris l'équilibre du masculin-féminin en chaque être, et (dans une certaine mesure du moins) l'importance de cet équilibre, l'importance de savoir assumer cette double nature). Cette découverte d'une vision vivante et claire, d'une force stupéfiante, derrière des textes à plaisir « enveloppés d'ombre », a été pour moi une grande joie, qui dure depuis la nuit après ton départ : joie qui à elle seule déjà est un ferment précieux.

Il faut dire qu'à deux reprises, depuis un an et demi, j'ai eu des « cautions » analogues, mais qui, pour une raison ou une autre, n'ont pas été ressenties avec une force comparable. Il s'agit de la lecture des *Leaves of Grass* de Whitman, et de quelques textes de D.H. Lawrence – y compris son beau livre *L'Amant de lady Chatterley*.

Prenant, dans l'ordre où ils apparaissent dans le *Tao Te King*, les textes où il est question de Giron et d'Éros, ne trouvons-nous pas un à un les éléments essentiels d'une grande vision d'ensemble ?

VI *Le Giron* C'est le silence profond, le grand Repos, origine de toute chose – du Ciel (Phallus) et de la Terre (Vagin).

Tout devenir, tout mouvement est contenu en Lui. Toute chose est née en Lui et s'achève en Lui. En Lui se confondent la mort et la naissance, la destruction et la création, la vie créatrice prenant naissance dans la mort, terreau de vie dans le Giron immesurable.

C'est, des quatre textes, celui dont le sens m'a imprégné moins que les autres, qui pour le moment – faute d'une méditation qui assouplisse ou fasse s'évanouir les barrières de l'intellect, sans doute – s'inscrit de façon moins évidente à mon vécu concret. Je prévois que je le pénétrerai mieux quand j'aurai entamé plus avant une méditation sur la mort, à l'occasion du thème de la mort de mon père, de ma mère, de Gori, de Hausel, d'Amanda ; et une méditation sur l'expérience simultanée de la mort et de la naissance dans le giron maternel de l'amante.

XXVIII Le double sexe, l'harmonie originelle du pénétrant-pénétré, mâle femelle, etc. en chaque être (et peut-être en chaque chose), l'importance d'assumer pleinement sa double nature… si l'élan de vie, l'élan d'Éros en nous ne doit pas être mutilé. L'acte de nous laisser emporter dans le Sans-rivage, le Giron, acceptant dans la simplicité notre double nature, nous fait renaître sans cesse à l'immaculé élan – l'élan d'Éros sans entraves, sans « bavures » – nous fait renaître à la fraîcheur de perception de l'Univers, à la fraîcheur de l'enfance. C'est ainsi que nous pouvons accueillir humblement l'Univers en nous, renaître sans cesse de lui à une enfance toujours renouvelée, qui accueille humblement. C'est ainsi qu'Éros pleinement assumé fait de nous le « vase de l'Univers », à l'image du Giron – et ainsi pénétrés nous connaissons profondément les choses, et par là en sommes « maîtres » (?). Le dernier vers est imprévu, je ne le « sens » pas aussi bien que les autres, à cause des connotations possessives sans doute du terme « maître ». Il est vrai pourtant qu'une connaissance profonde d'une chose nous rend dans un sens « maître » de la chose, non dans le sens d'un contrôle, mais dans celui de la capacité d'une action parfaitement appropriée à la nature de la chose et de nous-même – action « conforme au Tao » comme dirait Lao-tseu. C'est cela la vraie « puissance » d'un être, transposée de l'acception purement sexuelle et biologique à un sens plus large. Et même au niveau d'Éros se manifestant dans l'union des corps, je sais bien que la vraie « puissance » ne consiste pas en la seule capacité anatomique de maintenir une turgescence le temps nécessaire et (pour l'homme) d'arriver à éjaculation. Elle réside plutôt dans l'humble abandon à l'élan d'Éros – qui est en fait, chez l'homme comme chez la femme, une attitude d'accueil à l'Univers, au Cosmos, se manifestant en nous par cette pulsion originelle. Il semble donc que ce dernier vers a quelque chose à nous dire sur la puissance, donc aussi sur l'impuissance : la puissance découle d'une attitude d'humble ouverture – ce qui est bien sûr entièrement contraire à tous les clichés, dont sans doute nous avons tous été atteints à notre insu, plus ou moins profondément. Et il est bien vrai que, comme toute crispation, l'attitude tant intériorisée du super-mâle qui doit impressionner la partenaire (et l'attitude symétrique, tout aussi bien, de la partenaire jouant la soumission pâmée) est une attitude d'impuissance, non de puissance – et il est clair pour moi que c'est elle aussi, très précisément, qui très souvent (sans doute le plus souvent) est la cause de l'impuissance au sens propre, physiologique.

Ainsi, à l'occasion du thème du double sexe, se trouvent effleurés au passage, comme par allusion, les thèmes du retour au Giron (le Sans-rivage de l'état d'enfance, et de la Puissance comme associée à cet état, qui sont repris avec plus de force, ou tout au moins plus de détail, dans le verset suivant).

LII *L'Enfant et le Retour au Giron* ou : Enfance et Puissance.

Le Grand Giron est ressenti par l'homme et par la femme comme le giron maternel, l'élan d'Éros est [pour l'homme tout au moins – pour la femme c'est sans doute plus complexe ; mais Lao-tseu était quand même homme… …] avant toute autre chose, l'élan de retour au giron de Sa mère. C'est dans ce retour qu'est le secret de l'état d'Enfance [Cette pulsion de retour, si elle n'est pas inhibée, ne reste nullement attachée à la personne particulière de notre mère et à ses particularités propres. Mais le libre jeu de cette pulsion, la possibilité du jaillissement et l'immaculé élan d'Éros en nous, est subordonné en très large partie (hélas !) aux vicissitudes de nos relations avec notre mère, surtout pendant nos années d'enfance, et aussi de nos relations au père – Il est intéressant que Lao-tseu ne parle jamais du Père – c'est sans doute parce qu'il était homme donc connaît tout au plus de seconde main la pulsion de la femme d'être pénétrée par le père – et pas seulement d'enfanter l'amant, ou de l'enfanter à rebours…]

Pourtant l'élan d'Éros est pulsion incestueuse, il fait revivre la Mère dans toute amante. On peut dire en ce sens que le rôle érotique de la mère-personne, c'est d'être au moins symboliquement, la première amante de la vie d'un homme. Si l'homme n'est pas en mesure d'assumer le désir du vagin, du corps de sa propre mère, il semble que souvent, peut-être toujours, l'élan érotique en lui est inhibé, il est incapable de retrouver l'état d'enfance par retour à la Mère dans son amante – souvent même il est incapable d'assumer un rôle d'amant : c'est l'impuissance plus ou moins totale.]

C'est par la connaissance de la Mère, retrouvée dans le vagin, dans le corps de l'amante, que nous connaissons l'état d'enfance. C'est dans cet état d'innocence – avant d'avoir goûté à « l'arbre de la connaissance », nous enseignant la culpabilité du sexe et de ses pulsions – que continuellement au cours de toute notre vie nous faisons « revivre la

Mère » au travers de nos amantes – ou de notre femme amante. [Dans certains (encore plus rares !) cas, nous parvenons à « faire revivre la Mère » d'une façon sublimée, comme c'est le cas de Fujii Guruji de façon particulièrement claire et frappante].

C'est dans cette perpétuelle reviviscence de la Mère dans notre vie que nous trouvons « libération de nos limites » – son giron maternel est notre grande et unique source d'énergie créatrice – et il n'est vraie création que dans cet état d'Enfance continuellement retrouvé dans le giron de la Mère.

Cela fait beaucoup de choses impliquées dans les cinq premiers vers ! Les quatre derniers y reviennent et sont presque une répétition textuelle – chose qui doit sans doute souligner l'importance tout à fait exceptionnelle de ces choses ; de telles redites doivent être rares chez Lao-tseu ! La variante « Laisser agir l'état d'enfance – est retour à la Mère » à la fois souligne ce sentiment très fort d'un *retour* qui accompagne la pulsion érotique chez l'homme, lequel sentiment n'avait pas encore été exprimé dans les vers précédents ; et il exprime avec force la puissance (= pouvoir d'action) inhérente à l'état d'enfance. [Bien entendu, quand Lao-tseu réfère à l'action, il ne s'agit pas de l'action bruit, qui peut fort bien s'effectuer dans la crispation. Il s'agit d'action « conforme au Tao », créatrice en ce qu'elle *révèle* quelque chose, plutôt qu'elle ne *produit* un bien (fut-ce un théorème, un aéroport ou un tableau quelconque...). Krishnamurti et Don Juan ont la même vision, il me semble, distinguant l'action du bruit.]

Les six autres lignes du texte, il me semble, sont consacrées in extenso au thème de la puissance et de l'impuissance. S'insérer à sa place dans « le Multiple » (sexe, âge, position sociale, nationalité, culture, religion, etc.), sans lui accorder une importance excessive qui ne lui revient pas ; et restant ouvert à « l'Un », à l'Universel à travers le multiple – notamment à la double nature Giron-Éros du Cosmos et de nous-même – et à la relation intime du Giron et d'Éros, du Vagin et du Phallus – tel est le secret de la puissance véritable qui est avant tout une réalité spirituelle, dont la puissance physiologique n'est qu'un aspect particulièrement caractéristique. L'attitude inverse – de s'hypnotiser sur le multiple et s'y embrouiller à plaisir, tout en perdant de vue l'essentiel et en reniant sa propre nature dans son unité foncière – en faisant de nous-même un misérable demi-être mutilé cherchant coûte que coûte l'autre demi-être tout aussi mutilé qui le compléterait envers et contre tout – ou nous refusant dans la frustration à cette quête angoissée et sans cesse à nouveau frustrée – par cette attitude vis-à-vis de la vie et de nous-même, nous nous ligotons nous-même, nous nous condamnons à l'impuissance.

Enfin,

« Percevoir l'infime exige grande vision
Demeurer vulnérable – mystère de la Puissance »

nous précise la nature de la puissance véritable, en contradiction avec les clichés courants : elle réside dans l'état de vulnérabilité, caractéristique du nouveau-né (et on croirait entendre Krishnamurti !), et dans la capacité, par cet état même, de « percevoir l'infini » – car vulnérabilité est délicatesse de perception [Et le contexte nous suggère aussi immédiatement que cette délicatesse de perception est particulièrement intense au moment du jeu amoureux, lorsque celui-ci se passe bien, c'est-à-dire justement lorsque l'amant et l'amante sont dans l'état d'ouverture, de réceptivité dont il avait été parlé diversement dans les vers précédents.]

LV *Éros – Prométhée* : où on (*i. e.* Lao-tseu) met les pieds dans le plat : on ne peut vivre Éros, être son instrument, qu'en transgressant les interdits immémoriaux profondément enracinés dans pratiquement tout adulte, et tout enfant même dès un âge déjà bien jeune. Seul le nouveau-né pratiquement échappe à ce « savoir sur le sexe » – et (le « hasard » fait bien les choses !) c'est justement ce nouveau-né que nous redevenons, quand nous nous abandonnons à la pulsion primitive de retour au giron maternel. Il est vrai que l'animal ne connaît pas non plus les interdits du sexe – et l'adulte est choqué souvent dans son flic intérieur, quand il observe l'œuvre d'Éros dans les bêtes.

Les interdits du sexe (textuellement « le savoir sur le sexe ») sont, certes, appuyés par des lois et les peines prévues par celles-ci, qui peuvent avoir de quoi effrayer ! Ici encore, Lao-tseu met les pieds dans le plat : « qui se conforme se fige » – le sage vit en accord au Tao, la loi cosmique qui ordonne l'Univers, et non avec la loi écrite qui est censée régir la société où il vit – car il sait que c'est en défiant le Tao, révélé par ses pulsions profondes, qu'il se châtre lui-même spirituellement : « Tôt finit qui défie le Tao ». La conformité aux lois est, elle aussi une fausse « puissance » – et dans le cas des lois qui prétendent régenter notre pulsion érotique, c'est une véritable castration.

Des quatre versets, sur le Giron et Éros, c'est ce dernier verset qui exprime de la façon la plus tangible, presque brutale, la réalité qu'il s'agissait de décrire. Comparaison du Sage au nouveau-né, au bébé, en deux occasions particulièrement « scabreuses » : dans l'attitude vis-à-vis du « libre désir de la bête » (ou du désir « dévorant » de la bête – la première restitution du texte me semble plus plausible) ; et dans le jeu amoureux du Pénétré lui-même, infatigable dans l'amour comme le bébé « vagissant heure après heure sans être enroué » – vagissant dans l'étreinte d'Éros comme vagit le nouveau-né qu'il est alors – ainsi révèle-t-il son accord au Tao. (Il y a une hardiesse stupéfiante et un doigté non moins stupéfiant dans cette allusion à la fois voilée et transparente au jeu amoureux dans ces trois vers – dont la signification érotique est au fond évidente, si on ne se bouche pas volontairement les yeux, après les trois vers précédents où il est question en tout cas – indépendamment de toute variante d'interprétation – du *sexe* et de la « *splendeur* (ou perfection) *du corps* ».)

C'est le seul passage du *Tao Te King* où Lao-tseu ait pris la liberté d'utiliser le mot de « sexe » au sens propre, et cela dans le contexte de ces trois vers dont le sens semble irrécusable.

Et le message est d'une hardiesse unique, fulgurante, sans exemple peut-être jusqu'à aujourd'hui même dans aucun texte religieux, philosophique, scientifique ou littéraire. Il dit ceci : la plus haute sagesse n'est pas chose séparée du corps, elle ne peut être vécue en reniant le corps et ses pulsions. Elle réside dans l'humble abandon à la pulsion érotique originelle en nous, qui nous fait redevenir enfant nouveau-né cherchant le giron maternel. Elle nous révèle la gloire de l'Univers à travers la splendeur de notre corps et du corps de l'amante ou de l'amant. C'est en cet abandon parfait que se révèle notre accord au Tao, à l'ordre cosmique, et que s'accomplit en nous le « mystère de l'Inconnaissable » – c'est en lui que nous pouvons d'un savoir pléthorique retirer l'écume de la sagesse, c'est-à-dire d'une compréhension profonde du monde et des forces qui le régissent, d'une conformité au Tao, à l'ordre de l'Univers, dans notre corps comme dans notre cœur et notre esprit. Et cette conformité à l'Univers ne peut être atteinte que par l'ignorance des interdits du sexe et des lois qui les mettent en vigueur. Si nous n'ignorons ces interdits et ces lois, nous nous châtrons nous-même spirituellement, en nous coupant du grand Ordre de l'Univers, en reniant notre propre nature profonde.

Vu la substance et l'importance exceptionnelle du message de ces quatre versets du *Tao Te King* pour la vie de toute personne, hommes et femmes, depuis la nuit des temps sans doute, je me suis étonné qu'il ne s'agisse que de quatre versets, éparpillés sur un ensemble de 81 versets au total, dans lequel ils peuvent sembler noyés. Sans doute cela a-t-il été un artifice délibéré de Lao-tseu, de disperser ainsi dans un ensemble nettement plus volumineux la partie de son enseignement qui était la plus subversive et qui sans doute de son vivant, devait aussi être la plus controversée. Il semble d'ailleurs clair que dans son expression de vive voix en face de personnes particulières, en petit comité du moins, il a dû s'exprimer de façon beaucoup plus concrète et terre à terre, plus claire au sujet d'Éros – et sa réputation dans son vieil âge, à ce sujet, n'était certainement plus à faire ! Il est permis de penser que de ce fait, même de son temps l'intention derrière les choses qui sont dites « enveloppées (un peu) d'ombre » dans le *Tao Te King*, était beaucoup mieux perçue que par la suite (quand le côté nécessairement « scabreux » de la personnalité de Lao-tseu a dû s'atténuer progressivement derrière les aspects impressionnants). Néanmoins, par l'artifice de présentation d'éparpillement, et l'utilisation d'une expression parfois à dessein nébuleuse, les apparences de l'admissible, du convenable étaient gardées, la « face » gardée.

En tout état de cause, Lao-tseu a bien dû savoir très bien que ces quatre versets constituaient la substance la plus explosive, la plus universelle en même temps au niveau du quotidien, de son message. Bien sûr, me voilà grandement stimulé pour essayer d'approfondir, à la petite semaine, la totalité de ce message – encouragé par mon succès avec les cinq versets que j'ai su, il me semble, comprendre pour l'essentiel.

Ce travail fait, je serai sans doute en mesure de mieux mesurer la place véritable d'Éros dans l'ensemble de son message.

*

Ouf, je ne m'attendais absolument pas que les quelques lignes de commentaire que je me disposais à ajouter à la nouvelle version des quatre ou cinq versets de Lao-tseu, m'amèneraient à une méditation en forme sur ces versets. Mais je suis heureux de m'y être lancé sans même le savoir, et il est clair que cela m'a permis de pénétrer ces textes mieux que le simple travail de traduction-restitution ne le pouvait. J'espère qu'il en sera de même pour toi et que tu arriveras avec aisance à enclencher sur cette lettre ta propre méditation.

Bien affectueusement à toi,
Alexandre

Éros-Prométhée, ou l'Innocence (LV) (La Loi Cosmique et les lois)

Le pénétré est comme le nouveau-né :
pas plus qu'un insecte bourdonnant
ne l'effraie le libre désir de la bête.
Dans l'ignorance des interdits du sexe

à travers lui agit Éros – la Pulsion Originelle
et se révèle la splendeur du Corps.
Infatigable comme le bébé justement
vagissant heure après heure sans être enroué –
le voici accord dans l'harmonie du Monde (Tao).

En cet accord s'accomplit en lui
le mystère de l'Inconnaissable : de pléthore du savoir il écume sagesse.
Conformité aux lois simule puissance
Mais qui se conforme se fige.
Tôt finit qui défie le Tao.

Giron (VI)

Le Silence profond dure.
Il est Giron de tout ce qui ne périt point.
Dans son mouvement repose devenir du Ciel et de la Terre.
Le Silence profond est mouvement en soi-même
Son mouvement repose en lui-même.

Assurance et dessèchement (LXXI)

Abriter Cela qui sait – sans le savoir :
pénétration atteinte.

Savoir – et se savoir savant
appelle dessèchement.

Crainte de dessèchement
préserve de dessèchement.

L'éveillé craint dessèchement
et n'est pas atteint par chose crainte.

Éros-Janus (XXVIII) (L'ambiguïté créatrice) (l'harmonie originelle)

Se savoir pénétrant
et pourtant demeurer pénétré
c'est vivre Éros – l'élan originel :

emporté vers le Sans-rivage
le Sans-rivage te fait naître à l'Immaculé Élan.

Se savoir clair
et pourtant demeurer enveloppé d'ombre
c'est vivre la vision originelle :

partant de Simplicité
Simplicité te fait naître à fraîcheur originelle.

Se savoir valeureux
et pourtant demeurer humble
c'est vivre la Profondeur Originelle :

accueillant l'Univers (Tao)
l'Univers te fait naître comme Celui qui humblement accueille.

Savoir accueillir humblement
c'est se faire vase de l'Univers.
Être vase de l'Univers
c'est être Maître de toute chose.

L'Enfant et le Retour à la Mère (LII) (Enfance et Puissance)

L'Immesurable, origine de tout devenir
est le Giron de toute chose.

Connaître la Mère est connaître Enfance.
Connaître Enfance est revivre la Mère.
Revivre la Mère libère des limites.

S'insérant dans le Multiple, s'ouvrant à l'Un
les limites jamais ne ligotent.
S'ouvrir au Multiple, se fermer à l'Un
ligote sans fin.

Percevoir l'infime exige grande vision.
Demeurer vulnérable – mystère de la Puissance (Tao)

Laisser agir l'état d'Enfance
est Retour à la Mère.

Retour à la Mère
libère des limites.

L'allusion à la psychanalyse concerne ses versions freudienne ou lacanienne, non la psychanalyse jungienne sur laquelle son opinion était alors plus nuancée. Cependant, sa pensée sur Jung évolua plus tard, quand il rédigea *La Clef des Songes* : son avis s'inversa alors et il se tourna plutôt vers Freud, même s'il perçut la fermeture du père de la psychanalyse à l'égard de ce qu'il nomma le « monde spirituel ». Un peu étrangement, il concentra son attention sur la rupture de Jung avec Freud, leurs divergences, mais sans voir que justement celles-ci concernaient (entre autres, sans doute) l'intérêt de Jung pour certains plans de réalité dont Freud niait l'existence ! Il me semble, à la lecture de *La Clef des Songes*, qu'Alexandre n'étudia guère l'œuvre de Jung, à l'exception de son autobiographie – il passa à côté de l'originalité de la pensée de ce psychanalyste qu'il aurait dû classer aussi parmi ses « mutants ».

Alexandre rangeait les psychanalyses de Freud et de Lacan au sein du « consensus universel » qu'il considérait comme un égarement sur des questions qui lui semblaient essentielles. Il avait quelque peu côtoyé le milieu des psychanalystes lacaniens pendant ses années passées en région parisienne et avait tendance à penser la psychanalyse freudienne ou lacanienne en tant qu'élément clef du savoir académique. Pourtant celle-ci ne semblait pas avoir trouvé de place importante au sein des connaissances officielles et n'avait jamais vraiment franchi la barrière du milieu universitaire.

L'équilibre masculin-féminin en chaque être, évoqué dans cette lettre, ainsi que la poésie de Walt Whitman (poète qu'il rangea plus tard parmi ses « mutants », dans sa *Clef des Songes*) furent l'objet de développements ultérieurs dans nos conversations ou notre correspondance.

Dans cette lettre Alexandre fait allusion à plusieurs personnes de son entourage, mortes récemment. Gori et Hausel étaient deux jeunes hommes néoruraux qui avaient mis fin à leurs jours. Amanda était un bébé mort à la naissance. Alexandre était fasciné par la mort.

Un matin pendant le petit-déjeuner, il me dit qu'il voulait me montrer quelque chose. Il monta dans sa chambre et en redescendit avec une corde de chanvre enroulée soigneusement à plat, en spirale. Il la posa sur la table. Hausel l'avait utilisée pour se suicider par pendaison. Il s'était installé quelques années plus tôt dans la région en un lieu retiré en montagne. Alexandre avait voulu emporter cette corde quand il était allé sur le lieu du suicide. Il la regarda pendant tout le petit déjeuner avec fascination, tout en me parlant, me dit qu'elle lui était utile pour ses méditations et que c'était « une belle corde ». Ceci me rappela « la méditation du cimetière », pratique religieuse dont j'avais entendu parler ou dont j'avais eu connaissance dans les quelques écrits bouddhistes que j'avais lus. Selon les bouddhistes, cette méditation prolongée en présence de cadavres peut mener à la folie ou à ce qu'ils nomment « illumination ».

Quelque temps après, Alexandre voulut que nous allions revoir la maison en cours de réfection qu'avait habitée Hausel. Elle était située à une heure de marche à peu près du village voisin. Un jeune homme avait décidé de reprendre les travaux d'aménagement avec l'intention d'y vivre. Pour l'aider, nous transportâmes sur notre dos des matériaux de construction, sable et ciment. Alexandre se chargea d'un fardeau et j'en pris un autre, un peu moins lourd. Il était concentré dans la marche – le sentier était assez raide – et s'arrêtait le moins souvent possible. Lors d'une pause je lui proposai de prendre le fardeau le plus pénible à porter. Il me dit qu'il était « décidé à souffrir jusqu'au bout » : il saisissait cette opportunité pour mettre à l'épreuve sa volonté. Je trouvai cela violent. Sur le chemin, non loin de la maison, nous parvînmes au vieux chêne auquel Hausel s'était pendu. L'arbre était pourvu d'une solide charpentière sur laquelle le malheureux jeune homme avait pu passer la corde. « Un beau chêne », commenta Alexandre. Nous restâmes près de cet arbre et il évoqua longuement Hausel. Ce néorural en quête de silence avait commencé à restaurer sa maison de ses propres mains, en transportant les matériaux de construction sur son dos, depuis le village. Il s'était trop isolé dans cette épreuve qu'il s'était lui-même imposée et avait peu à peu sombré dans le désespoir. Il n'avait pu percevoir un sens à cette expérience de silence et de solitude en pleine nature, l'insérer dans le fil de son existence et y trouver un enrichissement intérieur. Ce jeune homme avait fait le choix d'un mode de vie marginal, s'était senti dans une impasse et avait mis fin à ses jours.

Nous restâmes un moment dans la maison avant de redescendre. Aux abords du village nous croisâmes une dame âgée qui engagea la conversation avec nous ; quand elle apprit d'où nous venions, son visage blêmit et elle nous parla avec horreur de la pendaison de Hausel et des réticences des villageois à l'égard des « hippies » installés dans les environs. Les tensions entre les néoruraux et les autochtones étaient parfois vives dans les régions retirées du sud de la France choisies par les jeunes gens souvent issus de grandes villes, en recherche de modes de vie simples.

Ce n'était pas la première fois que je sentais la fascination d'Alexandre à l'égard de la mort, le Mystère par excellence. Il avait pour elle une intense curiosité, du même ordre que celle qu'il avait pour toute question qui n'avait pas encore reçu de réponse.

Alexandre parlait souvent de la mort et nous eûmes un jour une conversation à propos des masques mortuaires. Il fut consterné que je n'aie eu l'occasion d'observer que celui de Pascal, et peut-être un ou deux autres dont je ne me souviens plus aujourd'hui : « Il traîne dans tous les livres de littérature », me dit-il en haussant les épaules. Selon Alexandre le visage reflète après la mort les nuances les plus profondes de la personnalité, les traits les plus enfouis et les plus authentiques de l'âme, dissimulés jusqu'alors par les souffrances et les conflits. Les masques mortuaires révèlent l'être de la personne, ce qu'elle a de plus beau en elle : à l'instant de la mort, nous nous libérons de tous les fardeaux inutiles et seul le subtil transparaît. Ceci est visible par exemple sur le masque de Fra Antonino, présent dans la cellule qu'il occupa dans le Monastère San Marco à Florence. Alexandre commenta diverses expressions qu'il avait pu observer sur les masques mortuaires de personnes célèbres. Sur son bureau était posé celui de sa mère, recouvert d'un tissu blanc qu'il enlevait quand il travaillait.

Il me dit qu'il aurait aimé exercer le métier de preneur de masque mortuaire, mais que cette pratique avait malheureusement disparu. Je sentis qu'il attendait de moi que je réagisse, pensant peut-être que j'éprouverais pour ce métier un attrait soudain. Sur le moment, je pris cela comme une excentricité de plus de sa part. Aujourd'hui je reconnais qu'il était une fois encore inspiré ! La tradition de prises de masques mortuaires n'était certes pas superficielle, mais plutôt le reflet d'un respect pour la mort, le Mystère. Spinoza garda toute sa vie son manteau percé d'un trou, trace du coup de poignard porté par le fanatique qui avait tenté de l'assassiner.

Une sexualité bien vécue est aux yeux d'Alexandre une « attitude d'accueil à l'Univers, au Cosmos », à la « Mère » selon Lao-tseu. Alexandre parle de « Giron de la Mère » ou de « Sans-rivage de l'état d'Enfance » : « l'état d'enfance » est spontanéité et innocence, capacité à regarder le monde sans préjugés, *vulnérabilité* : « Demeurer vulnérable – mystère de la Puissance ». *Vulnérabilité* est un des concepts clés utilisés par Krishnamurti. Il signifie sensibilité, ouverture, capacité à ressentir, et n'est pas à prendre dans une acception péjorative.

Alexandre écrira dans d'autres lettres qu'il n'a pas gardé de souvenirs de son enfance, mais en parle dans celle-ci comme d'un état de non-séparation, de non-division, de fusion avec la Mère cosmique. Dans « la perpétuelle revivance de la Mère dans notre vie, écrit-il, nous trouvons "libération de nos limites" » ainsi que « la Puissance [...] associée à cet état ». L'origine de l'énergie créatrice est bien selon lui « l'état d'Enfance continuellement retrouvé dans le giron de la Mère ». La créativité n'est pas limitée aux domaines reconnus et valorisés par une culture mais peut s'exprimer dans la vie quotidienne, même dans les situations en apparence les plus banales. Elle est corrélée à un état intérieur et ne doit pas être évaluée seulement par les fruits apparents. Ceci est le cœur du message de son *Éloge*. L'action « juste » ne peut jaillir que de cet « état d'enfance » : le sorcier Don Juan et Krishnamurti parlent d'action « consciente ». Elle est accomplie par l'être qui *voit*.

J'ai déjà indiqué que l'œuvre de Ramanujan, mathématicien indien et hindou traditionaliste, est un bel exemple de contact avec la Mère Divine, qu'il priait avant de plonger dans ses recherches. Aux yeux d'Alexandre, Ramanujan était dans l'histoire des mathématiques un cas rare d'inspiration pure, un être capable de pénétrer dans la substance même de la réalité ou de certaines régions de la réalité, celles de l'univers mathématique. Parler de Ramanujan l'émouvait profondément, les larmes lui venaient aux yeux en citant son nom. Je sentais qu'il était presque jaloux de son génie, qu'il semblait penser supérieur au sien.

Mais Alexandre n'utilisait jamais ce terme pour parler de lui-même : tout au plus parlait-il de son « don ».

Il évoque ainsi la sexualité : « on ne peut vivre Éros, être son instrument, qu'en transgressant les interdits immémoriaux profondément enracinés chez presque tout adulte ». Il ne portait bien sûr aucun jugement négatif sur l'homosexualité (j'ai déjà indiqué cela à propos de sa lettre du 7 octobre de l'année précédente), dont il parla longuement dans *La Clef des Songes* quelques années plus tard, à propos de l'œuvre d'Edward Carpenter. Les lois n'ont pas à « régenter notre pulsion érotique », écrit-il. Il semblait n'assigner au désir humain presque aucune limite, n'accepter qu'aucun interdit dut être posé. Dans ce même ouvrage, il écrira : « Pour une fois je me prétends ici l'exception qui confirme la règle : pas de complexe d'Œdipe chez moi, désolé ! Je sais bien que si Freud était là pour me lire, il ne me croirait pas, lui qui s'était juré qu'il n'y avait pas d'exception à cette règle-là. » Alexandre voulait insister sur l'importance de la force de la relation que nous pouvons avoir avec notre mère, même si l'interdit de l'inceste est une loi transcendante, non humaine. Par le terme « inceste », dans *L'Éloge de l'Inceste*, titre problématique qu'il persista à utiliser dans son ouvrage *Récoltes et semailles*, il ne faut donc pas entendre « inceste avec la mère personnelle ».

Alexandre résume dans la lettre précédente le message du *Tao Te King*, d'une « hardiesse unique » selon lui. Le libre jeu du désir nous libère des limites personnelles en nous ouvrant à « l'Un ». Ce passage résonne avec les idées de Deleuze et Guattari (dans leur ouvrage *Mille plateaux*, par exemple) et entre autres avec leur distinction entre différentes *lignes* qu'une personne peut suivre au cours de son existence, ou dont elle peut s'écarter : les *lignes dures* (le plan de carrière, l'asservissement aux pouvoirs dominants, l'alibi d'une vocation à réaliser), les *lignes douces* (qui signifient que l'on aspire à autre chose, par moments, sans prendre les décisions qui s'imposent ; elles ne diffèrent guère des *lignes dures*) et les *lignes de fuite* : Alexandre parle plutôt ici des *lignes de fuite*, d'une vie créatrice, avec des prises de risque, des insécurités, des incertitudes… mais aussi des émerveillements possibles et des expériences inespérées !

Deleuze et Guattari auraient pu dire d'Alexandre qu'il était *sur une ligne de fuite*, même antérieurement à son départ de l'institution scientifique en 1973 ! Avant cette année charnière, pendant sa période de création mathématique la plus intense, son identité de mathématicien n'était pas bien assumée. Il évoque cela dans la lettre du 10 octobre 1981 « une identité "officieuse", à demi clandestine depuis toujours, de mathématicien ». Il créait en mathématiques mais ne voulait pas d'une identité de *mandarin*, ce mandarin qu'il disait avoir été. Il est probable que le conflit qui fut à l'origine de son départ de l'IHES procéda entre autres de la prise de conscience de ce qu'il était malgré lui devenu : une vedette dans le milieu académique, un « mathématicien génial ». Il pressentait que nous ne pouvons être enfermés dans une identité quelle qu'elle soit, être rabattus sur elle.

Ce concept de *ligne de fuite* de Deleuze et Guattari ne doit pas être confondu avec celui de *fuite*, utilisé par Krishnamurti et souvent repris par Alexandre : la *fuite*, dans la philosophie de Krishnamurti, désigne chez un individu un état de conscience amoindrie, caractérisé par l'incapacité à *voir*, c'est-à-dire par l'absence de clarté intérieure. La *fuite* ainsi définie pourrait être rapprochée du « divertissement » chez Pascal. Dans le langage pascalien, celui-ci signifie l'oubli de Dieu.

24. La Roque, le 25 mai 1979

Cher Christian,

Enchanté de l'annonce de ta venue – je suis sûr qu'on aura encore beaucoup à dire ! J'y serai les jours que tu dis, sauf que depuis une semaine déjà je n'habite plus à Villecun, ayant prêté ma maison à ma fille Johanna et à son copain Ahmed (que tu as rencontrés rue de Ménilmontant, avec la charmante Samara-Samba...) mais je suis maintenant dans le petit temple en bois en dessous d'Olmet. Si tu me précises quand et où, je pourrai aller te chercher en voiture au Bousquet d'Orb ou à Lodève. Tu peux téléphoner à Villecun, Ahmed me fera la commission. Je te signale aussi que le week-end précédant le lundi 4 juin je serai probablement chez Yole.

Tout le reste de vive voix !

Fais aussi la bise à Odile stp.

Affectueusement,

Alexandre

Alexandre s'était installé dans un petit temple en bois près de Villecun, sur un site nommé « La Roque » acheté par l'association qu'il avait créée dès son installation dans le sud de la France en 1973. Il s'agissait d'une cabane très simple construite peu de temps auparavant par les moines du groupe de Fujii Guruji.

Un jeune allemand, Ulrich Hornscheidt, vivait sur ce site dans un mazet minuscule et cultivait un jardin selon les conceptions de l'agriculture biodynamique créée par le philosophe d'origine autrichienne Rudolf Steiner vers le milieu des années 1920. Ulrich étudiait assidûment ses *Conférences sur l'agriculture*, fondement de cette méthode originale, la première à être formalisée en réaction aux dérives industrielles qui préconisaient l'usage d'engrais chimiques. Cet ouvrage était sur la table d'Ulrich en permanence. Sur son terrain, il n'y avait aucune possibilité d'irrigation si ce n'est avec un peu d'eau de pluie qu'il recueillait de la toiture de sa maison. Il passait en fin de journée dans son jardin pour asperger légèrement les plantes avec un petit balai trempé dans un bol d'eau, afin de les rafraîchir. J'avais l'impression qu'il les bénissait. Je le vis brasser avec soin dans un récipient les « préparations biodynamiques » réalisées à partir de bouse de vache ou de quartz, et les pulvériser sur ses cultures. Il m'arriva de prendre un repas avec lui pendant l'été : une tomate minuscule de la grosseur des actuelles tomates cerises, posée au milieu d'une grande assiette plate, blanche. Je n'avais jamais mangé de tomate aussi délicieuse.

Alexandre et moi évoquions parfois l'anthroposophie de Rudolf Steiner. Nous avions lu son petit livre *L'Initiation. Comment acquérir des connaissances sur les mondes supérieurs ?* Nos impressions concordaient : nous convenions de penser qu'un certain niveau d'expérience intérieure décrit par Steiner dans cet ouvrage nous échappait en totalité. Alexandre n'aimait pas les systèmes et n'adhérait à aucun. Il était intéressé par ce que l'on peut soi-même percevoir, non par la répétition de dogmes ou les superstitions religieuses. L'anthroposophie de Steiner l'impressionnait, pour ce qu'il en avait lu – c'est-à-dire très peu. Il faisait parfois des remarques ironiques sur les apparences dogmatiques qui s'en dégagent ou sur l'admiration dévote de certaines personnes adeptes de cette doctrine. Mais la distance qu'il marquait ainsi restait teintée de respect ; il avouait alors son ignorance de ce que Steiner nomme « monde spirituel ». Quelques années plus tard il cita ce philosophe dans *La Clef des Songes*, en tant que « mutant », c'est-à-dire être humain annonçant l'avenir et doté d'une conscience morale exceptionnelle, de capacités d'entendement hors du commun – et, pour Steiner qu'il désigne comme l'un de « nos grands semeurs », d'une « prodigieuse flambée de créativité ». Il souligna pourtant ses « fantasmagories », « sa fringale de susciter des adeptes admiratifs plutôt que des chercheurs »' et qu'il était « resté englué dans le *hocus pocus* occulte (presque totalement) fantaisiste[1] »...

La question de l'alimentation avait fait l'objet de conversations amples avec Alexandre dès le début de nos échanges. Il accordait la plus grande importance à ce qu'il mangeait et s'était tourné vers « la nourriture bio ». À cette époque des débuts de l'agriculture biologique, n'étaient disponibles que les ingrédients de base : riz et quelques autres céréales, légumes, fruits, miel, huiles végétales, fromages. Le vin « bio » n'était qu'un simple jus de raisin fermenté, sans maîtrise véritable de la vinification. Ces aliments pourraient paraître aujourd'hui très bruts et même grossiers ! Avoir accès à de telles denrées nécessitait tout un travail de contacts dans les réseaux marginaux. L'intérêt d'Alexandre pour ces aliments était en premier suscité par des préoccupations écologiques justifiées – leur production a un coût environnemental moindre. Mais il était attentif aussi à l'impact d'une alimentation de mauvaise

1. Ces pages consacrées à Steiner se trouvent dans sa *Clef des Songes* ([112], « Les mutants », [5], « L'éventail des mutants – ou diversité et grandeur »). À propos des inédits de Steiner, il écrit : « Je présume que le rythme de publication s'accélérera considérablement après le Grand Tournant. » Voir aussi (86), « Les mutants », (2) « La science spirituelle (R. Steiner, T. de Chardin) ».

qualité sur notre capacité à penser et préparait une nourriture brute, dépourvue de toute sophistication, essentiellement végétarienne, inspirée de la cuisine vietnamienne. Il m'avait appris à manger avec des baguettes, « à cause du contact du bois dans la bouche, préférable à celui du métal d'une fourchette » et avait décrit cette méthode de préparation des aliments avec une grande précision, comme lors de toute explication qu'il donnait, dans quelque domaine que ce fût. J'avais remarqué que mon esprit restait léger quand je me nourrissais ainsi, et ne mis plus jamais les pieds au restaurant universitaire dès après le premier contact personnel avec Alexandre.

Son végétarisme, m'avait-il raconté, fut sévère et rigoureux à une certaine période de sa vie. Il avait observé qu'il ne pouvait faire des mathématiques après un repas non végétarien – il était moins efficace ou avait même envie de dormir. Il avait alors pris l'habitude, quand il était invité, de « traquer la moindre trace de viande dans la nourriture » qui lui était proposée.

Il avait abandonné ce végétarisme strict pendant la période où je fis sa connaissance. Ce choix antérieur me paraissait davantage motivé par l'observation qu'il avait faite de l'influence négative d'une alimentation carnée sur les capacités de concentration intellectuelle, que par des raisons éthiques souvent mises en avant aujourd'hui par la plupart des végétariens. Les conditions générales d'élevage des animaux destinés à l'alimentation n'avaient pas à cette période attirées autant l'attention ; elles n'avaient peut-être pas encore atteint le niveau déplorable auquel elles sont aujourd'hui parvenues – sauf dans certaines fermes de taille raisonnable, gérées dans le cadre de l'agriculture biologique ou biodynamique, plus préoccupée du bien-être des animaux mais pas cependant au point de ne pas vouloir les tuer pour s'en nourrir. L'amour d'Alexandre à leur égard n'alla pas toujours jusqu'à les exclure de son alimentation.

Lors des premières conversations que j'eus avec Alexandre à Villecun, il évoqua, à propos de l'importance de la nourriture, les astronomes babyloniens et leur étonnante sagacité dans l'observation des planètes. Il remarqua qu'il serait incapable de faire preuve de la même subtilité. « Les raisons à cela, me dit-il, seraient à trouver dans leur environnement non pollué encore, dans leur hygiène de vie et en premier lieu dans leur alimentation de meilleure qualité que la nôtre : leur intelligence était assurément plus vaste. » Ceci m'étonna et je trouvai qu'il exagérait. Un doute sur ses propres capacités intellectuelles était rare. Mais peut-être s'agissait-il d'une réminiscence de ses difficultés en astronomie, à l'université : j'appris plus tard qu'il n'avait pas assez travaillé cette matière et n'avait pu mener à bien des calculs pourtant assez élémentaires. Ceci est peut-être à mettre au compte de sa relation aux nombres, étrange et conflictuelle, que j'ai déjà évoquée.

Alexandre avait pris connaissance des informations sur les astronomes babyloniens données au début du livre d'Arthur Koestler, *Les Somnambules*, que j'avais aussi lu, pendant mon adolescence. J'avais été surpris d'apprendre qu'Alexandre ait apprécié cet ouvrage de vulgarisation. Koestler (qui fut interné dans le camp du Vernet en Ariège, où le fut aussi le père d'Alexandre, Sascha Schapiro) présente l'histoire de l'astronomie de manière un peu romancée, en particulier la rupture opérée par Copernic et Kepler dans notre vision du monde. Il décrit les aspects extraordinaires de la recherche scientifique. Alexandre vivait celle-ci comme un émerveillement permanent, aimait beaucoup la personnalité de Kepler, sa grande capacité imaginative associée à une volonté inflexible. Lui-même ne semblait que très rarement connaître le découragement. Face à un échec, il disait quelque chose du genre : « Ça a lamentablement foiré. » Je le voyais alors reprendre la situation en main, la retourner et essayer à nouveau. Mireille m'expliqua que c'était une attitude générale qu'il adoptait, face aux difficultés et aux échecs, de quelque ordre qu'ils fussent. C'était une attitude très taoïste : « [...] Le sage n'est affecté d'aucun mal ; rien n'étant mal pour lui, aucun mal ne peut lui faire mal. »

Alexandre Grothendieck rédige
L'Éloge de la Mère

Épilogue de L'Éloge

L'épilogue, reproduit ci-après, est la seule partie de *L'Éloge* qu'Alexandre ne détruisit pas.

Cet écrit est évoqué dans ses lettres des 21 et 31 juillet 1979. Il me l'envoya pour relecture pendant l'été et peut donner une idée de l'ensemble de son œuvre. Parmi les dédicataires, le « Sage souriant » désigne Lao-tseu, dont le *Tao Te King* inspira l'écriture du premier ouvrage d'Alexandre situé hors du champ mathématique.

Ces conceptions sur la créativité seront reprises dans *Récoltes et semailles* – il décrit ici cet « instant qui suit la percée – quand une connaissance enfin touche le fond et soudain s'enfle et nous submerge et nous emporte dans ce raz de marée de joie et de déchirement se fondant dans un soulagement, une paix immense – cette paix infinie qui soudain s'étend, ce silence sans bornes de celui qui a touché au terme… ».

La table des matières de cet *Épilogue* donne le contenu global de son *Éloge* initialement prévu en trois chants (« Innocence » – « Honte » – « Délivrance ») et celui du premier d'entre eux, « Innocence », le seul qu'il écrivit.

Le Filet, les Poissons et la Mer

« Si vous ne changez pas et ne devenez comme les petits enfants vous n'entrerez pas dans le Royaume des Cieux. »

Évangile selon saint Matthieu, 18,3.

(i) Les Poissons et ta Force

Le Chant est découverte.
Celui qui chante découvre. Et celui qui écoute aussi découvre. Car écouter un chant, n'est-ce pas l'entonner dans son cœur – n'est-ce pas aussi chanter ?
Est-ce moi qui ai chanté ? N'étions-nous l'un et l'autre à l'écoute d'un même chant, que ni toi ni moi n'aurions su chanter ?
Le chant s'est achevé – et me voici pris d'un vertige familier. Tant de choses ont afflué en moi, en quelques mois à peine !
Certaines étaient déjà entrevues, d'autres seulement pressenties, depuis des mois ou depuis des années. Et d'autres encore sont inouïes – entièrement nouvelles…
Quand je m'entendais formuler ce que je ne savais encore – ce que jamais encore je n'avais soupçonné… n'y avait-il, dans l'étonnement qui n'osait encore s'émerveiller, comme un doute de bon aloi, une saine méfiance ? N'étais-je comme un mathématicien hardi qui se laisse emporter par une plume impatiente à formuler une proposition qu'il pressent, ou à esquisser, par une vaste fresque qu'une voix intérieure lui souffle, un audacieux panorama qu'il voit, émerveillé, pour la première fois ? Quitte, patiemment, au long de jours, de mois ou d'années à reprendre l'esquisse, à ajuster les touches hâtives, à déplacer les perspectives – toujours en éveil, prêt à tout moment, s'il le faut, à sabrer à grands coups de brosse les parties douteuses, voire le tableau entier !
C'est en jouant – en empoignant à pleines mains la chaude chair des choses que connaissance nous imprègne et s'élargit en vision.
Et voici que les « choses » ne sont bois ni fer, ni glaise ni concepts, mais la substance palpitante de ma propre vie…
Pénétrer le mystère, c'est l'approfondir – c'est le laisser pénétrer en son être. Nous « connaissons » quand nous sommes imprégnés.

Ainsi « connaissons »-nous mystère, ainsi « connaissons »-nous l'inconnaissable.

Oh – je ne connais pas toute la substance de ce chant ! N'est-ce pas là mon vertige ?

Comment tant de choses nouvelles, découvertes dans l'étonnement et prenant corps sous des yeux encore incrédules – comment auraient-elles pu imprégner déjà jusques aux profondeurs de l'être ? Mais ces choses-là – entrevues, pressenties… sont-elles moins réelles, moins véritables pour n'avoir encore pleinement imprégné tout l'être avide de les connaître ?

Et ces choses qui déjà étaient pressenties quand a fusé le chant – elles se sont trouvées animées d'éclairages nouveaux fouillant la masse mouvante des brumes. Et ainsi tant soit peu ai-je pénétré en elles – ainsi ont-elles pénétré plus avant dans mon être et deviennent-elles ma chair vivante.

Et les choses-mêmes qui faisaient le ferme fondement de ma vie et des élans, depuis le premier jour où j'ai exulté en Amour, celles-là mêmes n'ont-elles par le chant trouvé résonances nouvelles ? Y a-t-il connaissance que le chant n'ait changé et qui encore ne change ?

Le chant, s'il est vrai, doit dire et l'instant et sa fluence… l'intemporel et sa perception changeante.

Oui le vertige vient quand « trop » de choses en même temps affluent dans l'être ouvert pour les accueillir…

Comme le pêcheur, au matin trouvant filet qui menace de rompre sous la poussée d'un généreux butin, d'abord vide le filet, examine avec attention sa prise, puis le filet – avant d'aller le lancer à nouveau dans la Mer inépuisable… ainsi, avant de reprendre un autre chant douloureux et plus vaste, je voudrais poser un moment – reprendre en sourdine telles strophes, et écouter…

Dans ce chant d'Enfance, n'ai-je déjà enfilé deux colliers, au gré de ma fantaisie ?

L'un était le *collier des strophes* de mon chant. Comme le chant avançait, les strophes ne semblaient-elles se disposer et s'assembler d'elles-mêmes sous ma main, chacune à tour de rôle me soufflant à voix basse son nom ?

Et n'y a-t-il eu ce double collier des couples mâle-femelle enlacés – se présentant d'abord en vaste amas informe, si réticent à prendre structure ? ! Allais-je les nommer pêle-mêle, comme ils se présentaient ?

J'ai plongé – j'ai groupé, comparé, assemblé – et à la fin, enfilé tant bien que mal toutes ces brillantes doubles pierres récalcitrantes… un collier hétéroclite, un peu barbare, et qui pourtant me plaisait !
Le collier est oublié, mais l'être en jouant s'est imprégné des choses. Ainsi ai-je connu dans la chair de l'esprit les épousailles du mâle et de la femelle en mon être et en toute chose.
Et je voudrais jouer encore, faire un autre collier… avec les poissons vivaces pris dans mon filet, avant d'aller à nouveau le jeter – avant de me jeter à nouveau dans la Mer.
Jouer, n'est-ce aussi connaître la Mère ?
Si comme moi tu as écouté – si tu as jeté ton filet – n'es-tu pris de ce même vertige ?
Pourquoi ne pas comme moi t'arrêter, faire silence encore – et regarder dans ton filet ?
Ton filet n'est pas moins vaste ni moins solide que le mien, et la Mer est généreuse à tout filet qui vient puiser en Elle.
Ne compte pas tes poissons ! Et ne te fais collier d'idées – collier de papier ! Qu'ils soient vie !
Regarde-les bien un à un, de peur qu'ils ne s'égaillent !
Un à un de ta main empoigne-les – sens leur cambrure, et t'imprègne de leur texture, leur substance, leur force et leur nerf !
Ils sont tous différents – chacun a sa propre beauté, sa propre force. Empoigne-les et assemble-les – ils ne sont pas trop gros pour toi ! Chacun nous contient et chacun de nous est fait pour Les contenir tous. Des poissons que tu as pris, fais-toi un collier de force.
Ta force.

(ii) Mon troisième collier

À bras-le-corps, un à un j'ai empoigné les poissons capturés dans mon filet. De chacun j'ai senti la cambrure, la détente et le nerf. Chacun désormais est familier – et chacun est inconnu – comme la bien-aimée est familière, et reste à jamais l'Inconnu, l'Inconnaissable…
De ma prise j'ai fait cinq lots – cinq mystères.
Ainsi groupée je les dispose devant moi, comme en un collier magique :
Le Jeu et l'Acte des amants – ou l'Acte…
L'ambiguïté du genre et du sexe – ou l'Ambiguïté…

L'Enfant et l'état d'enfance, l'Innocence – ou l'Enfant…
Création…
et Amour…
Que le sens de chacun de ces cinq mystères me pénètre, m'imprègne pleinement – et je pressens qu'ils ne seront plus alors qu'un seul et même mystère – le mystère de l'Innocence… le mystère de l'Enfant Créateur…
Sans doute alors verrai-je que l'Acte des Amants… Ambiguïté… Enfance… Création et Amour sont *une* seule et même chose.
Et je sens parfois comme un embarras de ne pouvoir offrir *mieux* – de ne pouvoir affirmer avec l'autorité de celui qui a vu le Tout, et non seulement la partie.
Pourtant, à quoi te servirait qu'un autre ait vu et affirme ! À toi seul il appartient de scruter, de t'imprégner, et de voir…
En cet Épilogue du chant d'Innocence, ne puis-je offrir mieux qu'un simple pressentiment ?
Mais n'est-ce en ce pressentiment intime justement que surtout se trouve le fruit fragile de mon chant ?

I. L'Acte

1. L'Acte est retour à la Mère.

Pour l'amant, l'amante est la Mère, et son élan vers elle est élan de retour vers le Giron dont il est né – dont toute chose est née… C'est l'irrésistible élan de la naissance à rebours : retourner dans le Giron accueillant de la Mère.
L'amante vit l'Acte comme la Mère qui accueille l'enfant bien-aimé revenant en Elle. Mais elle-même aussi retourne à la Mère, retrouve la Mère – elle retourne en Elle-même, en son propre giron qui est aussi le Giron… le lieu où tout son être en l'Acte afflue et se recueille.

2. L'Acte est une mort.

L'extinction, la mort dans le Giron de la Mère est l'aboutissement ardemment désiré du Jeu d'Amour de l'amante et de l'amant : la

naissance à rebours n'est-elle aussi *extinction*, aboutissant en la *mort* de l'amante et de l'amant dans le silence sans bornes du Giron ?
Quand la mort est crainte et fuie, il n'y a Acte d'Amour, mais simulation de l'Acte par une copulation qui reste étrangère à son sens profond.
La peur de la mort, l'horreur de la mort, l'opposition dramatique de « la mort » à « la vie » est une arme insidieuse du Castrateur pour briser en nous l'élan d'Éros.

3. L'Acte est une naissance.

Dans la mort seulement de l'amante et de l'amant l'un en l'autre, dans le Giron ruisselant de la Mère, se prépare et éclot naissance dans l'amante et dans l'amant.
L'amant se trouve re-né en l'amante Mère, entre les cuisses puissantes de la Mère, reposant dans l'épuisement bienheureux de l'Accouchée.
L'amante se trouve re-née d'elle-même, à la fois l'Accouchée-Mère de l'amant et d'elle-même, et enfant-nouveau-né reposant aux côtés de l'amant-nouveau-né.
L'Acte des amants est un perpétuel renouvellement, une re-naissance de l'amante et de l'amant.

4. Le fruit de l'Acte est l'enfant.

Qu'il y ait ou non conception d'un nouvel-être – l'acte porte un fruit immédiat et sans prix : l'état d'enfance, la fraîcheur d'innocence dans l'amante et dans l'amant – le renouvellement de l'état d'enfance en eux. C'est aussi le renouvellement de notre puissance de vie, de notre puissance d'aimer, de notre puissance créatrice – qu'amante ou amant, en notre re-naissance, nous puisons dans l'inépuisable Giron de la Mère.

5. Dans le Jeu disparaissent les amants.

C'est une « première mort » des amants, avant leur extinction dans l'Acte. Le Jeu commence quand les amants se sont évanouis : à leur place voici apparaître *l'enfant*, Éros, découvrant et retrouvant *sa Mère*, fouillant sa Chair frémissante pour à la fin s'abîmer en son Giron – et renaître…

Il n'y a qu'une seule bien-aimée, elle est la Mère… Il n'y a qu'un seul bien-aimé, l'Enfant.
L'Adoration de l'amant en la bien-aimée n'est adoration d'une personne – ni l'adoration de l'amante en le bien-aimé. À travers un autre être, limité et mortel comme nous-même, nous vivons et adorons une Puissance, une splendeur sans limite et hors du temps.
Dans le Jeu et dans l'Acte vécus dans leur vérité – vécus dans l'abandon – toute peur, toute vanité sont absentes. Et quand au fil des jours reprend le cours de notre vie, nous savons bien que le ravissement et l'adoration du bien-aimé ne sont pas reflet d'un *mérite* en nous qui pourrait pâlir et nous laisser les mains vides… mais d'une beauté en nous qui ne vient pas de nous et est éternelle.

6. La Mère est la Mort.

La Mort est le Giron de la Vie. En Elle toutes choses plongent racine, d'Elle éclosent toutes naissances. « La Mort n'est autre que le labeur intense et silencieux de la Vie s'apprêtant à naître… »
Avec une force bouleversante sans cesse renouvelée cette connaissance nous vient par l'Acte.
Et sans cesse cette connaissance s'approfondit au jour le jour par tout ce que nous observons sur la vie et la mort des plantes, des bêtes et des hommes, par tout ce que nous pouvons apprendre sur les processus de vie et de mort depuis les origines de la Vie sur terre.
Et la mort de tout être autour de nous est occasion – rarement saisie – d'un renouvellement de notre vie par le regard en nous-même auquel cette mort nous convie.
La vie vécue dans la plénitude n'est-elle comme le Jeu d'Amour des amants ; les choses de l'Univers, dans leur insondable mystère, ne sont-elles la Chair palpitante de la Mère ? Et l'amant ardemment fouille le corps accueillant de la Mère, sans cesse il revient à Elle et s'enfonce plus avant dans le chaud mystère de Sa Chair qui éternellement l'appelle… et irrésistiblement le Jeu l'entraîne vers l'achèvement ardemment désiré – l'ultime spasme – la mort en Son Giron…
En l'Acte – renaissant à l'Enfance –, nous vivons l'unité de l'amour, de mort et de naissance comme le *même cœur* palpitant de notre vie…

II. L'Ambiguïté

7. Le Cosmos est animé par la pulsion femelle – la Mère… et par l'élan mâle – Éros.

Éros est l'élan – l'instant – le mouvement…
La Mère est l'accueil – la durée – le repos…

8. En toute chose s'enlacent le mâle et la femelle.

Les qualités mâles et femelles vivent dans toute chose de la création par couples étroitement enlacés, comme constamment s'enlacent le jour et la nuit, la lumière et l'ombre…
Ainsi le genre de toute chose, le sexe de tout être, est ambigu – toute chose, tout être est à la fois *et* mâle et femelle.
Il est vrai que notre sexe anatomique pose en notre corps, en notre être et sur le cours de notre vie, une empreinte très forte. Mais – que nous l'assumions ou non – en chacune des innombrables facettes de notre être tendent à s'enlacer intimement, s'épousent sans cesse le phallus et vagin – le mâle et la femelle.

9. L'harmonie est dans l'ambiguïté.

L'harmonie – le souffle même de vie qui anime toute chose et tout être – n'est autre chose que le délicat équilibre du mâle et de la femelle, du phallus et du vagin dans chacun de la riche multitude de couples de qualités mâle et femelle qui s'enlacent en lui…

10. L'ambiguïté – seule – est créatrice.

Notre propre puissance – puissance de vivre, puissance d'aimer, puissance de créer – réside en rien d'autre que cette harmonie subtile des changeants équilibres du mâle et de la femelle s'épousant partout en notre corps et en notre être.
Il y a puissance en nous, nous sommes créateurs seulement quand en nous sont présents et agissent – et phallus et le vagin, et nos qualités mâles et nos qualités femelles.

Et quand vit en nous cette harmonie du mâle et de la femelle – alors il y a puissance, il y a création.

Qu'un homme et une femme en qui vivent immaculés l'élan d'Éros-phallus et la pulsion de la Mère-vagin – se trouvent côte à côte dans un même lit… et de leur seule proximité jaillira l'Acte, par la force originelle d'Amour jetant Éros dans le giron de sa Mère, jetant l'un dans l'autre phallus et vagin, homme et femme, le mâle et la femelle…

Ainsi, dès lors que dans le lit de notre être vivent phallus et le vagin dans leur force immaculée… par la Force de Vie présente en toute chose jaillira étreinte – jaillira création…

11. Nous assumer, c'est nous aimer *et* en phallus *et* en le vagin.

C'est nous aimer dans la rayonnante beauté de phallus et du vagin manifestes dans notre corps et dans notre être – c'est être ravi d'amour en la solitude de notre être par la splendeur de l'univers, se manifestant en nous en notre corps et dans notre être…

12. Amour de nous-même est le cœur rayonnant d'Amour en nous.

Les pétales de la Fleur Amour sont l'amour pour le bien-aimé, et pour tous les êtres au cours de notre vie vers qui nous porte l'élan de notre cœur et de notre corps.

Quand nous osons nous ouvrir à la beauté bouleversante de notre propre corps ambigu, alors seulement pouvons-nous dans l'abandon nous donner au bien-aimé – alors seulement sommes-nous prêts pleinement à aimer en notre corps.

Quand humblement nous nous aimons dans toute la splendeur et dans toute la misère de notre être – alors seulement sommes-nous ouverts à la splendeur et à la misère des autres – alors seulement sommes-nous prêts à aimer par tout notre être.

III. L'Enfant

13. L'Enfant est créateur.

Voyant l'enfant nouveau-né si entièrement démuni, si totalement dépendant de sa mère – ne produisant rien, n'ayant ni tâches ni buts ni intention – si ce n'est parfois rappeler à sa mère de pourvoir au nécessaire… souvent l'enfant nous semble l'image même de l'impuissance.
Ainsi se révèle notre fermeture, notre propre impuissance à appréhender la réalité frémissante des choses, dont sans cesse nous nous protégeons par l'écran opaque de « nos » idées.
Le petit enfant ne connaît peur ni écran – ouvert et nu, sans relâche il accueille les impressions innombrables qui lui viennent du Monde – sans relâche en son être il accueille l'Univers.
En lui vit fraîcheur d'innocence – et sans se soucier d'agir, par lui innocence agit.
Il est innocence, et comme un parfum pénétrant et délicat innocence rayonne de lui et imprègne toute chose et tout être qui l'approche. Que nous nous ouvrions tant soit peu à cette action subtile – et voici éclore en nous – comme bouton s'ouvre à l'appel des premiers rayons du printemps… voici revivre en *nous* aussi *innocence* – la fraîcheur d'accueil et d'élan ! L'Univers est neuf soudain comme au premier jour, et pour quelques instants nous retrouvons l'émerveillement du nouveau-né, se renouvelant d'instant en instant…

14. L'enfant est ambigu.

Comme le petit enfant affamé se jette sur le sein de sa mère, s'y enfonce, s'y frotte et s'y écrase pour *la* boire à longs traits – ainsi l'enfant aussi accueille en lui l'Univers… Le mouvement même d'accueil qui fait affluer l'Univers en lui est aussi élan de l'enfant vers l'Univers.
Dans l'enfant vivent dans toute la force immaculée d'innocence, en lui constamment s'épousent et se fondent, l'élan d'Éros et la puissance d'accueil maternelle – le mâle, et la femelle.

15. Enfance est retour à la Mère.

Sans cesse l'enfant retrouve le sein de sa mère et se gave de son lait et de son parfum familier – sans cesse du visage, des mains et de tout son corps ouvert à lui, il s'enfonce en sa chair souple et chaude, sans cesse il retrouve ses bras, son visage, son giron, son odeur, sa chaleur, sa voix, sa tendresse...
Dans la constante intimité avec sa mère tous ses besoins sont comblés. En cette intimité profonde chaque jour il renaît à enfance, chaque jour il renouvelle puissance.
Que chaque jour, par tout notre être, comme l'enfant nous retournions à la Mère, et sans cesse en Elle, nous renaissons à enfance... En son giron sans cesse nous retrouvons innocence, fraîcheur... en Elle nous puisons puissance.
Nous La retrouvons, que notre soif La cherche dans le giron de l'amante ou qu'elle fouille le mystère de Sa Chair en tout autre lieu de Son Corps qui emplit l'Univers – du giron qui en toute chose nous appelle. Nous laissant porter par cet élan, par cette soif de connaissance en nous qui brûle de s'imprégner sans cesse de l'inexhaustible Chair de la Mère – sans cesse nous la retrouvons, sans cesse nous mourons... sans cesse nous renaissons en Elle... sans cesse se renouvelle enfance, sans cesse renaît notre puissance.
Vivre enfance est vivre retour à la Mère...

16. Tout élan est retour à la Mère.

Tout est élan d'Éros cherchant le Giron de la Mère...
L'élan en nous est la force *virile* en notre *puissance de créer*. Tout élan est créateur, dès lors qu'il trouve accueil, qu'il trouve ouverture prête à être fécondée par lui – prête à concevoir.
Et tout élan dans son essence première est élan d'Éros – est élan érotique – élan de l'Amant-enfant cherchant le Giron de la Mère-Amante.
La sève première de notre puissance – puissance de vie, puissance d'amour, puissance de notre création – est dans l'élan qui nous vient du *sexe*. Ceci est vrai pour la femme comme pour l'homme, car en la chair et en l'être de la femme, comme en l'homme, vit phallus – vit élan.
Renier l'élan d'Éros en nous, mutiler cet élan – c'est renier, c'est mutiler cette vie-même – notre puissance de créer, d'aimer, de vivre véritablement.

L'élan d'Éros peut se vivre dans toute sa force originelle sans qu'il ne s'exprime par l'Acte d'amour des corps. Mais nous *vivons* véritablement – notre vie est *création* – seulement quand l'élan profond de notre corps n'est fui ni renié dans la honte, mais joyeusement reconnu et assumé, comme la jaillissante fontaine de notre force.

17. L'enfant seul est créateur.

N'avons-nous vu que vivre enfance est vivre retour à la Mère ? Que vivre retour à la Mère est vivre pleinement – être créateur ?
Nous sommes créateurs seulement quand nous sommes comme l'enfant nouveau-né, quand en nous vit fraîcheur d'innocence. Nous sommes créateurs seulement quand constamment nous renaissons du Giron de la Mère. L'état créateur est l'état d'enfance. L'enfant sans cesse retourne à la Mère. Et Enfance éternellement renaît et jaillit du Giron de la Mère.

18. Enfance des amants se révèle en leurs métamorphoses.

Quand nous sommes enfants seulement pouvons-nous dans leur vérité vivre le Jeu et l'Acte d'Amour des amants.
Alors les amants sont chacun *et* mâle *et* femelle – à la fois Éros et la Mère. En chaque instant, en l'un et en l'autre, c'est Éros ou c'est la Mère qui agit et qui prédomine – Éros en l'un, la Mère en l'autre.
Dans chacun, tour à tour, c'est Élan ou c'est Accueil qui mène le jeu et anime la danse des amants. Ainsi dans l'innocence se métamorphosent les amants, au gré des flux et des reflux du désir : à chaque désir en l'un qui crie vers l'autre, un désir en l'autre répond.
Ainsi chacun est-il tour à tour l'Enfant et l'Amant, et il est l'Amante et la Mère. Ainsi parfois l'amant est le Père, retrouvant la Mère en sa Fille tendrement aimée – et l'amante, pénétrée par le Père, revit en son Giron l'Acte qui l'a procréée.
Ainsi parfois la femme retrouve-t-elle la Mère et connaît-elle adoration en le giron qui l'accueille comme mère accueille l'enfant.
Et ainsi l'homme, s'abandonnant en sa pulsion maternelle, parfois comme sa bien-aimée connaît adoration en phallus…
Les métamorphoses des amants sont danse, sont abandon – chacune naît au fil de l'instant, sans effet ni recherche, sans honte ni remords.

Ainsi sans cesse se renouvelle le jeu et l'amour des amants. Seul dans la fluence de tous désirs accueillis s'épanouit jour par jour le jeu des amants, s'épanouit leur amour et l'intime connaissance de l'autre et de soi-même.
Quand rien n'est figé, que tout est danse – quand avec grâce alternent et changent les rôles et les élans – alors seulement le Jeu et l'Acte restent création continuelle, perpétuelle *renaissance* des amants sans cesse retrouvant enfance.

IV. Création

19. Le créateur est absent.

Quand véritablement nous créons, ce n'est pas nous qui créons. Nos intentions, nos buts, nos projets ont disparu. Toute volonté de « créer » – s'il y en eût jamais – est oubliée. À travers nous agit une force d'une autre « essence » que notre moi.
La « puissance » du moi, les forces qu'elle anime peuvent produire des objets – elles ne peuvent créer. Enfermé dans le cercle du connu, rien de *nouveau* ne jaillit du désir du « moi » et de la volonté qui le sert. Ce désir n'est pas élan – il est fringale cherchant gratification, cherchant à accumuler et à s'agrandir. Comme le jeu d'Amour commence quand disparaissent les amants – ainsi jeu créateur quand le créateur n'est plus…

20. Le créateur est le créé.

L'essence de la création n'est pas dans l'apparition d'un objet-*produit*, qualifié « œuvre ». Une création intense peut ne laisser trace à aucun moment d'un objet qui serait son « œuvre », ni se manifester par l'apparition de concepts, d'idées – qui sont encore des objets en puissance. L'essence de la création, son « œuvre » véritable résident en un « événement » qui a lieu dans le créateur lui-même. Le créateur est changé, transformé, renouvelé par le travail et par l'acte de création.
L'apparition de cet « événement », la direction et la profondeur du renouvellement du créateur ne dépendent pas de l'existence d'un objet-*produit*, ni d'un *savoir* ou d'un *savoir-faire* acquis, d'une *expérience* accumulée.

Un travail entrepris dans l'intention de produire quelque chose – une sculpture ou une maison, un jardin ou un livre... – peut être *occasion* et *stimulation* de création, qui pourrait ne pas avoir eu lieu sans ce point de mire de notre attention. Mais qu'à tel instant notre travail soit *création*, ou seulement une *production* plus ou moins routinière d'un objet – cela dépend seulement de nos dispositions intérieures en cet instant – de l'absence ou de la présence de notre « moi », de la présence ou de l'absence d'amour en notre travail... – non de la nature de l'objet que nous produisons, ni même des intentions que nous poursuivons.
Le savoir et l'expérience, quand ils ne font *obstacle* à l'effacement et à la disparition du « moi » et à l'apparition de création en nous, jouent dans la création un rôle purement auxiliaire, entièrement accessoire. Quand nous peignons un tableau, dirons-nous que ce sont nos pinceaux et nos tubes qui « créent », ou les fabricants ou les marchands ou le mécène qui les ont mis à notre disposition ?
Mais en vérité – s'il y a création – ce n'est pas nous qui peignons, pas plus que le pinceau ou les marchands : nous sommes absents, et autre chose, à travers nous, crée...
Et le travail terminé, l'œuvre n'est pas le tableau – que nous en soyons satisfaits ou qu'il soit abominable. L'œuvre n'est autre que ce que nous sommes nous-même... celui en qui création nous a changé.

21. Création est retour à la Mère.

Ou : Création est enfance. Le créateur est l'enfant.
Création est jeu – jeu de découverte.
Et notre élan vers la Mère, est-ce autre chose que l'élan de jeu – que notre soif de connaître en notre corps, en notre esprit, en tout notre être...
que cette soif de découverte qui, flèche, nous lance à travers sa Chair vivante...
que la curiosité passionnée qui ne trouve achèvement que dans l'ultime spasme dans le Giron de la Mère... ?
Créer, c'est vivre passionnément, pleinement cet élan.
La découverte du corps de la Mère est jeu – jeu passionné qui implique tout l'être. Dans ce jeu, toute tâche, tout projet, toute intention sont évanouis. L'amant qui parcourt le corps de sa bien-aimée poursuit-il tâches, projets, intentions ? !

Cherche-t-il plaisir, jouissance ? Certes il le donne et il le trouve, mais il ne le cherche pas. Le chercherait-il, et sans doute il le trouverait – mais plaisir sans élan a vite fait de rancir…
La découverte de la Mère est le ravissement de l'Amant – en elle nous exultons. Et dans l'exultation il y a un plaisir intense. Se renouvelant d'instant en instant il nous vient par surcroît.

22. Création est mort.

La Mère n'est-elle pas aussi – la Mort ? Si création est retour à la Mère, ne doit-elle être aussi une mort ? Si nous habite l'angoisse de mort, pouvons-nous être créateurs ?
Et « l'absence du créateur », l'absence du moi, est-ce autre chose que notre mort à *hier* et à *demain* ? Alors nous sommes morts aux angoisses, aux peurs qui nous viennent du passé, et morts aux intentions, tâches, buts, espoirs, projets qui nous projettent dans l'avenir.
Créer est vivre – et on ne vit que dans l'instant.
Le petit enfant n'a pas de passé, et il n'a souci de l'avenir. Sans peur et sans projet, il vit dans l'instant. L'innocence – l'ouverture totale de l'être accueillant en lui l'Univers – est-elle autre chose ?
Quand nous sommes, comme le petit enfant, morts à hier et à demain – alors la peur n'est plus – alors nous sommes ouverts. Alors nous accueillons en nous joie et tristesse, plaisir et douleur, jouissance et tourment – en notre être ils se fondent et le font résonner d'un même son – un son nouveau, né du silence.
La Création alors chante par la voix de notre être. C'est cela, la création.
Être mort à hier et à demain, c'est cela, faire silence. Le savoir alors se tait. Tout savoir – celui qui nous est étranger, qui nous écrase de son poids, comme celui qui est la chair même de notre être. Cette chair n'est-elle née en les moments passés quand nous étions enfants – quand il y avait en nous ouverture, silence ? N'est-ce pas elle, le vrai fruit de nos créations passées ?
Qu'elle ne soit pas l'obstacle qui s'oppose à création nouvelle ! Quand nous cessons de nous accrocher à ce que nous croyons être « nous » – quand hardiment, humblement nous nous abandonnons à la Force en nous qui crée – alors la chair de notre être se renouvelle.
Alors nous renaissons.

23. Création est naissance.

Par le retour à la Mère – par la mort en Elle – sans cesse en elle nous renaissons – sans cesse nous retrouvons enfance.
Le fruit de l'acte de création est *le créateur lui-même*, renouvelé, re-né par l'acte de création. Le fruit est l'état d'innocence, l'état d'enfance – l'état créateur.
Création est le renouvellement de l'état créateur dans l'être.
Oui – le créateur est le créé. Et « l'événement » en le créateur fruit de la création n'est autre que sa propre naissance.

24. Création est étreinte de l'Amante et de l'Amant.

Voici le créateur – l'enfant.
Il est Éros – il est Élan. Et l'élan le jette dans la Mère. Où qu'il s'élance, c'est Elle qu'il trouve – partout il trouve son Giron. Flèche – à travers l'Univers il s'élance vers la Cible – le Giron de la Mère... pour s'abîmer en elle...
Et il est la Mère – l'Ouverture qui accueille l'Univers. N'est-il lui-même Cible, et l'Univers qui afflue en lui – Flèche ? N'est-il Giron – et l'Univers, Éros... ?
Le mouvement qui porte la flèche enfant-Éros dans le Giron ouvert de la Mère-Univers – l'élan qui nous porte au cœur des choses... n'est-ce aussi le mouvement, l'élan qui fait affluer les choses en nous – qui porte l'Univers-Éros, la Flèche cosmique dans l'enfant-Mère au giron grand-ouvert ?
La création est ce mouvement qui est un, alors que nous le percevons sous deux aspects :
le créateur est l'Amant – l'Amante est la Mère, dont le corps et la chair sont l'Univers...
et le créateur est *aussi* l'Amante qui accueille l'amant Éros – la Flèche phallique dont la chair est l'Univers.
C'est le mouvement de l'élan de connaissance, de la soif inextinguible qui nous fait pénétrer le mystère infini des choses... et c'est le mouvement aussi qui fait s'imprégner notre être de la création et de son mystère – qui nous le fait connaître dans la chair de notre être. En le mouvement créateur nous sommes à la fois *pénétrant* et *pénétré* – à la fois imprégnant et imprégné.

L'Univers est à la fois femelle, et mâle – à la fois Giron, et Phallus – la Mère, et Éros. Et l'enfant, le créateur, est à la fois mâle, et femelle – à la fois Phallus, et Giron – Éros, et la Mère.

Ainsi dans le créateur se reflète la double nature de l'Univers.

Mais l'Univers n'est-il aussi la Création, le Créé ? L'Univers ne reflète-t-il la nature de l'Acte créateur qui sans cesse l'enfante ?

Et n'est-ce pas en cette harmonie, en cette concordance profonde entre l'enfant et l'Univers, entre l'enfant et la Création, que réside la puissance créatrice en l'enfant ?

Et l'Acte créateur est-il autre chose que l'étreinte des Amants – l'achèvement du Jeu de découverte ? Est-il autre chose que l'étreinte du créateur et de l'Univers – chacun à la fois et Amante et Amant ?

Le créateur, il est vrai, « est absent » – tout comme dans le jeu d'Amour les amants ont disparu. À travers eux alors agissent les Forces cosmiques originelles – mâle, et femelle. Ainsi en le créateur-enfant agissent à la fois Force mâle – Éros et Force femelle – la Mère. L'acte créateur alors n'est-il la double étreinte de ces deux Forces dans le créateur avec les deux Forces dans l'Univers qui leur répondent ?

Une image n'est pas réalité – elle est au mieux une fragile passerelle pour tenter de communiquer une réalité entrevue, ou un moyen, semi-magique peut-être, pour nous aider à appréhender une réalité qui se dérobe. N'ayons garde ni de dédaigner magie et passerelle, ni d'en être les dupes !

N'avions-nous déjà tenté d'appeler à notre secours l'image des épousailles, l'étreinte des Forces mâle et femelle dans le même être, pour appréhender la réalité de la création ? Peut-être la deuxième image pourtant, surgie de la méditation maintenant même, cerne-t-elle mieux la réalité de l'acte créateur. Tout acte créateur, en même temps que l'être total du créateur, n'implique-t-il aussi l'Univers qui l'entoure ? Le renouvellement du créateur, fruit de l'acte, ne s'exprime-t-il pas par une *perception*, une *vision* renouvelée de l'Univers, comme de lui-même qui en est le centre ?

Si l'acte de création est bien une étreinte de même essence que celle des amants dans le jeu d'Amour, ne doit-elle aussi être une extinction, une mort… une mort totale qui implique l'instant présent en même temps que nos hiers et nos demains ? Une mort bien plus vaste, bien plus profonde que l'absence du moi – une extinction englobant les Forces cosmiques mâle et femelle, qui s'anéantissent – l'une en l'autre, dans leur étreinte avec les Forces femelle et mâle en l'Univers ?

Avons-nous l'expérience d'une telle mort ?
Les moments de création dans notre vie sont rares le plus souvent – et plus rarement encore, jamais peut-être vivons-nous moments de création pure – purs de toute interférence d'un « moi ». Est-ce pour cela que nous sommes dans cet embarras pour détecter dans notre expérience cette mort totale de l'être, que nous pressentons pourtant comme un moment crucial de toute création – celui-là même d'où va jaillir naissance ?
Pourtant, celui qui a connu des instants de renouvellement profond de son être – quand soudain s'écroulent des murs insoupçonnés qui nous dérobaient au Monde, et que le Monde ignoré soudain fait irruption en nous… celui-là n'a-t-il connu aussi une telle mort ? Dans l'instant qui suit la percée – quand une connaissance enfin touche le fond et soudain s'enfle et nous submerge et nous emporte dans ce raz de marée de joie et de déchirement se fondant dans un soulagement, une paix immense – cette paix infinie qui soudain s'étend, ce silence sans bornes de celui qui a touché au terme ?
De tels instants ne sont-ils de même essence que l'achèvement, que la mort que nous trouvons dans la bien-aimée – dans la Mère où s'abîment et s'apaisent les derniers spasmes d'un orgasme qui a déjà sombré dans l'oubli… ?

V. Amour

25. Amour est le créateur.

Nombreux aujourd'hui sont ceux qui réalisent qu'un travail sans amour est un travail dénué de sens – un travail qui empoisonne et étouffe l'âme. Quand nous comprenons cela, nous sommes prêts à comprendre que le travail créateur est le travail fait avec amour. Et quand nous constatons aussi que création n'est pas faite par *nous* – que nous sommes seulement instrument de création – alors seulement ne sommes-nous tout prêts à voir que le Créateur en nous – la *Force* qui à travers nous crée – est Amour ? que la création qui se fait « par nous » n'est autre chose que l'*action d'Amour* à travers nous – que l'acte créateur n'est autre que l'Acte d'Amour, l'Ouvrier, et que nous sommes seulement Son humble outil ?

Nous sommes enfants – nous sommes créateurs – innocence vit en nous… cela signifie aussi : nous aimons. Et nous aimons quand nous ne faisons pas obstacle à l'action d'Amour en nous.

Amour est la grande force créatrice – et Amour est toujours présent, prêt à agir, dans la profondeur de notre être. Ceci est vrai pour tout être et pour chacun de nous.

Mais, chose étrange, souvent nous étouffons cette Force vive en nous comme un épais couvercle de plomb. Elle nous effraye, et nous tenons à l'ignorer à tout prix. Si elle agit pourtant, parfois, c'est inopinément, à notre insu – à nos moments d'absence…

Quand s'est évanouie cette résistance en nous aux œuvres d'Amour, alors nous aimons.

L'Acte créateur entre tous – l'Œuvre d'Amour au cœur de la vie de chaque être – c'est l'Acte d'union des amants. En Lui sans cesse se renouvellent les amants et leur puissance de vie, leur puissance d'aimer. Et en Lui sans cesse se transmet la vie, de génération en génération.

La portée de cet acte ne dépasse-t-elle infiniment notre personne ?

Ne dépasse-t-elle notre espèce même – une parmi des myriades d'espèces vivantes qui se sont succédé sur Mère Terre depuis les origines… une parmi les espèces innombrables qui se côtoient et qui foisonnent aujourd'hui même sur son vaste corps ?

Nous sommes l'une des dernières venues – les intrus de la dernière minute dans cette extraordinaire Journée de la continuelle Création de la vie… Mais sous une forme ou sous une autre – identique souvent à celle de l'Acte dont nous-même sommes acteurs, et toujours à nouveau reconnue sans aucun doute possible… dans toutes espèces de plantes et de bêtes – baleines ou fourmis, mousses ou éponges, et jusqu'aux imperceptibles bactéries elles-mêmes… *partout* nous retrouvons le même Acte qui transmet, qui crée, qui renouvelle Vie.

Dans les mécanismes-clefs de nos cellules et de notre organisme – et même, dans une très large mesure, dans ceux de notre psychisme – rien ne nous distingue de milliers et de millions d'autres espèces partageant avec nous le mystérieux don de Vie. Les autres espèces ne sont-elles véritablement nos cousins et nos frères – ne sommes-nous tous, elles et nous, les branches innombrables d'un même Arbre au tronc puissant ?

Ne reconnaissons-nous un *même* souffle créateur, une *même* sève qui coule à travers cet Arbre prodigieux, dont notre espèce – des générations qui enfantent et se suivent par milliers et milliers – est un tout jeune rameau !

Et le Cosmos tout entier – de l'infiniment petit à l'infiniment grand, de l'atome à la galaxie – n'est-il comme la Matrice soigneusement préparée pour accueillir et concevoir la Vie ? La substance même du Cosmos, et les lois délicates qui gouvernent mouvements d'électrons et de systèmes solaires… ne semblent-elles appeler, comme matrice appelle semence, l'apparition infiniment improbable de cette chose infiniment fragile, infiniment délicate, infiniment complexe et merveilleusement simple qu'est la Vie ? L'apparition de la Vie – l'apparition de cette Graine dont a jailli l'Arbre prodigieux, et les lois si souples qui gouvernent la vie… ne sont-elles en concordance profonde avec la structure intime du Cosmos et avec l'Ordre qui le régit ?

Quand nous contemplons cette concordance mystérieuse, merveilleuse – que les « savants » souvent ont oubliée, mais que paysans, jardiniers, bûcherons, sourciers, marins et beaucoup d'autres observent et utilisent chaque jour… ne sommes-nous saisis par cette connaissance : qu'une même « Intelligence », une même Force créatrice est en œuvre partout dans le Cosmos – dans l'atome, dans la fourmi, dans le mouvement des soleils et de leurs planètes – comme en nous-même ?

Ainsi la méditation sur nous-même, et sur les forces créatrices en œuvre en nous, spontanément nous amène à nous voir comme partie d'un « Tout » de plus en plus vaste – pour soudain s'élargir en une vision cosmique.

Un tel cheminement, sans doute, d'innombrables êtres l'ont connu, depuis qu'il y a sur terre des hommes, fascinés par le mystère du Monde et de leur place dans l'Univers. Et en mille langages divers ont-ils tenté d'exprimer ce qu'ils y ont trouvé – ce qui se laisse exprimer, suggérer, évoquer par la parole et par la lettre.

Que je cherche à mon tour d'exprimer par la lettre telle vision, et je dirai :

Amour est le créateur, en nous les hommes, et partout dans la Création, qui est son Oeuvre. Il vit dans tout être comme il vit en toute chose – et par cet être, par cette chose, crée.

Nous pouvons nous demander : Amour est-il cette Force cosmique qui attire l'un vers l'autre le mâle et la femelle – qui irrésistiblement attire Élan dans Giron ? Amour est-il Attirance ?

Mais dans notre vie et tout autour de nous, ne sommes-nous témoin chaque jour des œuvres de cette Attirance, sans pourtant que ne jaillisse Amour dans des êtres effrayés d'aimer ?
Amour n'est-il pas plutôt la Force nouvelle qui naît de la Force originelle mâle, et de la femelle, par l'étreinte de l'une avec l'autre – n'est-il l'Enfant de l'étreinte d'Éros et de la Mère – le fruit possible de l'Attirance ?
Mais le thème de mon chant est nous – est moi-même. En moi-même d'abord ai-je reconnu Amour comme le Créateur – agissant, créant par moi quand mon « moi » est absent…
La question pressante entre toutes n'est-elle alors : pourquoi, de tous les êtres de la Création, est-ce en nous seulement, les hommes, qu'Amour si souvent est paralysé – pourquoi, parmi tous les êtres, sommes-nous êtres impuissants ?
Êtres créateurs – se réfugiant dans l'impuissance… ?
Mais c'est là le thème d'un autre chant, qui doit sonder le mystère de la Honte – le mystère du Bruit qui jour après jour ensevelit le Paradis perdu… l'enfance…

(iii) Retour.

Qu'Amour en nous agisse, ou reste muet – que nous aimions, ou que nous restions fermés – que nous soyons enfant, ou que nous le gardions captif dans les caveaux de notre être…
l'enfant est là… !
Que nous le laissions jouer à l'aise, ou que nous lui ligotions pieds et poings… il est là, et en lui est élan de jeu, élan de retour à la Mère.
Cet élan de l'enfant – l'élan d'Éros – l'élan de Retour… ne s'étire-t-il en filigrane à travers tout ce chant d'Innocence ? Et à travers l'Épilogue encore, où j'écoute et reprends en sourdine les thèmes nés du chant ?
N'est-il comme un autre chant qui chante dans ce chant d'Enfance ?
N'est-il comme ce secret languir en nous – comme cet autre chant, que l'oreille de notre être si souvent s'est refusé d'accueillir ?
Et si dans notre Jeu tantôt nous avons trouvé cinq mystères entrelacés – et cet intime pressentiment de leur *unité*… Retour n'est-il comme le fil qui les relie – la mélodie commune aux cinq strophes – n'est-il encore un autre et même mystère ?
En lui nous renaissons à enfance.

En lui sans cesse renaissent à notre être et élan *et* accueil.
En lui nous sommes Éros – en lui nous sommes la Mère.
Partant d'enfance, Retour nous fait trouver… enfance renouvelée.
Partant d'innocence, Retour nous fait trouver… innocence.
Retour n'est-Il la Source de toute fraîcheur ?
À tout moment nous y pourrons désaltérer notre soif… et voici que soif se transmute en émerveillement… !
Retour… n'est-Il le Cœur vigoureux qui fait pulser Vie à travers le souple vaisseau de l'Instant ?
N'est-Il comme le cycle des saisons, où à chaque retour la mort préfigure naissance ?
N'est-Il le cycle des amants qui en leur mort trouvent naissance ?
N'est-Il le Pouls de création en nous ?
Et ce pouls ne battait-il en sourdine à travers le chant – dès nos premières strophes ?
Mais, chose étrange, jamais nous n'avons posé, pour écouter, une à une, ses pulsations.
C'est à peine si nous avons noté, en passant, que dans ce cycle il a deux morts – une partielle, une totale. Le Cycle s'accomplirait-Il en deux amples pulsations ?
Écoutons-Le… Peut-être pouvons-nous saisir les mouvements – les saisons – du souffle de la création…

1. Mort… le Départ : Voici l'Enfant…

Mort à hier, mort à demain – c'est notre naissance à l'instant…
N'est-ce aussi la naissance de l'enfant ? Ou plutôt sa délivrance du « moi » pesant qui l'écrasait de son poids ?
Par la mort du moi se révèle l'enfant – *nu*, sans peur et sans savoir
Et par la mort du moi – par la libération de l'enfant – commence le Jeu.
Mort est commencement de création…

2. Jeu… l'Enfant…

Jouer est la sérénité d'Innocence…
L'enfant confiant s'élance vers la Mère… la Mère accueille l'enfant.
Et l'enfant *retrouve* son Parfum, sa Chaleur…

Dans l'Inconnu, d'abord il retrouve, il reconnaît le familier… il cherche son coin où être à l'aise… où se nicher… où s'enfoncer…

3. Découverte… l'Amante – Amant…

Et soudain nous submerge Mystère.
Il s'entrouvre à nous comme pour nous appeler, nous attirer en Lui… et dans l'Ouverture beauté de Chair et de Brume, nous nous élançons – en Elle nous plongeons…
Et monte *désir*… monte *passion*… monte *soif* de pénétrer Mystère, de *connaître* Sa Chair, nous imprégner jusqu'aux entrailles de l'être de l'Odeur, la Chaleur, la Vie intense de Son vaste Corps qui nous étreint et nous soulève…
Découvrir est la passion d'Innocence…
Et passion est élan du désir s'élançant vers assouvissement – est création s'élançant vers l'Acte…

4. Mort… Retour…

Dans cette Mort s'abîme et l'enfant et la Mère… l'Amante et l'Amant… en Elle s'abîme et disparaît l'instant…
En Elle l'instant éclate… il est éternité…
En cette Mort totale s'accomplit l'Acte et se consomme création…

5. Naissance… Nouveau Départ…

Naissance surgit de Mort, comme le plant de l'humus, utérus de la terre…
En elle miraculeusement la chair de notre être s'est renouvelée. Sa substance nouvelle est substance d'Univers – elle est Chair de la Mère, devenue chair de notre être.
La Mère n'est-elle la Mort ?
Un nouvel être est né de notre Mort ! Nouveau-né, en lui vit innocence !
C'est nous – et ce n'est pas nous. Car le Monde est neuf. Nos yeux sont neufs, et nos oreilles, et notre toucher. Le familier même est devenu nouveau – nous le voyons par d'autres yeux, l'entendons par d'autres oreilles, le sentons par un autre épiderme.

Te voici nouveau-né dans un Monde neuf. N'est-ce *cela*, Innocence... ? Voici l'enfant...

– Fin du premier chant –

Plan de L'Éloge

25. La Roque, le 11 juin 1979

Cher Christian,

Je repense aux origines possibles de la répression sexuelle dans l'histoire de notre espèce – cela me semble un grand mystère, et je ne vois rien par où le prendre pour essayer de le sonder. Connais-tu des textes intéressants à ce sujet – qui soient autre chose qu'une rationalisation du « besoin » du Castrateur ? Cela semblerait incroyable que des psychanalystes ou des ethnologues ne se soient posé la question de façon sérieuse ! Par exemple, connais-tu une étude systématique présentant les divers mythes qui introduisent le Castrateur ? Je ne connais que la Genèse (le mythe d'Œdipe n'est pas de même nature, car il illustre un tabou sans prétendre en décrire l'origine...). J'avoue que je n'arrive pas à en tirer grand-chose. En fait, il n'est pas dit que les mythes nous apprennent grand-chose – il est à craindre que leur fonction à cet égard soit de servir de fondement doctrinal au pouvoir du Castrateur – et il est douteux que l'on arrive par là à discerner *qui* est le Castrateur, ou qui le fait agir. Il est universellement présenté comme l'expression de la volonté divine, de la loi divine – pourtant, quand on comprend qu'il est à l'origine de la division, du conflit en l'homme, de sa fuite devant lui-même – on serait plutôt tenté de voir en lui Satan en personne prêchant et officiant dans tous les temples, églises, prétoires de l'univers depuis la nuit des temps ! Mais bien entendu, invoquer Satan est une autre façon d'éluder une question fascinante, un mystère certes, mais pas tant un « mystère cosmique » peut-être qu'une *ignorance* des faits touchant les origines des sociétés humaines. Bien sûr, il est concevable aussi qu'il y ait eu une « intention divine » en plaçant d'emblée l'homme dans un monde de conflit où il se trouve divisé en lui-même d'entrée de jeu – son prédicament et sa tâche étant de retrouver son unité à travers une multitude de naissances. Il n'est pas exclu que même une connaissance détaillée et approfondie des faits bruts – qui ont dû s'échelonner de façon plus ou moins diffuse sur des dizaines de millénaires, sinon des centaines de milliers d'années ! – ne nous donneraient aucune intelligence de leur sens. On ne peut exclure *a priori* que certains ensembles de faits ne prennent un sens et une perspective que par une intention (disons « divine ») qui peut être entièrement cachée au conscient comme à l'inconscient de tous les protagonistes. Admettant cela, je vais peut-être plus loin même que des historiens croyants n'iraient, qui admettraient p. ex. que l'histoire d'Israël et du peuple juif ne prend son sens que dans l'optique d'une intention divine concernant un peuple élu. Car l'existence d'une telle intention divine et même la nature de cette intention ont été parfaitement explicites dans la culture juive tout au long de l'histoire du peuple juif jusque dans la diaspora – et sans doute le peuple juif aurait-il depuis longtemps disparu sans cette tradition…

Tout ceci pour le cas où tu aurais des réflexions ou des lectures à suggérer. Je te rappelle aussi que tu voulais m'envoyer le texte « En guise de programme… », que je te retournerai à l'occasion.

Bien affectueusement,
Alexandre

Dans cette lettre profonde il se questionne sur les origines du « Castrateur ».

J'étais plongé dans l'étude de la psychanalyse. Une dimension fondamentale de celle-ci m'échappait : la philosophie que je pressentais à l'arrière-plan de ses versions freudienne ou lacanienne. C'est Freud en premier lieu que je lisais ; de Lacan je connaissais surtout ce que Jacques-Alain Miller en développa dans son cours donné à l'université de Vincennes entre 1976 et 1978. J'assistai à quelques séminaires de Lacan à Paris mais le trouvai plutôt hermétique : je n'avais pas les connaissances préalables requises pour le comprendre et ne pus saisir à ce moment sa conception de la vie, non exprimée. Deleuze et Badiou étaient à mes yeux incomparablement plus clairs. Miller l'était aussi, mais pendant les deux années de cours que je suivis, je ne pus sur le moment appréhender ses présupposés philosophiques. Je pressentais chez les psychanalystes une tristesse fondamentale et une gravité, auxquelles je préférais *Le Gai Savoir* et la légèreté de Nietzsche, ou la joie spinoziste !

J'avais ensuite entrepris de décortiquer certains écrits de Freud pour essayer d'en dégager la philosophie sous-jacente, s'il y en avait une. J'en parlais avec Alexandre après avoir scruté jusqu'à l'obsession le cas du *Petit Hans* exposé dans l'ouvrage *Cinq psychanalyses*. J'étais persuadé que l'étude approfondie de la psychanalyse d'un enfant de quatre ou cinq ans, par Freud lui-même, pourrait me suffire à comprendre la philosophie que le créateur de la psychanalyse n'avait pas explicitée. Je pensais aussi pouvoir appréhender ses conditionnements, liés à son époque et peut-être à sa personne et ses propres limites. Les dialogues avec Alexandre m'aidèrent.

Hans nous paraissait généreux, ouvert, sensible et débordant de vie : ce petit garçon était amoureux de plusieurs petites filles de son entourage, enlaçait son cousin du même âge en lui disant « je t'aime beaucoup », découvrait l'autoérotisme, aurait aimé voir le sexe de sa maman, de la bonne, de ses jeunes amies, voulait dormir avec ses parents, insistait auprès d'eux pour passer la nuit en compagnie d'une fillette de quatorze ans, désirait savoir comment les enfants viennent au monde… Hans était à nos yeux un petit humain plutôt sain, animé d'une intense curiosité et qui suscitait toute notre sympathie – Alexandre me dit qu'il ne lui semblait pas aller si mal que cela ! Hans se heurta à sa mère et à son père : sa mère le menaça de « lui couper son machin […] s'il [continuait] à y mettre la main », son père écrivit à Freud que sa femme « ne [pouvait] s'empêcher de prendre Hans quelques minutes dans [leur] lit » et dit à son fils « qu'un garde du corps arrête les méchants enfants. » Freud nota que Hans avait commencé par « la forme la plus courante et la plus normale de la sexualité autoérotique » et reconnut que ce petit garçon était « d'une nature bonne et affectionnée bien au-delà de ce que l'on rencontre habituellement chez les enfants ». Son père, en ne lui révélant pas d'où viennent les enfants, l'avait « privé du savoir auquel il aspirait ». À propos de l'attirance de Hans pour son cousin, Freud indiqua : « C'est là le premier trait d'homosexualité, mais pas le dernier, que nous rencontrons chez Hans. Notre petit Hans semble vraiment être un modèle de tous les vices ! »

Le petit garçon développa une angoisse et une phobie des chevaux. Freud expliqua au cours de cette thérapie que ceux-ci représentaient son père ; selon lui, la peur de Hans de voir tomber les chevaux était l'expression de son désir inconscient « de se débarrasser de son père [...] parce qu'il [dérangeait] son intimité avec sa mère ». L'explication de l'angoisse du petit Hans était ainsi rapportée tout entière à l'angoisse de castration et rabattue sur le complexe œdipien. L'angoisse aurait eu pour unique origine un désir incestueux inconscient.

Il nous sembla que l'éducation donnée à Hans, les menaces et les interdits avaient insufflé en lui la peur fondamentale, la peur de la vie que le sorcier Don Juan repère en tant que « premier ennemi » que nous ayons à vaincre. Cette éducation avait paralysé le petit Hans et contrarié son élan. Comme tout petit être humain il était impliqué dans un vécu riche et mystérieux. Son désir aurait pu trouver à se déployer sur une infinité de chemins, dans le milieu aisé et cultivé de Vienne où il était né. Mais Hans avait été un moment brisé, face aux limites, aux incompréhensions, aux mensonges et aux hypocrisies de son entourage. Son angoisse ne pouvait être simplement rapportée à un désir incestueux. Certes l'intervention du Dr Freud, en rendant possible l'expression verbale de ses désirs, l'avait libéré dans une certaine mesure.

Freud avait eu le courage d'examiner nos désirs enfouis, d'affirmer par exemple l'existence d'une sexualité infantile. Mais l'interdit de l'inceste semblait avoir à ses yeux une importance essentielle : l'intégration de cet interdit serait selon lui constitutive de notre équilibre psychique. Nous ne percevions pas que l'angoisse du Petit Hans dût être ramenée à ce désir-là seulement. Et d'ailleurs, pourquoi aurait-il fallu penser que cet interdit pût être à ce point structurant chez un être humain, constituer le centre de gravité de sa psyché ? Cet interdit nous apparaissait, certes, comme une loi transcendante. Cependant, la philosophie de Lacan nous sembla une réaction à cette fin des années 1960 pendant lesquelles la parole se libéra. Elle nous parut une théorisation de limitations qu'il fallait bien instituer après cette période : un coup de frein, après ce qui avait pu être perçu comme des débordements anarchiques. Et bien avant ces échanges de cette année 1979, Alexandre avait déjà, dans son exceptionnelle indépendance d'esprit, la plus grande méfiance à l'égard de la psychanalyse. Que lui importait que ceci ou cela ait été affirmé par Freud, ou par Lacan ?

Dans le paysage intellectuel dominé par la psychanalyse freudienne et surtout lacanienne, vers la fin des années 1970 et le début des années 1980, il y avait heureusement Deleuze et Guattari. Leur philosophie me semblait une bouffée d'air pur, un guide, une issue. Je n'avais pas le sentiment de pouvoir appréhender la totalité de ce qu'ils avaient écrit, chacun de leur côté ou ensemble – leurs écrits individuels semblaient avoir été fertilisés par leur dialogue. Je lus *L'Anti-Œdipe* sans tout comprendre, mais les aspects essentiels s'éclairèrent. Dans les *Dialogues avec Claire Parnet*, j'eus l'impression de déceler le cœur de cette philosophie, exprimé d'une manière concise, tel un résumé permis par de longues décantations, après que les idées ont été simplifiées et clarifiées au point de pouvoir être clamées haut et fort, à l'encontre des points de vue dominants : celui de la psychanalyse en premier lieu, qui (écrit Deleuze) « écrase toutes les formations d'énoncés », « est faite tout entière pour empêcher les gens de parler et leur retirer toutes les conditions d'énonciation vraie », rabat ce qu'ils disent sur l'interdit de l'inceste (chez Freud) ou sur la Loi (chez Lacan) – un interdit qui à leurs yeux serait fondamental, chevillé à l'être humain. Encore une fois, ceci ne signifiait pas que Deleuze et Guattari pensaient que l'interdit de l'inceste n'était pas une loi transcendante.

Pour Deleuze, « le désir n'est nullement lié à “la Loi” et ne se définit par aucun “manque” essentiel. », manque qui serait en premier lieu figuré par la mort. À l'encontre de cette conception de Deleuze, certains propos de Lacan sonnaient de manière personnelle, arbitraire, telle une option philosophique : « La mort, ça vous soutient. Si vous n'y croyez pas, est-ce que vous pourriez supporter la vie que vous avez ? Si on n'était pas solidement appuyés sur cette certitude que ça finira, est-ce que vous pourriez supporter cette histoire ? Une infinité de vies se succédant à elles-mêmes, sans fin possible. »

Deleuze dénonçait cette « étrange culture de la mort », « la véritable idée du prêtre : la loi constituante au cœur du désir, le désir constitué comme manque, la sainte castration, le sujet fendu, la pulsion de mort ». Je lus à Alexandre ces passages des *Dialogues* : « Les psychanalystes enseignent la résignation infinie, ce sont les derniers prêtres (non, il y en aura d'autres après). On ne peut pas dire qu'ils soient très gais, voyez le regard mort qu'ils ont, la nuque raide. » Cette philosophie de Deleuze et Guattari suscita en nous un écho puissant, nous sembla aux antipodes de celle que nous pressentîmes à l'arrière-plan de la psychanalyse et qui était demeurée non exprimée. Je fus conforté par cette vision de Deleuze sur le désir, la créativité humaine au sein de ce qu'il nommait des « agencements », la possibilité de « révolutions moléculaires », ses conceptions d'un « corps sans organe » transcendant notre individualité, ainsi que de l'*aïon* qui est un temps au-delà de la temporalité courante (le *chronos*) : l'*aïon* me sembla une référence à des dimensions intemporelles en nous, potentiellement éternelles. Alexandre fut enthousiaste et adopta la pensée de Deleuze : quand il eut fini le premier chant de son *Éloge,* il m'écrivit (dans sa lettre du 3 août 1979) qu'il avait indiqué ce philosophe dans la liste des personnes auxquelles il voulait envoyer son ouvrage. Étrange ressemblance entre les deux titres, *L'Anti-Œdipe* et *L'Éloge de l'Inceste* – intitulé ambigu utilisé dans ses ouvrages ultérieurs quand il cita cette œuvre, reniée dans sa forme. Il s'agit d'une similitude non préméditée de la part d'Alexandre : il n'avait pas connaissance en effet de *L'Anti-Œdipe* quand il commença à rédiger son ouvrage, inspiré par son vécu de chercheur et les conceptions de Lao-tseu sur la Mère cosmique, nos capacités infinies à connaître, exposées dans le *Tao Te King.*

Ces différences essentielles entre la philosophie de Lacan et celle de Deleuze n'empêchent pas certaines intersections importantes, par exemple leur méfiance à l'égard des prétentions à l'universalité du discours scientifique actuel. Ainsi, Deleuze : « Il y a beaucoup de névrosés et de fous dans le monde, qui ne nous lâchent pas, tant qu'ils n'ont pas pu nous réduire à leur état, nous passer leur venin, les hystériques, les narcissiques, leur contagion sournoise. Il y a beaucoup de docteurs et de savants qui nous invitent à un regard scientifique aseptisé, de vrais fous aussi, paranoïaques. » Et Lacan : « Il y a un discours qui est en train de proliférer, et qui engendre d'innombrables petits qui vous deviennent, à tous et à chacun, à moi aussi, terriblement incommodes, à savoir le discours scientifique, qui de plus en plus est là, imminent, menaçant, par sa présence, par l'idée que tout ça va se régler en termes de mécanique, de balistique, d'équilibres, de courants. Et puis plus on en saura, mieux ça vaudra, et bientôt nous saurons comment produire tel ou tel type d'individu, qui lui saura marcher avec tous. »

26. Montpellier, le 17 juin 1979 (4 heures du matin)

Cher Christian,

N'arrivant pas à m'endormir cette nuit (je ne sais pourquoi – peut-être un thé trop fort bu dans la soirée, ou un alcool au ginseng – j'ai été invité par un collègue vietnamien de la fac), j'en profite pour te répondre tout de suite à ta lettre reçue dans la journée d'hier (pour moi, c'est encore « aujourd'hui »), et que je viens de relire avec grande attention, après une lecture hâtive dans l'après-midi. Comme tu t'en doutes, je suis très content de ton enthousiasme pour le travail que j'ai entrepris allant jusqu'au désir de t'investir assez fortement de ton côté dans une sorte de « collaboration », comme tu l'appelles. C'est là un encouragement et une stimulation précieux ! Je présume qu'en écrivant la lettre, tu avais déjà le manuscrit en mains (qui a été expédié vendredi matin de la fac) – mais au moment où l'idée d'une collaboration a commencé à germer le samedi, tu ne savais du chant entrepris que ce que j'avais pu t'en dire, n'est-ce pas ? Je ne sais si la lecture confirmera ton enthousiasme – je l'espère bien ! C'est remarquable que la seule idée du chant ait pu t'accrocher à tel point…

Voici les réflexions qui me viennent au sujet de ta lettre. Tout d'abord, il me semble problématique qu'une « collaboration » au sens courant du terme – donc en fait la pluralité des auteurs – soit possible pour une œuvre comme celle qui vient de démarrer – je ne sais moi-même comment ! Et ceci pour deux raisons. D'abord parce que c'est une *œuvre poétique* – tout du moins, c'est mon désir qu'il y ait un souffle poétique qui le traverse de bout en bout (si ce désir se réalise est une autre question…). Je ne sais s'il y a un exemple d'œuvre poétique qui soit le fruit de la collaboration de deux auteurs. Pour que ce soit possible il faudrait que la sensibilité de l'un et de l'autre soient ajustées l'une à l'autre de façon vraiment exceptionnelle – ce qui sans doute ne peut guère se produire qu'au terme d'un vécu commun profond et assez prolongé… Mais aussi cette œuvre est une *méditation*. Or tu sais qu'une méditation est toujours chose personnelle, ainsi que la compréhension, la vision sur quoi elle débouche. On peut confronter dynamiquement deux méditations, pour le plus grand bien de l'un et de l'autre – c'est ce qu'on pourrait appeler un « dialogue » au sens le plus fort du terme. Et on peut confronter deux compréhensions, deux visions – elles ne se fondent pas en une même compréhension ou vision pour autant ! C'est dire que si une œuvre comme *L'Éloge* devait être fruit d'une collaboration de deux auteurs, ce ne pourrait guère être que comme *contrepoint* de deux méditations poétiques se développant parallèlement en interaction harmonique l'une avec l'autre. Est-ce à quelque chose de ce genre que tu songeais ? Ce serait une entreprise fort ambitieuse – et certainement casse-gueule ! probablement unique dans les annales de la littérature poétique ou philosophique !

Mais peut-être songeais-tu plutôt à une « participation » de ta part à un travail dont je resterais auteur et maître – mais une participation serait plus approfondie, plus systématique que ne l'ont été jusqu'à présent celles de toi, de Yab et de Yole (les trois personnes qui, au niveau du dialogue ont été le plus directement liées au jaillissement soudain d'un chant, plutôt que d'un projet de bouquin !). Une telle participation intensive, bien sûr, n'aurait de sens que comme « *by-product* » (comme

« produit dérivé »), et comme stimulation en même temps, d'un travail de méditation que tu poursuivrais pour ton propre compte – qui serait le véritable centre de ton investissement. Il y aurait dialogue (présumé) intensif, c'est-à-dire interaction intensive entre deux méditations – mais dans *L'Éloge* ce serait *une* de ces deux méditations qui s'exprimerait sous la forme d'un chant. Cela n'empêcherait pas que l'autre s'exprime également sous une forme travaillée, littéraire – et tout autant que pour *L'Éloge*, la question d'une publication peut alors raisonnablement se poser. Il y aurait dans ce cas deux œuvres distinctes, de deux auteurs distincts, ayant chacun la marque distinctive des tempéraments et de la sensibilité de son auteur, mais nées en étroite symbiose. Ce serait certes une expérience fascinante, si tu t'y sentais incité.

De toute façon, si ta méditation s'exprimera par une œuvre littéraire personnelle – tu ne peux guère le « décider » d'*avance* sans t'exposer à déconner sérieusement. Le mieux me semblerait de voir venir sans essayer de « pousser » ce qui ne serait pas décidé à sortir. De même, l'importance de l'impact sur *L'Éloge* d'une éventuelle participation +/- intensive de ta part – ni bien sûr la durée d'une telle participation – ne peut être « décidée » d'avance. C'est une chose qui apparaîtrait en cours de route progressivement. Si alors un jour je publie *L'Éloge* – personne ne peut dire si et quand, car les impondérables sont innombrables ! – il serait temps à ce moment de se préoccuper sous quelle forme et en quels termes exprimés dans le texte du chant – la dédicace sans doute – ce que le chant doit à ta personne.

La conclusion essentielle que je tire de ces réflexions est celle-ci : d'organiser ta vie pour un temps inconnu X en fonction de ce que tu appelais une « collaboration » entre nous, et qu'il vaudrait peut-être mieux appeler un dialogue intensif, a un sens dans la mesure où ta motivation principale serait *ta propre* méditation sur des thèmes qui en ce moment te fascineraient plus que la physique (disons), et où *L'Éloge* serait pour toi, tout comme pour moi, une occasion privilégiée de placer et d'approfondir des éléments épars d'une compréhension de la vie, à l'intérieur d'une vision d'ensemble qui se préciserait peu à peu en cours de route (cette vision d'ensemble semble surgir spontanément d'une sorte de dynamique dramatique qui fait l'essence de la conception de *L'Éloge* comme « le drame d'Éros »)

Je te rappelle d'ailleurs que pour moi la rédaction de *L'Éloge* est inséparable de la méditation sur ma vie personnelle. Plus précisément, je ne considérerai pas que j'aie fait œuvre valable, mûre pour être présentée en dehors d'un cercle d'intimes tant que je n'aurai pas le sentiment d'avoir assumé pour l'essentiel tout mon passé – *i. e.* d'avoir dépassé tous les « problèmes » que m'a légués mon passé. C'est là bien sûr qu'interviennent les « impondérables » dont je parlais, et non dans la question de rédiger en bon français deux cents pages de textes érotico-philosophiques ! Et je me rends bien compte que ce n'est que lorsqu'une chose est assumée, pénétrée, que peut surgir la forme poétique qui l'exprime dans sa vérité. Il ne s'agit pas pour moi de rédiger une sorte de EGA de philo (Éléments d'érotisme cosmique, disons) en dix pages, où je ferais attention de soigner le style et les allitérations…

Cela montre à quel point il serait hasardeux que tu relies tes projets personnels trop fortement à quelque chose d'aussi aléatoire. Mais il est vrai que toute création est chose aléatoire, aussi longtemps qu'elle est en train de se faire. Après, s'il reste un produit-témoin de l'acte, tout le monde se précipite dessus – mais le vrai fruit de l'acte n'est pas le produit, il se trouve avant tout dans l'acte lui-même, dans un vécu et dans les traces qu'il laisse sur le « créateur » C'est dire encore une fois que ton vrai souci ne peut être que ce que tu as envie de faire *toi* – de sonder tel mystère qui te fascine, disons. L'écueil auquel tu aurais intérêt à être attentif, c'est que tu te laisses entraîner simplement dans le sillage d'un « maître ». En Math p. ex. une telle situation peut être très profitable pour le « maître » comme pour « le disciple », que la relation « maître-disciple » soit explicitée ou non. Mais il n'en est plus du tout ainsi quand il s'agit d'approfondir une connaissance sur la vie. Les éléments de départ d'une telle connaissance ne sont pas des idées en effet – si belles et séduisantes et prestigieuses soient-elles – mais son propre vécu souvent douloureux, et dont le sens se trouve souvent borné par des résistances opiniâtres, mues par des angoisses profondes…

Je suis très curieux de voir comment va évoluer ton projet à la suite de cette première confrontation. À tout hasard, j'ajoute que – comme par le passé ! – ma maison te reste ouverte pour le temps qui te convien-dra – je regrette qu'elle soit si loin de Paris c.à.d. d'Odile. Et aussi je te rappelle que si tu es intéressé par une méditation de longue haleine, je serais heureux de te soutenir financièrement par des envois mensuels.

Je termine cette lettre dans la salle d'examen – où j'assure une surveillance de 7 h 45 à 10 heures – j'ai dormi cette nuit à peine une demi-heure et commence à avoir sommeil ! Tantôt je vais faire quelques photocopies de pages supplémentaires de *L'Éloge* et de la strophe XXI – y compris une nouvelle page de titre qui me semble meilleure que la précédente. Dis-moi stp ce qu'il t'en semble, à toi. Tu noteras que j'ai réussi (avec ou sans bonheur !) le tour de force de mettre sur cette même page *six* désignations au moins pour le même chant ! J'ai laissé par contre tomber le titre « Le Mystère, le Bruit et la Méditation », qui me semble trop sibyllin et pas très suggestif pour quelqu'un qui n'est pas dans le coup. En revanche, en sous-titre au *Prologue*, j'ai mis

L'Acte, le Bruit et la Méditation

Le « Mystère » a été remplacé par « l'Acte », une des raisons étant la suivante : c'est que chacun des trois chants, et pas le premier seu-lement, aborde et approfondit un mystère – je t'enverrai d'ailleurs à ce sujet un texte « trois chants – trois mystères », dont la place dans le chant (s'il y trouve bien sa place) resterait à trouver, où cet aspect du chant est explicité. Dans la nouvelle page du titre, cet aspect est présent assez explicitement par les mots « trois chants, ou mystères ».

Chacun des trois chants est susceptible d'une multiplicité de noms – ou mieux, leur ensemble d'une multiplicité de triplets de noms – qui chacun en exprime un autre aspect (*cf.* le texte : trois chants – trois mystères).

Ainsi « L'Acte, le Bruit et la Méditation » qui figure au prologue. Les deux triplets retenus (jusqu'à nouvel ordre) comme noms « prin-cipaux » sont

Innocence, Honte, Délivrance

ou

Le Mystère de l'Enfance-Giron, Enfance perdue, Enfance retrouvée

J'ai quand même gardé le mot « Mystère » dans le sous-titre du premier chant, sans me sentir obligé pour autant de le mettre aussi dans les sous-titres des deux autres, ni au premier chant dans la page générale du titre. J'ai laissé tomber aussi le mot « drame » dans le deuxième sous-titre « Enfance perdue » (qui remplace l'ancien : « Le drame de l'Enfance méprisée »). Par contre, « le drame d'Éros » figure en dernier sous-titre implicite, entre parenthèses, dans la page de titre. J'ai fait de mon mieux pour essayer que cette page arrive à suggérer de façon aussi forte que possible, par quelques mots-clefs, certains aspects essentiels du chant – tout en gardant un maximum de cohérence interne. Le mot clef qui domine sur tous les autres est « Enfant » (cinq occurrences), après vient « Éros » (deux occ.), les autres mots-clefs sont Créateur et Créativité (trois fois) – la Mère – Inceste symbolique – investigation poétique, chant, mystère, perdue, retrouvée, Impuissance, drame. Cela fait pas mal de « suggestions » pour une page de titre ! La question est s'il n'y a pas en fait surcharge...

Je te signale qu'il n'y a pas jusqu'à présent d'autre page du chant qui ait été l'objet d'autant de remaniements de fond en comble depuis le début ! Je verrais assez bien les deux titres principaux (figurant avec les plus gros caractères) en surimpression d'un dessin en quelques lignes très pures, très simples d'une Mère et de son enfant – la mère étendant ses mains en un geste d'accueil à l'enfant se dirigeant d'un élan très enfantin vers elle. Mais je ne suis pas sûr que j'arrive à le faire comme il faudrait... Enfin, ce sont des préoccupations de dernière heure plutôt...

Je te signale que tu as oublié de m'envoyer le fameux texte « En guise de programme ».

Bon, je vais m'arrêter. À bientôt de te lire j'espère !

Affectueusement,
Alexandre

La première partie de la lettre précédente est une réponse à une question que je lui avais posée par écrit : était-il envisageable de ne pas limiter notre échange à un dialogue et de poursuivre ensemble le travail d'écriture qu'il avait entrepris ? Il répond qu'une œuvre poétique est personnelle et me propose d'écrire un texte en contrepoint de son *Éloge*. Cet ouvrage avait une grande importance pour lui et il désirait en demeurer le seul auteur. Mes idées ne me semblaient pas avoir suffisamment mûri et mon expérience de la vie était si mince que je ne vis pas de fruit immédiat possible tel qu'un écrit en contrepoint du sien. Alexandre revenait d'une immense aventure, celle d'un mathématicien exceptionnel. Et j'avais le sentiment d'être sur le rivage, de méditer sur ce que j'allais entreprendre dans ma vie. Je ne pensais pas avoir quitté le port – même si bien des années plus tard ce dialogue avec lui m'apparaît comme un merveilleux voyage. Nous poursuivîmes nos échanges sans élaborer d'écrit commun.

La suite de la lettre concerne le contenu de ce qu'il avait écrit de son *Éloge*. Il s'agissait de strophes assez brèves, denses, rédigées dans un style poétique. Cette concision était en assonance avec celle des versets du *Tao Te King*. L'ensemble n'avait rien d'elliptique et la forme était la plus épurée possible. EGA désigne son ouvrage écrit en collaboration pendant la décennie précédente avec le mathématicien Jean Dieudonné, *Éléments de géométrie algébrique*. Il ne voulait surtout pas que son premier écrit situé hors du champ mathématique ressemblât en quoi que ce soit à ce monument, qu'il évoque ici en plaisantant : il écrivait dans une veine toute nouvelle pour lui et fut soucieux que ce texte n'apparaisse pas comme intellectuel ou ésotérique. Cet ouvrage était à ses yeux le message repris et actualisé de Lao-tseu. *L'Éloge* était prévu en trois chants, dont il ne rédigea que le premier. Le terme « chant » était une réminiscence des « chants » de Walt Whitman, dans ses *Leaves of Grass*. Cette lettre donne une certaine idée de l'intention générale de cette œuvre.

Il s'agissait d'évoquer l'état originel, la perception pure et authentique qu'il nommait *Innocence* et que chaque être humain a pu connaître pendant son enfance avec une intensité et une durée variables, selon les vicissitudes de sa vie. À cet état nommé *Enfance-Giron*, ou *Inceste symbolique*, sont rattachées la *Créativité*, la fraîcheur de notre regard et de notre contact avec ce qu'il nommait *Mère universelle*, qui est le Cosmos, l'infini, l'inconnu. Il avait ainsi vécu ses créations mathématiques.

La Honte désigne notre séparation de la Mère universelle : c'est *L'Enfance perdue*, *Le Drame de l'Enfance méprisée*, l'entrée dans le conflit, dans *Le Bruit* qui nous prive de notre capacité à connaître *Le Mystère* et nous entraîne dans *L'Impuissance.*

Enfin, *L'Enfance retrouvée* signifie renouer avec notre créativité perdue ! Elle signifie *La Délivrance*, le dépassement de *La Honte*, par *La Méditation* et *L'investigation poétique.*

Les mots-clés (*Enfant, Éros, Mère, Impuissance*) qu'Alexandre indique pour la page de titre du premier chant donnent une certaine idée de son contenu.

Il évoque un dessin possible pour la page de titre du premier chant, pour symboliser notre capacité à découvrir, notre créativité, notre rencontre avec la Mère cosmique. J'avais le sentiment qu'un tel dessin pouvait créer une confusion entre mère personnelle et Mère cosmique.

27. La Roque, le 23 juin 1979

Cher Christian,

Enchanté d'apprendre que tu vas continuer une méditation parallèlement à la mienne. Pour ce qui est des projets de venir du côté de Lodève entre le 1er août et le 15 septembre, je crois qu'il vaut mieux ne pas compter sur le temple – car en été il y aura sans doute des passages à la Roque et ça risque d'être bien occupé. Par contre il est tout à fait possible qu'à ce moment Ahmed et Johanna ne soient déjà plus à Villecun – qu'ils auront commencé leur installation à Col Fumat. À ce moment en principe toi et Odile seriez seuls dans la maison de Villecun – à cela près qu'il est probable qu'il passera du monde pour me voir, et que dans ce cas-là vous serez un peu des hôtes-amphitryons occasionnels pour des amis de passage – ce ne serait pas nécessairement inintéressant. Mes propres projets sont les suivants : séjour en Allemagne du 2 au 12 juillet environ, puis séjour à Col Fumat (à 80 km de Lodève), où il y aurait un mazet habitable tout de suite (Ahmed *dixit*) avec quelques jours de travail seulement pour tout arranger. Je pense revenir vers la mi-septembre pour les surveillances d'examen, mais pourrai revenir aussi quelques jours avant votre départ de Villecun, si vous vous y installez cet été. Pour le courrier, jusqu'à nouvel ordre continuez à écrire à Villecun, je me débrouillerai pour faire suivre régulièrement d'une façon ou d'une autre. Il n'est pas impossible non plus que je fasse une courte apparition à Villecun courant août. Pour ce qui est de votre séjour éventuel à Villecun, vous pourrez vous mettre en relation directement avec Ahmed et Johanna sans passer par moi, pour savoir p. ex. où ils en sont, par courrier ou par téléphone ([67] 44 10 36).

Je crois d'ailleurs que même à quatre, la maison – avec les environs spacieux ! – est assez grande pour ne pas poser de problème sérieux de cohabitation. Je crois aussi que Johanna et Ahmed feraient un effort pour que la maison reste jolie et avenante…

Affectueusement à toi et Odile,
Alexandre

P. S. « Ouvrage philosophique » et « méditation » me semblent deux choses très différentes – la deuxième étant une chose essentiellement personnelle, impliquant la vie de la personne qui médite…

Alexandre envisagea un moment de passer l'été dans un mazet au Col Fumat dans l'Hérault et s'installa finalement dans le Vaucluse à Gordes. Il recherchait la solitude et ne fit que de brefs séjours à Villecun pendant cet été 1979.

28. La Roque, le 26 juin 1979

Cher Christian,

Je t'envoie ci-joint « la suite » de *L'Éloge* – j'espère que tu t'y reconnaîtras, avec les commentaires suivants.

Il y a un léger décalage dans le plan du quatrain des strophes XXI à XXIV (l'être créé) : l'ancien XXI (harmonie et impuissance) est rejeté à la fin pour devenir XXIV – donc il y a permutation circulaire sur les n[os] impliqués. (La raison du décalage, c'est que l'ancien XXI coupait une courbe ascendante d'intensité érotique [dans la nouvelle numérotation] du XX [l'Eau en flamme] à XXIII [la mère et la Mère].) Dis-moi stp si ce changement te paraît heureux, ou si au contraire l'ancien XXI (devenu XXIV) préparait un peu l'ancien XXII (devenu XXI), un peu brutal peut-être sinon...

Il y a une page changée dans la longue strophe VII [le Jeu], dont je coupe le texte par insertion d'un court poème, destiné à l'aérer. C'est la page 31 ci-jointe (mais sans doute ta numérotation des pages ne correspond pas à la mienne).

Dans XXI (le double sexe) il manque « la moitié » – la description de la mère phallique. J'attendais d'être en dispositions convenables pour cela, ou de retrouver une ancienne lettre à Yole pour m'en inspirer, voire pour recopier ce qui convient. Tout le texte actuel de XXI sans exception, est la traduction du poème et d'une lettre à Nara (ainsi d'ailleurs que le poème inséré dans VII, et aussi celui dans X [La Nourrice] et celui de la fin du XXII [Métamorphoses]).

Comme strophes à rédiger il reste donc

XI (Le Miroir muet)

XIII à XVI (réaction)

XXV à XXVIII (Amour),

plus moitié de XXI

J'attends avec grand intérêt tes commentaires. J'espère que tu seras très critique, tout particulièrement au sujet de toute rechute inopinée dans un style intellectuel, qui me semble le principal écueil. À ce sujet je te signale que j'ai réécrit entièrement XX (l'eau en flammes) sauf le dernier alinéa – c'est un oubli dans mes commentaires.

1) : 3) à compléter donc par

4) . Je te joins la nouvelle version de la partie modifiée (p. 62 et 63). L'exemple de ce changement te montrera mieux que toute explication de quel « écueil » il s'agit.

Une strophe qui me paraît particulièrement cruciale est la XXIII (la mère et la Mère) que j'ai rédigée aujourd'hui même. Elle a été particulièrement délicate à rédiger – car le message à passer est rendu plus délicat du fait de l'ambiguïté réelle du double rôle de la mère. Je suis tout particulièrement intéressé par ton commentaire sur cette strophe. Tu peux la lire d'ailleurs séparément du reste – c'est un bon test.

En principe, toute strophe est censée « se tenir » comme un petit chant, et doit pouvoir se lire séparément du reste, sans trop détonner si possible…

Finalement le chant I, vu les vingt pages de la dédicace et du prologue, s'annonce plus long que prévu : je prévois dans les 90 pages – ce qui laisse présager dans les 250 à 300 pages : pour l'ensemble des trois chants – si les deux autres sont de dimension comparable à celle du premier chant – j'avoue que je n'ai aucune idée s'ils seront nettement plus courts, ou peut-être plus longs encore. Je n'ai encore qu'une idée extrêmement vague sur la forme qu'ils prendront.

Il semble que le projet d'Ahmed et Johanna pour Col Fumat ne marche pas – il y a déjà des promesses de vente sur toutes les parcelles visitées par Ahmed.

Pour le coup, mon projet d'y passer l'été s'évanouit aussi – et je ne sais donc où je vais atterrir. Je te ferai savoir.

Bien affectueusement à toi,
ton Alexandre

P.-S. Je viens de rédiger XXV (le cœur et les pétales) et m'aperçois que XXVI (qui devient maintenant : le chant de l'amant) et XXVII (adoration) sont déjà virtuellement écrits – en mettant ensemble d'anciens textes de poèmes et poèmes en prose. Je commence à croire que je finirai peut-être tout le premier chant dans les jours prochains. Je pousserai un grand ouf !

Dans la lettre précédente, Alexandre donne à propos de *L'Éloge* des précisions sur l'avancée de son travail d'écriture et la restructuration du premier Chant nommé *Innocence*. Les titres cités pour les strophes et les quatrains donnent un aperçu du contenu de ce chant I détruit quelques années plus tard : *L'être créé*, *Harmonie et impuissance*, *L'eau en flammes*, *La mère et la Mère*, *Le Jeu*, *Le double sexe*, *La Nourrice*,

Métamorphoses, *Le Miroir muet*, *Réaction*, *Amour*, *Le cœur et les pétales*, *Le chant de l'amant*, *Adoration*. Certaines de ces strophes seront évoquées dans les lettres suivantes.

La strophe *L'eau en flamme* lui fut inspirée par un rêve que je lui avais raconté. Il en fut impressionné, me dit que j'étais fermé à ce message et n'en saisissais pas la portée. J'avais rêvé d'un bateau en flammes sur la mer, au large ; je le regardais depuis le rivage et ressentais un grand désarroi. J'avais ensuite saisi ce songe comme une métaphore de la période que je traversais : mes tâches ne me semblaient pas aussi cernées que pendant ma période d'études scientifiques et je me sentais un peu désemparé, vacillant. Pourtant je dirais aujourd'hui, reprenant Deleuze et Guattari, que j'étais *sur une ligne de fuite*. J'étais plongé dans une recherche intérieure, n'étais pas inactif. Le dialogue avec Alexandre occupait dans ma vie une importante place. Il était l'interlocuteur privilégié, l'ami intime doté de capacités immenses et toujours bienveillant. Ma question centrale, celle qui me tirait en avant, concernait la place de la science contemporaine dans la connaissance.

29. La Roque, le 29 juin 1979

Cher Christian,

Merci de ta lettre sur « le Castrateur » que je viens de lire. J'ai le livre *Totem et Tabou* en allemand, et vais l'emporter à tout hasard. D'après les explications que tu donnes dans ta lettre, il ne semble guère y avoir là qu'une *rationalisation* du tabou, intériorisé avec une telle force chez Freud, sans doute, que n'importe quoi semble assez bon pour justifier le tabou. Et il me semble que tu es un peu dans la même situation, en faisant confusion entre la nécessité cosmique de quitter la mère pour la Mère (laquelle Mère se trouve aussi dans des tâches « créatrices agréées par la société ») et le tabou de l'inceste, qui a l'effet *opposé* à celui de vous libérer de la mère. Et Freud et les psychanalystes qui l'ont suivi en savent quelque chose dans leur pratique quotidienne – et n'importe qui qui a des yeux pour voir et s'en sert. Tout le monde sait bien que ce qui est défendu est entouré d'une auréole puissante d'attraction supplémentaire... Mais « *a priori* » mis à part, regardant « *a posteriori* » la réalité, nous voyons l'impuissance paralyser la vie de tous – même ceux qui ne vont pas traîner savates chez les psychanalystes. Et on voit que la créativité est la plus atteinte chez ceux qui intériorisent le plus la honte en leur corps et en leurs pulsions, et non le contraire. Ce n'est pas l'interdiction de coucher avec ta mère qui t'a « forcé » à courir le vaste monde. Mais l'ambiguïté de ta relation à ta mère, en brisant un élan dès le départ, peut-être, qui t'a rendu difficile d'être libre d'elle. Et je sais bien que s'il y a eu force et élan en moi, c'est parce que dans les premières années de ma vie ma relation à mes parents, mère et père, était exempte de toute ambiguïté, c'est-à-dire de toute peur. Il est vrai que la honte en son corps châtre véritablement l'homme et la femme, de sorte que, n'étant plus lui-même, il devient un *matériau* docile dans les mains des chefs. (C'était clairement ainsi déjà du temps de la Bible...) Pourtant les chefs eux aussi sont châtrés – tout le monde apparemment perd, en se trouvant divisé, inauthentique – et la gratification de l'orgueil du chef – fut-ce un Staline ou un Mao – est elle-même dérisoire...

Il est évident que sans castration, l'évolution de l'humanité aurait été entièrement différente – la presque totalité des activités humaines étant des activités de *fuite*, de *remplacement*, d'*exutoire*. Il n'y aurait pas eu sans doute ce qu'on appelle « les grandes civilisations », qui toutes ont été édifiées sur des conquêtes, l'oppression, la soif du gain, de la puissance et des honneurs. Bien sûr, ce que lesdites civilisations ont apporté de « valable » suivant mes critères personnels (et le développement d'une certaine connaissance systématique, et quantitative du monde par la « méthode scientifique » ne manque pas de certains attraits, p. ex. ...) semble avoir été payé d'un prix vraiment exorbitant en mutilations et souffrances de chacun – « exorbitant » est un mot trop faible – il n'y a pas de mot assez fort !

Pour le moment, le seul *sens* que je peux découvrir à la Castration universelle, c'est celui-ci : c'est que le sens de la vie de l'homme n'est pas de couler des jours tous heureux et créateurs dans un monde humain qui soit accueillant à sa personne et à l'élan créateur reçu en sa naissance – mais qu'il doit se perdre et se redécouvrir au cours d'une longue errance dans le monde de la Castration. La castration « de tous » semble servir de cadre à l'ouverture individuelle – qui est bien la retrouvaille de soi, la redécouverte de son unité perdue, mettant fin à la castration de la personne. Ce « sens » possible sous-entend une sorte de « volonté divine » ou « intention cosmique » concernant le destin de l'homme. On dirait qu'une main puissante nous jette chacun à notre tour, nus et innocents, dans un merdier indescriptible, inimaginable (il faut être lessivés comme on l'est pour ne pas être éberlué par l'énormité ubuesque du merdier humain – et très vite on devient soi-même partie intégrante de la merde générale – le monde se charge de châtrer vite fait notre innocence et notre élan) – Et « le jeu » (ou « le drame ») c'est péniblement de trouver son chemin hors du merdier, en arrivant à voir clair *et* le merdier, *et* notre implication en lui.

C'est une situation étrange, car à la fois le monde de l'homme est un *merdier* indescriptible, par la « composition » de la responsabilité (ou plutôt irresponsabilité !) de chacun en particulier ; et en même temps il est parfait (comme les mystiques authentiques en ont parfois révélation) – le « merdier » est exactement ce qu'il faut pour que la destinée de chacun s'accomplisse librement. Il est difficile de voir *à la fois* le merdier (mentalité du révolté, ou du « révolutionnaire » qui rêve de changer la société par une meilleure) – et de voir la magnificence (mystiques...).

Ce que font les gens rangés, c'est ne voir ni l'un ni l'autre – de rationaliser le merdier en disant que c'est très bien comme ça. Freud manifestement est de ceux-là, et sans doute la quasi-totalité non seulement des psychanalystes, mais des gens en général qui ne sont pas trop mal lotis à leur sens – ceux qui ont l'impression inquiète « d'avoir quelque chose à perdre ».

Dans le premier chant de l'Éloge de la Mère j'essaie de donner un reflet de la *magnificence*, en dehors de la Castration, la magie d'*avant*-Castration. Le deuxième chant devrait en principe décrire le merdier inimaginable créé par le Castrateur (= le bon Dieu quand même, après tout ?)

Dans le troisième enfin, je prévoyais de montrer comment une personne comme toi et moi, toute emmerdificotée, peut néanmoins se

« démerder » par à-coups, se retrouver, retrouver innocence… Mais si ma vision croît, peut-être entreverrai-je alors, aussi, comment le merdier lui aussi, et tout notre pénible cheminement dans le monde, s'insère dans une plus vaste magnificence, dont le Castrateur-Emmerdeur est lui-même instrument. Cela ne signifie bien sûr pas : camoufler le Castrateur, ou lui inventer des « justifications », telle celle de Freud et des anthropologues et ethnologues qui lui emboîtent le pas avec le plus grand empressement – et pour cause ! *S'il* y a destin collectif et responsabilité collective de l'espèce humaine (je n'en sais rien bien sûr) ce serait peut-être d'arriver à s'affranchir de la malédiction originelle, à retrouver collectivement l'innocence. Mais c'est évident que ce n'est pas en répétant « Mais non, c'est pas méchant du tout cette petite castration de rien du tout – une opération juste un peu pénible – et le Castrateur gentil comme tout ne veut que notre bien, pour que notre joli petit merdier continue à merdoyer comme avant et même encore mieux, avec tout ce progrès que voilà grâce au providentiel Castrateur qui nous a si bien arrangés… » – ce n'est pas comme ça que l'espèce humaine prend le chemin d'une libération. Mais quel chemin elle est en train de prendre, bien fin qui le dira…

Pour changer de sujet – quelques modifications du texte de *L'Éloge* :

Dans « Gratitude… » (V), parmi les « noms illustres » j'ai mis « l'homme de connaissance Don Juan » juste avant Lao-tseu, et juste après lui j'ai ajouté « Walter Jerven, son interprète inspiré » – car sans sa « traduction », je n'aurais pas vu apparaître le sens que tu sais, et je ne suis pas sûr si *L'Éloge* aurait vu le jour – si oui, sans doute plus tard, bien plus tard, en franchissant progressivement différents niveaux d'énergie et de vision, alors qu'au début avril il y a eu comme un saut soudain dans une dimension que je n'aurais pas soupçonnée quelques jours avant.

2) Quelques petites modifications (non sans importance) dans XXIII (la mère et la Mère).

a) A la troisième page (chez moi p. 75), premier alinéa, remplace la dernière phrase un peu désinvolte (« Peu importe dès lors en *quel* giron… ») par :

« Cela seul importe – l'*élan* de la flèche – non en *quel* giron, etc. »

b) À la fin du 3ᵉ alinéa de cette page, rajouter une phrase :

« Elle ne s'arrêtera que plantée droite au cœur de la Cible… dans l'ultime giron – la Mort… »

c) L'alinéa d'après, après la première phrase insérée (après « libres d'elle ») :

« Alors seulement pouvons-nous être ouverts à la vérité de son être, percevoir le chant de sa propre vie. Et cela, en elle qui imprégna l'aube de notre vie et qui dépasse Sa vie et Sa personne – nous le retrouvons dans le giron de la Mère en chacun de nos jours et de nos nuits. »

Après, aller à la ligne avec

« Quand alors, au cours d'un fougueux voyage, nous la croisons à nouveau… et tout son être (si elle-même ne s'y ferme). Nous sentons en notre être reposer la même Puissance, née du même giron. »

Dernière phrase « ne varietur ».

Affectueusement,
Alexandre

Alexandre m'avait demandé (lettre du 11 juin 1979) de lui indiquer des textes qui traitent de l'origine de la répression sexuelle. Je lui avais suggéré la lecture du livre de Freud, *Totem et Tabou.* Il vit bien sûr dans cet ouvrage une simple justification du tabou de l'inceste, fondement essentiel, selon le créateur de la psychanalyse, d'une société civilisée. Cette idée sera développée dans les lettres suivantes.

La créativité *est* l'amour de la Mère universelle et « se trouve aussi dans des "tâches créatrices agréées par la société" ». J'avais utilisé cette expression dans une lettre précédente, à laquelle il répond. La créativité peut s'exercer dans ce type de tâches repérées dans notre culture en tant que « créatrices ». Mais elles peuvent être d'un autre ordre, marginales. Lui-même me donnait l'impression d'être dans une créativité permanente, dans quelque tâche que ce fût, même en apparence la plus anodine.

Alexandre évoque dans cette lettre la mère personnelle, qu'il faut quitter – ceci apparaît comme une loi cosmique – et la recherche de la Mère universelle évoquée dans son *Éloge.* Il s'agit d'un passage clé pour la compréhension de sa philosophie exprimée dans cet ouvrage. Je n'ai pas clairement compris, m'écrit-il, que se séparer de la mère individuelle ne signifie pas se séparer de la Mère cosmique. Et nous « projeter dans le monde » est contrarié par notre difficulté à quitter notre mère personnelle, à réaliser cette coupure.

Selon lui, le tabou de l'inceste tel que le définit Freud peut nous paralyser, amoindrir notre créativité et nous empêcher de nous détacher de notre mère personnelle : l'attrait de l'interdit peut rendre plus difficile cet éloignement. La fin de la lettre évoque la strophe XXIII (*La mère et la Mère*) de *L'Éloge* et cite quelques passages de cette strophe : la mère personnelle est une image, un reflet de la Mère cosmique ; elle est empreinte de la même « Puissance ». Mais la destinée de l'être humain est de s'en séparer. En ce sens *L'Éloge* maintenait la nécessité évidente de nous détacher de notre mère personnelle. Mais dans la perspective d'Alexandre cette loi cosmique ne doit pas être étendue à une coupure avec la Mère universelle.

Nous avions décelé chez Freud l'option philosophique à peine voilée d'une limite imposée aux capacités humaines à connaître. Ce point de vue ne pouvait plaire à Alexandre ! L'idée naquit peu à peu en nous que l'interdit compréhensible, supra-humain, imposé à notre sexualité par ce que Freud nommait tabou de l'inceste, avait été étendu par ses successeurs à un interdit fondamental, radical, essentiel, de contact avec la Mère cosmique. Cet interdit signifiait une limite à notre puissance à pénétrer le Mystère. Cette compréhension avait été suscitée par la lecture du *Tao Te King* : selon Lao-tseu, l'intelligence humaine n'a en effet pas de limites : « Le monde a une origine : je l'appelle la Mère du Tao. Qui étreint la Mère connaît le fils… ». Par *fils*, il faut entendre ici tout ce qui est, toutes les régions de la réalité, toutes ses expressions, ses manifestations.

Nous avions parlé de Wilhem Reich et de ses livres *La Fonction de l'orgasme* et *Écoute petit homme*. Freud avait eu le courage de réfléchir à l'importance de la sexualité chez l'être humain. Reich était parti du constat qu'une répression sexuelle effroyable existe dans notre culture ; il voyait dans ces interdits l'origine de toutes les misères et de tous les conflits humains. Ses idées nous inspiraient la plus grande sympathie. Nous parlions souvent de la répression intériorisée en chacun de nous et convenions de penser qu'elle dépasse sans doute en intensité tout ce que nous sommes capables d'imaginer ; ses conséquences sur nos capacités créatrices, leur poids dans leur altération, sont considérables et dramatiques. Il me semblait cependant qu'Alexandre (comme Reich) avait tendance à accorder à la sexualité humaine une place excessive.

Alexandre exprime son idée au sujet de l'asservissement des êtres humains, « matériau docile dans les mains des chefs » : la raison en est « la honte » entretenue par l'interdit de l'Inceste symbolique, la Castration. Les activités humaines sont des activités de *fuite*, au sens de Krishnamurti – elles impliquent une conscience altérée. Et Alexandre inclut parmi ces activités de *fuite* « une certaine connaissance systématique, et quantitative du monde par la "méthode scientifique" ».

Cette affirmation peut sembler surprenante, sinon délirante. Elle est cruciale pour la compréhension de son point de vue sur l'activité de recherche scientifique. Une telle assertion ne signifie pas que ce travail soit toujours une *fuite*, mais dans l'esprit d'Alexandre, il est rare qu'il ne le soit pas : à ses yeux, la recherche scientifique, même pratiquée à un niveau élevé, peut s'effectuer dans des dispositions qu'il qualifiait de pathologiques. En effet, elle peut ne pas aller de pair avec la clarté intérieure. La « clarté » fait référence à une connaissance d'un niveau autre, qui relève de la méditation. Celle-ci est à distinguer de la simple connaissance intellectuelle impliquée dans les sciences courantes, enseignées dans les universités et valorisées par les institutions officielles. La question de la différence d'essence entre l'activité de recherche scientifique et la méditation revenait de manière récurrente dans nos dialogues.

Alexandre évoque aussi la destinée de l'être humain : recouvrer son unité au sein de ce « monde de la Castration ». Et il parle d'un possible destin de l'espèce humaine qui « serait peut-être d'arriver à s'affranchir de la malédiction originelle, à retrouver collectivement l'innocence ». Cette question sur le Mal, ainsi esquissée, le tourmenta pendant les trente-cinq années qui lui restèrent à vivre après avoir écrit cette lettre.

30. La Roque, le 29 juin 1979

Cher Christian,

Comme annoncé, je t'envoie ci-joint la 7e partie du premier chant, « Amour ». C'était fait relativement vite, car pour XXVI et XXVII il me suffisait de mettre ensemble quelques anciens textes – poèmes et prose.

Je te joins aussi quelques poèmes à joindre ici et là, plus un texte qui remplacera le dernier alinéa de XXII (Métamorphose) affreusement pompier et ne disant rien ! Sans doute tu l'auras déjà repéré comme cible de sarcasmes justifiés ! J'ai fait encore ici et là quelques corrections de style dans cette 6e partie que je viens de relire attentivement, mais pas assez importantes pour que je te les signale.

Avec l'appendice – la traduction de Lao-tseu, et « en guise de programme » – Dédicace, Prologue, et l'Avant-propos de l'édition multigraphiée, ce premier chant aura à peu près 100 pages. Je veux voir si je ne peux déjà le faire tirer par la Fac assez rapidement et le diffuser tel quel – et recueillir les échos. Et je commence aussi à songer, si je publie *L'Éloge*, à publier séparément et d'abord le chant I (mais avec les dédicaces et le Prologue complet, bien sûr !).

Deux raisons :

L'essentiel des messages se trouve déjà dans le premier chant – bien que beaucoup de choses seront reprises dans les deux autres. Mais il se trouve exprimé dans un contexte « érotique » propice à un « déblocage » qui permette au message de passer. L'émotion provenant de la pulsion érotique sera sans doute beaucoup moins présente dans les deux autres chants – si même elle y apparaît – ce qui risque dès lors d'avoir un effet de « délayage » du message. (Ça n'a rien à voir avec le fait que leur écriture soit d'une grande densité...)

2) Un « chant » se présentant comme un volume de 250 pages risque d'effrayer le lecteur – il faut se mettre à sa place, le pauvre... Imagine-toi « Le Prophète » en 250 pages. Même en songeant aux amis sur ma liste d'envois (une bonne centaine) beaucoup seraient effrayés par un paquet de cette envergure !

Bien sûr, une fois écrit l'ensemble des trois chants, en 300 pages disons, il est bien possible qu'avec une maîtrise ainsi acquise d'un thème et de ses moyens, j'arrive à réécrire une version plus dense, contenant tout l'essentiel, en environ cent cinquante pages. Cela n'élimine pas pour autant la question de publier le 1er chant séparément, en tenant compte de la première raison – la plus importante il me semble. Que t'en semble-t-il ?

Je te laisse pour aujourd'hui. Affectueusement,
Alexandre

Cette lettre écrite le même jour que la précédente contient une allusion à l'ouvrage *Le Prophète* de Khalil Gibran, dont il m'avait offert un exemplaire trois années plus tôt : œuvre d'un jeune homme hypersensible, doté d'un regard pur, non conditionné. Je percevais Gibran comme une version moyen-orientale, moins tourmentée, de notre Arthur Rimbaud (un demi-dieu lui aussi, à mes yeux) – je ne manquais pas d'adorer ce dernier et de lire ses écrits à Alexandre. (« “À la science, et en avant !” crie l'Ecclésiaste moderne, c'est-à-dire Tout le monde. […] – Qu'y puis-je ? Je connais le travail ; et la science est trop lente… on se passera de moi ! ») Nous parlâmes souvent ensemble de Gibran pendant l'année 1976, lûmes son livre sous toutes les coutures, le commentâmes dans tous ses détails. Je le trouvai inspirant. Alexandre l'évoqua avec de plus en plus de réserves pendant les années qui suivirent. Il décela un jour la faille – celle qu'il cherchait dans toute création, comme pour en dessiner les contours et mieux l'appréhender. Il lui fallait mettre en évidence une faiblesse de ce genre pour saisir une œuvre dans son intégralité, son caractère unique mais aussi sa dimension humaine, c'est-à-dire limitée. Ses réticences à l'égard de ce poète se fondèrent sur la lecture qu'il fit de certains passages du *Prophète*, évoquant d'une manière à peine voilée la réincarnation de Khalil Gibran : « N'oubliez pas que je reviendrai vers vous. / Un petit instant, et mon désir recueillera poussière et écume pour un autre corps. / Un petit instant, un moment de repos dans le vent et une autre femme m'enfantera. » Ceci agaça Alexandre. Il me dit que Gibran parlait ainsi de lui-même, par la bouche du personnage qu'il avait inventé, et trouvait cela « prétentieux » : cet écrivain se considérait comme doté du don de prophétie même si son œuvre, traduite en de multiples langues, semblait en premier lieu celle d'un poète. Un peu plus tard, au début des années 1980, l'avis sévère d'Alexandre fut conforté par la lecture d'un ouvrage ultérieur du poète libanais que je lui avais montré, *Le Jardin du prophète.* Ce livre nous toucha bien moins que *Le Prophète* dont la version initiale fut rédigée pendant l'adolescence de Gibran. L'intérêt d'Alexandre pour ce poète parut s'éteindre. Et quand il lui arriva ensuite d'en parler incidemment, il haussait les épaules. Des lectures aussi profondes d'un écrivain tel que celui-ci me semblaient le rendre incandescent et le faire parfois disparaître. Un tel mode de lecture apparaît dans son ouvrage ultérieur, *La Clef des Songes* : il exerce sa sagacité chez des êtres humains qu'il nomme « mutants » et justifie ainsi ses recherches à leur sujet : « Les limites de l'homme ne sont pas un obstacle à sa grandeur [...] C'est en cernant avec un soin extrême et dans le respect les limites d'un homme, que par ce travail aimant, la grandeur véritable se dégage peu à peu des brumes et apparaît[1]. »

31. La Gardette, le 3 juillet 1979

Cher Christian,

Juste un mot pour te dire que je ne suis pas allé finalement en Allemagne – la dame que je voulais aller voir est décédée le 8 juin, je ne l'ai su qu'hier.

Je suis dans une maison de campagne de Jaulin, écris-moi-y directement c/o Robert Jaulin, La Gardette, par 84 220 Gordes.

Ce sera tout pour aujourd'hui – je viens de m'installer – c'est très chouette, tant le pays que la maison retapée par Robert – et je n'ai pas l'esprit à écrire.

Affectueusement,
Alexandre

1. (120), « Mission de paix et œuvre missionnaire – ou l'essentiel et l'accessoire ».

4.7. Finalement je n'ai pas été à Gordes aujourd'hui et cette lettre ne partira donc que demain. Au lieu de cela j'ai continué à écrire pour *L'Éloge*, et te joins le fruit de ce labeur :

1°) La strophe XI « Le Miroir muet » que j'avais laissée en plan – la mort de l'oncle de Yole a été un bon incitatif pour l'écrire maintenant.

2°) Une addition à XXII (Métamorphoses). Le texte que je t'envoie remplace l'ancien texte depuis le bas de l'ancienne page 70 (« Pour le petit garçon ») repris dans le nouveau texte, jusqu'au bas de la page 71 (contentant le même début de poème (traduit de l'anglais) que le nouveau texte, qui vient en page 73).

Il reste donc à écrire :

La partie centrale « Création » : quatre strophes.

Deux ou trois pages à rajouter dans XXI « Le double sexe », consacré à la « mère phallique ».

J'espère terminer cela dans une semaine ou deux. Quand j'aurai tes commentaires détaillés, je ferai les modifications et ajustages nécessaires, etc.

(*En marge* : je commencerai à retaper le tout sur stencil, pour pouvoir le donner au tirage vers la rentrée – si tout marche sur des roulettes…)

5.7. Je ne suis toujours pas descendu à Gordes – mais la faim finira par m'y contraindre – il me manque des légumes, pommes de terre, céréales, lait…

Pendant le mois d'août, il y aura ici avec moi un couple ami de Jaulin, avec un bébé – cela ne me dérangera pas, dans la mesure où je n'ai pas à m'occuper d'eux, comme ce serait le cas pour des visiteurs inopinés. Par contre, en septembre je serai seul. Si toi et Odile avez envie de venir alors, vous serez bienvenus. Il y a assez de place pour ne pas être les uns sur les autres – la cuisine sera à usage commun. On pourrait parler quand vous aurez envie l'un et l'autre, et être seuls quand on aura envie d'être seuls. Si vous y tenez, vous pourriez même avoir chacun une immense pièce pour soi tout seul. Si ça vous intéresse, vous me ferez signe et je vous donnerai une description détaillée de comment venir ici – ce n'est pas trivial !

Par contre, si Ahmed est encore à Villecun en août, je doute que vous y seriez très bien, car il aura sans doute pas mal d'amis avec lui. Mais il n'est pas exclu après tout qu'en août il soit déjà à Col Fumat à retaper une ruine... À voir avec lui... Tiens-moi au courant en tout cas où vous serez... Si vous voulez, je peux essayer de regarder à Gordes pour le mois d'août...

Question Éloge : j'ai envie d'intervertir XI (que je t'envoie ci-joint) et XII – que t'en semble-t-il ? Et je suis de plus en plus convaincu que c'était une mauvaise idée de changer de place l'ancien XXI (harmonie et impuissance) – mais avant de rétrograder j'aimerais connaître ton sentiment.

Affectueusement,
Alexandre

La maison de Villecun et le petit temple bouddhiste n'étaient plus assez calmes au goût d'Alexandre, il y recevait trop de visites ! Il s'installa dans le Vaucluse dans l'une des maisons d'un ami, l'anthropologue Robert Jaulin qui n'y séjournait que de temps en temps. Elle était située dans la campagne, non loin de Gordes. Jaulin l'avait joliment aménagée et elle plut beaucoup à Alexandre. Mais c'était une partie d'un petit mas divisé en plusieurs logements et il eut à souffrir du voisinage. Il ne pouvait supporter le moindre bruit. Il y vécut plus d'une année. Jaulin eut à endurer (comme Alexandre !) les mesquineries du milieu universitaire dans lequel il travaillait. Tous deux étaient proches par leur marginalité au sein de l'institution et leur originalité de chercheurs. J'avais lu le livre de Jaulin, *Notes d'ailleurs*, publié en 1979. Selon lui, Alexandre était « moine sauvage plutôt que mathématicien de génie ». Au début des années 1980, je passai une soirée avec Jaulin dans son domicile parisien : il était spontané et avait un tempérament passionné, une vivacité d'esprit extrême et un feu qui me rappela celui d'Alexandre. Il rêvait de revenir au mode de vie des peuples premiers et aurait peut-être dû le faire, en continuant à écrire et en envoyant de temps en temps un livre à son éditeur parisien. Mais il avait des responsabilités familiales.

À Gordes, Alexandre put avancer la rédaction de son *Éloge*. Dans cette lettre il cite quelques strophes : le « Miroir muet » était une évocation de la mort. Celle-ci, écrivait-il, nous incite ou devrait nous inciter à la méditation. Le thème de la mort revenait souvent dans nos conversations, c'était l'un de ses thèmes de réflexion préférés, une obsession presque – c'était aussi mon cas. Il disait que la mort d'un proche devrait stimuler chacun de nous à méditer sur notre propre vie : c'est en ce sens qu'il parlait de *miroir* tendu vers nous par la mort ; elle peut nous aider à un retour sur nous-même. La relation à la mort, pensait-il, est pathologique dans notre société. Elle a été évacuée comme l'impensable, est devenue objet de dégoût : les personnes âgées sont mises à l'écart et concentrées dans des mouroirs, tandis que dans d'autres cultures son importance est (ou était) soulignée par des rituels. Il semble que cet état de choses soit en train de changer au sein de certaines unités de soins palliatifs dans les hôpitaux.

Le thème du *double sexe* était une réflexion sur la coexistence chez l'être humain, homme ou femme, des dimensions féminine et masculine, *yin* et *yang*. Il évoquera dans une lettre ultérieure (31 juillet 79) une « prépondérance vraiment marquée du masculin dans [sa] nature – alors même que le féminin est reconnu et bienvenu en [lui]… ».

J'avais le sentiment qu'il avait des difficultés à intégrer ses qualités *yin*. Il me raconta qu'il avait vu un extrait d'un reportage réalisé à l'occasion d'un congrès de mathématiciens ou d'un séminaire. Il avait été filmé lors d'un passage au tableau alors qu'il écrivait quelques lignes et s'exprimait brièvement. Alexandre me dit qu'il avait été mal à l'aise de s'entendre, n'avait pas du tout aimé se voir ; il me parla d'une certaine dimension féminine de sa voix qu'il avait du mal à assumer. Sa voix teintée d'un léger accent allemand était forte en effet, mais avait aussi des aspects *yin*, doux.

La personnalité d'Alexandre était bien sûr extraordinairement riche, exprimée par un délicat équilibre entre des qualités masculines et féminines. Sa capacité d'écoute et de concentration était hors normes. Le silence dans lequel il semblait se plonger pour être attentif et comprendre – cette forme d'humilité et de sincérité – m'avait surpris au plus haut point dès nos premières conversations : je m'attendais en effet à rencontrer un être essentiellement *yang*. Il avait certes une grande puissance d'expression, une force dans l'affirmation d'un éventuel désaccord avec ce qu'il pouvait lire ou entendre : il pouvait alors entrer dans une véritable ébullition. Mais cette capacité assertive n'était pas dénuée de délicatesse et de gentillesse. J'en étais même parfois étonné et peinais à imaginer Alexandre pendant sa période d'activité mathématique officielle au sein du milieu scientifique, dans les séminaires ou des cercles plus restreints de chercheurs. Il m'avait raconté (j'ai déjà évoqué cela) combien il pouvait être détestable. Je pensais qu'il avait changé depuis, sous l'effet de la solitude, de ses méditations, de la diminution de l'intensité de son travail intellectuel et de la fréquentation de milieux alternatifs, moins formels.

Dans le chapitre « La mère phallique » de *L'Éloge*, il évoquait un cas particulier de mère personnelle : celle qui brise son enfant au lieu de lui donner confiance et énergie. Il la décrivait en tant qu'image négative de la Mère cosmique.

32. La Gardette, le 9 juillet 1979

Cher Christian,

Ouf – je viens de terminer la 4e partie du chant, qui restait à écrire – je te l'envoie ci-joint. Avec ça le premier chant « Innocence » de *L'Éloge* est pratiquement terminé, sauf les deux pages qui manquent : « métamorphoses » – j'attends que Yole me renvoie une lettre du mois de décembre, je pense qu'il me suffira pratiquement d'en copier quelques passages, que j'aurais du mal à improviser « à froid ».

Bien sûr, il y a la possibilité de chamboulements + – importants notamment à la suite de tes commentaires. (Je n'ai pas encore reçu de courrier ici depuis mon arrivée il y a une semaine – demain je passerai au bureau de poste de Gordes pour m'assurer que le facteur ne s'avisera pas de renvoyer à l'expéditeur le courrier arrivant ici – il faudra que j'installe une boîte à lettres…) Déjà dans ce que je t'envoie aujourd'hui, je me rends compte qu'il me faut au moins réécrire le haut de la page 46, où je balance tel quel et sans ménagement un paquet de « couples cosmiques » à la figure du lecteur, pour lui apprendre à vivre ! Il me faudra un peu arranger ça, mais ce n'est pas rien du tout à faire…

J'ai relu avec attention tout le chant jusqu'à la partie « Création » incluse, que j'envoie aujourd'hui. J'ai fait quelques changements minimes, surtout de style, qu'il ne vaut pas la peine d'indiquer par lettre – sauf tout au plus que j'ai inclus aussi A. S. Neill (*cf.* Summerhill) parmi les « noms illustres » auxquels je suis redevable. J'ai surtout systématiquement subdivisé les alinéas trop longs, ce qui, il me semble, allège considérablement le texte parfois, simplement en l'aérant. C'est surtout notable pour VII (le Jeu) que je vais peut-être même retaper, car il est presque illisible faute d'être aéré, je crains. Aussi, comme c'est la strophe qui a été le plus « rapiécée » (la seule dans ce cas, pratiquement), ce serait une chose à faire de toute façon.

Je m'arrête pour aujourd'hui, attendant avec impatience tes commentaires de toi – espérant bien que tu seras un lecteur sévère sans aucune indulgence pour les faiblesses de style ou autres !

Affectueusement,
Alexandre

Alexandre revient dans la lettre précédente sur diverses strophes, dont « Le Jeu ». Il ne s'agissait pas seulement du jeu amoureux, mais du *jeu* en toute création, quelle qu'elle soit, artistique, ou scientifique, ou dans la vie quotidienne – dans toute circonstance de la vie. La strophe « Métamorphoses » (déjà évoquée dans la lettre du 3 juillet) à laquelle il fait allusion décrivait l'altération de notre conscience quand nous quittons l'état d'enfance.

La psychanalyse ne considère pas que celui-ci est accompagné d'une pureté et d'une acuité perceptives particulières. Selon elle, la « castration » s'effectue en plusieurs étapes, lors de la transition vers l'âge adulte. Le passage de ce cap consiste en l'intégration d'une « perte » dont l'acceptation est constitutive de l'être humain parvenu à maturité. Cette « perte » permet selon la psychanalyse de structurer l'individu.

La conception exprimée dans *L'Éloge* est antagonique à celle-ci : il n'y a pas de « deuil » à faire, de *perte* à assumer. Tout processus créateur est plutôt « retour à la Mère ». Le concept de « Mère Cosmique » est étranger à la psychanalyse.

Dans cette lettre Alexandre cite le pédagogue A. S. Neill, auteur de l'ouvrage très lu pendant ces années-là, *Libres Enfants de Summerhill.*

Summerhill fut une expérience de pédagogie alternative caractérisée par une grande autonomie laissée aux enfants. Alexandre estimait beaucoup A. S. Neill et le classa plus tard parmi les « mutants », dans sa *Clef des Songes*[1]. La délicate question de l'éducation des enfants et des pédagogies revenait souvent dans nos conversations ; elle faisait l'objet de discussions passionnées dans les milieux marginaux au sein desquels nous évoluions.

Ces milieux « hippies » étaient nés dans le courant des années 1960 aux États-Unis ; ils furent à l'origine de mouvements tels que Greenpeace, de remises en question radicales dans bien des domaines et de l'intérêt pour certaines traditions orientales. Les marginaux auxquels Alexandre était assimilé étaient accusés de rousseauisme par le milieu intellectuel dont il s'était peu à peu écarté. J'ai déjà remarqué qu'il en était agacé : il s'agissait selon lui d'une « étiquette » qui ne recouvrait pas une vraie compréhension de la situation écologique actuelle. Il était essentiel à ses yeux de renouer des liens avec la nature que la société industrielle avait délités. Et il fallait repenser nos valeurs. En outre, il semblait inconcevable d'avoir la nostalgie d'un retour à des modes de vie ancestraux.

L'éradication complète de toutes les machines avait été tentée dans les milieux marginaux les plus radicalisés, dans le département de l'Ariège par exemple. Cependant, les voitures, les tronçonneuses et l'éclairage électrique réapparaissaient après ces expériences extrêmes, courageuses et créatrices, de quelques mois ou quelques années. Je n'avais pas le sentiment que ces marginaux étaient seulement animés

1. *La Clef des Songes*, (90), « Neill et le péché originel – ou le mythe comme message ».

par un vague désir de retour à la nature. Je percevais certes chez eux une fuite du consumérisme, une réaction à l'égard d'une société basée sur des valeurs matérielles exclusives. Mais leur quête était profonde. Elle était mue par l'espoir de participer à l'émergence d'un monde plus humain.

Je ne pense pas qu'Alexandre prit le temps de lire Rousseau – je ne m'en souviens pas. Peut-être quelques pages bien choisies, quelques explications lui avaient-elles suffi pour avoir une impression générale de son œuvre. Je l'évoquais souvent dans nos conversations. Rousseau m'inspirait la plus grande sympathie, bien plus que Diderot dont je sentais l'attrait pour « le progrès » : le fondateur de L'*Encyclopédie* me semblait en effet penser que les connaissances techniques portaient en elles toutes les solutions. Nous étions sensibles au désir exprimé par Rousseau de renouer un contact avec la nature. Ce sentiment était chez Alexandre confusément exprimé et se renforça chez lui pendant les années 1980, quand il put s'occuper d'un jardin. Et tous nos meilleurs moments, nous les passâmes dans la nature.

Nous parlions un jour sous un châtaignier, près de la cabane construite sur la commune d'Olmet-et-Villecun par les moines de la secte bouddhiste Nipponzan-Myohoji. Alexandre y vécut une brève période pendant la rédaction de son *Éloge*. Il écrivait assis par terre, sa vieille machine à écrire posée sur une petite table basse. Nous évoquâmes une fois encore la fonction de l'école à l'occasion des visites d'un petit garçon de huit ans à peu près, K., qui venait nous voir souvent. Il connaissait les heures où nous étions là. Cet enfant était complètement négligé. Il imitait un chien à la perfection, aimait marcher à quatre pattes et venait ainsi auprès de nous, en aboyant et en réclamant à manger. Nous entrions dans son jeu et lui préparions un bol de flocons de céréales au chocolat, que nous posions par terre et qu'il lapait. Sa mère, tout à fait excentrique, se déplaçait à vélomoteur en portant pour tout vêtement un large sac de pommes de terre en toile de jute, enfilé à l'envers ; elle l'avait découpé dans sa partie inférieure pour pouvoir passer sa tête et ses bras.

Alexandre pensait qu'il aurait suffi de s'occuper de cet enfant de temps en temps, de lui apprendre à lire et de lui donner quelques explications sur le coin d'une table. Il fallait bien de toute façon, me dit-il, « quelque chose du genre de l'école ». Mais « certainement pas des structures aussi rigides que l'école existante ».

Je lui demandai si les études universitaires ne sont finalement pas davantage une gêne qu'une aide et si leur effet principal n'est pas de tirer vers l'arrière. Je lui parlai du travail que j'avais fait en physique vers la fin de l'adolescence et un peu plus tard, et combien cela m'avait coûté de devoir interrompre les fils personnels que je suivais, pour préparer des examens et suivre un programme. Le rythme des études, bien trop rapide, ne me permettait pas d'approfondir comme je l'aurais voulu. Ces apprentissages étaient une course imposée, superficielle. La capacité à utiliser des outils était demandée, plutôt qu'une réflexion approfondie sur ces outils eux-mêmes. Je lui dis que j'aimais au contraire me plonger dans les livres fondamentaux et y passer du temps sans me préoccuper d'autre chose ni me donner de limites dans la durée consacrée à ces travaux. Je lui avouais ma souffrance, mon inadaptation à l'université, et lui fis part avec franchise de mes faiblesses, de ce que je ressentais en moi comme une inintelligence foncière et une inertie. Pour parvenir à quelque chose qui me paraissait sensé, je devais travailler beaucoup. Quand je lisais un livre scientifique il me fallait le désosser et pour ainsi dire le manger. Il sourit avec indulgence et me dit qu'en effet il fallait lire comme cela : « Oui, c'est ainsi qu'il faut lire, décortiquer jusqu'à voir l'essentiel, mais aussi les limites et les contradictions. »

La difficulté principale était en somme de rester créatif *malgré* les années passées à l'université. Alexandre sembla consterné quand je lui fis part de ces réflexions, comme lorsque je disais une sottise ou une évidence : « Bien sûr, me dit-il avec brusquerie, ceci constitue l'un des plus grands obstacles sur le chemin d'un chercheur, c'est même *la* difficulté principale. Il est rarissime que notre créativité puisse en réchapper. »

Sa propre pédagogie au sein de l'université de Montpellier surprenait et dérangeait. Un matin, nous étions assis sur le pas de la porte de sa maison de Villecun, dans l'odeur des chèvres de la bergerie toute proche. Il me dit qu'il voulait me montrer quelque chose, monta dans sa chambre et en redescendit avec un sac-poubelle en plastique noir, rempli de beaux icosaèdres réalisés par des étudiants lors d'un examen. Il me raconta qu'il leur avait demandé de venir, le jour de l'épreuve, avec du bristol, des ciseaux et des crayons de couleur. Il s'agissait d'étudier le groupe des rotations qui le laissent invariant, en coloriant les arêtes et les faces. Les étudiants se prirent à ce jeu et comprirent bien l'exercice. Alexandre me dit qu'il avait attribué à presque tous de très bonnes notes. Ceci fit problème lors d'une réunion pédagogique ultérieure entre les enseignants du département de mathématiques de l'université. Les réactions à l'égard d'Alexandre furent violentes. Un professeur remarqua : « Les étudiants ne sont pas là pour s'amuser. » Alexandre lui répondit que depuis plusieurs dizaines d'années qu'il faisait des mathématiques, il n'avait « jamais cessé de s'amuser ». Il me dit : « Tout juste si les enseignants ne calculaient pas des intégrales, pendant cette réunion, pour déterminer les notes à donner aux candidats. » Cette histoire nous amusa beaucoup.

33. La Gardette, le 11 juillet 1979

Cher Christian,

Je t'envoie quelques passages remaniés de la partie « Création » que je t'ai envoyée hier – je ne sais si tu les recevras encore avant votre départ.

Du point de vue « forme » je pense que le texte est maintenant au point – du moins aussi bon que je peux le faire pour le moment.

Mais je ne suis pas entièrement satisfait de XVI – la page – non remaniée présentement – où est censé être suggéré le « cœur du mystère » (commençant avec : « Celui pour qui s'accomplit création… » et terminant par : « Et il est en même temps enfantement et naissance de l'Enfant nouveau-né. Ce n'est pas encore tout à fait “ça”. ») Ce n'est pas une question d'expression insuffisante, mais de pénétration insuffisante, de compréhension insuffisante. Il me faudra encore méditer. Peut-être les changements au texte que je ferai après paraîtront anodins

– mais cela n'est pas l'important. L'important pour moi, c'est que toute trace de « construction » cérébrale disparaisse, et toute trace de choix, d'arbitraire – que chaque mot prenne sa place de façon nécessaire et évidente. J'espère bien que ce moment viendra, sans forcer rien.

Pour le chant final, dans sa forme d'aujourd'hui, je pense que ça y est – j'ai l'impression que tout se place de lui-même, sans effort.

Je serai curieux d'avoir ton impression, bien sûr ! Toujours pas de courrier...

Affectueusement,
Alexandre

Dans la strophe « Création », Alexandre décrivait comment la personne qui crée, dans quelque domaine que ce soit, est en même temps celle qui enfante et celle qui est enfantée : elle est renouvelée par sa création même. Elle meurt à ce qu'elle était et renaît. Ceci résonne comme des propos de Krishnamurti.

Il reviendra sur cette strophe dans la lettre suivante écrite dix jours après : « Je me rends compte d'ailleurs qu'il y aurait énormément de choses à dire sur les processus créateurs chez l'homme. La partie IV°, "Création" ne fait que dégager quelques aspects particulièrement importants et totalement méconnus. » Je regrette que cette strophe « Création » ait été perdue, plus encore que toutes les autres. Elle contenait le cœur des conceptions d'Alexandre sur la créativité humaine, fondées sur sa propre expérience de mathématicien de premier ordre. Mais le message est développé dans l'ensemble de son *Éloge* : il s'agit d'une conception, différente de la plupart des visions courantes, occidentales ou autres, de la relation entre l'Homme et l'Univers. L'être humain est fait selon lui pour explorer, pour s'émerveiller ; il n'existe pas de limites à nos capacités à connaître, d'impossibilité radicale à découvrir. Nous sommes face à de l'inconnu, non à de l'inconnaissable. Nous avions lu ce genre de conceptions chez Carlos Castaneda, exprimées par « l'Homme de Connaissance », « le Guerrier » Don Juan : « Notre lot en tant qu'hommes, c'est d'apprendre et d'être projeté dans des mondes incommensurables. » Nous avions relevé ces phrases, les avions méditées, elles nous avaient transpercés et nous pressentions qu'elles contenaient toute une philosophie, une vision de la vie qui résonnait en nous infiniment plus que ce « culte du tragique » charrié par la psychanalyse et dont il me reprochait parfois de n'être pas encore débarrassé (*cf.* par exemple ci-dessous sa lettre d'avril 1982). La vision du monde de ce sorcier inconnu, réel ou imaginaire, trouvait en lui un écho, bien plus que celles qu'il abhorrait : celles qui posent l'existence d'un « Inconnaissable » par principe, d'un « manque » chevillé à nous-même et avec lequel nous aurions à nous accommoder.

Si la rédaction de *L'Éloge* avait eu pour élément déclenchant la lecture de Lao-tseu, il citait pourtant dans ses remerciements le sorcier Don Juan, avant le sage chinois (lettre du 29 juin 1979) : « Dans "Gratitude" (V), parmi les "noms illustres" j'ai mis "l'homme de connaissance Don Juan" juste avant Lao-tseu, et juste après lui j'ai ajouté "Walter Jerven, son interprète inspiré" ».

Il exprime aussi sa préoccupation que son texte ne donne pas la moindre impression d'intellectualité : ceci était rendu possible par son style simple, direct et qui pouvait donner l'impression de naïveté.

34. La Gardette, le 21 juillet 1979

Cher Christian,

Je suis en train de mettre la dernière main au 1er chant de *L'Éloge*, pratiquement terminé : retaper des pages trop dégueulasses, et chemin faisant faire quelques ajustages…

Comme de juste, c'est nettement plus gros que prévu – continuellement les « prévisions » se sont gonflées ! Il y a dans la numérotation provisoire (que je viens de mettre) 131 pages – mais dans une édition miméographique *recto verso* cela ferait plus de 140 pages – avec une dizaine de pages blanches dispersées dans le texte. De plus j'ai l'intention d'écrire un épilogue au chant I, de quelques pages, résumant l'essentiel de la substance du chant. (Chose qui n'était pas à sa place dans le prologue – pour au moins deux raisons…)

Bon – ça fera dans les 150 pages, quoi – trois fois plus que prévu au début…

Je t'ai envoyé du courrier à Paris jusqu'au 15 juillet – il y a au moins deux envois substantiels que tu n'as pas dû recevoir. L'un est un premier jet de « Création », que j'ai considérablement approfondi depuis. L'autre, si je me rappelle bien, une dixième version du malheureux VII (le Jeu). Si le courrier ne vous suit pas à Villecun, ce n'est pas grave : d'ici la fin du mois je fais un saut à Montpellier pour faire du Xérox et préparer les exemplaires à faire circuler provisoirement, je veux dire sous la forme provisoire actuelle. Je t'enverrai alors à Villecun tout ce qui doit te manquer.

J'ai l'impression d'avoir pas mal appris dans les trois semaines ici, consacrées surtout à terminer *L'Éloge*. Comme prévu, c'est la partie IV° « Création » qui constituait le « cœur » coriace – ce n'était pas du tout cuit ! D'ailleurs les choses que j'ai comprises doivent encore continuer : pénétrer, et à « se placer ». Tu verras d'ailleurs l'approfondissement considérable entre le premier jet et celui que je vais t'envoyer prochainement, surtout dans XVI (« Création et naissance »). Le premier jet était comme un canevas – un squelette – qu'il m'a fallu ensuite « garnir » considérablement.

Le travail que j'ai fait ce temps-ci – nouveau par rapport aux notes dont tu disposes – est le suivant :

Rédaction du 4° « Création » (il y a 28 pages, dont 13 pages pour la seule strophe XVI)

Reprise de XXVIII qui devient « *Amour* le *Créateur* » (N.B. ne pas confondre avec XIV *Amour* est le Créateur). J'ai ajouté un poème devant, et intercalé trois pages sur Amour, la grande force créatrice – obnubilé par la rédaction de XVI –, et ai un peu repoli les trois dernières pages.

3) Re-rédaction de VII (le Jeu) qui du point de vue style et « souffle » me semble – enfin ! – aller maintenant. Mais il est possible que je le change dans sa substance – maintenant que j'ai une rédaction d'ensemble et que la substance d'ensemble du chant I devient manifeste. Mais je vais sans doute d'abord écrire l'épilogue. Il me semble que le rôle de la pulsion de retour à la Mère dans le Jeu tant

de l'amante que chez l'amant, n'apparaît pas dans toute sa force. Peut-être est-ce vrai même pour l'ensemble du chant – finalement l'aspect « double sexe » y est développé avec beaucoup plus d'insistance que l'aspect « retour à la Mère », qui pourtant est l'aspect suggéré par l'un et l'autre noms du chant complet.

Il y a peut-être là un déséquilibre interne, auquel il me faudrait remédier – Je crois que certains ajustements, avec une ou deux pages peut-être rajoutées ici et là, suffiront pour rétablir l'équilibre, et à approfondir cet aspect essentiel, ce moteur de la création et de la sexualité.

4) Re-rédaction du début de « Métamorphoses » (qui redevient XXIII, XXI étant « l'équilibre et l'impuissance » (titre légèrement changé…) Ce début – je m'en suis aperçu avec bonheur – était vraiment lamentable. Maintenant je crois ça peut aller. La demi-page qui dit le jeu de l'amante – Amant avec l'amante – Amante me semble d'ailleurs non complètement nécessaire : VII sous sa forme actuelle. En effet, même quand la femme est Amante et la Mère, il me semble que son vécu est *double* – elle aussi est flèche qui traverse le corps de la Mère – elle *connaît la Mère* dans son propre corps *et* dans celui de l'amant. Il me semble que « l'expérience érotique » de la femme est plus riche et plus complexe que celle de l'homme. Or dans VII cela n'apparaît aucunement – il y apparaît des rôles tranchés (Éros – flèche) – (Mère – chair) quitte à *intervertir* les rôles. Ce serait intéressant que tu en parles avec Odile.

Dans VIII cette ambiguïté du vécu de l'amante montre quand même le bout de l'oreille, puisque l'amante se retrouve, *elle aussi,* renée de la Mère – elle est : *2 fois* l'Accouchée, et le nouveau-né. [C'est cela qui manque, il me semble, dans l'expérience érotique de l'homme. Pour ma part, du moins, je ne me suis jamais senti « accouchée » – et encore moins : 2 fois l'un et l'autre !]

Dans l'acte des Amants, il me semble que les amants (ou Amants !) ont beau « s'anéantir, mourir l'un dans l'autre » – la Mère, Elle, ne meurt pas le moins du monde, *Elle* ne « disparaît » pas – elle continue à les contenir l'un *et* l'autre. Ils meurent l'un et l'autre dans le Giron.

L'amante a beau incarner la Mère – il me semble qu'au moment de l'orgasme, de l'extinction, il y a un décollage au moins partiel. Ce qui meurt en elle, c'est l'être mortel animé d'élan, qui retrouve la Mère et s'abîme en elle.

Donc elle (l'amante) meurt en Elle-même, tout comme ensuite elle renaît d'Elle-même.

Il y a la Mère – la Durée, Elle qui demeure – et Elle s'incarne pendant le Jeu dans l'amante, l'être mortel. L'être mortel s'anéantit, disparaît, meurt – c'est son boulot ! – et la Mère demeure et le contient. Quand l'être mortel n'est plus, quand il meurt et est mort, il n'incarne plus la Mère. Sans doute non plus quand il renaît ? Alors il est l'enfant. Ou l'amante est-elle : 2 fois la mère et l'enfant ? J'ai l'air de le dire dans VIII, en la qualifiant « d'Accouchée » avec A majuscule. Pour l'amant certainement, elle est encore la Mère – elle ne cesse jamais de l'être – même si d'aventure elle connaît l'orgasme quand il est « présent » ; et au moment de son orgasme, que l'amante l'ait en même temps ou non, elle *est* la Mère plus que jamais. Pour l'amant, la Mère reste toujours présente, Elle ne disparaît pas, et Elle reste incarnée par l'amante, que celle-ci soit ou non dans la phase orgamisque ; quand elle l'est, le sentiment de communion avec la Mère s'exalte encore dans l'amant. Ceci est parfaitement clair pour moi.

Ce qui est mystérieux pour moi, c'est le vécu de l'amante – lorsque celle-ci incarne sans inhibition aucune le rôle de la Mère. Comme je ne peux pas l'inventer, il faudra que je demande aux intéressées ! L'ennui, c'est que des personnes qui vivent dans l'abandon leurs pulsions érotiques, il n'y en a pas des masses ! J'avais des informations précieuses par Yole – c'est grâce à elle que j'ai pu écrire « Métamorphoses » – mais il y a eu rupture depuis plus d'un mois, et notre relation n'est guère au dialogue. C'est dommage ! [Je ne crois pas qu'on redevienne amants.] Cela n'empêche qu'un dialogue entre nous puisse reprendre un jour – mais sur ce genre de thème – là un dialogue se fait peut-être plus aisément entre amants, qu'entre hommes et femmes sans lien amoureux…

Tout ça montre que cette pauvre strophe VII n'a peut-être pas fini d'en voir ! Mais je ne me trouble pas outre mesure car même si je n'arrivais pas à suggérer dans toute sa complexité le vécu érotique de la femme – ce qui n'est pas nécessairement *mon* boulot ! – je pense qu'il ne manque pas de substance dans ce chant I pour la femme *comme* pour l'homme. Le message principal n'est pas une description d'un vécu érotique authentique et puissant (et je ne peux décrire que mon propre vécu…), mais un encouragement à chacun à *retrouver* son propre vécu enfoui en lui et verrouillé par ses blocages ; et à reconnaître en ces pulsions la source de sa force créatrice, de sa force de vie. Dans cette optique-là, il me semble que l'état actuel de VII et XXIII (Jeu et Métamorphoses) n'est pas trop inadéquat.

En quelques endroits du premier jet du chant, alors qu'il restait une certaine confusion chez moi entre l'amante et la Mère, je me suis laissé emporter par ma plume en parlant « d'extinction de la Mère » (commune avec Éros). Mais il va de soi que ce sera rectifié. Cela me semble une véritable énormité maintenant…

5) Des bricoles ici et là, la plus substantielle étant une petite page ajoutée en Prologue (iv), où tu reconnaîtras aisément l'influence de notre correspondance sur le « sens » de la « castration ». J'ai aussi rajouté une petite introduction à XVIII (Épousailles [2]) dans le but d'alléger, tant point de vue style qu'esprit…

Sous la même enveloppe, je vais t'envoyer tout ce qui est rédigé ou rerédigé depuis ton départ en vacances, à l'exception de la partie IV°, que je t'enverrai sous forme complète d'ici la fin du mois. Ne te laisse pas embrouiller par la numérotation des pages, qui a changé constamment depuis que je t'envoie des notes. J'espère que tu arriveras à tout mettre en ordre – tu auras intérêt à numéroter tes pages (en utilisant la nouvelle table des matières paginée).

Je pense commencer à tout taper sur stencils à partir de la mi-septembre, à partir d'une rédaction définitive s'appuyant sur les discussions qu'on aura eues d'ici là.

Et tirer en 200 exemplaires courant octobre et distribuer aux amis à droite et à gauche.

Il est possible que le travail aux chants II et III me fera approfondir considérablement certaines choses du chant I. Cet approfondissement trouvera alors sa place dans les chants II et III où ils sont apparus. Il faut bien comprendre la différence entre un chant, et un article, ou essai, ou traité. La qualité essentielle du chant est la *spontanéité* – il exprime un *vécu*, à un moment où ce vécu est présent, est frais. Le vécu exprimé dans le chant I est le mûrissement soudain d'une vision « cosmique » de ma pulsion érotique et de la force créatrice vivant en moi, qui s'est produit ces mois-ci – disons d'avril en août. Que cette vision va continuer à mûrir et à s'approfondir et croître c'est à souhaiter ! Mais de « refaire » au fur et à mesure les chants me semblerait une erreur. Car aucune vision n'est « définitive » – et à force de rafistoler pour atteindre un « définitif » qui n'existe pas, on risque fort de couper les ailes à un chant pour en faire un je ne sais pas quoi : traité, bréviaire, que sais-je ! Il semble que c'est un peu ce qui est arrivé avec les « Brins d'herbe » de Walt Whitman qui n'a cessé de les « améliorer » pendant toute sa vie, et ce faisant les aurait plutôt abîmés.

Si le chant I un jour m'apparaissait vraiment inadéquat, déconnant et tout, je peux le désavouer ou le retirer de la circulation (si possible), et je peux aussi écrire un *autre* chant sur le thème. Ça vaudra mieux que de « corriger ».

C'est dire que je me fixe des limites assez strictes pour revoir le texte actuel. D'abord dans le temps : je ne vais pas faire des changements substantiels passé un délai de quelques mois – disons, jusqu'au printemps prochain. Ensuite dans l'amplitude. Même maintenant, je serais réticent à faire des changements vraiment profonds. Je vais surtout éliminer, avec l'aide des critiques de toi et d'autres, les conneries et maladresses qui restent.

Je vais faire des « ajustages » ici et là, quand certains aspects des choses, que je sens bien, n'apparaissent pas avec la force voulue, ou avec la nuance voulue, dans le texte actuel. Cela m'amènera peut-être à réécrire de fond en comble VII, et à rajouter quelques lignes ici, une page ou deux là. Si des nouvelles visions s'ouvraient, ou des approfondissements substantiels de la vision qui s'est développée pendant ces derniers mois – tant mieux pour moi ! Mais « leur place » – s'il est question de les inclure dans *L'Éloge* (mais comment pourrait-il en être autrement !) n'est plus dans le chant I.

Je me rends compte d'ailleurs qu'il y aurait énormément de choses à dire sur les processus créateurs chez l'homme. La partie IV° « Création » ne fait que dégager quelques aspects particulièrement importants et totalement méconnus. Alors même que « ce serait tout cuit », ce ne serait pas le lieu *ici* d'en mettre des tranches et des tranches. Au contraire, le chant y perdrait de son « punch » (si tant est qu'il y en a...). Son propos, ce n'est pas d'être un traité sur « la création », mais de déboulonner quelques idées reçues sur la création et sur l'amour, et surtout de faire sentir au lecteur qu'il a tout ce qu'il faut, lui, pour être créateur – qu'il l'a depuis qu'il est né...

Question place. On est bien d'accord sur la partie 6°, qui commence avec XXI (L'équilibre et l'impuissance) qui finalement contribue à préparer XXII (le double sexe), tandis qu'à la fin il venait comme cheveux sur soupe entre XXIV (la mère et la Mère) et XXV (Cœur et pétales), en coupant une belle continuité.

Par contre, j'ai mis « Le Miroir muet » en XII finalement, alors qu'au début c'est le « Cœur et vaisseaux » que j'avais prévu pour la fin du 3°, pour la raison que tu dis toi-même. Pourtant déjà j'avais eu une hésitation, car cette strophe *continue* de façon très naturelle X (La Nourrice). Mais il se trouve que de plus le début XIII (L'enfant) continue très naturellement XII (Miroir muet), par l'invitation réitérée d'*écouter* l'enfant, de faire silence. Cela a levé toute hésitation possible sur la place.

Dans les textes que je t'envoie il y a la dernière version de la table des matières. Les titres me semblent bons, sauf XVII, XVIII Épousailles (1) et (2) – deux fois le même titre. J'ai pensé à

XVII Le collier des épousailles

XVIII Le deuxième rang du collier

(voir le nouveau début de XVIII qui éclaire le sens du terme « collier »). Mais l'expression de « rangs » d'un collier qui fait plusieurs fois le tour du cou est-elle courante ? (Demande à Odile stp !)

Je suis toujours sur ma faim pour avoir ton *impression* (et celle d'Odile) sur le chant – tu n'en as encore soufflé mot ! As-tu l'impression que le texte (dans son ensemble) « porte », qu'il y a un « souffle » – que quelque chose « passe » ? C'est finalement la chose la plus importante, si ce texte doit apprendre quelque chose à quelqu'un d'autre qu'à moi-même, et deux ou trois amis ou amies... À vrai dire, jusqu'à présent je n'ai pratiquement pas eu encore d'écho – sauf de Yab et Yole après lecture du premier paquet de notes : leur réaction était plutôt encourageante d'ailleurs, (malgré le lamentable VII !). Mais même sans encouragement j'étais lancé !

Questions pratiques. Je me suis renseigné pour des logements à Gordes – tout est hors de prix – 1 000 F minimum, et encore presque impossible à trouver. Pour contre si vous voulez camper dans les parages de la maison de Jaulin (qui pourrait vous servir de support logistique), il doit y avoir moyen. Je vais en parler à un voisin qui a du terrain autour. Comme je vous ai dit dans une lettre (restée peut-être en souffrance à Paris) en septembre il y aurait en tout cas de la place pour vous dans la maison de Jaulin.

Mais même si vous préférez rester à Villecun en août, si vous avez envie de venir discuter un jour ou deux – il faut compter trois heures de voiture – vous êtes bienvenus, bien sûr !

Le chemin : Avignon – Isle-sur-Sorgues – Gordes (à I. s. S. prendre route d'Apt, la quitter sur la gauche après km). À Gordes, prendre route de *Murs* (marquée : Murs [9 km]) pendant trois à quatre km. Après panneau publicitaire pour « Restaurant Ferrière », quand la montée est terminée et qu'on commence à rouler sur du plat – et qu'on sort du bois de petits arbres et que la vue se dégage – sur la gauche il y a deux chemins de terre faisant fourche évasée comme sur dessin. Prendre celui de gauche, qui monte assez raide sur deux cents, trois cents mètres. Vous verrez là Gordes au bout du chemin. Il y a trois propriétaires adjacents dont Jaulin, qui est au milieu. Vous prendrez le petit passage entre un vieux mur bas, et un mur neuf bas (horrible) garni de pots de fleurs. Le plus souvent une voiture est dans ce passage, elle vous souhaitera la bienvenue si par hasard je n'y suis pas. Bien sûr, la porte est toujours ouverte...

Je m'arrête pour aujourd'hui – la lettre commence à être longue ! Je répondrai à tes deux dernières lettres à une autre occasion – peut-être de vive voix.

Affectueusement à toi et à Odile,
Alexandre

P.-S. 22. 7 (dimanche) Finalement il y a un tel paquet de notes que je préfère l'envoyer par la Fac la semaine qui vient ou au début de l'autre semaine – tu l'auras probablement en arrivant à Villecun de toute façon…

Alexandre évoque l'« Amour, la grande force créatrice » dans la lettre précédente.

À propos de l'orgasme dans le couple il remarque « que "l'expérience érotique de la femme est plus riche et complexe que celle de l'homme" : l'amant pénètre la Mère et renaît d'Elle. L'amante pénètre aussi la Mère et vit une telle renaissance, mais elle est aussi la Mère (pour l'amant) – elle accouche de lui, l'amant renaît à travers elle. »

Certaines femmes diraient que l'amant est aussi la Mère, pour l'amante : celle-ci est douée de qualités *yang*, n'est pas dans la passivité stigmatisée dans la lutte des femmes des années 1960 et 1970. Ce point de vue d'Alexandre semble éluder les dimensions *yang* de l'amante et aurait pu être qualifié de phallocrate !

Pour lui, tout élan créateur est pulsion d'Éros, « source de sa force créatrice, de sa force de vie ». J'ai déjà indiqué (à propos de sa lettre du 4 avril précédent) que ceci rappelle l'idée de *sublimation* de Freud, selon laquelle tout désir est d'ordre érotique, toute activité créatrice dérive de la pulsion sexuelle. La « pulsion de retour à la Mère », « moteur de la création et de la sexualité » dont Alexandre parle dans cette lettre serait donc, selon lui, de cette nature. Elle est ce qu'il nomme dans d'autres lettres « pulsion de connaître ». On pourrait plus simplement parler de *désir* comme le font Deleuze et Guattari. Chez ces deux philosophes celui-ci n'est pas seulement d'ordre sexuel. En d'autres termes, le désir ne se réduit pas à la libido : l'énergie sexuelle est une expression particulière du désir. La pensée d'Alexandre, comme je l'ai déjà souligné, évoluera dans les années suivantes.

Alexandre fit le choix de la chasteté à partir de 1991 quand il se plongea dans la méditation (et les mathématiques dans une moindre mesure) dans un isolement presque total. Choix de philosophe, ou de moine. Il m'avait dit quelques années auparavant, face à des difficultés dans lesquelles il se débattait, dans une relation amoureuse :

« Le sexe complique tout. » Chez Spinoza, la sexualité semble écartée dès l'abord dans la recherche philosophique, avec violence, dans son *Traité de la réforme de l'entendement*. Elle paraît évincée comme le sont le désir de gloire et le désir de richesse : trois obstacles qui selon lui « égarent l'esprit à tel point qu'il peut à peine penser à quelque autre bien » : mais cette œuvre est celle d'un jeune homme de vingt-neuf ans qui recherche les conditions les plus adéquates à ses méditations philosophiques. Dans son *Éthique*, œuvre centrale dont l'écriture fut commencée juste après et poursuivie tout au long de sa vie, la pulsion sexuelle sera plutôt décrite comme une modalité du désir. Dans l'un de ses cours sur Spinoza, Deleuze commenta ainsi notre attitude face à la sexualité et la place de celle-ci dans notre vie : « Spinoza serait assez moderne, assez comme nous quant à la sexualité, il pense lui qu'il n'y a pas [...] d'expression univoque du sexuel. [...] D'accord, ça vient du dehors, ça vient du dehors. C'est-à-dire allez-y, mais que ça ne soit pas la plus grande partie de vous-même, parce que si c'est la plus grande partie de vous-même, à ce moment-là, quand viendra la mort, ou bien plus quand viendra l'impuissance, l'impuissance légitime de l'âge, quand viendra tout ça, eh bien vous perdrez la plus grande partie de vous-même. Oui, l'idée de Spinoza est très curieuse, c'est que finalement, "sera la plus grande partie de moi-même, ce que j'aurai fait durant mon existence comme étant la plus grande partie de moi-même." Alors si je prends une partie mortelle, si je fais d'une partie mortelle la plus grande partie de moi-même, et bien à la limite je meurs tout entier, et en mourant je meurs avec désespoir. » La sexualité est le lieu d'une expression particulière du désir et chaque être la vit comme il le peut, selon les contraintes sociales, les conditionnements divers liés à son époque, les interdits et les limitations posés par la morale ambiante.

Alexandre m'informe dans cette lettre de l'interruption de sa relation avec Yole, dont il écrivait (dans sa lettre du 7 octobre 1978) qu'elle avait donné à sa vie « un centre ». Il était plongé dans la rédaction de son *Éloge* et m'informait en passant de la fin de cette relation – il ne s'agissait en fait que d'une interruption provisoire.

J'avais le sentiment qu'une relation amoureuse faisait passer pour lui à l'arrière-plan toutes les autres dimensions de sa vie. Mais quand cette relation prenait fin, il avait la capacité d'être traversé par la douleur de manière fulgurante et avec une grande intensité. Il savait la nécessité de passer par un point d'anéantissement intérieur et de douleur vive, et que les larmes sont rédemptrices : à la clef de ces souffrances sont une renaissance et une capacité plus grande à être joyeux et créatif ; l'une des dimensions sans doute de *la vulnérabilité* selon Krishnamurti. Alexandre ne restait que peu de temps dans le deuil et la tristesse : il tournait la page, choisissait un autre investissement, saisissait un nouveau fil, par exemple les mathématiques.

Je lui parlai d'un vide que je ressentais parfois pendant ces années-là, une béance, une déchirure. Les exprimer avait la vertu d'en atténuer l'intensité. Elles connaissaient un apaisement transitoire par les investissements qui rendent heureux, une activité artistique, une relation amoureuse ou le silence de la grande nature. Elles étaient exacerbées lors d'une déception ou d'une trahison par la personne aimée, ou d'un abandon. Cette douleur provenait d'une situation toujours répétée, presque à l'identique. Les psychanalystes parleraient de névrose et de manque. Dans une lettre ultérieure (avril 1982) Alexandre évoquera à ce propos « la longue figure sur le tragique de la vie et tout ça » et m'écrira : « Mais en même temps sûrement tu dois en avoir marre de cette tristesse qui empêche de respirer à pleins poumons. » Lui ne ressentait ce soi-disant « tragique de la vie » que de manière tout à fait transitoire – ceci constituait un trait supplémentaire de sa force de vie singulière. Les états de dépression profonde n'étaient pas dans son tempérament et peut-être n'en connut-il que rarement, par exemple en 1957 après la mort de sa mère.

Il évoque en passant Walt Whitman et ses *Leaves of Grass*, dont nous parlions souvent. Il avait insisté pour que je le lise dans l'édition originale en anglais – c'était presque un ordre ! Nous en lûmes ensemble maints passages. Whitman semblait d'une exceptionnelle vitalité. Je sentis sa poésie et l'œuvre de H. D. Thoreau comme une forme de littérature supérieure à la nôtre. Nous en aimions l'extraordinaire souffle, traversant des passages tels que ceux-ci, des *Leaves of Grass* :

« *Allons !* voyageur inconnu viens avec moi !
Plus jamais tu ne te lasseras de ton voyage.
La terre n'est jamais lasse.

Fruste, taciturne, lente à comprendre, c'est son image au premier abord,
c'est l'image de la nature au premier abord.
Oui mais ne te décourage pas, avance, les secrets divins sont bien enveloppés,
Je te jure qu'il existe des secrets divins dont nos mots sont incapables de dire la beauté.

Allons ! on ne s'arrête pas en route.
Douceur des trésors secrets ou amitié du lieu, on ne s'arrête pourtant pas…

Allons ! il nous faut des tentations plus fortes,
Traverser des mers vierges et sauvages,
À la fortune du vent, dans le fracas des vagues, clipper yankee filant toutes voiles dehors.

Allons ! à l'assaut du pouvoir, de la liberté, de la terre, des éléments,
De la santé, des défis, de la gaieté, de l'estime de soi, de la curiosité ;
Allons ! trêve de formules !
Assez de vos formules, prêtres matérialistes aux yeux de taupe !
Il empeste, le cadavre, il encombre le passage ! Vite, à la fosse, sans tarder ! »

« Pur produit de Manhattan, Walt Whitman : un Cosmos !
Fort en gueule, charnel, sensuel, mangeur, buveur, baiseur.
Pas sentimental, pas au-dessus des autres hommes,
ni des autres femmes ni à part d'eux,
Ni plus immodeste que modeste… »

« Jamais de routine dans mes paroles, dans mon chant…
Cette photographie est réussie, bon, parfait ! – mais votre femme, votre amie tenues étroitement serrées dans vos bras ?...

Dans la salle à manger les plats, la bonne chère, les jolis meubles, oui en effet – mais l'hôte et l'hôtesse, la lumière dans leurs yeux ?...
Les saints et les prophètes dans l'Histoire, d'accord ! mais votre propre personne ?
Les sermons, les credo, les théologies, on veut bien ! – mais l'infinie profondeur de l'intelligence humaine ?
Et la raison ? Et l'amour ? Et la vie ? Vous en faites quoi ?... »

« Debout donc ! L'heure est venue pour moi de m'expliquer.
Débarrassons-nous de ce qui est connu.
Projetons-nous ensemble vers l'avant, hommes et femmes, jusqu'au fond de l'inconnu.

L'horloge marque l'heure juste – mais l'éternité, qu'indique-t-elle ?

Nous n'avons dépensé que quelques trillions d'hivers et d'étés jusqu'ici.
Il en reste des trillions devant nous, et d'autres trillions après ceux-là…

… Très loin tout en bas j'aperçois le Rien originel, sachant que j'y fus moi aussi.
Présent mais invisible, dormant en une patiente, une brumeuse léthargie,
Prenant mon temps, ne prenant aucun risque au contact du carbone nauséeux.

Longue, immensément longue étreinte chaude.

Immenses, les préparatifs annonçant ma venue,
Fidèle, l'amitié des bras m'ayant secondé… »

« Voyez les formes de la femme,
Qu'une exhalaison divine nimbe de la tête aux pieds,
Ne m'attirent-elles pas par leur puissant magnétisme,
Regardez-moi, pauvre petite vapeur inexistante, être aspiré par cette haleine, tout a fondu, nous voici seuls,
Devenus cendres : livres, art, religion, temps, terre visible et solide, espérances ou craintes promises par ciel ou enfer,

Les filaments de la folie, liaisons irrésistibles, irradient de partout, comment réprimerais-je l'écho de mon côté,
Cheveux, poitrine, hanches, pli des genoux, bras désinvoltes sont ondes diffuses comme sont les miens… »

35. La Gardette, le 31 juillet 1979

Cher Christian,

Je trouve ta lettre en rentrant de Lodève, et après quelques heures de sommeil je viens de la lire rapidement. Il me semble que la plupart des commentaires que tu fais devraient faire le point de départ d'entretiens oraux circonstanciés, et cela de préférence quand tu auras lu une fois l'ensemble du chant du début à la fin. Tu constateras p. ex. qu'en cours de rédaction j'ai pris conscience que l'image de l'être-flèche pénétrant l'Univers-Cible n'exprime que notre nature mâle, et qu'il convient – pour respecter l'équilibre, l'harmonie mâle-femelle (chose qui au cours de ces mois est progressivement devenue une seconde nature chez moi…) de ne pas donner à cette image-là une prépondérance excessive. Je serais bien intéressé de voir si dans l'état actuel de la rédaction d'ensemble de tout le premier chant tu auras toujours cette impression de déséquilibre « en faveur » (si j'ose dire) du mâle. Cela n'aurait rien d'étonnant – en fait je constate que cette *prépondérance* vraiment marquée du masculin dans ma nature – alors même que le féminin est reconnu et bienvenu en moi – reste peut-être mon plus grand « point faible ». Et j'ai ici l'impression que pour le coup, sa racine est non dans le conditionnement (identification excessive avec mes parents pendant presque toute ma vie, etc., etc.), mais bien dans mon tempérament inné. Ma carte astrologique, paraît-il, serait particulièrement catastrophique à cet égard… Si tu es intéressé, je prévois qu'on pourra faire ensemble, quand tu seras ici, un travail systématique, de revoir au point de vue de l'équilibre tout le chant d'Innocence du début à la fin – tu parles si c'est important pour un chant qui voudrait *dire* l'innocence ! Mais pour le moment j'ai envie de laisser un peu reposer *L'Éloge* après ce coup de collier – ce qui n'empêche que tes lettres continueront à être bienvenues, tu t'en doutes…

Dans XXIV j'affleure seulement le thème « mère et Mère » dans le monde du conflit – et chaque fois que le conflit apparaît dans « l'Innocence » (*i. e.* le 1er chant), c'est « en passant », comme une façon de *préparer* déjà le chant « Enfance perdue » – ou plutôt d'y *préparer le lecteur* – qu'il sente la nécessité de ce chant, pour arriver à situer et enraciner « l'Innocence » dans notre vie réelle, qui est conflit. Ce que tu sembles craindre comme « répétition » entre quelques phrases ou alinéas d'« Innocence » et le Chant 2 ne me gêne aucunement comme tu vois – c'est voulu, et c'est même, il me semble, absolument *nécessaire*. Ce qui est questionné par allusion en passant par une ligne ici et là dans « Innocence » (le plus long de tous en dehors du Prologue, est un alinéa dans XIII, p. 54, que tu signales justement à ce sujet) sera dans « Enfance Perdue » le thème peut-être d'une demi-douzaine de *strophes* ! Si « répétition » il y a, tu vois, ce ne sera guère entre « Innocence » et « Enfance Perdue » mais à l'*intérieur* même d'Innocence. Il me semble bien que je m'y exprime bien une douzaine de fois, en passant, au sujet du conflit (peut-être plus souvent), et en faisant entendre chaque fois un peu le même son de cloche : « la fuite ». Mais qu'il y ait « répétition » en *substance* ne me gêne pas là non plus. La fuite ne sera-t-elle pas le Thème de tout le chant ? – qui, certainement à ce que tu prévois, sera sans doute bien plus vaste, et peut-être aussi nettement plus long, que le chant I ! Tu semblais dire hier, presque, que le « conflit » finalement n'a rien de particulièrement intéressant ni même de délicat, de difficile à sonder – puisque nous vivons en plein dedans ! Mais de ce fait – que nous y vivons tous en plein dedans – je tirerais plutôt la conclusion opposée à la tienne !

Par contre, il est possible qu'« Innocence » puisse avoir sur certains un *impact* que n'auraient pas les chants II et III, pour la raison que tu dis – ça paraît plus insolite ! – et aussi à cause de l'appel direct, constant presque, à la pulsion érotique première pour « porter » le chant.

Pour situer les différences de profondeur, ou d'espèce de profondeur, entre le chant I d'un côté, les deux autres chants de l'autre, je te fais remarquer qu'une bonne partie de la substance du chant d'Innocence était parfaitement assumée par moi ma vie durant, même si ce n'était toujours consciemment formulé – alors que la réalité universelle de la Fuite, de la Honte est une chose que je n'ai commencé à découvrir que depuis moins d'une dizaine d'années, et une chose qui continue jour après jour à m'époustoufler toujours à nouveau. Tout le monde après tout sait que le sexe, ça compte – c'est fort – même si tout le monde a surtout des idées – fausses bien sûr – sur le sexe, au lieu de le vivre avec force, dans sa vérité. Mais pratiquement personne n'a la moindre idée qu'il y a une chose comme la Fuite – ni même, presque, qu'il y a la Honte. Tu ne trouves pas que c'est une situation absolument dingue – hallucinante – impossible bien sûr, et pourtant vraie ! Et la Fuite – c'est ça – être en plein dedans, être de tous côtés ligoté par la Fuite – et n'avoir pas le moindre soupçon qu'il y a une chose qui s'appellerait « Fuite ». Je pense en particulier à mes parents – Dieu sait s'ils disposaient de moyens extraordinaires, sur tous les plans – ils avaient notamment en eux une probité exceptionnelle, un courage parfois impressionnant. Cela n'empêche qu'ils vivaient aussi dans l'état de Fuite constante – cette probité exceptionnelle, dont je parle, ce courage, ce sont précisément les *écarts* par rapport à la Fuite qui engluait leur vie comme la vie de n'importe qui. Et Dieu sait s'ils avaient une sensibilité, des « antennes » d'une délicatesse extrême... Eh bien, l'un ni l'autre, mon père ni ma mère, n'avaient la moindre notion d'une chose comme la Fuite. Rien de ce que m'a dit ma mère n'y faisait jamais la moindre allusion. Dans la correspondance entre mes parents je n'y trouve trace. Ni dans ma propre vie... Dans la vision de ma vie et de moi-même – il y avait la même cécité. Pourtant je parlais avec des gens, je les voyais vivre, je lisais, je réfléchissais... Eh bien, avant de lire Krishnamurti, vers 1971, *jamais* je n'avais ouï personne souffler mot de la Fuite. Tu trouves pas ça dingue ! C'est complètement fou et c'est vrai...

Le deuxième chant, c'est *ça*. Tu parles s'il y a de la substance ! Mais c'est pas le genre de substance qui fait bander – c'est celle qui fait lever les bras au ciel, ou qui te fait tomber les bras, suivant les cas. Ou bien qui glisse sans laisser de traces. Tu penses bien que si on a une *telle* couche de lard, ce n'est pas un « chant » même de mille pages qui expliquera et décrira tout bien gentiment ce qui va percer cette graisse. Mais plus encore que pour Innocence, c'est *pour moi* que j'ai envie d'approfondir cette chose dingue – et non pas pour le « message » au monde. Regarde Krishnamurti lui-même – un gars qui, semble-t-il bien, a vécu l'état d'innocence, de communion cosmique, des années durant – qui d'une façon au moins partielle n'a peut-être jamais cessé jusqu'à aujourd'hui même d'être en communion avec les choses. Il a voué sa vie à diffuser un message où il parle et reparle de la Fuite avec une insistance qui parfois paraît répétitive, lancinante même. Et dans certains milieux restreints il a fait quelques adeptes qui parlent son langage – tant bien que mal ! – qui parlent de Fuite, etc. Tu diras peut-être : très bien, le message a porté ses fruits, ne serait-ce qu'en quelques personnes – ce n'est pas le nombre qui compte ! Mais que tu regardes avec tant soit peu d'attention les disciples – et tu t'aperçois qu'ils répètent des mots, qui peut-être (pour certains, à quelques moments de leur vie) recouvraient, restituaient une réalité entrevue. Mais cette perception est devenue *idée* – et leur vie est fuite comme celle de n'importe qui d'autre, ils n'en savent rien et ne veulent surtout pas le savoir et sont tout contents, de temps en temps, de répéter les paroles du Maître. Quant au Maître lui-même, lui aussi répète des mots, lui aussi, sans s'en douter, a re-glissé dans l'état de Fuite… Quand tu lis certains de ses entretiens des dernières dix années – ce passage de pommade à soi-même par moments : les bras t'en tombent. Et Krishnamurti pour moi est un *très grand* type – ou il a été – on ne sait plus comment dire… Il ne croyait pas si bien dire, et ne se doutait que *lui-même* l'illustrerait de façon si hallucinante – que l'état d'Innocence n'est pas un « bien », un acquis – qu'il est toujours une grâce, fragile comme l'innocence elle-même. Elle peut, il me semble (même si K. affirme le contraire) coexister avec le conditionnement – elle *coexiste* sans être *enfermée* par le conditionnement, contenue sous son couvercle. Mais elle ne coexiste pas avec la vanité, avec l'orgueil, l'arrogance. Peut-être en certains êtres (Jésus peut-être, ou le Bouddha, et peut-être même des gens que nous avons pu rencontrer – pas des masses bien sûr) la vanité est derrière eux, une bonne fois – il n'y a plus jamais vanité. Il y a grâce continuelle – innocence continuelle. Y a-t-il de tels êtres ? Il me semble, sans en avoir l'assurance. Peut-être en ai-je rencontré une – une personne en laquelle du moins je n'ai jamais vu trace de vanité. Mais K. – le premier chez qui j'ai entendu mentionner la Fuite – n'est pas de ceux-là.

Mais je m'éloigne de ta lettre, à laquelle je suis censé être en train de répondre. Et je reviens à ce sentiment de « répétition ». Il est possible qu'il vienne d'une répétitivité dans les termes – parfois « je me prends » en train de « répéter » des expressions, des lambeaux de phrases comme des macaronis qu'on réchauffe – comme une aiguille de tourne-disque qui tout à coup s'affaisse dans un ancien sillon. Alors je rectifie le tir – et chaque fois je m'aperçois qu'un laisser-aller dans la forme – la glissade dans la « formule » familière – révélait en fait une insuffisance de fond – un manque de pénétration. Aussi je crois qu'il sera très bien que, crayon en main, tu marques au passage tout passage suspect – fut-ce un seul mot qui te semble malvenu. Je pense p. ex. à l'expression « sucé à Son Sein » que tu signales comme « dissonante ». Or je l'avais utilisée (la première fois elle est venue spontanément sous la plume) en me rendant compte de cette succession de sifflements que tu qualifies de « dissonante » – et en fait elle me plaisait plutôt, et me plaît encore. Mais peut-être la vraie raison de ta gêne vient de la répétition d'une dissonance qui la première fois frappait sans choquer – mais plus une expression est frappante, peu commune, plus sa répétition saute aux yeux et cause gêne – car, alors même qu'on ne se le formule pas, on sent bien qu'une répétition pure et simple n'est pas chose « vraie ». Chez K. la différence entre les passages où « il répète », et ceux où il est vrai – alors même qu'il y aurait exprimé pour la millième fois une même réalité saisissante – cette différence me semble elle-même « saisissante ». Et c'est aussi chez K. que pour la première fois dans ma vie j'ai entendu formuler, avec une force fulgurante, la différence entre la personne qui parle en percevant une vérité, et celle qui répète des mots, des formules que sont censées exprimer une vérité. La vérité n'est jamais dans les mots, elle ne se laisse capturer – elle est dans l'être, et elle est dans l'instant…

Il est d'autant plus remarquable que pourtant, lorsque nous nous exprimons même par écrit, la *lettre* de ce que nous disons reflète avec une telle finesse si nous sommes vrais en écrivant ou si nous répétons...

Revenant à *L'Éloge*, je serais content du travail si, dans sa version finale, tout passage, toute phrase, tout mot est *authentique* – si *rien* n'est répétition, « formule ». Est-ce une ambition démesurée ? Elle est peut-être presque impossible à satisfaire dans un texte aussi étendu et systématique – mais c'est une « bonne » ambition ! Alors que de vouloir atteindre un état de rédaction où tout mot serait « le fin mot » – où la vision serait la finale et dernière – me semblerait une « mauvaise » ambition.

Que création soit naissance me semble vraiment essentiel, très important à réaliser. Cela fait partie des choses dont je me rends compte avec une force croissante qu'elles sont vraies et importantes, sans pourtant les réaliser encore pleinement. Peut-être qu'avec les textes repris et complétés que tu as maintenant, le sens apparaît plus clairement – il y a eu une progression très nette chez moi en l'espace même de quelques jours, en rédigeant l'Épilogue. Il faut bien voir que le mouvement de la création *n'est pas* circulaire – on part enfant... et on reviendrait au point de départ ! C'est un mouvement en spirale – « renouvellement » ne signifie pas revenir au même point, mais bien être (devenu) *nouveau, autre*. « La chair de notre être » s'est renouvelée, est devenue autre. C'est en même temps une *maturation*, un approfondissement de notre relation au Monde et à nous-mêmes. Dans XVI je parle de notre *connaissance* de la Vie, du Monde, qui est connaissance véritable, et que je sens comme la « chair » de notre être – *non* de notre « moi » ! Et je dis qu'elle est le fruit des actes de création, des actes de renouvellement qui ont eu lieu dans le passé. La maturation n'est pas un processus *continu*. C'est une succession d'actes créateurs – une succession de (micros) naissances, de renouvellements. Si ta perception de la beauté d'un caillou (qui peut être le caillou le plus « commun » du monde) n'est pas répétition, idée, cliché, mais bel et bien perception véritable – cette perception est *découverte*, et elle change quelque chose en toi. Ce n'est pas seulement, il me semble, comme une *ride* que le vent a tracée sur la surface d'une grande Eau, qui redevient la même une fois que la ride a passé. Il me semble qu'à la fois cette ride « reste » comme une richesse, une maturité de l'Eau – et elle enrichit sa *Lissité* même, la rend plus apte à accueillir d'autres rides encore. Ce n'est pas une question de mémoire – que la perception laisse trace d'une idée dans la mémoire, à laquelle nous *nous* reportions. Au contraire la présence d'une telle idée a fort tendance à être un obstacle à une perception authentique, elle est comme un *poids* qui nous pousse presque irrésistiblement dans l'ornière de la répétition. Pourtant, si dix fois tu perçois véritablement la beauté d'un caillou – toujours le même caillou même qu'à cela ne tienne ! – dix fois tu seras renouvelé – dix fois ta substance intérieure sera renouvelée – alors même que tu n'en garderais trace dans ta mémoire.

Je crois qu'il est important aussi, dans ce contexte, de bien voir qu'un acte créateur – s'exprimant p. ex. par un dessin – peut donner un produit qui semblera abominablement raté à tous, à commencer par le « créateur » qui s'empressera de le mettre à la corbeille – et éventuellement de se remettre à l'ouvrage et de faire mieux. Et que – par opposition – la même personne à un autre moment fera peut-être un dessin qui sera vraiment « bon » – il aura peut-être acquis un coup de main très sûr… un dessin qui le satisfasse et qui suscite approbation unanime – et ce ne sera pas « création ». Je ne veux pas dire par là que l'œuvre ne reflète pas la nature de l'acte – créateur ou de routine –… bien au contraire ! Je crois que l'œuvre est un reflet très fidèle, d'une très grande délicatesse, de l'état de vérité ou de non-vérité, de création ou de répétition du présumé « créateur ». Mais *lire* l'ouvrier dans l'œuvre est, lui aussi, acte créateur – il est acte d'amour.

Ces choses-là étaient bien sûr senties en écrivant, et la question est si elles apparaissent par l'écriture, ou si celle-ci est soit maladroite, soit trop dense encore. Il serait utile de garder à l'esprit dans notre correspondance et nos conversations, pendant que *L'Éloge* reste en chantier, deux propos, liés mais distincts :

comprendre les choses – c'est le plus important ;

s'assurer si cette compréhension est bel et bien exprimée dans *L'Éloge*.

Je prévois que notre dialogue continuera à jouer un rôle de stimulation et d'approfondissement très important pour la compréhension *et* pour son expression dans *L'Éloge*. Et cela me fait mesurer en même temps tout ce qui se perd comme possibilités du fait de l'interruption du dialogue entre Yab et moi. Du coup l'idée me vient que tu ne pourrais pas la contacter par téléphone – je crois qu'il ne bouge pas pendant ces vacances – et lui suggérer de venir vous voir, Odile et toi – plus toute la tribu lodévoise-villecunienne qu'il connaît fort bien ! – éventuellement aussi avec sa femme, Gisèle. Je sais que ta personne l'intéresse et qu'il aimerait mieux te connaître. Donc si tu l'encourages dans ce sens, il sera peut-être tout content de sortir de son isolement actuel – et ce sera plus facile en venant vers toi que vers moi. À moins qu'il ne soit tombé dans un état de grande stérilité – je suis sûr que vous aurez un contact immédiat. Je ne crois pas que dans son cercle de connaissances il y ait une personne avec laquelle il puisse avoir un dialogue d'une qualité comparable à celui qui devrait se faire entre vous.

J'en suis toujours à la page 1 de ta lettre posée devant moi, à laquelle je m'efforce de répondre – et j'en suis à la treizième feuille de ma lettre (et la tienne a 12 pages… 12 × 13 = ?) … Bon il est évident que je ne répondrai pas à *tout* ce que tu dis dans ta lettre ! Mais encore ceci : contrairement à ton impression, je ne me suis pas « tortillé » pour écrire XVI – il est sorti en deux jets – d'abord un jet un peu squelettique – au deuxième jet c'était la viande ! Je me demande si la deuxième version te fait encore une impression aussi pénible, ou pénible simplement.

Comme je te disais dans ma lettre à ce sujet, j'ai eu moi-même un malaise persistant devant cette affirmation hardie : de l'anéantissement du mâle et de la femelle dans « l'étreinte » qui constituerait l'acte créateur. C'est venu sous la plume aussi spontanément que tout le reste – j'écrivais, sans censurer ni « pousser ». Et je me demandais si je ne m'étais pas laissé entraîner par une sorte de « logique », de « cohérence » superficielle. Je sentais bien le besoin de méditer, d'approfondir – pour pouvoir élaguer ce qui doit l'être. Quand j'ai écrit le deuxième jet, je ne voyais pourtant pas mieux cette fameuse « grande mort » – et je ne m'étais pas non plus convaincu que c'était factice, un produit de l'esprit. Puis en en réécrivant, il n'y avait rien à faire – comme malgré moi la plume reprenait le même couplet – qui maintenant se trouve aux p. 71. 72. Pour n'avoir pas l'air de déconner d'un air tranchant – d'être péremptoire pour une chose qui n'est pas comprise – j'ai rajouté à la main (je ne sais pas si ça a passé sur ton exemplaire) : « Que je laisse courir ma plume – que je la laisse écrire ce que je ne comprends encore – et voici ce qui me vient… » – pour enchaîner avec ce fameux anéantissement, qui est censé être, pour comble, le « cœur du mystère » (mais je ne dis plus que « nous y avons pénétré droit », mais plus prudemment sous forme de question « ne nous semble-t-il toucher enfin au cœur du mystère de la création ? etc. »).

Je ne l'ai toujours pas bien compris, et je crois toujours que c'est bel et bien le « cœur » de la création – ce qui correspond à l'orgasme chez les amants.

Mais dans l'Épilogue (ii) je reviens à la charge, dans les sections 23 et 24 (les deux dernières de « Création »).

J'avoue que 23 est une section vraiment faible dans tout l'Épilogue – une simple répétition, pour le coup, d'un bréviaire – heureusement qu'il est court… mais il faudra que je le récrive ! Par contre 24 (p. 146-148) est substantiel, il représente un effort d'approfondissement. Il va bien dans le sens de l'équilibre dont tu sentais le manque – l'enfant est flèche, et il est *aussi* cible qui reçoit la flèche-Univers.

En fait dans ma vie je ne décèle en ce moment qu'un seul cas où dans l'acte de renouvellement créateur, il y avait cet anéantissement, cette mort de même nature que la mort orgastique. C'est peu, peut-être – et c'est beaucoup ! Il faudrait une observation extrêmement vive, délicate d'instants créateurs en nous plus « anodins », pour pouvoir s'assurer si oui ou non il y a dans la création un moment crucial – « l'acte » – et si dans ce moment, nous pouvons déceler quelque chose qui serait la « mort orgastique ». J'insiste d'ailleurs lourdement, malgré mon ignorance, en reprenant encore (une troisième fois) cette mort dans la partie « Retour » de l'Épilogue qui clôt le premier chant. Cette qualité de « note finale » donne d'ailleurs à ces trois pages un relief tout particulier. Là encore, j'ai écrit sous l'impulsion spontanée, à l'encontre de la censure qui me disait : « Faut pas pousser, arrête le disque ! » Si je dois « justifier » sa présence, je pourrais dire qu'il rend au « Retour », dans le chant, le poids qui lui revient, et qui était un peu éclipsé par le rôle à tel point prépondérant de l'Ambiguïté (N.B. Prépondérance absolument pas prévue au départ – dans ma première version du Prologue, je ne soufflais mot de l'Ambiguïté, il n'y en avait que pour le Retour...)

Cette raison a dû jouer un peu quand je me suis dit : il faudrait ajouter un sixième « lot », Retour, aux cinq autres Acte, Ambiguïté, Enfance, Création, Amour. Mais alors que la motivation était un peu formaliste – la substance est venue avec grande spontanéité, et absolument pas dans l'esprit de la manivelle qu'on tourne, dans lequel d'abord je l'avais envisagé. D'ailleurs il ne s'agit plus d'un paquet de « faits » ou « affirmations » – il ne s'agit plus de ces fameux *poissons* – alors que je m'apprêtais sans grande conviction, à en dégotter encore six autres pour faire bon poids et un sixième lot « Retour » Il s'agit d'essayer d'appréhender les « temps » du « mouvement de la création ». Et dans le cycle, il y a les deux morts, y compris la « grande » que je ressors toujours avec le même culot imperturbable – alors que je n'en connais qu'une seule et unique illustration dans ma propre vie ! Pourtant, j'ai le sentiment très fort qu'il s'agit non d'une création de mon esprit futile en constructions, mais bel et bien d'une réalité ! Mais peut-être seras-tu plus vif pour l'appréhender que moi – ou pour saisir où le bât blesse – *pourquoi* cette mort si souvent semble absente dans la création, alors qu'elle devrait y être !

*

En écrivant « la mère et la Mère » c'est un fait que j'ai senti l'enfant en relation avec la mère, et nous-même en relation avec *la* Mère, avec l'Univers – comme *masculin* plutôt que féminin. Et il me semble encore maintenant que dans ce contexte – où il est question de la nécessité de quitter la mère pour la Mère – cela correspond bien : la réalité des choses – l'image qui convient n'est-elle pas celle de la *flèche* qui part de l'une pour s'élancer vers l'Autre ? De vouloir à tout prix, à ce moment-là, rappeler que l'enfant malgré tout est quand même aussi féminin, et qu'il s'imprègne de la Mère qu'il faut affluer en lui – cela ne risque-t-il pas d'affaiblir la force d'une image qui s'était imposée à moi – et qui s'impose sans doute spontanément à quiconque – sans aucune investigation ? Après tout, dans strophe I je me permets de parler de la Mère, sans m'empresser *dans la même haleine* de la mettre en équilibre avec Éros – qui, Lui, a droit à la strophe suivante ! Ou aurais-tu une image-femelle en toi à ce propos, que tu pourrais décanter et qui peut-être pourrait trouver sa place dans XXIV… ? Peut-être est-ce plutôt la gêne générale devant un déséquilibre qui se faisait sentir un peu partout dans le chant au profit du mâle, qui te fait trouver à redire à un passage où, pour une fois, la prédominance de la vision mâle de l'enfant (en relation avec la Mère femelle, qui est bel et bien présente là) était dans la nature des choses ?

Tu parles d'*assumer* le désir pour sa mère « plutôt que de le vivre » – expression malheureuse – car en assumant un désir, seulement, le *vivons*-nous vraiment. « Vivre un désir », il me semble, devrait avoir le même sens que « l'assumer », et est indépendant de la question si on l'*assouvit* ou non, qui est relativement accessoire.

Encore question choix des termes – qui me semble important ! – je trouve absolument aberrant d'utiliser le terme castration (qui est d'une force extrême et signifie : anéantir – de façon en principe définitive – la puissance de l'être !) pour parler de la séparation avec la mère. Le fait que tu puisses utiliser ce mot de cette façon révèle probablement que tu n'es pas encore à ce sujet parfaitement au clair avec toi-même. Je dirais : de rester collé à la mère *est* une castration –, de la quitter véritablement (non seulement par des gestes-symboliques, fussent-ils importants, comme d'aller vivre sous un autre toit, etc.) est une nécessité cosmique, comme la nécessité pour l'enfant, ou pour la jeune plante, de grandir. Dirons-nous que c'est une castration !!!

Mais je crois qu'il faut songer à terminer cette lettre, quitte à en reprendre une deuxième aussi longue un jour prochain pour continuer à répondre à ta lettre, riche en suggestions. Je vois que je suis encore loin du compte…

Pour terminer, je voudrais dire seulement que je regrette qu'hier je fusse si fatigué, que ne fusse guère en état de présence pour personne, et particulièrement pour Odile, dont j'espère avoir l'occasion encore de faire mieux connaissance. Et elle aussi peut-être n'était pas dans la meilleure condition pour faire connaissance d'une mille-et-unième personne.

J'espère que vous passez de beaux jours dans la paix des bois. Embrassez, etc. Ulli et tout le monde de ma part. Affectueusement à tous les deux,

Alexandre

Je lui avais fait part d'un certain déséquilibre que je trouvais entre le masculin et le féminin, dans l'ensemble de *L'Éloge.* C'était au détriment du féminin. Je percevais parfois dans le texte lui-même des accents un peu machistes ou phallocrates. Pendant ces années 1970 j'étais sans doute sous la pression d'un féminisme ambiant excessif, image inversée et tout aussi délirante de ce qu'il s'efforçait de dénoncer. En réponse à mes réflexions Alexandre aborde dans cette lettre la question de son propre équilibre *yin/yang.*

Il ne pensait pas que l'homme soit supérieur à la femme, idée stupide, nulle, venue d'une autre époque et hélas encore active à la nôtre. Cette idée procède en l'occurrence de l'intention d'opprimer la moitié de l'humanité. Mais la personnalité essentiellement solaire d'Alexandre interpellait. Je sentais qu'il maintenait une distance subtile à l'égard des femmes. Cela ne me semblait pas être de la misogynie. Il gardait le recul juste nécessaire pour ne pas sombrer dans les émotions. J'étais stupéfait de le voir passer d'une relation à une autre, alors que dans les séparations, j'avais beaucoup de difficultés ; je lui disais que je n'étais pas doué pour cela. Il me consolait en mettant l'accent sur les défauts de celle que j'avais perdue. La sagacité de ses observations, sa distanciation, me surprenaient.

Nous parlions souvent de ma tendance pathologique à me laisser submerger par les émotions et à ne pas pouvoir m'en dégager. J'ai déjà évoqué, à propos de sa lettre précédente, sa grande capacité à réagir, à clore les relations, à tourner les pages. Un jour de l'été 1977, je lui demandai de m'accompagner en voiture dans la ville voisine (je n'avais pas encore appris à conduire), chez E., une jeune femme qui me plaisait. Une situation cocasse se produisit. Nous arrivâmes chez les parents d'E. Nous eûmes l'impression d'une agitation inhabituelle. C'était le mariage de cette jeune fille, j'avais été mal inspiré dans le choix du jour d'une visite – E. était enceinte et une union officielle avait été décidée précipitamment. Le père d'E. nous accueillit quelques instants pour respecter les convenances et nous renvoya poliment. Alexandre me dit de lui « qu'il avait dû avaler une couleuvre, et avait au moins le mérite de ne pas le dissimuler ». Nous revînmes à la maison sans parler, j'étais triste. Pendant qu'il conduisait, je le sentais réfléchir, grave, concentré sur ce qu'il allait me dire pour me consoler et m'aider à dépasser tout de suite cette gifle. Je me demandais ce qu'il allait inventer. Quand nous fûmes rentrés à la maison il prépara calmement une infusion de plante, nous nous assîmes et il rompit soudain le silence : « Tu devrais faire un cadeau à E. », me dit-il. Je lui demandai lequel. « Un beau balai », répliqua-t-il, sûr de son effet. Bien sûr sa réponse me fit rire. Il n'aimait pas le mariage, les habitudes, la routine – et avait tendance à croire que le mariage peut tuer l'amour. Cette remarque me fait penser aujourd'hui au tableau de Vermeer, *La Lettre d'amour*. Une jeune femme vient de recevoir une lettre. L'arrière du tableau évoque la magie et la grâce d'une relation amoureuse naissante. À l'avant sont représentés un balai et des chaussures, symboles de la vie quotidienne, des tâches parfois ingrates, des corvées. Vermeer a voulu ainsi représenter notre condition humaine, entre terre et ciel, fini et infini.

Cette distance que je percevais chez Alexandre à l'égard des femmes était aussi reliée à une perception profonde du Mystère, qu'il pressentait être plus présent chez la femme. C'est plutôt l'inverse de la phallocratie ou du machisme qu'il ressentait. Il me semblait que les femmes l'impressionnaient. Il les respectait. Yole, l'une de ses compagnes, me confia plus tard qu'il lui avait dit un jour : « Dieu, s'il existe, est une femme. »

Je lus bien plus tard, dans sa maison de Lasserre, quelques jours avant sa mort, un passage de son ouvrage *Récoltes et semailles* dans lequel il insiste sur les dimensions *yin* de ses recherches mathématiques. Étrange éloge du *yin*. Alexandre décrit ainsi « l'essor et l'épanouissement de son œuvre de géomètre, entre 1955 et 1970 » : « Mon départ en 1970 a été le signal, dans cette partie de la mathématique tout au moins, d'une réaction de rejet immédiat et draconien vis-à-vis des mathématiques "grothendieckiennes", ressenties comme symbole et incarnation de "la mathématique au féminin" : celle où la vision constamment précède et inspire l'aspect technique, où les difficultés constamment se résolvent au lieu d'être tranchées, où le contact constant avec l'unité profonde dans l'apparente disparité des choses, permet à chaque instant de déceler ce qui est essentiel dans la masse amorphe de l'accidentel et de l'accessoire. Du même coup, mon départ a été le signal aussi d'un arrêt spectaculaire de tout travail conceptuel, ou pour mieux dire, d'une mise hors la loi de tout travail de ce type, soudain frappé de dérision, sous prétexte d'approfondissement. Ainsi, mutilant le travail de création mathématique d'un de ses "versants" essentiels, le versant "yin" ou "féminin", c'est à une stupéfiante *Verflachung*, à un "aplatissement", à un dessèchement du travail mathématique qu'on a abouti. »

La lettre précédente (31 juillet 79) contient une allusion à ce que l'astrologie prétend expliquer sur son équilibre *yin/yang* : « Ma carte astrologique, paraît-il, serait particulièrement catastrophique à cet égard. » Il peut sembler surprenant de voir un mathématicien tel que lui accorder quelque crédit à l'astrologie. Cette remarque de sa part est certes teintée d'une légère ironie. Pourtant, quand nous évoquions l'astrologie, nous n'excluions pas par principe que les astres pussent avoir sur les êtres humains des influences subtiles. Une question analogue semble se poser pour les plantes, qui pourraient être sensibles à la Lune, par exemple. Je ne saurais dire si dans le cadre des paradigmes scientifiques actuels de tels impacts ont été démontrés, par des effets possibles d'attraction des sèves, etc. Par prudence, Alexandre préférait ne pas rejeter certaines conceptions que les points de vue scientifiques officiels ont tendance à écarter d'emblée : elles pourraient ne pas être de purs délires.

La voie royale pour la découverte de soi nous semblait être la méditation, l'introspection, l'investigation directe de ce qui est passé et présent personnel – et non l'étude d'éventuelles influences astrales.

Aussi surprenant que son ouverture à l'astrologie (ou du moins, son absence de fermeture *a priori*) fut son intérêt pour le *Yi King*, ou *Livre des transformations*. Nous le lisions dans la traduction française d'Étienne Perrot réalisée à partir de la traduction allemande que Richard Wilhem avait faite du texte original chinois. Mireille tirait l'oracle avec les quarante-neuf baguettes d'achillée millefeuille, dans une ambiance de solennité. Nous scrutions attentivement pour chacun d'entre nous les hexagrammes issus de cet oracle et percevions ce livre comme un être vivant, un interlocuteur. Dans sa préface au *Yi King* rédigée en 1949, C. G. Jung écrit qu'il s'est « toujours efforcé de demeurer l'esprit libre et curieux – *rerum novarum cupidus* » et que « les pensées des vieux maîtres ont pour [lui] plus de valeur que les préjugés philosophiques de l'esprit occidental ». Jung fait appel à son concept de « synchronicité » pour tenter d'expliquer en quoi le sens de ce livre qu'il qualifie de « monument de la culture chinoise » ne peut être saisi dans le cadre de nos conceptions fondées sur la causalité : « La synchronicité prend la coïncidence des événements dans l'espace et le temps comme signifiant plus qu'un pur hasard, à savoir une interdépendance particulière d'événements objectifs entre eux aussi bien qu'avec les états subjectifs (psychiques) de l'observateur ou des observateurs. »

Alexandre revient une fois encore dans la lettre précédente sur le concept de *fuite* qu'il avait appris chez Krishnamurti en 1971, à l'âge de quarante-trois ans. Il occupe une place centrale dans la vision qu'Alexandre eut de l'être humain à partir de cette période. Je l'ai déjà évoqué à propos de sa lettre du 7 avril 1979 et de la première lettre du 29 juin de cette même année. La *fuite* est un amoindrissement, une privation de conscience, au sens donné par Krishnamurti à ce concept : un au-delà de la raison. Dans cette perspective, la connaissance de soi-même par la méditation est posée comme valeur essentielle, remède absolu et incontournable à la *fuite*.

Certains observeront qu'Alexandre n'avait pas médité pendant la première partie de sa vie (jusqu'au début des années 1970) – et que cela ne l'avait pourtant pas empêché de faire preuve d'une exceptionnelle créativité en mathématique. C'est tout à fait juste. Mais Alexandre considérait que la recherche scientifique peut être, ou est le plus souvent, une activité de *fuite*, comme il l'avait exprimé avec force dans sa lettre du 29 juin. Cela signifie en d'autres termes que la créativité scientifique peut aller de pair avec une conscience limitée. Je trouvais ainsi la réponse à l'une des premières questions que je lui avais posées, sur l'amoralité foncière de certains grands scientifiques : il est possible de « faire de la science » même à un niveau élevé et de n'avoir aucune éthique.

La méditation éclaire dans toutes ses dimensions la vie personnelle d'un être humain, le met en accord avec la vie elle-même : *voir* éloigne de toute activité humaine délétère et entraîne dans son sillage les décisions de changements salutaires, de quelque ordre qu'ils soient. Dans cette perspective, le remède aux maux actuels et en premier lieu à la destruction de la biosphère, est bien dans la clarté individuelle. Cependant, l'action politique n'est en aucune manière exclue (cette question délicate a déjà été abordée à propos de sa lettre du 25 novembre 1978 et de ses échanges avec Klaus Croissant). Gandhi est l'exemple même d'un accord profond entre vie intérieure et combat politique.

Insister sur l'importance cruciale de notre clarté intérieure ne signifie pas nécessairement se retirer dans sa grotte, au sens propre ou figuré. Alexandre abandonna vite par tempérament toute forme de militantisme classique et fit le choix d'une existence solitaire et méditative ; il emprunta un chemin de vie empreint de sobriété.

Dans certains milieux intellectuels parisiens du début des années 1970, son écologie radicale avait été perçue comme de la naïveté : le réveil soudain d'un scientifique face à l'état désastreux de la planète. Mais cette simplicité apparente était celle d'un enfant au regard pur. Celle de Van Gogh qui peint ses chaussures, ou sa chambre à Arles, ou une fragile tige d'amandier fleurie. Celle de Rimbaud, de ses « tendres bois de noisetiers / Par un brouillard d'après-midi tiède et vert » : un regard neuf, libre de tout *a priori*, sans mémoire. Dans *Récoltes et semailles*, Alexandre parlera de sa « force » et de celle du mathématicien Pierre Deligne, la « force de l'enfance, l'innocence des yeux de l'enfant », une capacité à « "voir" les choses évidentes, celles que personne ne voyait ». La puissance de son regard n'était pas limitée à l'univers mathématique.

Alexandre évoque ensuite la personne de Krishnamurti. Pendant cette période, son opinion au sujet de ce philosophe indien avait évolué. Il avait pris ses distances à son égard et considérait qu'il souffrait depuis longtemps du phénomène banal d'inflation égotique. Il me disait que parfois même Krishnamurti était (dans ses *talks*) non dans une *vision* authentique, pure, instantanée, fulgurante, mais dans la simple répétition – pour ne pas dire plus. Il me lut des passages extraits des *Commentaires sur la vie* ou d'autres ouvrages, dans lesquels il sentait cela : selon lui Krishnamurti s'exprimait dans de tels moments en se fondant sur des principes qui pouvaient sembler cohérents avec sa philosophie, mais confinaient à la sottise : il affirma que les propos de Krishnamurti étaient parfois délirants.

Je me souviens d'une remarque précise du philosophe indien, qu'il me rapporta. Je ne saurais dire de quel ouvrage ou conférence elle provenait. Krishnamurti avait affirmé que dans une attitude « juste » d'ouverture de la conscience, aucun bruit venant de l'extérieur n'est refusé – même celui d'un avion à réaction ! Mais ce vacarme, me dit Alexandre, « déchire l'air à un point insupportable ». Selon lui, un tel propos ne pouvait provenir que de l'application sotte, par Krishnamurti lui-même, de ses propres conceptions. En l'occurrence, que la conscience procède de l'attention qui est disparition de toute résistance intérieure, de tout jugement. Nous convînmes de penser que la fameuse *vulnérabilité* prônée par Krishnamurti ne doit pas être une soumission, l'acceptation permanente et passive de ce qui advient : cette attitude pourrait être caractérisée par un excès de dispositions de type *yin*.

Alexandre était en outre hérissé par le point de vue de Krishnamurti à l'égard de tout travail. Il écrira dans *Récoltes et semailles*, quatre ou cinq années plus tard après cette lettre : « K. se plaît à insister sur la vanité de tout travail, qu'il assimile automatiquement à la "fringale de devenir" du moi. Ainsi, avec une "sagesse" d'emprunt pour toute boussole, je ne voyais rien d'autre à faire que d'attendre patiemment que "l'amour" descende en moi comme une grâce du Saint-Esprit. »

Alexandre parle à la fin de cette lettre d'une « personne en laquelle [...] je n'ai jamais vu trace de vanité ». Il s'agit de Félix Carrasquer, l'ami anarchiste espagnol d'Alexandre, déjà cité à propos de la lettre du 25 novembre 1978. Il évoqua Félix parmi d'autres personnes, des « mutants » qui l'avaient éclairé, dans la *Clef des Songes*.

Il qualifie *L'Éloge* de « texte étendu et systématique » et écrit qu'il sera « content du travail si, dans sa version finale, tout passage, toute phrase, tout mot est authentique ». Il accordait à cet ouvrage une importance particulière, avait conscience de révéler dans ce livre le fond de son être, le sens qu'il percevait à son existence, l'origine de l'énergie créatrice qui l'animait et venait du tréfonds de lui-même. Alexandre revient dans cette lettre sur la strophe XVI, « Création et Naissance » (déjà évoquée dans celle du 21 juillet 1979) et développe entre autres l'idée selon laquelle une création, de quelque ordre qu'elle soit, n'est jamais une répétition, ne peut relever de la simple technique. Je ne peux m'empêcher de penser à ces pianistes « brillants » et à leur maîtrise. Ils donnent pourtant l'impression de ne pas jouer de musique : les notes sont bien là, rien ne manque dans la structure, tout du point de vue de la forme est désespérément parfait – mais la musique est absente, paraît s'être enfuie, effrayée par tant d'intention égotique ! Le feu intérieur, la présence de la beauté et du Mystère, manquent dans ces interprétations. À l'inverse on pourrait citer certaines faiblesses de Van Gogh dans le dessin, parfois maladroit.

Dans cette lettre riche et inspirée il fait un parallèle entre « la mort orgastique » et celle qui accompagne toute véritable création, « l'anéantissement du mâle et de la femelle dans "l'étreinte" qui constituerait l'acte créateur ». Il écrit : « Je ne décèle en ce moment qu'un seul cas où dans l'acte de renouvellement créateur, il y avait cet anéantissement, cette mort de même nature que la mort orgastique. » Cette remarque surprenante fait référence à un instant de création mathématique et je ne peux que me demander (comme bien des lecteurs qui liront ces lignes : je ne me souviens pas en avoir parlé avec lui de vive voix) pourquoi Alexandre ne semble pas avoir eu de cette « mort » dans l'acte créateur une expérience plus étendue – lui qui fut si créatif en mathématique. Cela signifie-t-il que même la création mathématique vécue à son niveau le plus élevé est encore loin de l'expérience mystique ou même de l'expérience d'un orgasme ? Il faisait parfois dans ses conversations des allusions qui pourraient le laisser penser : je lui demandai un jour (nous nous promenions dans la nature, il était tout à fait détendu) de me raconter une fois encore ce qui se passait pour lui pendant le travail mathématique, la recherche. Il me répondit : « C'est comme parcourir un paysage, tu vois parfois un buisson, parfois un arbre, parfois une simple brindille » – il avançait en me montrant au fur et à mesure l'arbre, le buisson, la brindille, les regardait, les touchait, cassait un petit morceau de bois ! « Parfois tu aperçois une partie plus vaste du paysage, un petit ensemble, qui paraît cohérent. » « Mais tout cela est une routine, une misérable routine », me dit-il avec une sorte de tristesse, de résignation face à ce qu'il nommait dans nos conversations « l'inertie », qui est notre lot en tant qu'humains. « Et parfois tu vois l'ensemble du paysage, à force de travail, après l'avoir parcouru en tous sens, l'avoir scruté sans relâche ». Il n'affirma pas que cette vision du « paysage » dans son ensemble pourrait s'apparenter à une mort, à un orgasme. Mais il en parla comme d'un moment sublime : celui de la création, la compréhension d'un nouveau domaine mathématique, plus ou moins vaste, avec le dégagement des concepts clés minimaux pour le décrire. Cet éloge du travail patient résonna en moi, et fit écho à une phrase de Van Gogh lue dans sa correspondance : dans une lettre à Théo il explique qu'il ne sert à rien de se jeter contre le mur pour le percer, mais qu'il faut utiliser la lime pour le traverser… Deleuze a cité cela quelque part, comme une phrase d'un créateur inspiré.

Bien des années plus tard j'eus l'occasion de rencontrer dans les Cévennes chez le biologiste Frédéric Jacquemart le mathématicien d'origine ukrainienne Léonid Pliouchtch qui habitait non loin de là avec sa compagne Tatiana. Pliouchtch était déjà bien malade et mourut moins de deux années après. C'était un être d'une grande culture, d'une sensibilité délicate, et dont la volonté semblait inflexible. Il avait traversé des épreuves terribles et goûtait un peu de repos dans cette région plutôt protégée. Lui et sa femme s'inquiétaient du devenir de l'humanité et de la situation écologique dramatique. Les racines ukrainiennes d'Alexandre par son père Sascha Schapiro et sa fascination pour les mathématiques le rapprochaient de Pliouchtch.

Pliouchtch ne l'avait jamais rencontré. Mais il savait que, lors de son propre internement psychiatrique par le Parti communiste (alors dirigé par Brejnev) entre 1972 et 1976, Alexandre l'avait défendu au sein du groupe fondé pour sa libération par les mathématiciens Henri Cartan et Laurent Schwartz. Pliouchtch me posa quelques questions au sujet de la personnalité singulière d'Alexandre. Il me montra une montagne, au loin, et me dit que les mathématiciens « normaux » pouvaient en atteindre le sommet en cheminant péniblement, depuis le bas, tandis qu'Alexandre volait d'un sommet à l'autre. Je savais que ceci ne pouvait pourtant se faire qu'au prix d'un travail forcené.

En une autre occasion Alexandre évoqua son propre talent – je le vois encore. Nous nous promenions dans la nature. Il s'arrêta, me parla comme s'il pensait à haute voix, ferma les yeux, se recueillit. Il sembla prendre du recul à l'égard de ses années exclusivement consacrées aux mathématiques, comme lorsqu'on se souvient, longtemps après, d'un voyage ou d'une relation amicale ou amoureuse profonde, dans l'intention d'en avoir une perception d'ensemble. Il se demandait ce qui lui était arrivé lors de ses voyages dans l'univers mathématique. « Ma particularité, me dit-il, était d'être capable de renifler les grandes structures mathématiques. » C'était une question sur laquelle il revenait souvent, qui le travaillait beaucoup pendant ces années 1970 d'arrêt relatif de ses recherches mathématiques : quelle était sa singularité, en tant que découvreur ? Ses séances de travail étaient très longues et incluaient ce qu'il nommait « les préliminaires », qui duraient quelques heures. Et il me dit que pendant ses recherches « il fallait hélas s'arrêter de temps en temps, ou du moins renoncer à continuer à aller de l'avant – s'interrompre, cesser de progresser pour essayer de délimiter "les bordures" : il fallait bien par moments regarder la périphérie ». Porter son attention sur les points particuliers, secondaires, ne semblait pas beaucoup l'intéresser. J'appris plus tard que pendant sa période d'intenses recherches, il avait tendance à confier cela aux mathématiciens les plus doués de son entourage. Cela me rappela la méthode de travail de certains grands peintres dans leur atelier, s'attachant à l'intention générale du tableau, aux aspects délicats à représenter, et laissant peindre à leurs élèves des détails ou des parties qui présentaient moins de difficultés. Les collaborations avec des mathématiciens brillants ne pouvaient cependant pas être réduites à l'attribution de tâches secondaires. Il me parla de la joie immense qu'il ressentait avec ses collaborateurs les plus proches, cette jubilation, me raconta-t-il, d'avoir « plusieurs cerveaux ».

Il revient dans cette lettre sur la nuance entre « assumer un désir » et « le vivre », « l'assouvir ». Son point de vue sur cette question profonde, cruciale à ses yeux, a déjà été exprimé dans une lettre précédente (7 octobre 1978) : il existe une grande différence entre assumer un désir – en être conscient – et pouvoir l'assouvir. Lors d'une conversation à ce sujet il me dit qu'il fallait assumer tout désir, de quelque ordre qu'il soit, même s'il s'agissait d'une pulsion intérieure de meurtre. La violence de cet exemple me surprit : il en parla avec une telle force, une telle précision, une telle évidence, que je sentis qu'il avait dû en être traversé. Ses propos quels qu'ils fussent avaient toujours l'accent de la sincérité, même quand il était confus et le reconnaissait volontiers : ceux-ci résonnaient comme une expérience vécue.

Nous parlâmes des multiples impulsions qui nous traversent, convînmes de penser que certaines peuvent sembler provenir de notre propre personne mais aussi de « plans » autres – des régions de la réalité qui ne paraissent pas limitées à notre individualité et semblent extérieures à nous. Tout se passe comme si de telles impulsions viennent du dehors. Cette compréhension des désirs et des sentiments de tous ordres dont nous sommes sans cesse traversés, était clarifiée par nos lectures assidues de Krishnamurti. *Voir* désigne en effet une conscience non divisée. *Voir* notre jalousie par exemple, ou notre tristesse, notre avidité, tel ou tel désir…, nous libère en leur enlevant toute capacité destructrice, toute pénibilité. L'intégration d'une souffrance dans notre conscience est sa résolution même.

Je n'avais pas saisi alors dans toute son ampleur la différence qu'Alexandre soulignait entre assumer un désir et le vivre. Aujourd'hui la compréhension de cette nuance me semble essentielle. Quelques années après la fin de ces dialogues avec Alexandre je trouvai chez le mystique indien Nisargadatta une autre formulation de cette même idée : « Vous nagez dans la confusion. [...] Vous voulez ce que vous n'avez pas, et vous avez ce que vous ne voulez pas. [...] Ne pouvez-vous pas inverser, vouloir ce que vous avez, et ne pas vouloir ce que vous n'avez pas ? » Il ne s'agit pas ici de l'expression d'une forme de stoïcisme, mais de l'éloge d'une conscience supérieure capable d'intégrer « ce qui est ».

C'est dans ces dispositions sans doute qu'Alexandre vécut la chasteté pendant la dernière partie de sa vie. Je ne pense pas qu'il fut pour autant dans la conscience, dans le *voir*, pendant ces années-là ni ensuite : il n'était pas dans la sagesse, la conscience pleine et entière qu'il nomma « état d'innocence » dans son *Éloge*.

Quand il se séparait de ses amis ou de ses amantes, il faisait preuve d'une résilience surprenante, déjà évoquée à propos de la lettre du 21 juillet 1979. Mais pendant les années ultérieures il prit des décisions qui me semblèrent délirantes. Parmi celles-ci, la plus insensée me semble avoir été celle de son isolement progressif, à partir de 1991. L'œuvre posthume qu'il laissa est considérable, mais ces créations se firent au prix de l'indicible solitude qu'il s'infligea.

36. La Gardette, le 3 août 1979

Cher Christian,

Je continue de répondre à ta longue lettre – sans doute auras-tu reçu ma longue lettre envoyée mercredi.

Tu regrettes que je n'aie pas parlé plus longuement de l'importance de quitter la mère et tu évoques les difficultés qu'ont beaucoup de personnes à se détacher de leur mère. Mais il est évident que c'est le chant 2 (et éventuellement aussi 3) qui est le lieu pour parler de ces difficultés (et de leur résolution) en y mettant tout le poids qu'elles méritent. Dans le chant d'Innocence, je ne fais que parfois effleurer au passage l'existence des difficultés qui se présentent en l'*absence* d'Innocence ! C'est dire qu'il n'était pas question dans ces premiers chants de traiter le thème « la mère et la Mère » de façon complète – mais surtout d'éclairer l'état d'innocence. Il n'est pas du tout exclu que dans le chant 2 il y ait une strophe *du même nom*, et qui ait dix ou vingt pages ! Mais si tu as des propositions précises à faire sur un ou deux alinéas qu'on pourrait rajouter à XXIV pour étoffer un peu la référence à la non-innocence, je suis tout disposé à l'envisager. Encore faudra-t-il que j'aie assez bien compris la substance de ce que tu aimerais voir rajouté…

Tu parles de « la peur qui nous fait rester proche de la mère ». Tu veux dire sans doute : qui nous paralyse et nous empêche de nous élancer dans le Monde, vers la Mère – qui nous fait nous accrocher intérieurement à notre mère. Mais il est évident que nous ne sommes pas pour autant « proches » de la mère ! Ce n'est pas en s'accrochant à un être qu'on en est proche – en fait en s'accrochant on cède (le plus souvent sans même s'en rendre compte) à la peur, et la peur toujours isole, coupe, retranche. J'ai essayé de dire dans XXIV que pour être *proche* de la mère, il faut justement la quitter (« Non seulement pouvons-nous avec amour nous ouvrir à la vérité de son être, percevoir l'humble chant de sa propre vie ». Page 110, j'ai pris soin de dire « son vol *en apparence* l'éloigne de la mère… ». Penses-tu qu'il faudra mettre davantage les pieds dans le plat ?).

Quand tu dis que cette strophe porte particulièrement la marque de ma relation à ma mère, et que nombreux sont ceux « qui n'y trouveront pas l'essentiel de ce qu'a été la relation avec leur propre mère », il me semble que cela témoigne toujours du même malentendu sur le thème de cette strophe du premier chant. Son sujet n'est plus « Le Merdier », mais l'Innocence – le Merdier est effleuré en passant. Ma relation à ma mère, et celle avec mon père aussi, m'ont rendu plus facile de parvenir à une vision sereine de la réalité d'innocence, mais cette strophe n'a rien d'une description de mes relations avec ma propre mère, ou d'elle avec moi. Dans cette relation il y a eu des conflits profonds et violents. Ce n'était *pas* la relation d'innocence ! Peut-être serait-il bien que quelque part dans cette strophe j'avertisse que le propos de cette strophe n'est pas de décrire les aléas de nos relations effectives avec la mère et la Mère – que ce sera partie du deuxième chant. Pourtant, n'est-ce rappelé déjà implicitement p. 109 quand je dis « Mais si *innocence* (italiques) connaît frustration, elle ignore l'interdit, comme elle ignore la peur. Connaître innocence, n'est-ce aussi et surtout *assumer ses désirs* ? » N'est-il pas rappelé clairement que le propre de cette strophe, c'est de décrire la réalité d'innocence, quand nos désirs sont assumés ? Si cela te semble insuffisant, je pourrais rajouter à cet endroit une autre phrase pour dire : pour ce qui concerne la non-innocence, se reporter à la suite de notre ouvrage !

J'avais déjà changé p. 108 « décédée » en « défunte » – est-ce plus acceptable ? ça n'a certes pas non plus de « puissance poétique » – ce n'est pas le lieu ici, car à dessein tout le premier alinéa de la strophe est écrit dans un style prosaïque – mais ça fait moins annonce nécrologique. « Défunt » est le terme consacré qui s'oppose à « vivant ». (Mais dans le Robert, que je consulte à l'instant, il n'y a comme « antonyme » : vivant *ni* défunt, *ni* décédé – c'est pas brillant. Par contre, comme ant. de « défunt » il donne « vivant ».)

Je comprends bien le sentiment d'arbitraire, la gêne, que tu peux avoir devant la division du chant en trois chants. Mais cette division semble un *moindre mal*. Je me rappelle bien, dans le premier jet, dès que je parlais de l'élan d'Éros, j'enchaînais dans la même strophe III ou à la suite :

« Tout élan est élan de connaissance, est élan d'Éros. Et tout élan en nous, étant élan d'Éros, est *incestueux* – est *interdit*, inacceptable et inaccepté, inavouable et désavoué, renié, ignoré – *réprimé* –, etc. »

Déjà j'étais lancé vers la réalité de la Honte ! Et je me suis arrêté assez vite, me rendant compte que je faisais fausse route – que dans un premier temps, il fallait décrire la réalité d'innocence au lieu de vouloir tout dire en même temps.

La difficulté est inévitable, et si profonde chaque fois que nous essayons de décrire une réalité complexe, que ce soit du point de vue scientifique, ou celui de la complexité de la vie. La description – fut-elle poétique – est par nécessité « linéaire » – on est obligés de dire les choses dans un certain ordre. Cet ordre n'est pas dans la réalité, où tout se mélange de façon inextricable. C'est un choix, une construction de notre esprit. Le choix que j'ai fait me semble le plus simple imaginable. Il correspondrait en médecine, à faire la division de l'étude en trois sections : 1) étude de l'organisme en état de santé 2) étude de « la maladie » *i. e.* des états de déséquilibre de l'organisme et de ses réponses à ces déséquilibres 3) étude des processus de « guérison », et des « traitements » ou procédés pour aider l'organisme à retrouver son équilibre, *i. e.* à « guérir ».

Tout le monde sait bien que l'organisme entièrement sain est une fiction – réalisée seulement à la rigueur chez le nouveau-né. Néanmoins cette fiction a son utilité.

J'ai essayé de minimiser les inconvénients du découpage que j'ai adopté, en n'hésitant pas à émailler le premier chant d'allusions, de références au chant deuxième qui le suit. Par contre, je me suis abstenu d'entrer plus avant à aucun moment dans la substance des deux chants qui suivent.

Je ne comprends pas tes commentaires sur les expressions « Autre » et « objet de désir » – elles font partie de la langue depuis des siècles sans doute ! S'il suffit qu'un Monsieur X utilise consciencieusement certains mots ou expressions de la langue, pour qu'on ne puisse plus les utiliser, il n'y aurait plus moyen d'ouvrir la bouche ! Pour ce qui est de Lacan, c'est vraiment par hasard que je connais moi-même son existence (par Sibony). Même s'il envahit certains milieux que tu as l'occasion de côtoyer, je crois que parmi les gens que j'ai l'occasion de fréquenter, il en est peu qui aient entendu prononcer son nom. Mais alors même qu'il en serait autrement – un style est autre chose que l'usage occasionnel de certains mots parmi d'autres, quand le besoin s'en fait sentir. Et il ne me semble pas que « mon » style suggère celui de Lacan…

Je ne suis pas sûr d'avoir vu le tableau de Van Gogh dont tu parles – si oui, je n'ai pas dû alors être ouvert à cette harmonie dont tu parles. Tu pourrais regarder s'il est parmi les reproductions chez Mireille ? J'aimerais bien le voir. Peut-être pourrait-on le prendre comme illustration de la page de tête du chant I ?

*

Je viens de relire ta lettre précédente où tu parles assez longuement de la castration et des idées de gens comme Freud, Lacan, Deleuze

– et de la façon dont tu vois toi-même les choses, assez proche semble-t-il de la mienne. Je n'ai pas de commentaire à faire pour le moment. Toutes ces choses devraient s'éclairer considérablement dans l'année qui vient, qui serait centrée justement sur ce thème-là. Mais il me semble que le travail que j'ai fait en ces quatre mois – se matérialisant en la rédaction du chant d'Innocence – n'est pas inutile à ce sujet. Je le sens comme une sorte de fondement, de point de référence, la toile de fond immobile et silencieuse, sur laquelle vont se détacher l'agitation et le bruit chaotique du Merdier. Sans doute le chant commencera-t-il par un tableau du Merdier indescriptible – dans un prologue peut-être – de la réalité hallucinante de la Fuite. Avant de trouver le Sens, faut-il avoir vu, senti le Non-Sens dans toute sa dimension ubuesque démentielle. Il faudrait la palette d'un Bosch pour arriver à exprimer de façon saisissante cette réalité dingue de la Fuite. Le titre de la première partie serait le grand Merdier, ou la Fuite. La Honte est une réalité plus cachée, le moteur derrière la Fuite, ou plutôt derrière la peur qui est derrière la Fuite…

J'ai mis Deleuze sur ma liste d'envois. Et aussi Sibony – c'est étrange que je ne l'aie pas fait avant. Pourtant il fait partie des gens « que j'ai aimés » et dont j'ai appris quelque chose, même si je ne m'attends pas qu'il soit ouvert au chant – vu qu'il connaît déjà tout… Mais il y en a beaucoup d'autres sur ma liste qui sans doute ne seraient pas plus ouverts. Dans la lettre d'accompagnement à l'envoi, je dirai que ceux qui sont intéressés par la réception de la suite me fassent signe. Je me demande combien il y en aura ! Sans doute pour les chants II et III pourrai-je me contenter de tirages bien plus modestes que 200 exemplaires.

Les amis de Jaulin sont arrivés mercredi. Des gens très sympa et discrets. Ils se sont installés dans une grande pièce dans une autre aile de la maison, avec une entrée indépendante, mais on utilise la cuisine en commun. Il reste une très grande pièce où vous pourrez vous installer n'importe quand, juste en face de la mienne. Donc, si pour une raison ou pour une autre vous n'êtes pas heureux du côté de Lodève, n'hésitez pas à venir ici. Quand il y aura lieu, je pense qu'il n'y aura aucune difficulté entre nous pour que chacun respecte le désir de solitude de l'autre…

Bien affectueusement à tous les deux,
Alexandre

Alexandre raconte dans la lettre précédente la genèse de *L'Éloge* et dit avoir identifié l'origine de tous les maux : la Castration, l'Interdit de la pulsion de retour à la Mère – l'anéantissement de la pulsion de connaître. En se fondant sur son propre vécu d'être humain créatif il se demande pourquoi chacun de nous ne l'est pas. Et il explore les causes de sa singularité : « Ma relation à ma mère, et celle avec mon père aussi, m'ont rendu plus facile de parvenir à une vision sereine de la réalité d'innocence ». Plus tard, il insistera beaucoup sur la nécessité pour chaque être humain d'un travail intérieur sur la relation personnelle à ses parents. Ce point de vue recoupe en cela celui de la psychanalyse, même s'il n'avait guère d'affinité à l'égard des principes implicites de cette doctrine. La clarification de notre relation à nos parents est selon lui l'un des points principaux à élucider pour parvenir à ce qu'il nommait « l'unité », c'est-à-dire l'absence de conflit intérieur générateur de souffrance et nuisible à notre créativité.

Je lui avais écrit que les termes « Autre » et « objet du désir » faisaient partie des concepts des psychanalystes lacaniens et qu'il me semblait délicat de les utiliser en un sens différent. Ma remarque l'avait agacé : elle signifiait s'incliner devant une forme d'autorité qu'il supportait mal. Il répond en somme que les psychanalystes n'ont pas un droit de propriété sur ces termes.

Je peux évoquer ici l'étrange récit qu'il me fit de sa rencontre avec Jacques Lacan. Lors d'une conversation, j'avais fait allusion à ce psychanalyste. Alexandre me répondit qu'il venait de se souvenir à l'instant qu'il avait eu l'occasion de le rencontrer à Paris au début des années 1970. Lacan lui avait été présenté par le mathématicien et psychanalyste Daniel Sibony. Je demandai à Alexandre de me raconter dans les moindres détails, « sans rien omettre » (selon l'expression que nous utilisions en pareil cas !), dans quelles circonstances avait eu lieu cette rencontre, comment il avait perçu Lacan, quel avait été le contenu de leur conversation, ce qu'il avait appris, s'ils avaient échangé au sujet des fameux « mathèmes » de Lacan... Il fut surpris que j'accorde autant d'importance à son contact avec ce psychanalyste célèbre, dont il affirme dans la lettre précédente qu'il « envahit certains milieux que (j'ai) l'occasion de côtoyer ». Pour me faire plaisir il s'efforça de me répondre au mieux, resta figé comme lorsqu'il se concentrait avec intensité, puis s'assit. Il réfléchit longuement et me dit qu'il était désolé de n'avoir gardé que très peu de souvenirs de cette rencontre et que sa tête soit devenue « une vraie passoire ». Il semblait en effet avoir presque tout oublié. Le seul point dont il se souvint soudain, avec précision, était que Lacan lui avait demandé combien il gagnait pour les quelques heures de cours qu'il assurait au Collège de France. Il lui répondit. Alexandre me dit que Lacan ne dissimula pas son étonnement, sa stupéfaction même, et qu'il semblait « épaté ». Alexandre imita la mimique du célèbre psychanalyste et nous rîmes. La mémoire d'Alexandre était sélective, même si elle était eidétique pour ce qui l'intéressait !

Près de cinquante années plus tard, en mai 2022, lors d'une conférence donnée à Paris dans le cadre d'un colloque intitulé « Lacan et Grothendieck – L'impossible rencontre », Daniel Sibony raconta que pendant cette entrevue, Alexandre informa Lacan – c'était en 1973 – que « de toute façon, la recherche en mathématique [était] terminée », ce qui paralysa leur échange, bloqua toute communication sur un plan subtil : Alexandre voulut dire que la période des recherches en mathématiques était close pour tout le milieu scientifique ! Il répondait ainsi de manière catégorique à la question qu'il avait lui-même posée, par exemple dans sa fameuse conférence de janvier 1972 au CERN : *Allons-nous continuer la recherche scientifique ?* Il voulait donc dire à Lacan que cette période était révolue pour tout le monde : il croyait en effet alors en l'inéluctabilité de la fin des recherches scientifiques telles qu'elles existaient, dans un délai qu'il estimait (pendant ces années-là) très bref. C'est cela même qui fit classer Grothendieck, par Lacan, comme « psychotique », comme le rapporta Sibony. Ce psychanalyste remarqua que dans ce « diagnostic », Lacan « fit un peu preuve de dogmatisme ». Selon la définition qu'en donne Freud dans son ouvrage *Névrose et psychose*, la psychose est pour le sujet la création d'un nouveau monde, quand « la réalité s'est refusée au désir d'une façon grave, apparue comme intolérable ». Or, Alexandre n'avait pas créé en lui un nouveau monde mais jeté sur la société telle qu'elle était un regard critique. Il désirait d'autres connexions que les mathématiques, en relation avec ses questionnements sur sa propre destinée et notre époque. Et il tentait un mode de vie différent, qui lui semblait plus conforme avec son « écologie radicale ».

Dans cette même conférence, Sibony affirma que Grothendieck n'était pas fou mais connut « des niveaux variables » de ce que lui-même nomme, en tant que psychanalyste, « affolement ». Ceci me semble correspondre davantage à la réalité : cet « affolement » culmina sans doute pendant la dernière partie de la vie d'Alexandre, celle de son isolement presque total à Lasserre – il était alors enferré dans cette atroce solitude qu'il s'était imposée et attristait les personnes de son entourage, proche et lointain.

Au fil des années qui suivirent, Alexandre révisa son opinion sur l'inéluctabilité de la fin des recherches scientifiques telles qu'elles existaient et dut accepter qu'une société humaine et ses valeurs fondamentales ne peuvent connaître des bouleversements rapides, à moins de convulsions vives. Pendant ses années d'activité dans le cadre de Survivre et Vivre, il pouvait peut-être penser naïvement que son aura incontestée de mathématicien génial, la reconnaissance dont il bénéficiait dans le milieu académique lui garantissaient qu'il serait écouté et suivi. Mais il dut vite se rendre à l'évidence. Lors de son arrivée à Montpellier à l'automne 1973, il faisait figure d'exilé, de banni – il avait quitté le clan scientifique qui ne manqua pas de le lui faire payer.

Lacan fut peut-être gêné par ce qu'il perçut comme une exaltation et un sentiment de toute-puissance chez Alexandre, la croyance en un réveil soudain du milieu de la recherche. Ce manque de communication entre deux tels êtres est triste et regrettable : ce psychanalyste n'aurait sans doute pas été indifférent aux questionnements d'un mathématicien tel que Grothendieck sur la valeur de la connaissance scientifique – j'ai déjà indiqué (à propos de la lettre du 11 juin de cette même année 1979) combien Lacan était lui-même inquiet du « discours scientifique [...] imminent, menaçant, par sa présence, par l'idée que tout ça va se régler en termes de mécanique, de balistique, d'équilibres, de courants ». Si leur relation s'était approfondie, Lacan aurait pu entendre les inquiétudes d'Alexandre face à la situation écologique dramatique, ainsi que sa fascination ultérieure pour la découverte de son univers intérieur. Et Alexandre aurait pu être interpellé par les questions de Lacan à propos des conceptions de l'inconscient, des tentatives de modélisation de celui-ci. Il exprima plus tard dans sa *Clef des Songes* (soit dans les années 1980) son propre point de vue, élargi, sur l'inconscient. Mais dans les années 1970 et 1980 il trouvait la psychanalyse freudienne ou lacanienne *normative* et ne cessait d'exprimer sa réticence à son égard – j'ai rappelé à propos de sa lettre du 7 avril 1979 sa réflexion sur le complexe œdipien, dans *La Clef des Songes* (« pas de complexe d'Œdipe chez moi, désolé ! »). Ceci pourrait expliquer sa fermeture manifeste à l'égard de Lacan.

En outre, peut-être n'était-il pas totalement débarrassé pendant les années 1970 d'un certain sentiment de culpabilité, d'avoir cessé de faire avancer les mathématiques : mais il n'eut pas envie de poursuivre des recherches avec l'intensité des vingt ou vingt-cinq années précédentes, de se sacrifier sur l'autel de la science. Son désir était de remettre cette démarche en question, de prendre du recul, de voir quels en étaient les fondements, ce qu'elle signifiait en tant que regard sur les choses et ce que le développement des techniques avait entraîné. Il était fasciné par l'exploration de son intériorité et souffrait d'entendre les propos de certaines personnes qu'il avait connues auparavant dans « sa vie antérieure » de mathématicien brillant. Il m'en parla un jour avec une grande émotion, la voix tremblante face à ce qu'il ressentait comme une injustice : « Ils me reprochent de ne plus rien faire, d'avoir baissé les bras, mais ils ne comprennent pas le travail souterrain qui s'accomplit en moi ». Il écrivit dans *La Clef des Songes* : « Ces années-là qui au regard superficiel pourraient sembler gaspillées furent pourtant, sur le plan spirituel, des années exceptionnellement fécondes dans leur ensemble – infiniment plus fécondes sur ce plan-là [...] que les trente années "trimantes" qui avaient précédé[1]. »

Je ne me souviens plus de l'œuvre de Van Gogh dont je lui avais parlé et à laquelle il fait allusion dans la lettre précédente. Peut-être un tableau de la série des nocturnes : le ciel est d'un bleu indescriptible, densifié. Van Gogh a peint des traînées lumineuses en guise d'étoiles et de constellations. Sont toujours évoqués le plan de la réalité ordinaire et notre vie terrestre, par une rue, la terrasse d'un café, un village, un pont ou un couple d'amoureux.

Nous avions parlé de la couronne métallique que Van Gogh avait réalisée lui-même pour pouvoir y fixer des bougies ; il la portait sur sa tête pour voir son tableau, la nuit, quand il le peignait. Les voisins de Van Gogh avaient sans doute perçu cette couronne comme une excentricité de plus de la part de cet étrange artiste. Van Gogh avait dû être l'objet de beaucoup de moqueries. Mais comment aurait-il pu peindre son tableau sans qu'il soit un peu éclairé, dans l'obscurité dans laquelle il devait rester pour voir le ciel ?

Pendant l'été 1977, j'avais entrepris la lecture de sa correspondance à la bibliothèque du Centre Beaubourg à Paris et avais découvert une somptueuse édition en deux volumes qui reproduisait les dessins inclus dans ses lettres ainsi que de nombreux tableaux qu'il évoquait. Je passais presque chaque après-midi dans cette bibliothèque, il me fallut plusieurs mois pour décortiquer cette correspondance. J'essayais de comprendre les mécanismes de la création. Il est vrai qu'Alexandre était le meilleur exemple que j'aurai pu trouver pour leur exploration ! Pendant l'été 1978 je visitai avec Odile le musée Van Gogh qui venait d'ouvrir à Amsterdam, et nous connûmes l'éblouissement que chacun ressent face à cette œuvre singulière. Les impressions que je livrais à Alexandre, suscitées par cette lecture et cette rencontre, ne manquèrent pas de déclencher nombre de conversations à propos de ce peintre qu'il appréciait beaucoup – il témoignait même à son égard d'une admiration sans réserve. Il avait lu quelques éléments de la correspondance. Son âme et celle de Van Gogh paraissaient avoir

1. *La Clef des Songes*, (66), « Années ouvrables et années dimanche – ou tâches et gestation ».

une parenté subtile – au-delà de leur horreur commune à l'égard de toute forme d'académisme. Alexandre prononçait le nom de Van Gogh en néerlandais, et toujours avec respect et émotion. Sa gorge se serrait quand il en parlait.

Un soir nous étions dans la maison de Villecun, dans la douce lumière de la lampe à pétrole. J'avais évoqué ma lecture du texte bouleversant d'Antonin Artaud au sujet de la peinture de Van Gogh, *Van Gogh, le suicidé de la société*, et lui avais parlé du spectacle auquel j'avais assisté lors du festival d'Avignon en juillet 1975 : un acteur avait fait une lecture impressionnante du texte *Héliogabale ou l'Anarchiste couronné*, autre œuvre d'Artaud.

J'avais apporté des reproductions de tableaux de Van Gogh et les lui montrai, nous les regardâmes avec attention. Je lui dis que j'étais sidéré par l'aide que Théo avait apportée des années durant à son frère (alors que lui-même avait une famille à sa charge) et de l'affection sans faille qu'il lui avait témoignée. Alexandre trouvait au contraire que Théo n'avait pas suffisamment soutenu Vincent : « Quand on a un frère génial, me dit-il, il faut lui apporter toute l'aide nécessaire. » Il affirma cela avec beaucoup de vivacité et se leva, très agité, me dit que l'attitude de Théo n'avait pas été juste. Je réagis. Il insista : Théo n'avait pas su comprendre son frère. Je lui répondis que Théo l'avait suivi dans la mort quelques mois plus tard. La disparition de Vincent n'était pas la seule cause – Théo était mort de la syphilis – mais il n'avait pas supporté le suicide de son frère. Le ton commença à monter, je fus troublé et me rendis compte qu'Alexandre pleurait. J'eus du mal à ne pas en faire de même, face à l'émotion suscitée chez Alexandre par cette évocation du malheureux Vincent, si attachant, si sensible, si sincère, si naïf, de ses tourments et de son suicide. Il me vint à l'esprit qu'Alexandre pensait à lui-même, faisait allusion aux difficultés initiales dans lesquelles il avait travaillé en mathématiques pendant les toutes premières années, quand il vivait avec sa mère dans un grand dénuement.

J'eus le sentiment d'un instant de communication entre deux génies humains, au-delà du temps. Je dis doucement à Alexandre qu'il parlait de lui-même. Il ne répondit rien.

Alexandre ne souffrit pas du manque de reconnaissance dans sa carrière scientifique : vite repéré pour la puissance de sa créativité en mathématique, un institut fut même créé autour de sa personne, à sa mesure. Il put vite faire des mathématiques dans des conditions idéales sans le moindre souci d'argent. À l'inverse, Van Gogh se disait doté d'une « maladresse absolue » pour tout bagage, se considérait comme « simple maillon dans la chaîne des peintres ». Sans se douter qu'il serait considéré un jour comme l'un des plus grands.

J'appris bien plus tard par Johanna (je ne me souviens pas que lui-même me l'ait dit), qu'il avait accroché au mur de son bureau de la maison de Massy une reproduction du tableau *La Ronde des prisonniers* inspiré d'une gravure de Gustave Doré. Van Gogh a peint leur promenade dans une cour entourée de murs élevés. Le ciel n'est pas représenté et seule une lumière indirecte sur un mur paraît apporter quelque espoir. Un prisonnier semble nous regarder avec un air de révolte et de défi. La présence dans le bureau d'Alexandre de ce tableau peint l'année du suicide de Van Gogh est étrange.

Alexandre évoque dans cette lettre un autre peintre, Jérôme Bosch, capable de représenter de manière hallucinante ce qu'Alexandre nomme « Le Merdier ». Il voulait décrire « la Honte » dans le Chant II qui devait faire suite au Chant « Innocence », « une réalité plus cachée, le moteur derrière la Fuite, ou plutôt derrière la peur qui est derrière la Fuite ».

Il ne pensait pas alors que son *Éloge* pût susciter un grand intérêt et envisagea un tirage en deux-cents exemplaires pour le chant I. Alexandre n'avait pas la volonté de susciter des réactions, percevait que la vision exprimée dans son œuvre ne pouvait être comprise et ne pouvait « passer » (selon le terme qu'il utilisait). Cette résignation, il l'avait aussi dans les situations les plus banales de la vie courante. Par exemple, quand je lui disais que tel ou tel de ses propos, adressé à une personne de notre connaissance ou à moi-même, était insupportable à entendre, irrecevable dans le fond même si la forme y était (forme qu'il s'efforçait toujours de mettre, par tempérament). Il me répondait alors de manière invariable : « Je n'ai fait qu'exprimer ma façon de voir, c'est tout. Dommage que cela n'ait pas été bien reçu. »

37. La Gardette, le 11 août 1979

Cher Christian,

Reçu à l'instant tes deux substantielles lettres et le petit livre d'Annie Leclerc. Je ne vais pas vraiment te répondre pour le moment, car je suis trop « hors du coup » en ce moment, trop enfoncé en plein dans « le Merdier », avec la correspondance de mes parents et la méditation qui l'accompagne. Je me rends compte de plus en plus à quel point il était essentiel que je fasse ce travail. Je ne saurais dire encore s'il va prendre des semaines ou des mois. Chaque jour réserve ses surprises, ses découvertes, ou simplement des choses plus ou moins « sues » se mettent en place, pénétrant plus avant – mais en même temps au fur et à mesure que j'avance, la région frontière de ce qui demanderait à être examiné, compris, s'élargit. Je prévois en tout cas que d'ici la fin du mois je n'aurai guère de disponibilité intérieure pour revenir, disons, aux thèmes du chant I. Mais au besoin, je ménagerai une « interruption autoritaire » dans cette méditation, pour profiter de votre présence à la Gardette à partir de début septembre. Si vous venez faire un tour avant, ce n'est pas sûr qu'on causera beaucoup, pas même sur « le Merdier ». Car j'en suis au stade où il me faut d'abord avancer par moi-même, empoigner la substance devant moi et m'en imprégner suffisamment, avant d'être « mûr » pour pouvoir en parler à quiconque. Pour moi, le moment du dialogue est surtout celui où je vois à peu près clairement ce que je « sais » et ce que j'ignore, quand j'ai circonscrit les problèmes, les mystères qui demanderaient (pour moi) à être sondés. Mais pour le moment, je suis en plein dans un Magma qui commence à peine à amorcer des velléités d'ordre, de structure, de lumière.

Bien sûr, tes lettres ne seront pas perdues – je les relirai de façon approfondie à la première occasion, et te répondrai alors de façon circonstanciée, oralement si tu es là, par écrit sinon. Je suis content que ton impression d'ensemble du chant I soit positive. Et un peu étonné qu'il y ait doute, après lecture, si oui ou non je pense que la création demande la « collaboration » (active) du mâle et de la femelle !

Il m'avait semblé insister lourdement là-dessus à diverses reprises – y compris après le passage que tu cites p. 141 (que j'ai modifié légèrement, en soulignant *virile* – pour bien marquer qu'il y a la force *féminine* complémentaire, qui est mentionnée dans la phrase d'après). Mais il est vrai que je parle plus souvent d'*élan* que de pulsion. Il faudra que nous regardions sur pièces ! Il y a beaucoup de choses dans tes lettres qui manifestement ne sont pas claires pour moi – du boulot en perspective !

Affectueusement à tous les deux,
Alexandre

P.-S. Adresse Yab : Srittamavanh, Immeuble Club, 34 La Grande Motte (Tél : 56 64 50).

Après avoir à peu près terminé la rédaction du chant I de son *Éloge*, Alexandre entreprit de travailler sur la correspondance de ses parents : lettres envoyées l'un à l'autre, ou bien adressées à leur fils. Il voulait comprendre l'ambiance dans laquelle il avait vécu sa propre enfance.

J'avais envoyé à Alexandre un livre d'Annie Leclerc que je venais de lire, *Parole de femme* ou *Épousailles* – je ne me souviens plus lequel. Cet ouvrage le fit violemment réagir. Il trouva que le féminisme d'Annie Leclerc mettait trop l'accent sur les dimensions *yin* de la femme au détriment de qualités *yang* qu'elle ignorait, selon lui. Je n'avais pas cette impression et fus touché qu'Alexandre n'apprécie pas ce livre : j'aimais les pages sur la féminité et l'exploration d'une dimension plus spécifiquement féminine. Ceci n'empêchait certes pas l'auteur de reconnaître chez la femme des qualités masculines. Annie Leclerc compensait la tendance, alors dominante dans les luttes féministes de l'époque, à mettre trop l'accent sur les qualités *yang* de la femme. Ceci avait été à l'origine d'un conflit entre elle-même et Simone de Beauvoir.

L'auteur du *Deuxième Sexe* incarnait la tendance du féminisme qui insistait sur les qualités *yang* chez la femme et clamait haut et fort qu'une femme est capable d'accomplir les mêmes tâches qu'un homme. Ce faisant, les activités traditionnellement dévolues au sexe masculin tendaient à être survalorisées. Alexandre n'aimait pas cette version très combative du féminisme, réaction bien compréhensible à l'oppression immémoriale de la femme, mais qui selon lui occultait trop ses qualités *yin*.

Il trouva, à l'inverse, qu'Annie Leclerc avait tendance à éluder les dimensions *yang* de la femme. C'est en ce sens qu'il parle (dans sa lettre suivante) de l'ouvrage d'Annie Leclerc comme d'une « illustration très, très grinçante du thème de la division, de la coupure. » Il en aurait dit autant de la « version dure » du féminisme de Simone de Beauvoir.

Il écrivit un projet de lettre à Annie Leclerc et me l'envoya pour relecture avant envoi. Je fus consterné qu'il soit aussi acerbe – il me sembla qu'il administrait une fessée à cette femme que j'estimais. Une tendance tranchante, métallique, tempéramentale mais sans doute renforcée par sa longue fréquentation du milieu de la recherche scientifique, demeurait en lui et resurgissait de temps en temps. En reprochant à Annie Leclerc d'oublier les dimensions *yang* de la femme, Alexandre semblait presque se placer du côté des tendances féministes dominantes à cette époque, de survalorisation des qualités *yang*. Ceci pouvait donner l'impression d'un incroyable machisme, comme la lecture de certains passages de Walt Whitman :

> « Mes égales parfaites,
> Au visage hâlé par l'éclat du soleil, par le souffle des vents,
> Qui ont cette vieille félinité et fermeté divine en leur chair,
> Qui savent nager, qui savent ramer, monter à cheval, lutter, tirer au fusil, courir, frapper, décrocher, avancer, résister, se défendre…
> C'est moi, femmes, me voici, j'entre.
> Je suis dur, acéré, grand, sûr de moi, et je vous aime…
> Répandant à foison la matière à faire naître filles et fils aptes à nos États, vous pressant lentement de mon muscle rigide…
> N'osant pas m'en aller tant que n'a pas été libérée cette longue accumulation en moi.
> En vous j'épuise les rivières comprimées de mon être,
> En vous j'enclos un millier d'années pour le futur…
> Ces gouttes que je distille en vous deviendront filles athlétiques et fortes, nouveaux artistes, chanteurs ou musiciens »

J'eus l'impression qu'Alexandre aurait mieux fait de remercier Annie Leclerc d'être aussi sensible et d'avoir écrit de si belles pages sur les dimensions *yin* de la femme. Je lui fis part de mon sentiment, il fut pris de doutes et ne lui envoya finalement pas cette lettre.

38. La Gardette, le 17 août 1979

Cher Christian,

Les relations avec les autres amis de Jaulin sont devenues franchement pénibles – heureusement ils partent mardi, ou au plus tard le 27 août. J'ai été obligé de changer de chambre, car j'étais trop envahi par le bruit. Profitant du « jour de crise » peu propice à mon travail, j'ai commencé le petit livre d'Annie Leclerc – ça a donné une lettre que je t'envoie ci-jointe, avant de l'envoyer. Je me demande si les impressions que j'y décris se recoupent avec les tiennes. Mais – comme je le dis plus ou moins dans cette lettre – cette lecture est devenue si pénible que j'ai dû y mettre fin. Il se peut que je le reprenne, mais probablement pas avant quelques mois au moins. Ce livre est vraiment une illustration très, très grinçante du thème de la division, de la coupure.

La méditation avance bon train – quand tu viendras avec Odile, tu verras un tas impressionnant de notes – en allemand ! La méditation sur mes parents, que je mène de front avec la lecture des lettres, me mènera sans doute jusqu'à fin septembre, sinon plus loin. J'ai l'impression d'apprendre beaucoup de choses – et des choses plus ou moins comprises déjà deviennent plus claires, éclatantes parfois...

Et vous, toi et Odile, que devenez-vous ? N'avez-vous pas trop chaud ? Avez-vous rencontré Yab ? Voyez-vous Mireille ? Je n'ai guère de signe de vie d'elle, mais Johanna m'écrit un mot de temps en temps.

Toujours pas une disponibilité suffisante pour revoir ta dernière lettre. Peut-être quand vous serez là seulement – là je suis trop encore dans les lettres de mes parents.

As-tu une idée de l'adresse des éditions Grasset (pour la lettre à Annie Leclerc) ? Suivant sa réponse, on saura si ça a un sens de lui envoyer *L'Éloge*. De toute façon je te donnerai le moment venu le nombre d'exemplaires que tu voudras, pour les distribuer parmi des amis à toi.

Affectueusement,
Alexandre

Je me sentais divisé à l'égard de son *Éloge*. J'étais gêné par le titre provocateur auquel il tenait et qui faisait courir à cet ouvrage le risque d'être pris au premier degré.

Alexandre exprimait sa confiance dans les capacités de connaissance de l'être humain. « L'Inceste symbolique » était une métaphore de la rencontre entre l'homme et le Mystère. J'aimais le fond de cette œuvre, la conception proche de celle que je trouvai plus tard chez Heisenberg (dans son *Manuscrit de 1942*), aux yeux duquel « la capacité des hommes à comprendre est illimitée ». Cette philosophie m'attirait infiniment plus que celles qui assignent par principe des limites à notre capacité à pénétrer l'Inconnu.

Cependant, le ton un peu docte de son *Éloge* me gênait. Ce livre était conçu en trois chants (il en avait alors rédigé le premier) dans un style poétique ; cette forme lui donnait une certaine solennité, mais j'avais le sentiment qu'Alexandre avait sombré dans l'emphase. Il s'agit peut-être des premières expressions d'un ton prophétique qu'Alexandre adopta dans certains écrits ultérieurs, telle l'étrange *Lettre de la Bonne Nouvelle* qu'il envoya à des personnes de son entourage en janvier 1990. Cependant, ce ton était déjà celui de maints passages de *La Clef des Songes*, écrit quelques années plus tôt[1].

Je n'avais pas dissimulé un certain agacement dans nos conversations pendant la période de création de *L'Éloge*. J'en suivais de près l'avancement, par la lecture des chapitres nouveaux qu'il m'envoyait au fur et à mesure. Alexandre me semblait pris par une fièvre intense

1. *Cf.* par exemple (60), « Le Souffle et la Tempête ».

de productivité, comme s'il avait à son insu le désir de rentabiliser la lecture du *Tao Te King*, qui l'avait beaucoup touché. J'étais perturbé par la forme un peu violente du texte de son œuvre, le style que je trouvais trop cru, direct, péremptoire, exalté et parfois brutal.

Là fut ma sottise : je le décourageai et lui fis perdre confiance, à un tel point qu'il prit la décision de détruire le tapuscrit quelques années plus tard – ce dont je fus le premier surpris. La destinée de ce livre me semblait en effet imprévisible, même si son édition n'était pas réalisée dans l'immédiat. Ce que je considérais comme des imperfections du texte concernait la forme, non le fond. J'ai déjà indiqué que Mireille m'avait dit qu'une certaine naïveté constituait l'une des originalités de l'écriture d'Alexandre, l'une des caractéristiques de son style. Je perçois aujourd'hui cette destruction comme une lourde perte, puisqu'il s'agissait de la réflexion d'un mathématicien sur la créativité humaine. Il avait trouvé en Lao-tseu l'expression d'une philosophie en résonance avec la sienne. Elle lui avait permis de mieux se comprendre lui-même, dans ses pulsions créatrices et ce qu'il nommait, dans nos conversations ou ses lettres, « accès de fièvre mathématique » ou « accès de fièvre méditative ».

Après avoir pris le temps pour clarifier mes impressions et différé pendant quelques semaines le moment de les dire à Alexandre, j'eus le sentiment que je ne pouvais me dérober et lui écrivis courant août 1979 une lettre pour lui faire part de mes réflexions. Aller ainsi à l'encontre d'un travail qu'il poursuivait avec passion depuis plusieurs mois et exprimer pour la première fois un profond désaccord avec lui dans une situation délicate fut difficile : une œuvre littéraire dans laquelle il avait mis toute son énergie, tout le feu dont il était capable ! Je lui écrivis sur un ton sans doute maladroit, trop cassant, péremptoire. D'autres dimensions de notre relation étaient bien évidemment impliquées, une révolte de ma part à l'égard de l'autorité qu'il incarnait, le non qui est dit à celui qui fait figure de père.

Je remettais son écrit en question non sur le fond mais sur la forme. Il m'écrivit aussitôt la lettre suivante, depuis Gordes où il séjournait encore. Sa réponse peut donner l'impression qu'il acceptait ma critique. Mais les vagues ultérieures mirent plusieurs mois à se calmer.

39. La Gardette, le 22 août 1979

Cher Christian,

Désolé (et dûment catastrophé) que *L'Éloge* soudain ne « passe » plus du tout. Manifestement tu l'as trop lu et tu en as une indigestion. Je sens dans ta lettre une véhémence – pour la première fois depuis que nous nous connaissons – et me dis que si ce malheureux « chant » n'a pas de meilleur effet que celui-là, il aurait mieux valu que je ne l'écrive pas ! Je te suggère en tout cas de ne plus continuer à le piocher – manifestement le texte n'est pas mûr, ni moi. De mon côté, je mets *L'Éloge* entièrement entre parenthèses pour le moment, c'est-à-dire jusqu'à ce que j'aie terminé ma méditation marathon commencée (un peu) en juillet et (beaucoup) en août – je m'attends à ce que ça me prenne six mois, peut-être un an. Après, je verrai si j'écris quelque chose de « général », et si je l'écris en vue d'une publication. Et également le sort que je vais faire au malheureux « chant d'Innocence ».

Ce qui me fait douter de la validité de ce texte, ce n'est pas ton imputation de lourdeur, mais ce qu'il a d'enflé et de prétentieux, notamment dans la dédicace, qui exprime effectivement l'état d'esprit, l'attitude intérieure dans laquelle j'ai entrepris ce « chant » et y ai travaillé. Comme tu me dis que tu as senti ce malaise dès le début, c'est donc qu'il y a quelque chose d'essentiel qui cloche – et non seulement une indigestion passagère de ta part. C'est pourquoi je retire le texte de la circulation jusqu'à ce que la situation soit plus mûre pour moi – jusqu'à ce que je sois plus mûr disons.

C'était un peu vache de ta part d'attendre trois mois pour « sortir le morceau » ! Mais il vaut mieux tard que jamais. Et si quelque chose dans mon attitude t'a indisposé dernièrement et a contribué à cette véhémence soudaine, cette « crise » aura eu du moins cela de bon de faire sortir ce qui n'était perçu par toi jusque-là que comme « malaise ».

Quand vous viendrez, nous aurons l'occasion sans doute de parler de questions personnelles liées à la rédaction et la lecture de *L'Éloge*, en plus des questions d'ordre général qui nous intéressent tous deux, tout à fait indépendamment de tout texte ou projet de texte. Les amis de Jaulin viennent de partir et vous pourrez vous installer confortablement quand il vous plaira. Si vous n'avez pas de voiture et que vous me faites signe, je peux venir vous chercher à Avignon le jour et l'heure que vous me direz (si ma voiture ne déconne pas). Si vous pouvez me rapporter un paquet d'argile de Lodève (3 kg, chez le marchand de Régime), quelques fromages de chèvre secs du marché, mon imperméable beige de chez Mireille – au cas où vous seriez en voiture. Et éventuellement passer prendre pour moi deux cartons de bougies (ça doit faire 10 kg) chez le droguiste en gros Bringuier, (3 ?) rue de Lautissargue, Zone Industrielle de Montpellier. C'est possible qu'Odile y trouve son bonheur aussi, au prix de gros pour droguiste détaillants. Il faut dire que c'est pour l'association le Lien de Lodève – ils n'ont pas le droit de vendre aux particuliers, en principe, mais ils me connaissent et se rappellent le nom de la fameuse association.

Pour le pétrole ce n'est sans doute plus la peine, mais l'adresse est rue d'Alger – c'est la petite rue près de la gare où se trouve *Midi Libre*. La droguerie fait coin sur la droite, juste après l'entrée dans la rue d'Alger. Il faut prendre des récipients. Si vous avez des récipients en rab et que vous en prenez pour moi aussi, je ne dirais pas non.

Voilà tout pour l'instant – tout le reste de vive voix. Donc à vous voir très bientôt tous les deux !

Bien affectueusement,
Alexandre

Qu'Alexandre se soit plongé dans une autre recherche dans cette période-ci – la méditation sur ses parents, basée sur leurs lettres en sa possession – l'aida sans doute à vivre ce renoncement au moins provisoire à publier son *Éloge* et à mettre ce tapuscrit au « frigidaire » (lettre du 29 septembre 1979).

Je préférai lui faire part de vive voix de mes impressions et lui rendis visite avec Odile à La Gardette au début du mois de septembre. Nous y demeurâmes pendant quelques jours.

Je le sentis ailleurs, absorbé à un degré que je n'avais jamais connu chez lui. Son regard était vide. Il était plongé dans une intense méditation sur la vie de ses propres parents et paraissait ne plus percevoir le monde extérieur, êtres ou objets. Nous parlions par moments pendant la journée. Il était réticent à toute promenade et il fallait que j'use de toutes sortes d'arguments pour qu'il accepte de quitter la maison. Je le trouvai très fragile. Dès lors qu'il parlait de sa recherche intérieure, il était presque au bord des larmes. Et il ne pouvait évoquer ses parents sans pleurer quand il parlait de leurs limites. Il m'exposa longuement l'idée de l'importance pour chacun de nous de « reconnaître » nos parents, réfléchissait au « manque de créativité » de son père, à une carence dans sa « productivité ». Il reconnut que lui-même n'était pas clair à ce sujet puisqu'il ne s'agit pas pour un être humain de « produire à tout prix » : ceci ne peut être le but d'une vie. Il avait bien conscience que le terme *créativité* n'est pas à prendre dans l'acception courante : en effet, ce qui peut être nommé *création* ne se réduit pas à la réalisation d'un film ou d'un tableau, à la conception ou la construction d'une maison, à la clarification et l'avancée d'un domaine particulier de la connaissance scientifique, à l'écriture d'un livre... Et aujourd'hui, plus encore que jamais sans doute, la créativité humaine trouve à se déployer dans des actes bienveillants de portée limitée en apparence, à l'égard de la planète et du monde vivant.

Les trois lettres suivantes (celles du 23 septembre, du 29 septembre et du 25 octobre) sont le reflet de notre conflit de cette période. Quelques années plus tard, il me dit qu'il avait prévu dans son testament de me faire cadeau d'un exemplaire de *L'Éloge*, mais détruisit en fin de compte toutes les copies de cet ouvrage (à l'exception de son Épilogue), probablement au début des années 1990, avant de s'isoler.

Dans sa lettre du 21 juillet 1979, Alexandre avait défini cet Épilogue comme un résumé de « l'essentiel de la substance du chant ». Il m'avait donné à relire ce texte de quelques pages, « Le Filet, les Poissons et la Mer » pendant l'été 79. Cet écrit poétique concluait le chant I par l'évocation de la découverte du Mystère, sous forme d'une métaphore : le créateur, tel un pêcheur, lance son filet dans la mer.

Dans ces trois lettres, Alexandre parle de mon transfert, de ma dépendance, de la satisfaction que je trouvais à lui faire renoncer à la publication de son *Éloge*. Et que d'ailleurs il aurait compris tout seul, sans que je le lui dise, que ce livre n'était pas mûr pour une publication. À propos du travail de méditation qu'il avait entrepris, il écrit dans sa lettre du 29 septembre : « Je le ressens comme le grand travail de ma vie (jusqu'à aujourd'hui) – comme une grande *césure*. » Il peut sembler surprenant que ce travail de méditation se situe, selon lui, à un niveau supérieur à celui de ses recherches scientifiques. La plupart des lecteurs considèrent sans doute que l'œuvre mathématique d'Alexandre aura été ce qu'il fit de mieux dans sa vie. Ce n'est pourtant pas ce qu'il ressentait, du moins quand il écrivait ces lignes. Mais dès lors qu'il était plongé dans une recherche quelle qu'elle fût, était branché sur tel ou tel domaine, il avait de toute façon tendance à penser qu'elle était la plus importante de sa vie, la plus profonde, et que tous ses travaux antérieurs n'avaient aucune importance, comparés à sa passion présente : la connexion à un domaine nouveau paraissait lui faire mettre de côté ce qui l'avait auparavant fasciné. C'était l'expression de son art d'explorer la diversité infinie des choses. Cette tendance s'exprima entre autres, quand il se relia aux plantes pendant la dernière période de sa vie, animé par une grande passion – il sembla alors avoir même oublié qu'il avait été avant tout mathématicien.

La question de l'articulation et des différences entre la connaissance scientifique et la connaissance de soi le préoccupa longtemps. Bien des années plus tard, je me plongeai dans la lecture de *Récoltes et semailles*, dans sa maison de Lasserre. Et je découvris le passage suivant dans lequel il compare la recherche intérieure impliquée dans le travail de « connaissance de soi » visant à « la découverte de soi » avec le « travail de découverte scientifique » : « Si le travail de découverte scientifique m'apparaît comme "plus fruste" que celui de la découverte de soi, c'est (il me semble) pour deux raisons. D'une part, il ne met guère en jeu que nos seules facultés intellectuelles, c'est-à-dire une partie infime de notre être. (Le travail scientifique a tendance d'ailleurs à faire s'hypertrophier cette partie de nos facultés, aux dépens des autres et d'un équilibre global de la personne, et à la limite de transformer celle-ci en une sorte de monstre-ordinateur...) D'autre part, les résistances intérieures (s'opposant à la découverte du réel) mises en jeu par le travail scientifique, sont le plus souvent sans commune mesure avec celles qui s'opposent à la connaissance de soi. C'est pourquoi aussi "l'aventure scientifique" n'est que très rarement, et pour ainsi dire plus jamais de nos jours, une "aventure de vérité" – une aventure, donc, qui mette à contribution nos capacités d'humilité et de courage à assumer une vérité malvenue, vis-à-vis de nous-mêmes d'abord, et vis-à-vis du monde extérieur ensuite. »

Lors de la période qui suivit la rédaction du chant I de son *Éloge* j'eus le sentiment qu'il se refermait sur lui-même et ne voulait plus communiquer. Cette tendance à la claustration me semblait être un trait puissant de son caractère. La période de notre amitié suit celle de son retrait de l'institution scientifique officielle et son installation à la campagne à la fin de 1973, en différents lieux successifs ; elle correspondait chez lui à des dispositions d'ouverture qui s'effacèrent peu à peu, jusqu'à s'éteindre presque complètement vers le milieu des années 1990.

Il m'écrivit (lettre du 29 septembre 1979) : « Tu es loin d'avoir dans ma vie, dans mes pensées, une importance comparable à celle que tu dis que j'ai prise dans la tienne. » Dans un autre courrier, écrit courant octobre, il revint à la charge sur un ton plus acerbe encore. Dans l'heure qui suivit la lecture de cette lettre, je fus pris d'un violent mal de gorge, le pire que je connus dans ma vie. Je tombai malade et dus m'aliter. Je me soignai et me guéris par la fièvre, le jeûne et des décoctions concentrées de lichen d'Islande, d'un goût affreux : je commençai à intégrer les propos d'Alexandre et notre conflit. Je lui renvoyai sa lettre (sans en conserver de double) tant elle me paraissait destructrice et lui répondis dans la même veine conflictuelle que lui : je lui écrivis qu'il délirait et sombrait dans la paranoïa. J'avais besoin de voir clair dans ma relation à cet étrange ami, cette belle âme, hypersensible, mystérieux, imprévisible, généreux, prodigieusement intelligent, bouillonnant, débordant de vie, exigeant, fascinant, parfois capricieux, et qui ne semblait pas appartenir à ce monde.

Pendant cette période, je dus méditer beaucoup pour intégrer le vécu de cette relation. Je sentis que je pouvais être détruit. Il me fallait comprendre, de manière urgente. Je m'aidais de mes rêves. Certains concernent un niveau personnel et relèvent d'un bruit de fond permanent, sans grand intérêt ; d'autres sont des dons, des messages qui paraissent provenir d'un plan de réalité situé au-delà de notre personne : ils replacent les épreuves de notre vie individuelle dans une perspective large, supra-personnelle, et sont capables d'éclairer notre chemin si nous savons leur accorder de l'attention.

J'avais lu *Les Portes de la perception* d'Aldous Huxley et *L'Herbe du diable et la Petite Fumée*, premier volume de l'œuvre de Castaneda, que j'ai déjà évoquée. Les psychotropes peuvent être une aide dans une recherche intérieure si leur prise procède d'une intention consciente – ce qui est malheureusement rare en Occident puisque leur usage a le plus souvent perdu tout caractère sacré : les plantes à effets psychotropes n'ont pas réchappé à la réification générale, sont devenues des choses, des marchandises consommables à l'instar de toute autre. Cependant, les effets secondaires de ces substances sont souvent insidieux et parfois dramatiques : ils peuvent être rédhibitoires pour certains sujets sensibles. Je compris deux ou trois années plus tard qu'il est inconcevable que l'être humain ne soit pas doté de toutes les forces de conscience nécessaires pour pénétrer l'Inconnu, et que nous devrions avoir recours à certaines espèces végétales ou animales, ou certains composants issus de la chimie de synthèse, pour les explorations de notre intériorité.

Je fis une prise de LSD selon la mode de l'époque et focalisai mon attention sur ma relation à Alexandre pour tenter d'en percevoir la signification. Je me souviens bien de ce *voyage* qui dura une quinzaine d'heures. Je perçus la singularité de ma position, le bonheur de l'avoir rencontré et d'en être si proche. Mais je *vis* aussi que le fréquenter pouvait entraîner une désagrégation, me faire disparaître dans un maelström. Une relation amicale avec un homme tel que lui faisait courir le risque d'une pulvérisation, de ne plus pouvoir exister dans une destinée personnelle. Il m'avait aidé à m'extirper d'une carrière scientifique qui ne convenait pas à ma nature et me semblait peu en accord avec les urgences de notre époque. Les voies de réflexion – pour ne pas dire de méditation – qu'il m'avait indiquées m'attiraient et le fascinaient aussi. Je compris son intérêt pour mes propres recherches, dont le contenu le touchait, comme pouvaient le concerner dans un registre bien différent les recherches mathématiques de ses proches élèves ou de ses collègues.

Il m'aida ainsi à me détourner d'une voie conventionnelle dans laquelle j'aurais au fond connu l'ennui, même si une dimension de moi-même y aurait trouvé son compte. J'aurais eu l'impression de « passer à côté » de ce qui me sembla par la suite être plus essentiel. À ce moment j'étais encore dans l'hésitation et le déchirement. Et je compris qu'Alexandre parlait parfois, de manière subtile, sur un mode au fond violent et autoritaire, projetant sur moi ses propres désirs d'en finir avec la recherche scientifique de manière définitive et d'accéder à un autre niveau d'être. Ce qu'il ne put jamais faire – même lorsqu'il choisit l'isolement radical – puisqu'il continua jusqu'à la fin de ses jours à poursuivre des recherches scientifiques : ce fut une chance pour l'avenir des mathématiques ou peut-être d'autres domaines, puisque ses derniers manuscrits ne sont pas encore étudiés et ne concernent pas, semble-t-il, les mathématiques au sens habituel de ce terme.

Peut-être avais-je ressenti chez mon ami ce qu'il désigna comme une tendance à un certain « dirigisme moral », qu'il mit à jour plus tard chez lui-même et évoqua dans sa *Clef des Songes*[1]. Il tira cela au clair après avoir été irrité (lors d'une première lecture) qu'un biographe de Gandhi, Sholem Asch, ait cru déceler un tel travers chez le Mahatma – faiblesse qu'Alexandre reconnut pourtant, bien des années plus tard, chez Gandhi ainsi que dans son propre caractère.

La lettre du 25 octobre est une réponse à la mienne. En somme, lors de ce conflit, il prit bien soin d'appuyer là où j'avais mal : mon transfert sur lui et ma difficulté à trouver ma voie, une porte. Il m'écrivit même le pire à entendre pour moi : je n'avais qu'à revenir à mon travail en physique théorique. Il connaissait ma fascination pour ce point de vue sur les choses, combien mon renoncement était douloureux et

1. (68), « Les deux grandeurs – ou l'épopée et la vérité ».

signifiait un sacrifice, qui avait été une plongée dans le vide, au moins provisoirement – une traversée du désert. Il connaissait mes tendances obsessionnelles. Alexandre savait à quel point la voie de la recherche scientifique répond bien à ce type de dispositions, en évacuant le plus souvent tout contact avec le fond de notre âme.

Alexandre connaissait la réponse à la question clé que nous nous étions posée pendant des années, encore et encore : pourquoi l'être humain, aussi merveilleusement intelligent dans le regard scientifique porté sur la nature depuis la formulation mécaniste galiléenne, est-il en train de parvenir à la destruction de la biosphère ? Quelles sont les carences de cette vision des choses ? La réponse est que l'approche scientifique telle qu'elle existe aujourd'hui a tendance à oblitérer notre vie intérieure et à nous séparer du monde vivant. Et elle ne convient pas pour l'appréhender – ou du moins, elle ne peut suffire pour cela.

Mais si l'activité de recherche scientifique a tendance à induire ce qu'Alexandre nommait « une sclérose spirituelle », il est possible pour certains êtres sensibles de passer d'un plan à un autre, de l'activité intellectuelle à une région qui implique l'intériorité. Cela nuit peut-être dans une certaine mesure à la productivité scientifique mais signifie un équilibre intérieur précieux et délicat. Dans une lettre à C. G. Jung, le physicien W. Pauli écrit qu'il est maintenant (depuis son travail avec ce psychanalyste) « moins productif », mais se sent « nettement mieux ».

Je lui demandai un jour (nous nous promenions dans la nature) si je ne pourrais pas suivre les deux chemins, la recherche scientifique et une vie plus tournée vers la méditation et l'intériorité. Je rêvais de cela. Il fut amusé par la simplicité apparente de cette question, m'expliqua calmement qu'il était « en possession d'un bagage mathématique assez considérable » et pouvait « refaire des mathématiques quand il le voulait ». Il était possible pour lui (m'expliqua-t-il) de s'y remettre s'il en avait le moindre désir – même pour une très brève durée – et de cesser d'en faire s'il se trouvait d'une manière ou d'une autre absorbé ailleurs. Il restait en relation avec le milieu mathématique et me dit qu'il suffisait pour poursuivre des recherches de ce genre, « d'être en contact avec un seul mathématicien qui soit bien au courant des avancées de cette discipline ». C'est en effet à peu près ce qu'il fit pendant la dernière partie de sa vie, le dernier acte, celui de son enfermement.

Il affirma avec force que je n'avais pas assez pénétré dans l'étude de la physique et ne connaissais pas encore certains outils fondamentaux. Avant de parvenir à un point où je pourrais œuvrer de manière indépendante, il me faudrait (me dit-il) « travailler pendant quelques années pour étudier des outils sans savoir à l'avance à quoi ils pourront bien te servir ». « Tu devras (insista-t-il) te consacrer à fond à cette tâche avant de pouvoir faire ou non de la physique, à volonté. Vouloir pour l'instant poursuivre les deux activités serait tellement prenant que tu ne pourras plus connaître le moindre instant de repos... » Il sourit et ramassa un brin de paille par terre, me le montra et me dit que je ne pourrais même pas le glisser au sein de mes journées si densément occupées.

Il me vit ainsi déchiré entre les deux voies et dans une si grande difficulté à renoncer complètement à la voie scientifique, qu'il me proposait de manière récurrente de m'aider dans le projet de reprendre le travail en physique théorique. Mais je sentais bien que ce n'était pas ce que je pouvais faire de mieux. Alexandre avait remarqué, lors d'une conversation, qu'il lui semblait que je ne voulais pas « revenir à la physique pour des raisons morales » : de manière un peu paradoxale (il avait crié au début des années 1970 qu'il fallait mettre fin aux recherches scientifiques...), il me le reprocha. Cela signifie qu'il adorait la perfection singulière, cristalline, des théories mathématiques, leur beauté pure, non contingente. Il voulait dire que je ne renouais pas avec la recherche scientifique pour ne pas m'impliquer dans sa collusion avec ce que nous pouvons nommer « complexe militaro-industriel ». C'était loin d'être la raison essentielle. Je voulais m'investir dans une activité qui trouvait en moi une résonance, sentais une résistance intérieure à me plonger à nouveau dans les sciences dures, même si je percevais la beauté de nos théories physiques et continuais à rêver de manière récurrente de calculs mathématiques, d'équations. Cependant je préférais être en contact avec le vivant, et dans une perspective différente. Par tempérament, les aspects froids et désincarnés des sciences dures me rebutaient ; les sciences humaines me semblaient flotter dans une sorte d'inconsistance. Cette impression confuse persista en moi jusqu'à ce que je me tourne (après la fin de nos échanges) vers les plantes et me rende compte du lien particulier que j'avais eu avec elles pendant mon enfance – j'eus alors le sentiment de rétablir avec ces êtres vivants une connexion, comme après un long éloignement.

Les dialogues avec Alexandre avaient pris de plus en plus de profondeur, à un point tel que je fus entièrement absorbé pendant ces années-là par cette recherche intérieure, philosophique, spirituelle. Mes préoccupations scientifiques passèrent à l'arrière-plan. Je ne repris jamais l'étude de la physique théorique. Mais ce sacrifice me fut plus que pénible. La physique théorique demeura pour moi un continent mystérieux et fascinant que je n'avais fait que frôler. Et je comprends ce que les chercheurs peuvent ressentir pour certaines théories, leur beauté formelle absolue et leur adéquation parfaite à la description de certaines catégories de phénomènes observables. Mais il existe des « régions de la réalité » tout aussi fascinantes et qui ne sont pas descriptibles au sein de tels paradigmes.

Alexandre avait appuyé sur un point douloureux en moi et je fis de même à son égard. J'insistai sur ce qui constituait sa blessure : son isolement, la coupure presque permanente que je percevais entre lui-même et ses semblables, dans les périodes où il faisait des mathématiques, mais aussi pendant celles consacrées à ce qu'il nommait « méditation ». Cette solitude est peut-être le lot de tout créateur, absorbé dans ses voyages en des régions inconnues : mon attaque n'avait donc pas beaucoup de sens.

J'avais le sentiment que même lorsqu'il me faisait les confidences les plus intimes, quelque chose restait inaccessible en lui, un noyau au-delà de ce qui pouvait être exprimé. Il semblait être porteur d'un mystère, d'un secret. L'existence d'une région inaccessible de son être le rendait différent des autres humains. Même si en tout être réside une certaine part de mystère, la dimension de celle-ci était chez mon ami tout à fait singulière. Il m'apparaissait essentiellement seul.

Il avait conscience de sa singularité et demeurait secret. Lors d'une promenade dans la garrigue, quelques mois plus tard, nous évoquions une fois encore le dogme psychanalytique. Il était léger, communicatif, joyeux et même euphorique, comme presque toujours lors de nos sorties dans la nature. Il bascula soudain en lui-même et confia qu'un jour « certains se pencheraient sur son cas », « psychologues ou psychanalystes ». Quand il dit cela, il paraissait parler à lui seul. Ou plutôt, comme je l'ai déjà écrit, ma présence libérait sa parole et il se permettait de penser à haute voix. Il fit une grimace, un signe de la main, et ajouta que la perspective de devenir ainsi un sujet d'étude ne lui plaisait « qu'à moitié ».

Pourtant, lors du travail d'écriture de son *Éloge*, il était mû par le désir d'exposer au grand jour les sources de son énergie créatrice, de révéler des éléments intimes. L'appui philosophique trouvé dans l'œuvre de Lao-tseu l'avait stimulé à exprimer ses idées à propos de sa créativité personnelle. Il l'avait fait dans l'exaltation.

Avec un recul de presque quarante années il me semble que cette décision qu'il prit à ce moment de ne pas publier *L'Éloge* contribua à la fermeture intérieure qui s'amplifia à partir de cette période, jusqu'à son enfermement progressif dans un petit village des Pyrénées.

40. La Gardette, le 23 septembre 1979

Cher Christian,

L'autre jour j'ai pensé à la signification du fait que tu aies insisté pour emporter avec toi un chapitre de *L'Éloge*. Il est bien clair en effet que tu n'en as aucun besoin pour ton travail, alors que tu sais ce qu'il y a dedans. La signification est manifestement de nature symbolique. J'ai eu à ce sujet la vision très nette d'un gaillard de cinq ou six ans, sachant marcher et courir et ayant tous les moyens de l'autonomie corporelle et psychique, s'accrochant d'une main mi-inquiète, mi-tyrannique à la jupe de sa mère, comme s'il avait encore besoin d'elle pour marcher. Et la mère un peu embarrassée, se rendant bien compte de quoi il retourne, mais n'ayant pas le cœur d'envoyer son grand gaillard de garçon sur les roses – ce qui pourtant était la seule chose à faire ! Quand une telle situation s'éternise – quand, au fond, elle est désirée par la mère – ça donne la situation d'Agnès et de Nil. Ce n'est pas le cas ici, heureusement. À la fois je me sentirai « plus heureux » quand il sera devenu clair que tu as sauté le pas – mais cela demandera sans doute que tu prennes un jour ou deux pour bien regarder la réalité de ta relation avec moi, et, de plus, tout à fait indépendamment de cela, je sens fortement que la place dudit chapitre n'est *pas* chez toi, mais « au frigidaire » ensemble avec les autres notes sur *L'Éloge*.

Dans l'image de tout à l'heure – peut-être tout à fait inadéquate ! – le petit garçon est bien entendu *divisé* : il veut à la fois les charmes de l'indépendance, et ceux de la dépendance. L'instant d'après, il pourra bien – si elle le laisse faire – bourrer de coups de poing sa maman-à-tout-faire, histoire (entre autres) de prouver son indépendance ! Et c'est bien ainsi que j'ai perçu, bien sûr, les deux lettres de toi que tu sais, du mois dernier : comme une gerbe également symbolique, mais de sens opposé. Il s'agit du « sens » de l'intention derrière un acte. Pourtant, les deux actes ont une signification commune (si j'ai senti juste) – ils sont des signes de la survivance d'une dépendance qui a cessé d'être « organique », ou « fonctionnelle ». D'ailleurs, avant ton départ déjà, j'avais la nette impression que cette question n'était pas vraiment réglée, que tu n'avais fait que l'effleurer, et que notre relation restait ambivalente. Si ça se trouve, les pulsions hostiles ont simplement fait une retraite stratégique, après s'être trop découvertes.

Arrivé à ce point, je m'aperçois qu'il me faut rectifier l'expression « tout à fait indépendamment de cela » de la page précédente. Car le malaise particulier que je ressens à laisser un chapitre de *L'Éloge* entre *tes* mains est sans doute renforcé par le sentiment que j'ai de cette ambivalence. En fait, vu son état inachevé et provisoire (entre autres), j'aurais des réticences sérieuses à en confier (ou simplement faire lire) une partie à qui que ce soit. Mais comme de plus il s'agit d'un document de nature extrêmement personnelle, ces réticences deviennent rédhibitoires dans un cas où la *sympathie* du lecteur éventuel ne serait pas évidente et sans ambiguïté aucune.

Cette fois-ci je crois que j'ai bien fini de faire le tour du malaise qui m'incitait à t'écrire – et qui, il me semble, a disparu du coup. Maintenant à toi de jouer, comme il te plaît !

J'ai trouvé à Villecun le livre *Cosmic Consciousness* de Bucke dont je t'avais parlé. Veux-tu que je te l'envoie ? Et que deviennent tes recherches d'une retraite ?

Affectueusement à toi,
Alexandre

À la fin de cette lettre du 23 septembre est faite une allusion à *Cosmic Consciousness*, de Richard M. Bucke, ami du poète Walt Whitman. Cet ouvrage fut l'objet de longs échanges ultérieurs entre nous, plutôt oraux, et lui donna l'idée d'une « mutation » possible de l'humanité. Dans *La Clef des Songes*, livre écrit quelques années plus tard, Alexandre évoquera une série d'êtres humains exceptionnels, rencontrés dans sa vie ou disparus parfois depuis longtemps, qu'il nommera « mutants ». Il classera l'auteur de *Cosmic Consciouness* parmi ceux-ci[1].

La lettre suivante est non datée mais je peux la situer pendant cette période à peu près. Alexandre évoque le « dessèchement » (« peut-être par l'influence de sa "réussite" sociale ») d'une personne que nous connaissions.

41. (sans lieu, ni date)

Cher Christian,

Désolé que tu n'aies pas même rencontré Jeanne (sans compter le beau rêve évanoui...) c'est vraiment mauvais signe, pour une fois que quelqu'un vient la voir – et alors qu'elle ne sort pratiquement jamais de chez elle. Quant à Shih, il a surtout peur que je ne croie pas à son explication – et s'il a cette peur c'est parce qu'au fond il n'aurait pas été si enchanté de l'accueillir. On sent chez lui la gêne, non l'élan de celui qui est désolé de ne pouvoir rendre un service qu'il aurait été heureux de rendre. Dans sa lettre envoyée à Montpellier, il parle d'ailleurs de la

1. *La Clef des Songes*, (74), « Richard Maurice Bucke – ou l'apôtre de l'autre réalité ».

venue de sa sœur et sa famille sans trace de joie – comme un homme plutôt accablé par l'excès de ses devoirs et soucis. Et je crains bien pour eux tous qu'en fait, il n'y a aucune joie en lui pour accueillir sa sœur – et par la suite sa mère. Depuis que je l'ai connu, et peut-être par l'influence de sa « réussite » sociale, Shih s'est terriblement desséché – et je me demande bien quel événement, quel choc le fera revivre. Bien sûr, je regrette d'autant plus que tu n'aies pas même vu Jeanne, dont je n'ai aucun signe de vie.

J'ai passé un jour et demi à Lodève et à Villecun l'autre jour – j'ai pu longuement parler avec Johanna et Ahmed (j'ai trouvé une très bonne ambiance dans la maison de Villecun) et surtout avec Mireille. Elle avait une soif de parler. Je me rends compte qu'il y a un travail qui se fait en elle, à l'encontre de résistances farouches – et Mireille en est épuisée, faute de faire face carrément, de prendre les résistances de front. Mais cet épuisement même est peut-être une bonne chose. Ou du moins, une condition nécessaire au changement. Je pense aller la voir le 8 oct. – si elle ne vient faire un tour elle-même avant.

Je te souhaite bonne chance dans tes recherches, et attends avec intérêt le résultat. Embrasse stp Odile de ma part – et Tinh si tu la vois encore.

Affectueusement,
Alexandre

À la recherche du passé

42. La Gardette, le 29 septembre 1979

Cher Christian,

Bien reçu ta substantielle lettre, qui m'a fait plaisir, puisqu'elle marque la continuation d'un dialogue. Mon isolement, dont tu parles, est un fait dont je me rends compte de façon croissante ces dernières années. En un sens, il passe par un point culminant en cette année que je me suis donnée pour méditer dans la solitude – et faire « une bonne fois » le travail qui était à l'arrêt dès 1957 – et que depuis 1974 je n'ai fait que par bribes. Il s'agit de comprendre, d'assumer un passé – et par là, de comprendre aussi, dans la mesure de mes moyens, le présent. Je le ressens comme le grand travail de ma vie (jusqu'à aujourd'hui) – comme une grande *césure*. C'est au terme de ce travail seulement qu'il sera temps de me dire : et maintenant ? Et il est possible qu'au terme de ce travail, apparaisse chez moi une disponibilité, une décontraction du flâneur peut-être, qui sait ? – qui m'ont manqué toute ma vie. Je n'en sais rien, et ne m'en inquiète pas. Je fais mon boulot, et je sais bien que c'est ça que, maintenant, j'ai à faire.

Les relations à autrui en cette période de ma vie, y compris à toi, prennent une place très effacée. Parfois j'émerge, leur consacre une pensée, qui donne parfois une lettre – et je replonge. Tout ce qui est « obligation » de sortir de ma retraite, de parler (de vive voix) avec autrui, est ressenti comme un effort, une entrave. (Pas les lettres...) C'est en cela qu'il y a un « point culminant » dans l'isolement. Je ne m'en inquiète pas, je suis comme la chrysalide qui se met à l'abri de son cocon – ce n'est qu'ainsi qu'un certain travail intense et silencieux peut se faire.

Je vois que tu n'es pas au bout du travail (que je ne prévoyais pas si épineux) de voir clair dans ta relation avec moi, par la déformation très forte de ta perception de la réalité quand j'y suis impliqué. C'était surtout dans la dernière page de ta lettre, où tu parles de « crispation » et de « véhémence » alors que je t'ai écrit dans des dispositions très détendues – comme je suis détendu chaque fois que je m'accorde une pause dans mon travail. Je t'ai fait part d'un « malaise » qui existait depuis ton passage avec Odile, sans me tracasser outre mesure, et sur lequel il importait néanmoins de mettre le doigt. (Ta réponse montre bien que ma lettre était opportune). Et je t'ai dit ni plus, ni moins que la réalité que je percevais en moi – ce qui a fait disparaître ce malaise. J'étais bel et bien impliqué dans cette lettre – alors que tu te plains que je n'y parle que de toi ! Mais il serait utile, je crois, que tu prennes conscience du fait évident, qui n'a rien d'humiliant il me semble, que tu es loin d'avoir dans ma vie, dans mes pensées, une importance comparable à celle que tu dis que j'ai prise dans la tienne. Tu as dû me le faire entendre pour la première fois il y a un an, il me semble, j'en ai été très surpris – et me suis dépêché de l'oublier ! [Je ne tiens pas, semble-t-il, à savoir que je peux être important pour quelqu'un (sauf pour une amante, ou mes enfants) – c'est une chose qu'il me faudra comprendre, en relation avec mon attitude du « maître » – qui sans doute se veut impersonnelle !] Toujours est-il que tu me l'as rappelé à l'occasion, encore sans grand succès. Finalement c'est l'incident lié à *L'Éloge* qui a fini par me faire comprendre, à mon corps défendant, qu'il y avait une relation forte – puisqu'elle provoquait des réactions de forte animosité ! Mais ça continue à rester une chose pas *vraiment* comprise, acceptée – de sorte que chaque fois que je me trouve devant une nouvelle manifestation de sa réalité (comme la lettre que je viens de recevoir – et surtout la dernière page, écrite le vendredi 28 septembre c'est-à-dire hier – la poste fait vraiment des étincelles) – chaque fois c'est la même surprise !

Dans cette page, tu exprimes une vision de moi selon laquelle – par sous-entendu – il y aurait chez moi un investissement en notre relation d'une force comparable à ton propre investissement. Et la pensée me vient maintenant : peut-être au fond es-tu agacé de cette distance, de cet isolement, de cet intérêt toujours « bien tempéré », un peu distant que tu sens chez moi. Il me vient immédiatement une association d'idées avec la satisfaction, évidente et naïve, que tu avais eue par la lettre où je t'annonçais que – suite à ta propre lettre – je décidais de mettre *L'Éloge* au frigidaire pour un temps indéterminé. [N.B. Je me rends compte que c'était la chose à faire de toute façon – et j'aurais sans doute fini par le faire comme découlant naturellement de mon travail actuel, qui mettait tout l'« Après » entre parenthèses. Ainsi ta lettre « d'agression » a été (entre autres) très utile, pour hâter, et même brusquer un peu, une décision qui s'imposait...] Je m'attendais à ce que tu puisses être amer que je laisse tomber tout travail sur *L'Éloge,* à cause des relations prévues avec ton propre travail. Et à ta réaction contraire, j'ai cru sentir comme la satisfaction de l'enfant qui a réussi à jeter un gros pavé dans une mare et à faire des « ronds » ma foi assez respectables...

Si on met à part l'épisode révolu de *L'Éloge,* la place que tu prends « dans ma vie », qui bien sûr n'est pas nulle, loin de là, tient autant, voire plus, aux relations que tu as avec Mireille, Johanna, etc. ; donc à un rôle d'« ami de la famille », en somme – plutôt qu'à notre relation directe. Et l'idée me vient à l'instant de me demander s'il n'y a pas eu là de ta part intention (sans doute inconsciente) de resserrer des liens avec moi. (Je souhaiterais alors que ces relations survivent à cette intention ! Et, comme toujours, les vrais fruits seront sans doute complètement autres que ceux visés par l'intention...)

Pour en revenir à ton P.-S. d'hier – j'ai été particulièrement frappé par ton expression « perte brutale de confiance en moi ». Car c'est la première fois que je t'écrivais : Christian, tu as tout ce qu'il faut pour voler de tes propres ailes – arrête donc de faire le con ! C'était bien sûr une lettre qui témoignait d'une grande confiance. (Cette confiance n'était pas nouvelle. Mais avant de réaliser que tu étais inhibé par une certaine dépendance à mon égard, je ne sentais pas le besoin de l'expliciter – elle me semblait aller de soi.) Mais cette confiance te pèse – tu dis toi-même que tu sens des résistances à « te projeter », à t'élancer par tes propres moyens – et toute ta lettre témoigne de cette hésitation, de cette crispation. Or ma confiance t'y engage – à t'élancer. C'est sans doute pourquoi tu préfères l'ignorer, et t'accrocher à une vision opposée – qui vient à la rescousse de ces résistances. Tout comme tes lamentations : « Ah, pauvre de moi, je n'ai pas assez de dons, je vise au-dessus de mes forces ! » (il s'agit en l'espèce du « don » – du courage, de regarder une réalité, et de cesser de prendre des vessies pour des lanternes…)

Le plus con de tout, bien sûr, ce serait que tu t'engages dans un travail de soi-disant « méditation » alors qu'aucun besoin intérieur ne t'y pousse – comme une obligation dont tu t'acquitterais sans conviction, pour ne pas démériter devant moi, ou devant une partie de toi qui s'est malencontreusement identifiée à moi d'une façon ou d'une autre. Il vaudrait mille fois mieux que tu fasses avec conviction un travail qui correspond à un désir véritable – la physique par exemple, puisque ce désir revient à la charge. Tu y apprendras toujours quelque chose – ne serait-ce que ceci : tu ne peux faire un vrai travail en physique, surtout au début, sans t'y investir complètement. Mais tu as peut-être besoin de ça maintenant – c'est peut-être ça ta « voie » momentanée, plutôt que de continuer un travail qui serait arrivé à bout de course. Ou bien faire un petit boulot peinard et *vivre*, baiser à braguette rabattue, regarder autour de toi. Il y a tant de façons d'apprendre sans même s'en rendre compte. (Mais il arrive qu'on s'éternise et mette vingt ans à apprendre ce qu'on aurait pu apprendre en une seule année – comme il arrive qu'on ne tire jamais au clair une chose importante qui pèse sur nous, et qu'il suffirait d'examiner avec attention un jour ou deux…)

Jaulin est ici deux, trois jours – complètement épuisé nerveusement et physiquement, noué d'angoisse – s'il n'y a quelque reprise radicale, je le vois casser sa pipe sous peu – je le lui ai dit, bien sûr. Il y a un désir de mort très fort et évident chez lui, mais inconscient – il y a des comportements systématiques qui sont des suicides voilés – des comportements d'autodestruction. S'il pouvait faire silence, ça changerait bien des choses – mais je doute qu'il le fasse jamais – et sous ces conditions, il ne lui reste plus beaucoup de temps de toute façon, au train où il se brûle, à moins d'un accident et d'une interruption brutale d'activité… Je lui ai parlé de ton désir de trouver un boulot de lecteur, il m'a dit qu'il en parlerait à Bourgois mais je crois qu'il l'oubliera, et n'ai pas voulu trop insister, vu l'état où il est. À la rigueur tu peux lui passer un coup de fil pour lui demander ce qu'il en est – si tu n'as pas changé de projets.

Hier j'ai reçu une lettre de Xavier avec de la documentation, m'engageant à me joindre au « Programme Béna », dans une perspective de réflexions interdisciplinaires, etc. Sa lettre était un peu formelle bien sûr, mais avec une sympathie visible. Je lui ai répondu sur un ton plus personnel, en commençant par quelques réminiscences et réflexions sur la soirée à quatre, puis à trois, que tu sais. Je me suis donc délibérément placé sur un plan complètement différent que lui, du début à la fin de ma lettre, qui de ce fait même est comme une interpellation. Il est rare que de telles interpellations soient entendues, si peu même que ce soit. Le plus souvent, dans mon cas, leur seule utilité a été de me faire dégager de façon plus claire des choses que je perçois de façon confuse, informulée – j'en suis le premier, et souvent le seul bénéficiaire ! Je me demande si Xavier va me répondre, ou se contenter de classer sans suite – puisqu'il est clair que je ne suis pas sur la longueur d'onde voulue.

D'ailleurs, l'impression s'est confirmée qu'il parle parfois de choses (maths ou logique en l'occurrence) où il n'a vraiment rien compris – en se payant de mots – sans s'en rendre compte bien sûr – autrement, il se serait quand même méfié avec moi ! Mais je ne lui en ai soufflé mot bien sûr – car sur le plan qui m'intéresse, c'est une chose assez accessoire, somme toute.

Bon – je pourrais continuer à bavarder longtemps, mais il est temps de revenir à mes oignons. Je suis ces jours-ci dans un épisode particulièrement crucial et fascinant de mon travail – je te laisse !

Bises à Odile – affectueusement,
Alexandre

Cette lettre fut difficile à recevoir pour moi : elle évoquait ma projection sur sa personne, la figure de « père » qu'il avait à mes yeux, rôle qu'il avait accepté. Il s'agissait d'un aspect trouble de notre relation, générateur de conflits, jusqu'à celui (cinq années plus tard) qui marqua la fin de nos échanges. Pendant la période où il m'écrivit la lettre précédente, Il était plongé dans une méditation sur sa relation à ses parents et perçut dans la relation que nous avions une répétition d'une situation qui se produisait souvent pour lui : il écrira, dans *Récoltes et semailles* (8.5. [29], « Le Père ennemi », [1]) : « J'ai fini par comprendre que quelque chose en moi, d'inné ou acquis je ne saurais trop le dire, semble me prédisposer pour faire figure paternelle. J'ai, faut-il croire, la carrure idéale et les vibrations propices qui font le père d'adoption parfait ! Il faut dire que le rôle de Père me va comme un gant – comme s'il avait été mien de naissance. Je n'essaierai pas de compter le nombre de fois où je suis entré dans un tel rôle vis-à-vis d'une autre personne, dans un accord tacite parfait de part et d'autre… Depuis cette méditation, qui a eu lieu d'août 1979 à mars 1980, je suis vigilant vis-à-vis de moi-même, pour ne plus me laisser aller les yeux fermés à ma malencontreuse vocation paternelle. » Il écrivit dans ce même passage que d'une manière plus générale cette situation se produisait couramment avec ses élèves, en mathématiques : « La relation entre l'élève et moi n'était nullement "symétrique", en ce sens que pendant le temps tout au moins de la relation maître-élève (et probablement même au-delà, le plus souvent), l'importance qu'un élève avait dans ma vie n'était pas comparable à celle que je devais prendre dans la sienne, ni les forces psychiques que la relation mettait en jeu dans ma personne et dans la sienne. » Alexandre insinuait, dans notre cas, qu'il n'y avait pas de contre-transfert de sa part : ceci ne me semble pas correspondre à la réalité de notre relation, comme l'attestent par exemple ses demandes pressantes de lectures de ses notes de méditations. Comment aurait-il été possible que je lise des recherches intérieures d'une telle intimité, sans qu'il y ait contre-transfert ?

Il évoque dans la lettre précédente son isolement : « Je ne tiens pas, semble-t-il, à savoir que je peux être important pour quelqu'un (sauf pour une amante, ou mes enfants) – c'est une chose qu'il me faudra comprendre, en relation avec mon attitude du « maître » – qui sans doute se veut impersonnelle ! » Il me parlait souvent de ses cinq enfants, Serge, Johanna, Alexander-Sascha, Matthieu et John. Il était préoccupé de leur devenir, me donnait des nouvelles ou me demandait si j'en avais, quand il en manquait. Alexandre me semblait hors normes, presque surhumain. Mais sa relation à ses enfants me paraissait être la région d'expression d'une normalité : il se révélait être un père de famille ordinaire, s'inquiétant de leur bien-être, de leur éloignement – surtout de celui de John, qui vivait aux États-Unis. Ma perception était cependant déformée par l'amitié que je lui portais et par mon estime pour lui. Plus tard certains de ses enfants me dirent qu'il pouvait être capable de sévérité, de crises soudaines d'autorité ou même de brutalité, de violence à leur égard. Je sentis que l'isolement plus ou moins accentué dans lequel il sombra pendant les quinze ou vingt dernières années de sa vie, atteignit son paroxysme dès lors qu'il ne voulut plus recevoir ses enfants. Il me sembla alors avoir basculé dans un délire.

Christian Bourgois était l'un des éditeurs de l'œuvre de Robert Jaulin. J'avais demandé à Alexandre de me recommander auprès de Bourgois pour un travail de lecteur dans cette maison d'édition – j'étais à la recherche de tâches intéressantes et rémunératrices. Quand nous nous revîmes, il me dit en plaisantant à demi qu'il n'aimerait pas être à la place d'un auteur dont je relirais le livre pour donner mon avis sur son éventuelle édition. Il s'agissait bien sûr d'une allusion à notre différend au sujet de son *Éloge*. Bourgois travaillait avec un nombre restreint de collaborateurs et je n'obtins pas ce travail.

43. La Gardette, le 25 octobre 1979

Cher Christian,

Je viens de lire ta lettre, et de relire la mienne que tu me renvoies, avec attention. Désolé qu'elle n'ait pas « passée » – elle ne contenait pas des affirmations, mais des suggestions qui pouvaient servir d'éléments pour une réflexion, qui pouvait s'insérer dans un dialogue. Mais elle a rebondi comme une balle ! Apparemment en ce moment le temps n'est pas mûr pour un dialogue, faute sans doute pour toi, comme pour moi (comme je le disais justement au début de cette fameuse lettre...)

d'avoir mené à son terme une réflexion approfondie sur lui-même. Mais je ne sais même si le temps pour toi se trouve être celui d'une réflexion. Je sens un grand désarroi en toi depuis quelque temps – sans en être catastrophé ou m'en alarmer. J'ai connu bien des moments de ce genre dans ma vie, y compris il y a quelques mois encore, et n'en regrette pas un seul.

Quand le temps sera mûr, le dialogue entre nous reprendra de lui-même – avec une autre vigueur et une autre profondeur.

Affectueusement,
Alexandre

P.-S. J'ai écrit et téléphoné pour avoir l'adresse du Père Noël pour Odile, sans succès. Comme Mireille vit sur place, elle serait mieux en mesure de l'avoir, mais il faudrait que ce soit toi (ou Odile) qui lui demandes de demander à Marie-France de Belbezet…

44. Montpellier, le 29 octobre 1979

Cher Christian,

Marie-France a fini par m'envoyer l'adresse de Natacha, une copine du père Noël – Odile pourrait lui écrire ou téléphoner pour avoir son nom officiel et son adresse.

Natacha c/o Claude Mickmacker
1 Rue du Four à Chaux, Dhuczon
41 220 La Ferté St Cyr Tel (54) 98 23 74

J'espère que tu as reçu *Cosmic Consciousness* que je t'ai envoyé il y a déjà un moment.

Affectueusement à toi et Odile,
Alexandre

Quelques mois de silence étaient bienvenus après de telles vagues. Nous n'eûmes plus de contacts pendant l'automne et l'hiver suivants. Cependant, Alexandre était doté d'une étonnante capacité de résilience et n'avait pas plus envie que moi d'interrompre le dialogue. Il n'y avait pas eu de déchirement irréversible. Il évoque dans la lettre suivante « la stupéfiante *ignorance* dans laquelle [il a] été toute [sa] vie au sujet de [sa] propre vie ! ». Cette humilité peut être mise au compte de sa capacité d'écoute exceptionnelle, de la souplesse de sa pensée, de ses qualités de type *yin*. Il prononçait fréquemment des phrases du genre : « Je n'avais vraiment rien compris », « J'ai été tout à fait obtus », « Il faudrait quand même que je parvienne à dépasser cela », « À cette époque de ma vie j'étais un peu benêt ». Ce trait de caractère pouvait surprendre chez un être doté d'aussi puissantes qualités intellectuelles, mais contribuait à rendre la communication légère et spontanée : nous sommes le plus souvent conditionnés à présenter à autrui l'image de personnes infaillibles.

45. La Gardette, le 23 décembre 1979

Cher Christian, Chère Odile

Je vous écris la nuit juste tombée – une nuit tout enneigée, baignant dans le silence, entrant par la fenêtre à carreaux donnant sur la cour. Pendant que je cherche en vain les mots pour la dire, sa masse indistincte et vivante, déjà elle s'est transformée – l'obscurité s'est épaissie, elle devient plus dense, gardant pourtant comme une transparence là où on sait être le ciel, et comme une chaleur, une densité charnelle, un souffle imperceptible là où est la terre. Et maintenant l'obscurité semble complète, à peine devine-t-on, plus qu'on ne voit, la luminescence assourdie de quelques tâches – la neige.

Bien des fois j'ai pensé à vous, Christian, Odile – parfois aussi à Xavier – sans pourtant songer à écrire. Chaque jour apporte tant de choses – et sans doute les choses viennent à leur heure. Aujourd'hui, à l'occasion des fêtes et de l'Année Nouvelle, je voulais seulement vous envoyer un signe d'affection, sans rien dire de particulier. Il y aurait tant de choses à dire ! Alors autant ne dire que celles qui vraiment demandent d'être dites. C'est alors qu'elles ont toute chance d'être entendues…

Affectueusement à tous les deux,
Alexandre

46. La Gardette, 15 avril 1980

Cher Christian,

Cela fait quelques semaines que je songe à t'écrire – depuis la mi-mars, il me semble, où j'ai commencé enfin le travail sur ma propre vie, en commençant d'emblée avec un saut dans l'inconnu – la petite enfance. Et dès les tout premiers jours, j'ai fait une découverte que je sentais bien être importante, et qui m'a donné beaucoup de joie, et un nouvel élan, qui se continue encore. C'est alors que j'ai songé à t'écrire pour te faire part de cette joie simplement – et je ne l'ai pas fait, entraîné jour après jour par la méditation, et par la vie qui continue sur place, ici – méditation ou pas ! Il y avait aussi une lettre que je devais écrire à ma sœur, et qui mûrissait avec le travail – je viens enfin de l'écrire cet après-midi même. C'est comme une libération – et du coup je me sens disponible pour t'écrire, alors que cette lettre-là est enfin écrite.

À vrai dire, je ne pense pas t'écrire beaucoup – alors qu'il y aurait infiniment de choses à dire. En octobre, on était arrivé à une situation d'impasse dans la relation entre nous, j'ai compris qu'il valait mieux attendre des jours meilleurs, où l'un et l'autre serions plus disponibles à une reprise d'un dialogue. Suis-je moi-même vraiment plus disponible ? Aussi longtemps que je reste intensément absorbé dans un travail, ma « disponibilité » reste certainement aussi limitée que jamais – c'est une disponibilité « dirigée », qui suit une direction, un propos, une disponibilité de type « masculin ». Ce n'est pas celle qui peut répondre à une « demande » – celle qui materne, ou qui patiemment accueille sans choix ce qui se présente à elle. C'est une « disponibilité » qui voudrait aller droit à l'essentiel (et souvent sans doute, ce faisant elle le manque !) – celle qui pourrait répondre à un besoin de dialogue devenu assez pressant pour être prêt justement à y aller tout droit, au lieu de tourner autour indéfiniment. Depuis le mois de décembre il y a eu quelques bons dialogues justement – un intérêt intense y palliait sans doute les qualités féminines qui continuent à manquer à ma disponibilité !

D'autre part, j'ai appris bien des choses depuis notre dernière rencontre – et continue d'en apprendre. (*En marge* : J'ai surtout appris l'extraordinaire, la stupéfiante *ignorance* dans laquelle j'ai été toute ma vie au sujet de ma propre vie !) Même la mi-mars – il y a aujourd'hui juste un mois ! – me paraît très lointaine déjà... Sur bien des choses, il me semble, cela me donne une ouverture, un regard nouveau – ça fait « tilt » maintenant en des moments où avant je restais distrait, ou hors du coup. C'est en ce sens que je me sens en meilleures dispositions, ou en meilleures conditions, que par le passé, pour un dialogue.

C'est surtout ça que j'avais envie de te dire pour le moment. Il est possible bien sûr que cette lettre te trouve à un moment, dans une période où tu n'as rien à foutre d'un dialogue – je n'en sais rien ! Qu'à cela ne tienne – chaque chose en son heure. Mais même ça, ce sont des choses qu'il est bon parfois de dire. S'il y a eu blocage soudain dans notre relation, c'est peut-être justement que certaines choses qui étaient bel et bien là n'ont pu trouver expression.

Si tu vois encore Odile, embrasse-la de ma part. Je n'ai plus eu signe de vie d'elle depuis le mois de janvier ou février, où elle m'avait écrit. Sans doute a-t-elle été très mécontente de ma réponse, qu'elle a dû trouver tout à fait hors du sujet.

Cela me fera plaisir d'avoir de tes nouvelles, en tout cas.

Affectueusement à toi,
Alexandre

P.-S. J'avais failli t'écrire cette nuit déjà, déjà au lit et bien lancé dans une lettre imaginaire – il devait être trois heures du matin – mais n'ai pas voulu me relever. Je venais de méditer (à propos de l'action de mon enfance dans la grande transformation de ma vie d'octobre 1976) sur cette apparente contradiction, dans la révélation et la connaissance que nous pouvons avoir de notre propre unité – sans pour autant cesser d'être sujet à la division. Cette « contradiction » t'avait exaspéré (mais sans doute y avait-il autre chose qui déjà suscitait une animosité violente) – alors que (sans y avoir médité jamais) je savais bien qu'elle n'était qu'apparente. Et cette nuit j'avais envie de te rappeler qu'il y avait, entre bien d'autres, cette question pendante – sur laquelle je serais enchanté de revenir avec toi, à un moment opportun. Voilà qui est dit...

Avec cette lettre, les vagues des mois précédents se calmèrent entre nous et nous fûmes prêts à nous revoir.

J'avais trouvé dans le Morbihan une maison isolée où j'habitais à partir de l'automne 1979, en allant à Paris de temps en temps pour gagner ma vie. Cette maison était glaciale en hiver. L'agriculture et l'élevage intensifs avaient dévasté cette partie du sud de la Bretagne ; les eaux étaient polluées et l'air environnant bien souvent d'une puanteur horrible – mais la tranquillité du lieu convenait à ce que je voulais faire. J'étais toujours plongé dans mes méditations et dans mon travail sur les rêves ; je traquais ce qui me traversait, essayais de retrouver ce que certaines traditions nomment « vies antérieures ». Plus simplement je dirais que je tentais de déceler ce que j'avais comme bagage dans le tréfonds de mon âme. Je cherchais à faire la part entre l'authentique et ce qui n'était que l'expression plus ou moins cachée des conditionnements que j'avais subis.

Alexandre considérait ma recherche comme de « l'art pour l'art » (*cf.* sa lettre du 25 novembre 1978) et cantonnait ce qu'il nommait sa « méditation » à son présent ou son passé personnels. Il avait derrière lui une vie accomplie et devait avoir l'impression d'en avoir déjà vécu plusieurs. Il écrira dans une lettre ultérieure (10 octobre 1981) que « [sa] vie présente [lui] donne une substance suffisamment riche et fascinante pour [l']occuper ». Je n'avais pas le même âge. Mes amis s'inquiétaient de me voir ainsi prolonger cette période d'inaction apparente et me demandaient quand j'aurai « fini de me courir après ». Ils me disaient parfois en plaisantant que j'étais bien jeune pour prendre ma retraite. J'approfondissais mes lectures de Jung, de Freud et de Krishnamurti ; les œuvres de Gurdjieff et d'Ouspensky suscitaient en moi maintes perplexités. Essayer de préciser l'arrière-plan philosophique de la psychanalyse freudienne m'occupait encore, malgré les dialogues nombreux sur cette question avec Alexandre pendant les mois précédents. Ces années de communication avec lui signifièrent pour moi une marginalisation difficile à assumer. Il était dans cette traversée du désert mon interlocuteur privilégié et aimé, celui qui m'écoutait et accueillait toutes mes questions. Mireille, son ex-épouse, avait sur nos échanges un regard bienveillant et compréhensif. Il me semblait qu'elle avait de nos dialogues une vision globale, large, une intelligence particulière, féminine, profonde et indulgente. Elle me dit un jour que des recherches telles que celles que je poursuivais étaient normalement accomplies par chaque être humain pendant la période d'adolescence : chacun regardait alors ce qu'il pouvait faire de sa vie, prenait en compte ses talents ainsi que les possibilités qui lui étaient offertes. Entendre cela ne me fit pas plaisir : j'eus le sentiment qu'elle insinuait que je n'étais pas sorti de mon adolescence. Avec le recul de tant d'années je comprends qu'elle avait raison dans une certaine mesure. Je ne savais plus quel chemin suivre.

Alexandre m'avait envoyé le livre *Cosmic Consciousness* de R. M. Bucke et demandé de lui donner mon avis au sujet de cette œuvre[1]. Ou plutôt, il m'en fit l'injonction à sa manière, c'est-à-dire sous la forme d'une suggestion qui était une demande impérieuse déguisée. Il m'avait informé avoir eu connaissance de cet ouvrage à l'occasion d'une conférence donnée aux États-Unis pendant la période *Survivre et Vivre*. Elle ne concernait pas les mathématiques mais l'écologie ou peut-être ces deux sujets. Un auditeur était venu lui parler après

1. Dans *La Clef des Songes*, (74), « Richard Maurice Bucke – ou l'apôtre de l'autre réalité », Alexandre écrit qu'il avait « fait circuler [cet ouvrage] parmi les amis en le recommandant chaudement » et explique en quoi ce livre et la personnalité de Bucke l'ont particulièrement touché. Par cette œuvre il découvrit l'existence de Blake et de Carpenter et apprit sans doute beaucoup. Cette lecture lui donna l'idée d'une « mutation » possible de l'humanité.

qu'il eut fini son exposé, avait évoqué ce livre étrange et lui en avait envoyé ensuite un exemplaire. Alexandre ne l'avait pas lu en entier (il avait rarement envie de lire un livre jusqu'au bout…) mais me dit que l'idée de Bucke sur l'évolution de l'humanité lui semblait tout à fait intéressante et originale. Cette lecture ouvrit pour moi de grandes portes. Bucke évoquait en effet nombre d'êtres humains extraordinaires.

R. M. Bucke fut le médecin personnel du poète Walt Whitman. Sa vision de l'évolution de l'humanité est séduisante. Les êtres humains à venir seront selon lui débarrassés de la rage de posséder, de l'égoïsme et du désir de pouvoir. Ils ne craindront pas la mort puisqu'ils auront l'absolue compréhension de porter en eux l'éternité. Et cette certitude ne sera pas simple croyance superficielle, fruit d'un banal conditionnement religieux ; elle sera intégrée, ancrée comme le sont nos sens. La faculté de percevoir en eux-mêmes une dimension immortelle existera au même titre que la vision, le toucher ou l'odorat, sens dont chaque humain est aujourd'hui doté. Bucke décrit une série d'êtres exceptionnels par leurs qualités intérieures : mystiques, artistes, philosophes, saints, poètes, écrivains, scientifiques…

Et il développe longuement une analogie : il faut bien imaginer, explique-t-il, que nos lointains ancêtres n'ont pas toujours eu la possibilité de voir les couleurs. Une période transitoire a dû exister pendant laquelle seuls certains êtres les voyaient, tandis que la plupart ne percevaient le monde extérieur qu'en noir et blanc. Mais cette capacité sensorielle s'est inscrite au fil de milliers de générations et a peu à peu été possédée par tous. D'une manière analogue, explique Bucke, certains êtres humains remarquables sont déjà apparus parmi nous, dans les siècles passés ou la période présente, détonnant dans la masse d'individus « ordinaires » par leurs qualités morales, intellectuelles, artistiques, leur sensibilité hors du commun. Ils préfigurent selon Bucke les futurs humains et incarnent déjà l'humanité à venir. Ils ne craignent pas la mort et sont dotés de puissantes qualités intérieures, en premier lieu l'altruisme qui fait défaut aux êtres « ordinaires ».

Nous eûmes pendant l'année suivante l'occasion de parler ensemble des idées de Bucke, longuement et à plusieurs reprises. Alexandre avait alors de sérieux doutes sur la possibilité d'une mutation de la conscience humaine, de l'avènement d'une « conscience cosmique ». À propos des chemins que l'humanité va prendre au cours des siècles à venir – si elle ne s'éteint pas auparavant dans un cataclysme écologique ou un anéantissement nucléaire, si elle parvient à se dégager de son actuel fourvoiement – il me dit : « Bien malin qui pourrait les connaître d'avance. »

Alexandre était convaincu de l'inéluctabilité d'un effondrement général, dans un délai inconnu de nous tous. Lors d'une conversation sur ce sujet il me parla d'un chercheur scientifique qu'il connaissait, de ses peurs et de son besoin marqué de sécurité matérielle, de confort. Alexandre trouvait ces peurs infondées et me dit en souriant que, de toute façon, l'arrêt de la rémunération de chercheurs tel que celui-ci « ne pourrait se produire que dans le cadre d'une implosion totale de notre société ». Quant aux intuitions de R. M. Bucke sur « une mutation », elles ne semblent toujours pas se dessiner : dominent en effet les ambitions personnelles, les corruptions en tous genres, les injustices flagrantes, l'indifférence à l'égard de nos semblables, la peur, la lâcheté, la xénophobie, l'irrespect à l'égard de la nature – ou de ce qu'il en reste. Nous rîmes de la situation difficile à imaginer où dans quelques millénaires peut-être pourraient être croisés à chaque coin de rue des êtres qui par leur grandeur d'âme rappelleraient ceux décrits par Bucke : Jakob Böhme, Dante, Pascal, Whitman, Socrate, Platon, Mahomet, H. D. Thoreau, Shakespeare, Bouddha, Blake, Bartholomé de Las Casas ou Jésus-Christ…

Alexandre retint donc de l'ouvrage *Cosmic Consciousness* le concept de « mutants ». Son opinion à propos de transformations radicales chez les humains évolua fortement pendant les années suivantes. Il se mit en effet à croire à l'inéluctabilité de « la Mutation ». Ces idées firent l'objet de longs développements dans son ouvrage *La Clef des Songes*, rédigé moins d'une dizaine d'années plus tard. Il ne douta plus alors de la capacité de l'humanité à franchir ce cap et évoqua « l'annonce folle de la Mutation qui déjà se prépare dans le secret de l'Acte de Dieu – du Seuil que nous devons franchir, que nous le voulions ou non, sans même l'option […] de périr […]. Certes, des multitudes sans nombre périront dans la Tourmente […] mais l'Homme s'éveillera à son destin humain [...], il se secouera de sa torpeur grégaire mille fois millénaire héritée du troupeau ».

Dans la lettre précédente Alexandre fait allusion à ses méditations des mois passés et à une « découverte » (le concernant) qu'il a faite et sur laquelle il reviendra dans les lettres suivantes. Il exprime son envie de renouer un dialogue, parle des limites de sa « disponibilité », plutôt « de type masculin ». Il se rendait pourtant très disponible quand nous étions ensemble. Si nous nous rencontrions pendant qu'il traversait une période de « fièvre mathématique », ce qui lui arriva de plus en plus fréquemment à partir de cette période, il se consacrait aux mathématiques pendant la deuxième partie de la nuit.

Sa remarque à propos de « cette apparente contradiction, dans la révélation et la connaissance que nous pouvons avoir de notre propre unité – sans pour autant cesser d'être sujet à la division » évoque la nature de la méditation qu'il pratiquait, dans laquelle la pensée a une fonction essentielle. Il me semblait que sa raison faisait figure d'outil principal. C'était une force par ses exceptionnelles capacités intellectuelles mais marquait aussi certaines limitations dans l'exploration de son intériorité. Ce type de travail n'était peut-être pas le plus à même de l'aider à se transformer. Alexandre connut sans doute dans sa vie intérieure des éclairs de compréhension fulgurants (cela ressort par exemple de la lettre suivante, du 1er juin 1980), mais je pense aujourd'hui que sa pratique de « méditation écrite » ne pouvait, par ses caractéristiques mêmes, le mener aussi loin qu'aurait pu le mener la « méditation » pratiquée dans certaines traditions, celle (hindouiste) de l'Advaïta vedanta par exemple. Cette question essentielle sera à nouveau abordée dans la lettre du 18 juillet 1981.

À ceci s'ajoutaient sans doute les difficultés que certains analystes ne manqueraient pas de souligner : l'autoanalyse serait par principe impossible, puisqu'elle se heurte aux résistances personnelles. Dans la perspective de la psychanalyse classique, la présence d'un être humain et son écoute sont toujours nécessaires – même si le thérapeute, l'analyste, peut être presque totalement silencieux. Cependant, les êtres humains n'ont pas attendu la création de la psychanalyse pour explorer leur univers intérieur.

47. La Gardette, le 1er juin 1980

Cher Christian,

J'ai été content de recevoir une lettre de toi. Pourtant, je n'ai pas l'impression d'avoir appris grand-chose de nouveau sur toi par cette lettre – et il est bien possible que l'inverse soit également vrai pour la lettre que je t'avais écrite, à laquelle tu réponds. Une chose qui m'intrigue dans la tienne – il m'a semblé qu'en t'engageant maintenant dans une réflexion sur un thème de nature générale, tu considérais ta méditation sur ta propre vie – notamment sur ton enfance et les racines du conflit en toi – comme plus ou moins achevé, grâce peut-être à ce « pas essentiel » auquel tu fais allusion ; mais par ailleurs dans ta lettre rien ne m'a permis d'entrevoir quel a été ce « pas », et en quoi il a pu être « essentiel » – par quoi sans doute tu entends qu'il a marqué la résolution de quelque conflit opiniâtre, qu'il a marqué une transformation de ta personne, donc de ta relation aux autres – à moi par exemple ! Ou cette interprétation de tes paroles est-elle hâtive ? Si un jour tu as envie de t'ouvrir plus sur ce sujet, je serai bien sûr très intéressé.

Pour ce qui est de mon propre travail sur mon enfance, il est interrompu depuis plus d'un mois en faveur de choses plus urgentes – dialogues surtout avec des personnes proches. Je pense pouvoir m'y remettre pour une semaine entière d'ici deux jours, et surtout après les examens, d'ici trois semaines, pour des semaines ou des mois d'affilée, sauf imprévus. Une tâche pratique va peut-être me faire perdre un peu de temps : il me faut trouver une autre maison, ayant reçu congé de la maison de Villecun, que le propriétaire veut maintenant récupérer. J'espère que je trouverai sans trop de mal une maison où je me sente aussi bien. Pour le moment rien en vue – il faudra sans doute que je mette une annonce.

Je n'ai pas trop l'espoir de retrouver dans ses fines nuances les émotions et les saveurs de mon enfance – mes souvenirs ont été comme dévastés, et c'est cette dévastation qui a été le point de départ, et un fil conducteur (peu s'en faut) dans mon voyage de découverte. La chose extraordinaire, c'est que très vite je sois arrivé pourtant, dans cette dévastation, à découvrir et à dégager un fait très précis – un événement crucial et insoupçonné, qui m'apparaît maintenant comme *le* nœud originel de la peur et de la fuite dans ma vie. J'ai vu aussi que l'*évacuation* d'une réalité intolérable au profit d'une « image », d'une transcription symbolique qui la mime dans une certaine mesure, tout en restant supportable – j'ai vu que ce mécanisme de fuite a été une *nécessité de survie* – sans cette esquive j'aurais été détruit. Et je soupçonne que l'origine de la fuite dans la vie de chacun correspond également comme chez moi, à des impératifs de survie psychique, dans un environnement qui ne tolère pas d'autre attitude que celle de fuite. Dans mon cas, même ce refuge dans le symbolique à un moment donné a été refusé et détruit par ma mère, et il m'a fallu alors un acte plus radical encore pour survivre à sa haine...

Je prévois que la suite de mon travail consistera en grande partie à suivre les deux ou trois fils qui partent de ce nœud et qui, insoupçonnés jusqu'à il y a peu, ont traversé ma vie jusqu'à l'heure présente. Si mon enfance « de chair » – telle qu'elle fut vécue à une certaine période initiale de ma vie – ressuscitera au cours de ce travail, ou si je devrai me contenter des quelques grands contours apparus dès à présent, je ne sais. Certes, ce serait une chose merveilleuse, inespérée de retrouver cette enfance-là, qui semble avoir sombré corps et biens depuis si longtemps (depuis l'âge de huit ans, semblerait-il) ! Mais je sais aussi qu'en dehors même de telles retrouvailles, on peut (sans tambour ni trompette) vivre l'état d'enfance...

L'état d'enfance – l'unité, l'indivision – cela me ramène à ta question concernant le PS dans ma dernière lettre. Dans ce PS a eu lieu un lapsus étrange, quand j'écris « la connaissance que nous pouvons avoir d'une *division* en nous », c'est « indivision », « unité » qui a été la chose pensée ! Il me semble que cette fois-ci, le lapsus ne traduit pas une intention inconsciente chez moi, mais provient d'un changement de langue, alors que jusqu'à présent ma méditation (depuis août) se poursuit exclusivement en allemand. Or je venais de méditer sur le thème de cette contradiction apparente, qui à un moment donné s'était imposée à moi et demandait à être sondée avec soin – la contradiction entre « *Wissen um Ganzheit* » et « *Verharren der Zwiespalt* ». Alors que le mot français « division » est un équivalent satisfaisant de « *Zwiespalt* », il n'y a pas de bon équivalent de « *Ganzheit* », qui est le substantif pour « *ganz* », entier, et qui signifie donc état de ce qui est entier, non divisé...

Passant alors de l'allemand au français, confronté à cette difficulté d'expression sans même la remarquer, je l'ai éludée sur ma lancée par un contresens carabiné, en écrivant deux fois la même expression « division » – qui est un terme qui « colle » bien au sens qu'il devait exprimer – plutôt que de le remplacer la première fois par un mot exprimant approximativement l'opposé ! Le plus cocasse, c'est que ce contresens flagrant avait néanmoins un sens pas trop idiot – mais qui ne correspondait à aucune question qui aurait été actuelle pour nous un jour ou l'autre. Pour en revenir au sens véritable : un jour (en octobre 1976) j'ai eu la compréhension de cette « *Ganzheit* », de cette unité foncière, de la présence vivante de l'Enfant en moi – et cette compréhension a bel et bien transformé ma vie profondément. C'est la compréhension d'une « essence ». Elle n'exclut pas que « l'accidentel » – la division – continue à se manifester dans ma vie, comme en celle de toute personne. Quand avec insistance je dis cette unité – sachant à quel point il est important de la vivre, de l'assumer – je n'ai nulle prétention par là d'avoir « dépassé » l'état de division, d'être « meilleur » que quiconque.

Le prologue à *L'Éloge* pouvait bel et bien créer une ambiguïté à ce sujet. J'ai d'ailleurs relu l'Éloge il y a quelques semaines – je vais sans doute entièrement supprimer les dédicaces (qui correspondent à des motivations psychiques actuellement dépassées), et surtout remplacer l'ancien Prologue, impossible tel quel (comme tu le sentais bien), par quelque chose de très différent – beaucoup plus clair et plus simple, surtout. Pour le reste du texte, j'ai été plutôt agréablement surpris, et je prévois qu'à peu de chose près je le laisserai tel quel – sauf que je récrirai entièrement la strophe *7* « Le Jeu », qui se ressent d'avoir été fait par travail de rapiéçage, avec beaucoup de colle et de sueur... J'y ai été comme un peu prisonnier du propos délibéré de « faire poétique » (et érotique...), au lieu de méditer simplement sur la nature

L'état d'enfance – l'unité, l'indivision – cela me ramène à la question concernant le PS dans ma dernière lettre. Dans ce PS a eu lieu un lapsus étrange, quand j'écris "la connaissance que nous pouvons avoir d'une *division* en nous", c'est "indivision", "unité" qui a été la chose pensée ! Il me semble que cette fois-ci, le lapsus ne trahit pas une intention inconsciente chez moi, mais provient d'un changement de langue, alors que jusqu'à présent ma méditation (depuis août) se poursuit exclusivement en allemand. Or je venais de méditer sur le thème de cette contradiction

-pparente, que à un moment donné s'était imposée à moi et demandait d'être sondée avec soin — la contradiction entre "Wissen um *Ganzheit*" et "Verharren der *Zwiespalt*". Alors que le mot français "division" est un équivalent satisfaisant de "Zwiespalt", il n'y a pas de bon équivalent de "Ganzheit", qui est le substantif pour "ganz", entier, et qui signifie donc l'état de ce qui est entier, non divisé... Passant alors de l'allemand au français, confronté à cette difficulté d'expression sans même la remarquer, je l'ai éludée sur une lancée par un contresens carabiné, en écrivant deux et la signification du Jeu, et de le dire simplement avec les mots qui venaient au fil de la plume, sans faire un complexe de ne pas bander en écrivant. Faut dire que le pot de colle et les ciseaux, c'était pas tellement bandant non plus. Du point de vue substance, il faudrait surtout étoffer cette strophe en y décrivant le rôle « yin » et le rôle « yang » dans le jeu amoureux. Ces rôles bien sûr peuvent s'intervertir dans les couples des amants, même au cours du jeu amoureux. J'ai l'impression qu'à chaque moment du jeu, il y a bel et bien une répartition bien déterminée des rôles yin-yang, (ou « mère – enfant », « amante – amant », peu importe au fond le nom qu'on donne à cette répartition) entre les deux amants. Que t'en semble-t-il ? Cela n'empêche qu'en un même moment, dans chacun des amants, les perceptions érotiques yin et yang ne soient simultanément présentes et agissantes. Simplement, à chaque moment il me semble qu'il y a en chacun des amants une prédominance marquée d'un de ces deux modes de perception, alors que chez l'autre amant la prédominance est à l'autre mode. La beauté du jeu, rarement atteinte il me semble en dehors d'une certaine intimité acquise entre les deux partenaires, consiste notamment dans l'accord parfait tout au cours du jeu et jusqu'à l'acte – l'accord final ! – des pulsions et élans *yin* et *yang* chez l'un et l'autre des amants.

Il se trouve par ailleurs que ce que j'ai appris depuis le mois d'août, *i. e.* depuis que j'ai terminé le premier chant de *L'Éloge*, n'ajoute rien ou peu de choses à ce que j'avais à y dire. (Aussi, si finalement je devais me décider à le publier, ce serait probablement sous une forme presque identique à la forme actuelle.) Par contre, il est clair pour moi maintenant que le temps n'était globalement pas mûr l'an dernier pour aborder un travail sur les deux autres parties du Chant, et il ne le sera sans doute pas avant que je sois arrivé à peu près « au bout » du travail de « faire le tour » de ma vie et de celle de mes parents. Au rythme où j'ai avancé jusqu'à présent – avec un « abattage » que je n'ai pas connu précédemment dans ma vie, sauf en une occasion pendant une semaine ou deux – je prévois que j'en aurai encore pour peut-être un an ou deux – si Dieu me prête vie et si des pépins majeurs à l'échelle mondiale ne m'empêchent de mener ce travail à bonne fin. C'est ce travail-là qui à présent m'apparaît comme la principale « responsabilité » ou « tâche » qui m'incombait dans ma vie. L'éventuel travail ultérieur de méditation et d'écriture sur un thème général, tel *L'Éloge*, ne m'apparaît plus que comme un « fruit » relativement accessoire de ce travail essentiel que j'avais à faire. Dès à présent, alors que ce travail est loin d'être achevé, j'en vois déjà des fruits d'un plus grand prix ! C'est pourquoi l'éventualité même que je ne pourrais mener ce travail à son terme en raison des circonstances extérieures ne me trouble aucunement. Ces circonstances, « ce n'est pas mes oignons » – il me suffit de faire au jour le jour ce que j'ai à faire – et en ce qui me concerne, je sais bien aussi que je *peux* faire ce travail qui est devant moi, et qui ne cesse de m'attirer en lui…

Cela me fera plaisir d'avoir de tes nouvelles et de celles d'Odile, peut-être même avant que vous ne vous retrouviez dans votre retraite de Bretagne.

En attendant, je vous embrasse tous deux bien affectueusement,
Alexandre

Ce qu'il nomme « Enfant » est l'entité créatrice en lui, persistant dans tous les aléas de l'existence : l'acte créateur est fusion avec ce qu'il nommait « Mère cosmique ». « L'état d'enfance » caractérise par excellence les dispositions créatrices. Ce qu'il écrit dans ces lignes n'est pas une simple compréhension intellectuelle mais est plutôt apparenté à *une vision*, à une perception au-delà des mots, suscitée par la méditation. Il parle même de « compréhension d'une "essence" ». « Essence » est un terme qu'il utilisait très rarement. Pourtant la mise à jour de multiples concepts, dans ses recherches mathématiques, relevait bien de *visions*, de saisies d'*essences* telles que les concevait Platon, c'est-à-dire de réalités préexistantes : il est probable qu'il parlerait d'*essences* à propos des concepts qu'il créa en mathématique (en premier lieu celui de topos), mais il est touchant de le voir ainsi parler de *compréhension d'une essence* (qu'il date d'octobre 1976) pour caractériser sa saisie de « l'Enfant vivant (en lui) » – compréhension fondamentale à ses yeux, qu'il exposera longuement dans son ouvrage ultérieur, *Récoltes et semailles*.

De cette lettre ressort son amour des mots. Il les adorait et était précis dans sa manière de s'exprimer, aimait les expressions justes, les concepts judicieusement choisis. Il aurait pu sans aucun doute être avant tout écrivain ou philosophe, plutôt que mathématicien. Cette passion pour nommer avec précision a quelque chose de très occidental : n'est *connu* pour nous que ce qui peut être soigneusement désigné !

Parfois il me demandait de jouer avec lui au Scrabble. C'était assez rare car nous préférions parler ou lire ensemble, surtout de la poésie, par exemple Rainer Maria Rilke. (« Avoir en soi la mort, la mort en sa totalité, et dès avant la vie encore si doucement la contenir, et ne pas en être mauvais ! [...] Oh ! c'est inexprimable ! ») Lors des premières parties, il commença à utiliser des mots issus des trois langues qu'il connaissait : sa langue maternelle (l'allemand, dont il avait gardé un léger accent), sa « deuxième langue », le français, qu'il maniait avec exigence, et l'anglais qu'il avait semble-t-il parfaitement intégré. Après quelques parties je lui dis qu'en procédant ainsi j'étais certain de les perdre toutes, n'ayant une certaine maîtrise que du français, et d'un peu d'anglais et d'espagnol. Il était, comme dans toute tâche qu'il accomplissait, extrêmement concentré, comme s'il s'agissait de la chose la plus importante au monde. Nous convînmes alors de n'utiliser que le français et de pouvoir consulter à volonté le dictionnaire *Robert* posé près de nous, sur la table. Les parties se déroulèrent différemment et devinrent acharnées. Nous jouâmes avec plus d'attention encore, mais quand il me surprenait à ignorer un mot rare qu'il avait utilisé, il ne manquait pas de me reprocher « de ne pas assez connaître ma langue maternelle ». Sa connaissance fine de la langue française m'étonnait. Il détestait les fautes d'orthographe et me raconta qu'il était las de les corriger, lors de ses relectures de manuscrits d'un mathématicien célèbre – il avait fini par y renoncer. Il évoqua un jour un écrivain (je ne me souviens plus lequel) qui avait « l'art de choisir chaque mot avec une précision remarquable ». J'avais le sentiment que c'était aussi le cas d'Alexandre et avais été surpris dès le début de notre correspondance par l'élégance de son style, même pour exprimer les choses les plus anodines. Toute forme de vulgarité lui était étrangère. Quand nos échanges s'approfondirent et devinrent plus intimes il prit l'habitude de commenter, avec gentillesse, les maladresses de mon expression. Il évitait par exemple autant que possible les conjonctions de coordination, me disait que le flux des idées devait être harmonieux au point de les rendre le plus souvent inutiles.

Alexandre écrivait des lettres de manière très méthodique, active, en rédigeant un plan préalable, numérotant les paragraphes résumés qu'il devait développer, les permutant, les articulant, en rajoutant des nouveaux. C'était une vision d'ensemble qu'il recherchait, jusqu'au point d'avoir de sa réponse une clarté pleine et entière. Il me parlait parfois de lettres qu'il avait l'intention d'écrire, évoquait la nécessité de *voir* ce qu'il voulait dire, et cette chose étant *vue*, de « s'arranger pour qu'elle soit exprimée avec clarté, d'une manière ou d'une autre ». Quand l'ensemble lui paraissait limpide il commençait à écrire, d'un seul jet, faisant parfois des ratures ou des rajouts quand il rédigeait.

Il écrivait en ayant à portée de main le dictionnaire *Robert*. Après avoir constaté ma maîtrise insuffisante de l'anglais il m'offrit un dictionnaire anglais-anglais, qui, me dit-il, me permettrait de progresser bien plus vite dans la connaissance de cette langue. J'en fus un peu embarrassé au début, mais trouvai en fin de compte qu'il avait raison. Choisir une voie difficile, mais qui permettait d'atteindre plus rapidement le but fixé, relevait d'une attitude générale qu'il adoptait bien souvent. Il me raconta la méthode qu'il avait suivie lors de ses études universitaires pour rester le plus actif possible et moins s'ennuyer : il avait cessé de prendre des notes après avoir compris qu'il ne pouvait « écouter et écrire en même temps ». Revenu à la maison, il essayait de retrouver l'ensemble de ce qu'il avait entendu. En outre, pendant les cours, il n'avait pas la moindre peur de poser des questions dès qu'il ne comprenait pas, et même s'il était en présence de mathématiciens de niveau *a priori* plus élevé que le sien – par exemple dans les séminaires d'Henri Cartan.

Alexandre revient dans cette lettre sur *L'Éloge* et envisage de le publier en supprimant les dédicaces qu'il avait rédigées, ainsi que le *Prologue*. Il évoque une possible rédaction des deux autres chants qu'il avait prévus mais n'entreprit jamais cette tâche. « "Faire le tour" de [sa] vie et de celle de [ses] parents », lui apparaît comme le labeur le plus intense qu'il ait jamais accompli, y compris donc le travail en mathématique.

Nous évoquions souvent le travail et sa fonction.

Selon lui, la « pulsion de connaître » anime tout être humain. Notre curiosité, notre soif de découverte sont l'expression de la vie même. Et notre ennemi est « l'inertie » : par ce terme il entendait notre lenteur naturelle à comprendre. Le travail, affirmait-il, « sert à vaincre l'inertie ». Il disait qu'il doit être patient, quotidien, obstiné, parfois routinier, préparant ce qu'il nommait « les percées », les vastes compréhensions. Ce n'était pas seulement toute la journée qu'Alexandre travaillait – je le lui avais demandé naïvement, à propos de ses recherches mathématiques. Il lui arrivait de travailler « vingt heures d'affilée, jusqu'à avoir juste la force de se jeter sur le lit pour dormir », me dit-il. Il pouvait ensuite dormir « vingt-quatre heures d'affilée » et me raconta que dans les périodes d'intense recherche scientifique, la réflexion et les explorations de l'univers mathématique se poursuivaient même pendant le sommeil. Ceci pouvait se prolonger pendant des semaines ou des mois. Cela durait donc « jour et nuit ». Sa voix s'étrangla et les larmes lui vinrent aux yeux : il semblait penser avec angoisse à de telles périodes, ressentir combien cet effort avait quelque chose de surhumain. Ceci semble inconcevable en effet pour un être normal.

Je sentis que poursuivre un travail avec une telle intensité était difficile pour lui, qu'il était avant tout un être humain. Son exceptionnelle volonté lui permettait de faire cela, de créer à ce régime. Nous sommes loin de l'image mythique du génie désinvolte travaillant peu.

Bien plus tard je découvris dans *La Clef des Songes* un passage dans lequel il écrit que l'on peut être tenté de travailler au-delà de toute mesure, de ce que le corps est capable de supporter – on peut alors en mourir. Le corps a ses limites, hélas, dans ses capacités à assumer ce qui peut nous traverser.

Je compris que l'œuvre mathématique d'Alexandre était le fruit d'un immense effort : une version nouvelle de l'histoire racontée à propos de Newton ! On dit de ce dernier que sa servante pouvait le trouver assis sur le bord de son lit depuis des heures, transi de froid, immergé dans ses réflexions, et qu'elle devait lui dire de se coucher sous peine de tomber malade. Je pus constater dans des situations courantes de la vie quotidienne, quand nous devions marcher longtemps et dans des conditions difficiles par exemple (je n'avais pas le même âge que lui et ma résistance physique était plus grande), qu'Alexandre avait la capacité de faire preuve d'une exceptionnelle volonté – il me dit un jour qu'il existait sans doute un point au-delà duquel on peut mourir, dans de tels efforts physiques. Il semblait penser beaucoup à la mort dans les périodes d'effort intense, quel qu'il fût.

Nous eûmes une fois l'occasion de passer une soirée avec un chercheur indépendant qui nous dit qu'il travaillait trois heures par jour environ. Alexandre n'avait rien répondu, mais dès que nous nous trouvâmes tous les deux il me dit en souriant que finalement « trois heures est juste ce qu'il faut pour commencer à se mettre en train ». Mon ami semblait en outre être en ébullition permanente. Le soir quand nous ne discutions pas, il écrivait des lettres, ou dessinait. Créer paraissait être pour lui une respiration. Il travaillait souvent assis sur son lit, un matelas posé à même le sol, appuyé contre le mur, le dos bien droit, ses papiers posés sur ses cuisses. Pour se concentrer il prenait soin de s'installer confortablement, d'une manière ou d'une autre : il avait besoin de s'ancrer, de poser son corps pour n'être plus dérangé par lui.

Il est surprenant de constater à quel point la connaissance, même la plus abstraite, doit passer d'une certaine manière par notre corps. Alexandre ne cessa d'accorder de l'attention à son propre organisme physique. Outre le soin apporté à la qualité de la nourriture, il fit toujours de l'exercice, au moins de la marche. Pendant sa période d'isolement en Ariège il put disposer d'aliments de bonne qualité : il les trouva sans peine dans cette région française qui fut l'une de celles où avait éclos la pratique de l'agriculture biologique, avec l'afflux d'une première vague de néoruraux à la fin des années 1960 et au début des années 1970. Le travail au jardin et les promenades nocturnes lui procurèrent l'exercice physique nécessaire. Une personne des environs raconta plus tard qu'elle l'avait croisé sur une route, loin du village de Lasserre, à une heure tardive, vêtu d'une djellaba – elle prit peur, eut l'impression d'une apparition : pendant sa période passée en Ariège, Alexandre choisissait de se promener la nuit afin de faire moins de rencontres. Cette importance accordée à la santé physique par l'alimentation et l'exercice est d'une nature bien différente de celle qui peut être observée dans certains milieux aujourd'hui. Elle peut en effet se fonder sur un culte du corps et une peur inavouée de la vieillesse et de la mort. Mais le corps n'était aux yeux d'Alexandre qu'un instrument dont il faut prendre soin pour que la pensée et la conscience soient les plus claires et les plus puissantes possibles.

48. La Gardette, le 2 juillet 1980

Cher Christian,

Ta lettre m'a fait l'impression d'une substance très riche, et j'aurais aimé attendre un moment de grand calme pour y répondre de façon circonstanciée. Mais je ne voudrais pas que ma réponse se fasse attendre indéfiniment, c'est pourquoi je profite d'un moment de calme relatif pour « placer » cette lettre-ci – ça donnera ce que ça donnera. Et je vais tout bêtement relire ta lettre, en « répondant » ou commentant au fur et à mesure, comme ça va venir. Je ne me sens pas assez « en forme » pour lire ta lettre si longue et multiple et y répondre dans son ensemble, ce qui serait bien mieux.

Il me semble que je suis arrivé à saisir avec justesse le moment crucial dans ma vie, de l'âge de cinq ans et demi jusqu'à près de six ans (une période de six mois donc) où pour la première fois (pour autant que je puisse voir) j'ai été acculé à une situation (situation de rejet de la part de ma mère) où j'ai dû, pour survivre, transposer l'angoisse créée par le refus d'une situation réelle intolérable, en la projetant sur un objet de substitution symbolique : la peur de la nuit ; et vers la fin de cette période, à saisir également un moment crucial et créateur où – cette fuite dans le symbolique étant devenue une arme entre les mains de ma mère pour assouvir son [*sic*] haine, cette fuite s'est avérée impossible, et que j'ai été acculé à une situation où je devais (sous peine d'être détruit) laisser entrer en moi, sans aucune résistance, dans son intégralité, toute la tristesse, la désolation inexprimable par des mots ou des sons humains, de l'enfant dont la mère insidieusement s'est transformé [*sic*] en un être sournoisement hostile, méprisant, destructeur – de l'être plongé dans un Univers qui insidieusement s'est tourné contre lui, qui le vomit. Mon « moi » ordinaire ne pouvait assumer, recevoir une telle détresse, et lui donner une voix. Pour pouvoir l'accueillir en moi, la laisser me traverser, pour m'en nourrir et en être délivré, il a fallu que ce « moi » à un moment disparaisse, que mon identité de tous les jours s'évanouisse – il a fallu que je sois *loup* solitaire, hurlant longuement sa peine infinie dans la nuit glacée. Le grand secret de ma vie – secret vis-à-vis de moi-même – a été le recours occasionnel, en quatre ou cinq occasions de ma vie, à cette identité de loup, en des moments de grande détresse, faisant resurgir en moi la désolation oubliée et toujours vivante de ces jours de mon enfance. Il a fallu préserver cette source de force de la censure d'un moi tyrannique et rationnel, aussi longtemps du moins que ce moi sur-yang faisait la loi. Ce temps est maintenant révolu, mon conscient est en mesure d'admettre le rôle rédempteur de ce qui une vie durant me serait apparu (si d'aventure je m'y étais arrêté) comme un déraillement profondément inquiétant dans « l'anormal », le « pathologique »

Au moment de la « naissance du loup » (que j'ai pu situer et même dater avec grande précision, grâce à un réseau très riche de recoupements divers), mon « moi » était depuis belle lurette bien formé et solidement charpenté, mon identité assise sur des fondements d'une solidité inébranlable – et qui n'a en fait jamais été ébranlée vraiment, mais transformée en profondeur depuis un an environ par l'effet de la méditation. C'est donc l'inverse de ce que tu suggères au début de ta lettre : le moment dont je parlais (de façon plus ou moins allusive) n'était pas celui de la constitution d'un moi-carapace, mais celui où (sous la poussée d'une situation d'urgence exceptionnelle) ce moi a su (ou pu) pendant quelques instants s'évanouir, et laisser la place à un être qui avait puissance d'accueillir détresse sans nom et lui donner voix – au loup.

Ainsi se trouvent étroitement emmêlés dans ma vie deux courants issus d'un même moment d'extrême pression, d'extrême détresse – deux courants pourtant entièrement distincts de nature : celui de l'*angoisse* ou du *languir* (qui correspond à la fuite devant une certaine réalité intolérable se plaçant dans l'enfance) – et celui du *loup*, qui est la fin de la fuite, l'accueil à la tristesse infinie d'une réalité que « l'esprit » est impuissant à étreindre.

Il y a aussi un courant de force considérable *antérieur* à ce double courant issu du Conflit – un courant antérieur au conflit – la *force de l'enfant* qui repose serein en la sollicitude de sa mère (de chair). C'est cette force-là, sûrement, qui m'a permis de survivre sans être brisé, ni (me semble-t-il) vraiment mutilé, ou diminué par la volonté destructrice de celle qui fut ma mère (et qui ne sut jamais retrouver sa maternité, arrachée d'elle-même de ses propres mains, peut-on dire...) ; c'est en cette force sûrement que j'ai puisée pour l'acte rédempteur qui me fit loup. Elle a coulé en moi, tant bien que mal – souvent dégradée, falsifiée, mais jamais entièrement absente – tout au long de ma vie, s'exprimant notamment par une certaine assise de foi, d'assurance, de connaissance d'une force en moi. (Cette force, cette puissance de création en moi n'a rien de particulier, elle est en chaque être comme elle est en moi – seulement elle a été moins inhibée chez moi que chez d'autres, du fait qu'en moi est restée toujours vivante, contre vents et marées, une certaine connaissance intime de la présence de cette force de vie, niée par les forces « castratrices » du mépris de soi-même...)

Il me semble que le refus, le mépris et la haine de ma mère à mon égard, émergeant soudain au cours de ma sixième année et me frappant de plein fouet, n'ont pas à ce moment – là eu l'effet castrateur de faire surgir en moi un mépris, un refus de moi-même faisant chorus. Il est vrai qu'il y a eu fuite – fuite nécessaire devant une réalité intolérable – donc refus d'une certaine réalité (celle de la haine de ma mère) – mais non refus de moi-même. Celui-ci ne s'est développé (si je ne me trompe) qu'au cours des années qui ont suivi, dans un milieu entièrement différent, alors que la famille était dispersée aux quatre vents. Reniée par ma mère (qui écrivait de loin en loin des lettres contraintes et sans tendresse), la famille a continué à vivre en moi pendant environ trois ans encore, tant ses racines en moi avaient été fortes et vivaces. Puis un jour – sans que moi ni personne ne se doute le moins du monde de ce qui arrivait – j'ai fait un grand trait sur mon enfance – elle a été déclarée nulle et non avenue, condamnée et enterrée – et mes parents avec. De ma mère, pas une seule image jusqu'à aujourd'hui encore n'émerge de mes souvenirs d'enfance (d'avant 1939) – sauf une seule et unique, si lointaine qu'elle n'est associée encore à aucun nom – c'est la mère qui se penche sur moi pour pourvoir avec tendresse au nécessaire. Je suppose que c'est un souvenir d'un âge où je ne parlais pas encore – de moins d'un an sans doute. Tous les autres souvenirs de ma mère ont été éradiqués à ce moment de ma neuvième année, que j'appelle celui de la *mort de mes racines*. C'est là le moment sans doute où j'ai décidé (sans jamais rien ne formuler de tel) que je n'avais jamais été enfant, et que j'allais m'entourer d'une armure à l'image de celle de mes parents. Ils étaient devenus des étrangers, en même temps qu'ils étaient devenus mes modèles. Le refus de moi – le mépris de moi était consommé – mais comme je l'ai dit il n'était pas total. C'est de ce temps-là, aussi, que date le processus continuel de rupture avec le passé – passé qui sombre dans un limbe de souvenirs plus ou moins exsangues, ou disparaît entièrement de la vue, presque au fur et à mesure qu'il se forme dans le sillage du présent. Je le ressens comme une inertie extrême, que je suis loin d'avoir encore bien sondée ; en tant que « force agissante » à travers ma vie, je la perçois avant tout comme un *courant d'inertie*, qui agit encore jusqu'à l'heure présente, sans rien perdre apparemment de son emprise sous l'effet de la méditation.

Ainsi ai-je discerné jusqu'à présent quatre grands « courants » de forces, de natures apparemment bien distinctes, qui ont traversé ma vie depuis mon enfance. Un seul de ces courants me semble à présent tari, ou plutôt transformé par une compréhension qui l'a transformé en substance de mon être. Il me semble en effet (sans pourtant l'avoir sondé jusqu'au bout – donc il s'agit d'une impression « sous toutes réserves ») que depuis quelques années, l'angoisse chronique – le courant « angoisse-languir » – n'est plus. Il me semble qu'il n'y a plus de peur chronique dans ma vie – seulement des angoisses occasionnelles, sporadiques, messagères du « décollement » entre une image momentanée et une réalité mouvante – angoisses qui s'évanouissent dès qu'elles sont perçues par le conscient – c'est-à-dire, dès que le message qu'elles recelaient (« cesse de déconner et regarde donc ce qui se passe ! ») est entendu – dès qu'un regard, une recherche prend naissance. C'est là (parmi d'autres) un changement profond dans ma relation au monde, qui s'est accompli progressivement au cours de ces dernières années, comme fruit en grande partie (me semble-t-il) de la méditation. Peut-être aussi certaines formes de l'inertie se font-elles moins pesantes – mais l'inertie-suppression, s'attachant au souvenir, continue à se porter à merveille. C'est un grand point d'interrogation s'il en sera ainsi jusqu'à la fin de mes jours, ou si mystérieusement un jour les souterrains des souvenirs enfouis s'ouvriront, si les parfums et les couleurs mortes revivront… Jusqu'à présent, il ne semble pas y avoir le moindre signe précurseur d'un événement de cette envergure – et tant bien que mal j'arrive à « faire sans » …

Je m'aperçois que les treize pages qui précèdent répondent approximativement à la question soulevée en passant à la page 1 de ta lettre, qui en comporte 16 – un rapide calcul montre qu'à ce rythme-là, il me faudrait 208 pages pour répondre à l'ensemble de ta lettre – ou encore (comme j'écris depuis trois heures – il est minuit et demie) 48 heures d'écriture. Cela pose un problème « d'intendance » – que je vais résoudre expéditivement, en m'arrêtant pour aujourd'hui et en t'envoyant cette lettre telle quelle, en attendant la suite. Donc ma réponse selon toute vraisemblance va venir par paquets, au bonheur la chance – si Dieu me prête vie ! Le problème d'intendance ne deviendra inextricable que si tu t'avisais de répondre avant d'avoir reçu la page 208 (feuille 104) – mais que cette perspective ne te décourage pas de répondre quand l'envie t'en viendra, puisqu'il est bien connu que « l'intendance suivra ». Au cas où je ne récrirai pas avant, je te souhaite dès à présent avec Odile une balade du tonnerre – en attendant un jour plus propice où je puisse être des vôtres.

Affectueusement à toi et à Odile,
Alexandre

Embrasse aussi Johanna si par hasard elle est dans les parages. Bien sûr (je le précise une bonne fois à toutes fins utiles), tu peux faire lire cette lettre, ou toute autre lettre de moi, à qui bon te semble…

Cette longue lettre atteste de la grande intensité de la recherche intérieure d'Alexandre et de sa sincérité. Il explique comment il a discerné divers courants en lui, des tendances qui ont structuré sa personnalité depuis son enfance et tout au long de sa vie : le courant « de l'angoisse et du languir », celui du « loup », celui de « la force de l'enfant », et enfin le « courant d'inertie » (caractérisé, à la fin de son enfance, par la « mort de [ses] racines »).

Le courant « de l'angoisse et du languir » a disparu, écrit-il, sous l'effet de la méditation.

Le « loup » fait écho à l'ouvrage de Hermann Hesse, *Le Loup des steppes*, dont j'avais parlé à Alexandre avec enthousiasme lors de plusieurs conversations. Le personnage de Harry, largement autobiographique dans ce roman de Hesse, avait beaucoup résonné en lui. J'avais découvert par hasard Hesse par cette œuvre, vers la fin de mon adolescence – je ne connaissais même pas le nom de cet écrivain pourtant célèbre en Allemagne. Je me souviens avoir été très impressionné quand j'ouvris ce livre pour la première fois, tant le personnage de Harry incarnait avec force, à mes yeux, l'intellectuel occidental séparé de la vie. J'ignorais à ce moment que Hesse était auteur d'une œuvre littéraire d'importance majeure. Alexandre et moi parlâmes longuement de Hesse et de sa compréhension de notre époque. Alexandre évoque « le recours occasionnel, en quatre ou cinq occasions de ma vie, à cette identité de loup, en des moments de grande détresse », mais il me semble qu'il fut loup, dans une certaine mesure, pendant toutes ses années exclusivement consacrées aux mathématiques. Il le fut sans doute aussi dans la dernière partie de sa vie. L'abondante correspondance d'Alexandre (qui reste à rechercher…) pendant les années immédiatement postérieures à son départ du milieu académique (les années 1970 et le début des années 1980), relève de dispositions intérieures différentes, caractérisées par une plus grande ouverture, particulièrement marquée pendant la période de rédaction de son *Éloge*.

Je n'avais pas lu à cette période l'œuvre tardive de Hesse, son testament intellectuel, *Le Jeu des perles de verre* dans lequel il expose l'essentiel de sa philosophie, de sa vision de la connaissance occidentale et de ses limites. Toutes les idées qu'il y exprime sont certes contenues sous une forme moins élaborée dans ses ouvrages précédents. Mais *Le Jeu* lui-même est une métaphore originale du fantasme de la science moderne qui est de trouver l'explication ultime dans l'élan des conceptions mécanistes formulées par Galilée. Je n'eus pas la possibilité de parler avec Alexandre de ce livre de synthèse des conceptions de Hermann Hesse, de son étonnante compréhension de la période contemporaine et de ses inquiétudes quant à notre avenir.

Les idées d'Alexandre et celles d'Hermann Hesse ont une parenté étrange par la conscience des limites de la science occidentale telle qu'elle existe aujourd'hui. Hesse n'avait pas entrevu à ma connaissance les difficultés extrêmes dues à l'impact humain sur la planète, ainsi que les probables catastrophes écologiques à venir. Mais Alexandre naquit plus de cinquante années après Hesse.

La sensibilité à la Nature de Hermann Hesse nous semblait bien plus profonde que celle de Nietzsche. En outre, Hesse avait été nourri de spiritualité orientale et n'avait pas sombré dans la folie.

Nietzsche avait écrit des lignes de la plus grande sévérité, dans *La Généalogie de la morale,* à propos de ce qu'il nommait « les idéaux ascétiques ». Il me sembla et il me semble aujourd'hui encore qu'il passait tout à fait à côté de la profondeur des mystiques indiens de la tradition de l'Advaïta vedanta. Dans cette veine, j'avais à ce moment seulement lu (sur les conseils d'Alexandre) l'ouvrage *L'Enseignement de Ramakrishna*, paru chez Albin Michel et réalisé par Jean Herbert à partir de notes prises par un (ou plusieurs ?) auditeur(s) de Ramakrishna. Alexandre avait été marqué par cette lecture, même si, naturellement, il avait à redire sur Ramakrishna (comme sur quasiment tout auteur...), qu'il trouvait « méprisant à l'égard de la femme ». De Vivekananda, disciple de Ramakrishna dont Alexandre avait lu le volume *Les Yogas pratiques*, il me dit qu'il l'avait « bien senti » et que c'était le « bon élève » de Ramakrishna... Il évoqua ces deux mystiques, particulièrement Ramakrishna qu'il rangea parmi les « mutants », dans *La Clef des Songes.*

Il me sembla que Nietzsche n'avait jamais pu faire l'expérience intérieure de plans de réalité autres que ceux appréhendés par notre simple raison. Sa pensée était certes un rasoir, le plus affûté qu'il soit possible de concevoir, mais le malheureux Nietzsche n'avait pu trouver de porte et avait basculé dans la démence. Il écrivit, dans sa *Généalogie de la morale* : « Il nous est difficile [...] de garder notre sérieux devant l'appréciation qu'ont donnée du *profond sommeil* ces hommes fatigués de la vie, trop fatigués même pour rêver, – de ce profond sommeil conçu comme fusion avec le Brahma, comme *la réalisation de l'unio mystica* avec Dieu. »

Or, la qualité de conscience de Ramakrishna, de Ramana Maharshi ou de Nisargadatta par exemple, ne relève pas d'un « profond sommeil ». C'est l'inverse ! Il s'agit d'un mode de conscience situé au-delà de la conscience de veille, au-delà aussi des modes de conscience impliqués dans les rêves ou le sommeil profond. Les propos de Nisargadatta, dans ses dialogues, baignent dans la lumière. Ainsi lorsqu'il dit, à propos des réponses qu'il donne aux questions posées par ses auditeurs : « La question arrive, la réponse arrive, tout arrive, rien ne m'arrive, c'est tout. » Après ce qu'ils nommaient leur « réalisation », des êtres tels que Ramakrishna, Ramana Maharshi ou Nisargadatta vivaient dans un état permanent de non-séparation, qu'ils désignaient comme « non-dualité » et que Spinoza nommait dans son *Traité de la réforme de l'entendement* « l'union de l'esprit avec la Nature tout entière ». Toute crainte à propos de leur devenir personnel était évanouie, comme l'était aussi celle de leur propre mort.

Alexandre nomme dans cette lettre un autre « courant » qui le traverse, la « force de l'enfant ». Elle n'est autre que son énergie créatrice.

La « mort de [ses] racines » désigne en lui une singularité psychique, l'absence de presque tout souvenir antérieur à l'âge de neuf ou dix ans environ. Il évoquait souvent ce phénomène qui suscitait chez moi une grande perplexité et sur lequel je le questionnais souvent, tant cette amnésie me semblait inconcevable : je me demandais comment il avait pu gommer ce qu'il avait été antérieurement à cet âge. Comment avait-il pu éradiquer de sa vie des années qui furent dans la mienne une période bénie ? Il avait sans doute fallu un refoulement considérable, un violent désir de tourner une page, ou plutôt un chapitre – celui de son enfance –, pour plonger dans des tâches présentes avec intensité.

Et par « courant d'inertie » ou « inertie-suppression, s'attachant au souvenir » il désigne de manière plus générale « le processus continuel de rupture avec le passé – passé qui sombre dans un limbe de souvenirs plus ou moins exsangues, ou disparaît entièrement de la vue, presque au fur et à mesure qu'il se forme dans le sillage du présent ». Ce processus sélectif ne concernait que certaines dimensions de sa vie d'adulte : dans les écrits des années 1980, en premier lieu *Récoltes et semailles*, il fit en effet référence avec une grande profusion de détails à des événements de sa vie passée de mathématicien, que sa mémoire eidétique (déjà soulignée) semblait concerner. De même pour des lectures qui l'intéressaient ou son extraordinaire capacité dans l'apprentissage et la maîtrise des langues étrangères. Dans les années 1980, il voulut même apprendre le russe, langue de ses ancêtres paternels. Mais pour certains éléments personnels il était soumis aux mêmes processus d'oubli ou de refoulement que les êtres humains « normaux ». Et je ne pense pas qu'il ait pu retrouver de son vivant – sauf sans doute dans les instants immédiats précédant sa mort – « les parfums et les couleurs mortes » de son enfance, et « les souterrains des souvenirs enfouis ».

À la fin de cette lettre, Alexandre m'indique : « Bien sûr (je le précise une bonne fois à toutes fins utiles), tu peux faire lire cette lettre, ou toute autre lettre de moi, à qui bon te semble… » Il n'est pas surprenant que cette clarification soit faite dans le cadre d'un écrit aussi riche en éléments personnels. Il est probable qu'il se soit souvenu plus tard dans sa vie, d'avoir écrit des lettres de ce genre – elles doivent être nombreuses. Pendant ses dernières années il exprima avec force le désir que ses écrits quels qu'ils fussent ne soient pas publiés *de son vivant*. Il savait bien qu'il s'était révélé de manière intime dans sa correspondance et n'alla pas jusqu'au point de tenter d'éradiquer toute trace personnelle comme le firent certains écrivains.

49. La Gardette, le 25 septembre 1980

Cher Christian,

Je ne bouge pas d'ici le 16 octobre en principe – si tu passes d'ici là, fais-moi signe que j'y sois quand tu arrives, que j'aille te chercher à

Avignon s'il y a lieu, etc. Tout le reste de vive voix peut-être – sinon, la continuation de ma lettre fleuve est toujours au programme…

Affectueusement,
Alexandre

Il évoque dans les deux lettres suivantes son déménagement depuis Villecun (où il vivait depuis 1973) à Mormoiron, dans le Vaucluse – où il vécut jusqu'en 1991.

50. La Gardette, le 14 octobre 1980

Cher Christian,

J'ai un cours le 17 octobre – je peux rentrer le jour même si ça t'arrange, et être là le 18 si tu viens à ce moment. Probablement je ferai le déménagement de mes affaires de Villecun le lundi 20 octobre avec le fourgon d'un copain. Je quitterai aussi La Gardette vers la fin du mois, j'ai une maison provisoire à Mormoiron, que Yole m'a trouvée près de Mazan où elle habite.

À très bientôt donc !
Alexandre

51. La Gardette, le 14 octobre 1980

Cher Christian,

Désolé qu'on se soit raté de si peu et encore plus que tu te sois trouvé devant la porte, sans entrer et te mettre à l'aise. La clef était à sa place habituelle dans un trou du muret, justement pour ce genre de situation – ne te souviens-tu pas ? Et n'as-tu pas reçu ma lettre où (en réponse à la tienne) je te dis que je m'arrangerai pour être là ce samedi

18 octobre, lendemain de mon premier cours à Montpellier, et jour où tu pourrais arriver ? Hier lundi je suis parti à l'improviste avec un ami qui a un fourgon pour déménager mes affaires de Villecun, et je ne suis rentré qu'aujourd'hui mardi vers deux heures dans l'après-midi, quelques heures en somme après ton passage. Je n'ai pas eu le temps encore de goûter à aucune des bonnes choses que tu as apportées, et me font regretter encore plus qu'on se soit manqués. Tu aurais eu l'adresse de Yole et t'y serais parachuté ce matin (c'est à une demi-heure en voiture d'ici), tu m'y aurais trouvé. Je te donne son adresse à tout hasard Yole Lévine, rue Basse, 84 380 Mazan Tel : (90) 59 70 70.

Je te donnerai ma nouvelle adresse le moment venu, pour le moment elle n'est pas entièrement sûre – j'ai loué une maison à partir de ce mois-ci mais ne sais si j'y resterai – il est possible que je trouve mieux d'ici un mois ou deux. Cet après-midi j'ai téléphoné à Villecun pour le cas où tu y aurais passé, mais ça ne répondait pas. Mireille devait rentrer ce soir des vendanges près d'Aspiran, et déménager peut-être après-demain jeudi.

J'étais content de la perspective de parler avec toi, et bien curieux aussi de savoir ce que tu devenais. Ça faisait un moment que je n'avais plus guère de nouvelles – il est vrai aussi que je n'ai pas continué encore à répondre à ta très longue lettre. Mais parler de vive voix est une chose très différente, c'est un contact plus riche par bien des côtés, bien sûr. Peut-être que le moment n'était pas mûr encore ? Mais sans doute sera-t-il mûr un jour ! D'ici là je vais sûrement continuer ma réponse à ton inépuisable lettre de début juin – et peut-être auras-tu envie aussi de récrire. Et aussi je te donnerai des nouvelles des bonnes choses que tu m'as laissées, et qui seront bien appréciées, tu peux en être sûr !

Embrasse stp Odile de ma part. Bien affectueusement à toi, et merci !

Alexandre

La méditation

52. Les Aumettes, le 20 novembre 1980

Cher Christian,

Depuis hier j'émerge d'une période un peu chaotique de près d'un mois, autour de mon déménagement surtout – mais il y a eu une conjonction de tout un ensemble de choses de nature plus ou moins pratique, vis-à-vis desquelles je me présentais à rebrousse-poil, avec une certaine crispation, une fermeture dans la projection en avant : avoir reconstitué un chez-moi où je me sente chez moi, justement, où je puisse me refaire mon cocon, filer mon coton, me recueillir au sens propre du terme, me sentant éparpillé. Décidément le travail de la chrysalide est loin d'être terminé, et j'ai été étonné à quel point le déménagement, avec tous ses à -côtés proches et lointains, a été « mal venu » – mal pris, mal reçu. Ça fait d'ailleurs six mois et plus que je n'en finis pas de renouer les morceaux d'une méditation continuellement coupée par l'irruption tenace du monde extérieur – je commence à me demander s'il me faudra me résoudre à l'impossibilité à maintenir un travail type chrysalide, à maintenir un cocon de protection pendant un an ou deux encore comme j'en ressens le besoin, le grand désir. La description des six mois de vraie solitude en perspective pour toi et Odile – sans rien ni personne pour vous relancer dans votre trou perdu – m'a rempli d'envie, avant-hier en recevant ta lettre et tantôt en la relisant. Pourtant en même temps que ta lettre j'en recevais une plutôt confuse d'Ahmed, me parlant entre autres de l'idée de Johanna de venir vous retrouver à Trémaillet Odile et toi – peut-être votre solitude ne sera-t-elle pas aussi complète que tu ne te le figurais, et je vous enviais un peu trop vite. Pour en revenir à ces six derniers mois, il me semble pourtant que malgré ce cocon qui se démantelait continuellement, le travail intérieur n'a pas cessé pour autant de se faire – il y a des choses « importantes » qui se sont passées, même si la production de notes méditatives a été relativement modeste. Donc je suis particulièrement malvenu pour me plaindre ou pour rouspéter, il ne manquerait plus que ça ! Surtout maintenant où je suis à peu près installé dans la nouvelle maison. J'espère bien que je ne déménagerai pas de sitôt – que par la force des baïonnettes sans doute...

En tout cas tu ne t'étonneras plus que j'ai pas mal tardé à répondre à ta substantielle lettre de la fin octobre, que je viens de relire – et par la même occasion j'ai relu ta lettre de juin, la plus riche peut-être que j'ai reçu de toi, à laquelle je n'ai pas répondu non plus, sauf au tout début. Voilà du pain sur la planche – c'est dommage quand même qu'on se soit loupés le mois dernier de façon tellement stupide. Dieu sait que j'avais envie de te rencontrer et que j'étais curieux de savoir comment je te retrouverais – mais si ça se trouve, le syndrome de la chrysalide a joué en douce et c'est peut-être comme ça que j'ai oublié de te parler de la place de la clef pour le cas où tu ne la connaîtrais pas et que par extraordinaire tu arrives à un moment où je n'y serais pas... Enfin, je te précise quand même que tes raisins ont été engloutis avec grand appétit, les tomates qui furent vertes peu à peu rosissent dans la calebasse et de temps en temps je me délecte d'une rouge à point – l'immense bocal de confiture n'a pas encore été ouvert, il attend son heure qui ne tardera guère.

Relisant tes deux lettres me rappelle à nouveau que dans l'expérience, l'appréhension, la compréhension du monde, nous avons l'un avec l'autre une « intersection » assez importante (plus importante peut-être que pour aucune autre personne que je connaisse, si ce n'est peut-être Yab mais Yab est hors-jeu depuis un an et demi...) – et en même temps qu'il y a une part extrêmement riche de ton expérience qui m'échappe à peu près entièrement. En fait je n'ai aucun souvenir conscient d'une perception du Monde ayant la densité, la fraîcheur dont tu parles, une perception libre de la grille des mots et des concepts où nous l'enserrons à l'ordinaire – qui, si j'ai bien compris, a été ton mode de perception habituel jusque vers l'âge de cinq ans, ou même jusque vers l'âge de sept ans, et qui, bienvenue ou malvenue, t'a suivi sporadiquement jusqu'à aujourd'hui. Même dans mes rêves l'état de perception reste proche de celui de la vie éveillée, même si au niveau de l'événement il prend bien sûr des libertés avec la « logique éveillée ». Il n'y a guère que le vécu du jeu amoureux, plus généralement la perception de la femme quand je suis en état de désir (« dirigé ou diffus »), qui pourrait peut-être s'apparenter à ce dont tu parles. Ceci mit à part, je me rends bien compte d'un écran, d'une grande inertie, d'une grande opacité, que je promène partout avec moi, qui a dû se former sans doute très tôt, en même temps que mon « identité », qui a été bien assise aussi loin que je puis me souvenir. Il me semble que mon identité s'est constituée sans aucun problème, nullement sous la poussée du conflit, d'une contrainte – nullement comme une douloureuse abdication. Mon identification à mon père s'est faite sans problème, me semble-t-il – j'étais fils de mon père et de ma mère, semblable à mon père, accepté dans ma totalité par l'un et par l'autre. Il me semble qu'une telle identification « sans bavures » est chose très rare – et que cela a été pour moi source d'une très grande force. Pour autant que je puisse le voir, c'est une loi universelle sans exception que le jeune enfant pour vivre et fonctionner dans le monde doit se constituer une identité – tout comme le corps a besoin des os pour pourvoir à sa structure. Je doute fort que des personnes comme Jésus ou le Bouddha aient fait exception à la règle. Il me semble que ce n'est pas du tout un mal, que c'est en un sens « nécessaire », que cette identité soit vigoureuse, bien assise. Cela ne signifie nullement qu'elle soit envahissante, qu'elle soit incapable de s'effacer et de disparaître là où il convient. N'est-ce pas le « moi » perturbé, dont l'identité est la plus chargée de doutes, qui est aussi le plus envahissant ? Si mon moi, à partir d'un certain moment, est devenu envahissant, et l'est souvent aujourd'hui encore, ce n'est nullement parce que mon identité avait de fortes assises et des racines vigoureuses. Bien au contraire il m'apparaît que c'est le jour où j'ai « coupé les racines », où je les ai reniées en mon for intérieur, vers l'âge de huit ans – c'est alors que mon moi s'est entouré d'une pesante armure, qu'il a envahi mon être. Et je vois que le moi à nouveau devient plus discret, que l'armure s'amenuise et s'allège, au moment où je fouille ces racines reniées, où je relie connaissance – avec un autre regard certes – avec ce qui a été l'assise de mon identité : la personne de mes parents, de ma mère, de mon père.

C'est en même temps, me semble-t-il, que j'ai coupé avec mon enfance – que j'ai mis une croix par-dessus mes parents, qui se sont trouvés gommés de mes souvenirs d'enfance – *et* que je me suis réduit à n'être que la moitié de moi-même, que j'ai commencé à réprimer le féminin en moi, comme mes parents l'avaient réprimé en eux. C'est au moment précis où j'ai renié mes parents que j'ai commencé aussi à les imiter dans cela par quoi ils se mutilaient. S'il y a « abdication », comme tu dis, c'était sans doute à ce moment qu'elle se place. Non l'abdication d'une « extase » – ce mot sans doute correspond chez toi à un vécu qui semble absent chez moi – mais abdication d'une *Unité*. Je vois bien la double coupure opérée alors, « horizontale » et « verticale » : l'être sans racines – et l'être sans vagin. Mon identité pourtant subsistait en apparence sans changement, comme un arbre qui fût vigoureux reste longtemps encore après que ses racines soient rongées et mortes. Elle n'a changé de façon visible, consciente, que par le travail depuis août l'an dernier, qui à la fois m'a fait re-connaître mes parents, et qui m'a libéré d'eux. Et il ne me semble pas tellement utile à présent d'essayer de saisir et circonscrire une nouvelle « identité » en état de mouvance continuelle. Il y a des choses plus urgentes !

Contrairement à la structuration d'une identité, il me semble que l'abdication – la division, le refus de soi, la fuite, autant de noms différents sans doute pour la même chose – n'est pas une loi universelle de l'être humain, une étape par laquelle toute vie humaine devrait nécessairement passer. Il me semble que si ça n'avait été par la pression de circonstances psychiques très dures créées dans ma vie par mes parents à partir de l'âge de cinq ans seulement – par un bouleversement complet de toute mon existence – une telle abdication n'aurait eu aucune raison de se produire. J'ai connu une personne dans mon enfance dont j'ai l'impression qu'il n'y a pas eu dans sa vie cette abdication – en tout cas, tel que je l'ai connu il était comme si une telle abdication n'avait pas eu lieu. Il est possible qu'elle n'ait pas eu lieu chez des personnes comme le Christ ou le Bouddha – mais là aussi bien sûr on est réduit aux conjectures ! De toute façon, je ne vois plus cette fameuse « abdication » comme une sorte de catastrophe irrattrapable, comme le vase de Sèvres qui s'écrase par terre et se casse en mille morceaux – bon pour la poubelle ! Sûrement, le fait que j'aie passé par cette étape-là m'a fait apprendre des choses, que je n'aurais peut-être pas apprises autrement.

Et je me rends compte aussi que l'abdication est toujours réversible – que ce dont on abdique n'est pas détruit pour autant – c'est enterré et réduit à l'inaction, mais indestructible.

Je ne suis pas sûr si oui ou non nous parlons de choses vraiment très différentes, en parlant « d'abdication ». C'est lié au fait que je n'ai pas compris la raison d'être, la nature de cet « écran » entre le monde et moi dont je parlais, écran qui a existé dans ta vie mais qui semble être apparu beaucoup plus tard, et être bien moins étanche. Quand tu parles de tes angoisses depuis l'âge de sept ans, jusqu'à aujourd'hui, aux occasions où l'écran en question cesse de fonctionner « normalement », ma réaction intérieure est à peu près, à chaque fois : quel dommage, c'est vraiment idiot d'avoir peur de ça – sous entendant : sûrement je n'aurais pas peur à sa place ! Tout comme je suis persuadé que si d'aventure je rencontrais un esprit (chose qui ne me semble ni absurde ni impossible) je n'aurais pas peur. L'*idée* en tout cas de l'un ou de l'autre ne m'inspire aucune peur – pas plus que l'idée de ma mort (alors que je sais bien pourtant à quel point je suis attaché à mon corps, et à son intégrité...). Pourtant je me rends compte progressivement de mon ignorance immense, notamment au sujet de cet écran. Est-ce une peur en moi qui la maintient, si bien cachée que jusqu'à présent je ne l'ai pas entrevue ? Pourtant je n'ai pas peur de l'orgasme, de la puissance de la pulsion du sexe en moi, ou en autrui. Mais bien sûr je n'ai aucune idée des surprises qui peuvent être encore en réserve pour moi...

Sans doute « l'abdication » prend-elle des visages différents d'une personne à l'autre. C'est une chose assez exceptionnelle d'ailleurs, il me semble, que chez toi ce sentiment de l'abdication ait été consciemment présent, comme le renoncement à une certaine perception directe et riche des choses. Ça doit être très rare. Bien sûr, d'autres aspects de l'abdication te sont restés cachés alors – et il est probable qu'il t'en reste encore à découvrir comme à moi !

Mais j'ai un peu l'impression que depuis quelque temps tu t'orientes, plutôt que vers la découverte des processus de fuite dans ta vie jusqu'à l'heure présente, vers la recherche du « paradis perdu » (et craint !) des « perceptions extraordinaires » (qu'on devrait appeler ordinaires !). Je me demande bien sûr si ces perceptions ne viennent pas plutôt au moment où on les cherche le moins – et si ta recherche n'est pas en train de faire « fausse route ». Mais finalement il n'y a pas de fausse route – toutes les routes sans doute ont quelque chose à nous apprendre – on s'y attarde plus ou moins longtemps avant d'avoir appris ce qu'elles ont à nous apprendre (si on l'apprend jamais...) et de les quitter.

Le but dans ta vie a changé, mais il me semble qu'il est néanmoins présent, et relativement précis. Et dans ta dernière lettre (plus que dans celle de juin) l'aspect volontaire, façonnant, yang de ta personne reste encore nettement prépondérant. N'empêche qu'il y a dû y avoir une évolution assez notable depuis quelques années vers un équilibre yin-yang.

Si tu as envie de me parler plus des enseignements de ce Soufi, j'en serais fort aise ! As-tu une idée de la motivation de ce Soufi pour parler de ses perceptions ? Qu'en dit-il lui-même ?

J'ai été encore plus intrigué à vrai dire, par ton allusion au fait que tu aurais « vu » « la réalité du Mal ». De plus en plus ces dernières années, « le Mal » m'est apparu comme la surface lisse, monolithique des choses (de certaines choses !) – la surface dure créée par notre refus d'*entrer* dans les choses. Quand on y rentre, « le Mal » disparaît sans laisser de traces – à sa place on voit le jeu de peurs, de répressions, d'exutoires aux unes et aux autres... Sans doute tu comprends ce que je veux dire, et le sens de ma question, alors quel est donc ce « Mal » dont tu as vu la réalité ? Est-ce une des choses (sans doute très nombreuses !) dont l'existence m'aurait échappé jusqu'à présent ?

Bon – je suis très loin d'avoir répondu de façon vraiment circonstanciée à tes deux lettres, mais je vais m'en tenir là pour le moment.

J'attends un moment de plus grande tranquillité pour revenir sur la question de nos relations, entre toi et moi, qui ne me semble pas encore bien élucidée, depuis les petites secousses de l'an dernier !

Cette lettre est sans doute un peu marquée par le contexte un peu particulier : un retard de courrier considérable – qu'est-ce que je vais me faire mal voir par les uns et les autres – vivement que j'écrive enfin aux uns et aux autres, qu'on n'en parle plus et que je reprenne la méditation laissée-pour-compte... !

Embrasse s'il te plaît Odile de ma part et bien sûr Johanna et Mama si elles rappliquent chez toi resp. chez vous.

À part ça, je vous souhaite une bonne et fructueuse solitude !

Affectueusement,

Alexandre

Les Aumettes, 84 570 Mormoiron

Je lui avais parlé de ma perception du monde jusqu'à l'âge de dix ans, comment je vivais en fusion avec la nature, hors de tout conflit et de ce qu'il nommait « division ». Je lui avais raconté les circonstances précises, le moment de ma vie où cet état intérieur avait pris fin. Pour décrire ce changement dans ma perception du monde je lui avais parlé d'*abdication* et utilisé un terme appris du soufisme, *l'exil*. C'est ainsi que la tradition soufie désigne parfois la fin de l'état perceptif pur, non conditionné, qui survient pendant l'enfance à un âge variable mais le plus souvent assez tôt. La fin dramatique de l'état de grâce de la période bénie de mon enfance avait été consciente. Alexandre écrit dans la lettre suivante que cette perception lui est étrangère. Je lui avais aussi décrit les vestiges qui avaient survécu en moi de ces années de jubilation : l'émotion récurrente d'être au bord d'un grand vide – j'ai déjà évoqué cela à propos de sa lettre du 9 janvier 1979. Au début de mon adolescence, cette émotion fut accompagnée d'angoisse ; demeura ensuite une sensation de vertige face à ce vide que je ressentais parfois – et qui d'ailleurs devait me suivre de manière quasi permanente tout au long de ma vie. Nous en parlâmes de vive voix, longuement et à maintes reprises. Alexandre suggéra qu'en somme cet immense vide, cet abîme, est l'Inconnu qui reste à découvrir, d'une étendue et d'une profondeur infinies. Il est tout à fait inutile et même stérilisant d'en avoir peur ! Ceci me plut beaucoup : au lieu de demeurer dans la peur et l'angoisse nous pouvons assumer que nous ne savons que peu de choses mais sommes dotés des capacités nécessaires pour connaître. C'étaient à peu près les dispositions dans lesquelles Alexandre créait. Nous nous remémorâmes une fois encore Walt Whitman :

> « Chaque moment, chacun des événements qui me surviennent m'emplit de frissons de joie…
>
> Que je gravisse ma véranda, je m'arrête, je me demande si vraiment cela est,
> L'illumination matinale à ma fenêtre me plaît mieux que la métaphysique dans les livres.
>
> Ah la naissance de l'aube !
> La petite lumière éclipsant les gigantesques ombres diaphanes,
> Et cette suave saveur de l'air contre mon palais… »

Alexandre évoque la possibilité de rencontrer « un esprit ». Une idée saugrenue de plus chez cet éminent scientifique, penseront certains lecteurs ! Mais il savait bien « son ignorance immense » et parle de « l'écran » qui s'interpose « entre le monde et [lui] ». Il avait conscience que nos perceptions sont limitées. Notre vision du monde est étriquée et présente d'immenses aspects arbitraires. Elle a été construite pendant nos jeunes années sous la pression de conditionnements de toutes natures. Alexandre pensait que le regard porté sur les choses, par notre « science », est partiel : ce qu'il nous reste à découvrir n'a pas de limites.

Il fait allusion dans cette lettre au soufi Pir Vilayat Inayat Khan dont j'avais fait connaissance au cours de l'été précédent. Pir Vilayat était le fils du musicien et mystique soufi Hazrat Inayat Khan et d'une

Américaine, Ora Ray Baker. Le courage de sa sœur, Noor Inayat Khan, agent secret britannique pendant la deuxième guerre mondiale, fut sidérant. Elle fut capturée à l'âge de trente ans, déportée et assassinée à Dachau. Pour lutter contre le nazisme, Pir Vilayat et Noor abandonnèrent les conceptions de non-violence dans lesquelles ils avaient été élevés. J'avais participé à un séminaire de trois semaines que Pir Vilayat donnait en pleine nature pendant l'été sur le sommet Bûchet près de Molines-en-Queyras, dans les Hautes-Alpes. Ce *guru* avait décrit dans son enseignement différentes pratiques méditatives. Je l'avais écouté avec intérêt exposer sa synthèse personnelle de notre culture occidentale et des traditions mystiques soufie et hindouiste. Son immense culture et son amour de la musique de Bach m'impressionnèrent. Nous écoutâmes la *Messe en si mineur*. Vilayat enseignait le plus infiniment précieux, le passage de ce qu'il nommait « relaxation de l'activité mentale ordinaire » à un espace vide, lieu d'un entendement supérieur – un espace qui semble extérieur à nous et signifie un mode d'appréhension différente des choses. J'étais resté ensuite pendant une semaine dans une forêt de mélèzes, au bord d'un ruisseau, et avais bénéficié des vertus du jeûne : l'étonnante stimulation de la sensibilité et de la mémoire des rêves, l'ouverture des sens (notamment de l'odorat), le passage facilité dans un état particulier d'attention. À l'occasion de ce séminaire j'avais aussi découvert l'extraordinaire puissance du yoga, asanas et pranayamas, et pris ensuite appui sur l'œuvre du yogi B. K. S. Iyengar dont la vision dynamique, minutieuse et méthodique, traditionnelle mais non dogmatique, résonna en moi. Je compris que cette pratique allait m'accompagner tout au long de ma vie et m'aider dans les moments difficiles, mais aussi de manière quotidienne. Je fus incapable de communiquer à Alexandre l'intérêt de cette sublime discipline et il ne s'y ouvrit pas. Il ne saisit pas que le travail sur les postures et la respiration est un cadeau fait aux hommes par d'anciens chercheurs qui explorèrent avec ferveur notre monde intérieur pendant des siècles et nous laissèrent ce cadeau : une aide pour la méditation, l'intensification de l'attention, le calme de la pensée et des émotions, la concentration intellectuelle, la santé du corps. Après m'avoir vu debout sur la tête ou dans la pratique d'une posture quelconque, quand nous étions ensemble dans la même maison ou dans la nature, il me demandait presque avec dédain et de manière insistante si ma « séance de fakirisme » s'était « bien passée » : il était agacé.

Il me questionne dans cette lettre sur une vision que j'avais eue du « Mal ». Je ne me souviens plus avec précision de quelle perception il s'agissait. Peut-être, le Mal non comme simple absence du « Bien », mais doté d'une existence propre, indépendante. Selon lui, le Mal n'est que « la surface lisse, monolithique des choses (de certaines choses !) – la surface dure créée par notre refus d'*entrer* dans les choses »... Cette remarque est une référence directe à Krishnamurti : quand la conscience est entière il n'y a plus de perception de « mal » ou de « bien », mais seulement de « ce qui est ». Ceci rappelle la réponse du Christ à la question « Pourquoi cet enfant est-il aveugle ? » : « C'est pour que la Volonté de Dieu soit faite. » Il s'agit de l'affirmation de l'existence d'un Ordre, perceptible par une conscience humaine élevée sur un plan supérieur : immémoriale question philosophique et théologique ! Cette question du Bien et du Mal obséda Alexandre pendant l'ultime période de sa vie. Lors de ses dernières années, il recopia ligne par ligne la liste des noms des martyrs morts à Auschwitz, dont celui de son propre père.

53. Les Aumettes, le 9 février 1981

Cher Christian,

Je reçois à l'instant ta lettre du 5. Tranquillise-toi, ta lettre substantielle du mois de décembre est bien arrivée – j'attendais que le moment propice vienne de lui-même pour y répondre, et tu m'y encourageais d'ailleurs à la fin de ta lettre. Mais il est vrai que six mois pourront encore bien se passer, comme cela a été le cas pour ta longue lettre précédente, avant que le « moment propice » ne « vienne de lui-même ». Donc si pour une raison ou une autre tu aimerais que je te réponde prochainement, fais-moi signe stp et je me pousserai un tout petit peu ! En fait, c'est parce que ta lettre est si longue et substantielle que j'ai envie plus particulièrement d'un « moment propice » (de l'ordre d'une journée !) pour y répondre. Pourtant je n'ai pas repris la méditation depuis le 22 octobre... Jusque vers la fin décembre j'ai été accaparé par pas mal de choses – surtout le déménagement, mon installation aux Aumettes, mais aussi les relations avec Johanna, Alexandre, Matthieu, qui continuent à se détendre et à mûrir. Je pensais reprendre « le travail » début janvier – j'ai même fait un jeûne de huit jours pour favoriser cette reprise – mais au lieu de la fièvre de méditer, c'est une fièvre de bricolage qui m'a saisi. Désolé de décevoir ton attente – et la mienne bien sûr aussi ! J'avais (et j'ai encore) une vraie fringale d'être poliment installé « chez moi », avant de me lancer dans la méditation, après près de deux ans vécus dans le provisoire. Je pensais qu'il y en aurait pour deux ou trois jours, en fait c'était deux ou trois semaines, et la situation s'est corsée du fait que Yole a été gagnée par une fièvre de rangement et de bricolage – sa maison depuis toujours est un foutoir légendaire – et elle m'a embringué pour l'aider à mettre de l'ordre chez elle, ce qui n'est pas une mince affaire ! Ça fait donc cinq semaines que je ne quitte plus guère scie, marteau, tenaille, perceuse, vilebrequin... J'y suis lancé avec la même passion exclusive (mais plus limitée dans les objectifs et dans le temps, heureusement !) que jadis dans les maths et autres tâches, et plus récemment dans « la méditation ». Et il est bien clair pour moi que cet élan représente une fermeture momentanée – du même ordre que jadis pour les maths, mais moins totale puisque la tâche présente est enracinée dans le réel, puisque c'est l'ordonnancement (harmonieux à mon sens) de mon propre environnement immédiat et de celui de Yole. (Le fait que « je l'aime » joue aussi bien sûr, mais pas plus ou autrement il me semble, que s'il s'était agi d'une autre personne qui me serait chère, p. ex. un de mes enfants, ou Mireille...). Cela me fait penser que mon approche des mathématiques a été la même – la motivation principale dans le travail mathématique est celle de mettre de l'ordre dans ce qui paraît confus ou chaotique. Il n'en est pas différemment pour moi dans la méditation – c'est lié sans doute au fait que chez moi la méditation se passe avant tout (mais non exclusivement bien sûr) au niveau de la pensée consciente, de l'intellect. Et sûrement la méditation que j'ai

« pratiquée » jusqu'à présent, paradoxalement représente aussi sur le moment une certaine fermeture – un repliement, une mise à l'écart, un certain tri parmi les événements qu'on est disposé à accueillir. À certains moments – nullement rares – mes dispositions dans la recherche méditation sont tout à fait semblables à celles dans la recherche mathématique : une même passion lancée avec un but (élucider tel problème, mettre de l'ordre dans tel fouillis...), servie par une même « méthode », une certaine systématique méticuleuse. Pourtant, à partir d'un certain point, de lâcher la bride à la « passion mathématique » a été un facteur de stagnation, de sclérose spirituelle – alors que jusqu'à présent, « la méditation » a été l'agent actif d'une ouverture, et elle a porté des fruits indubitables. Je me rends compte qu'il pourrait en être autrement, et je ne vois pas très clairement ce qui fait que la méditation chez moi a été fertile, « créatrice » dans un sens plus riche que celui d'une recherche purement intellectuelle comme les maths. Cela doit être lié au fait que ma méditation est restée jusqu'à présent enracinée dans ma vie, dans les problèmes actuels de mes relations à autrui – si ancienne que soit leur origine – de sorte qu'elle ne s'est pas dégradée en spéculations ou en technicités, voire en jargon. Et il me semble que si d'aventure elle prenait un jour ce chemin, je m'en apercevrais assez vite – car je resterais sur ma faim...

Bon, je vais te laisser sur ces réflexions – j'étais content d'avoir signe de vie de toi, et d'Odile par la même occasion.

Bien affectueusement à tous les deux,
Alexandre

P.-S. Je te signale que j'ai le téléphone : (90) 61 88 30. À toutes fins utiles voici l'adresse et n° de téléphone de Yole : 84 380 Mazan, rue Basse Tel (90) 69 70 70.

Alexandre compare sa fièvre de bricolage lors de son installation dans sa nouvelle maison dans le Vaucluse avec ses recherches mathématiques et son travail de méditation qui relevait plutôt de sa pensée :

sa concentration était soutenue par l'écriture. Nous parlâmes souvent de cette question et Alexandre y reviendra dans des lettres ultérieures.

Il avait tendance à considérer que la méditation (dans le sens où il l'entendait) est une activité d'un ordre supérieur au travail de recherche scientifique et ne concerne pas les mêmes dimensions de notre être. Cette opinion était chez lui assez fluctuante selon les périodes qu'il traversait. La recherche mathématique était pour lui devenue une seconde nature : il la pratiquait avec une grande aisance et savait que seule une partie de lui-même y était impliquée. Il le reconnaissait volontiers et parlait de ce travail comme d'une faiblesse, d'une ornière dans laquelle il tombait aisément et pouvait rouler avec facilité. Dans le tréfonds de lui-même il était bien plus remué par la méditation. Il pensait que celle-ci doit éclairer la vie de tout être humain et que seule cette pratique peut préserver l'homme moderne du désarroi. Seul ce travail intérieur peut l'aider à retrouver la stabilité perdue dans notre culture égarée dans les valeurs matérielles. La méditation peut donner un sens à l'ensemble de nos actes, les inscrire dans une perspective vaste, cohérente et en adéquation avec les exigences de notre époque.

L'activité de recherche scientifique, telle qu'elle existait pendant la période où il écrivait ces lettres et telle qu'elle se poursuit aujourd'hui encore, est selon lui destinée à muter. Alexandre pensait que de larges secteurs de la recherche vont être désinvestis. Ils vont l'être parce qu'ils ne concernent pas des domaines de la connaissance qui ont un caractère d'urgence pour l'humanité. Et ils seront abandonnés naturellement, faute de continuer à susciter de l'intérêt chez les jeunes gens, plus attirés par des tâches qui leur apparaîtront plus nobles et importantes pour l'époque présente – et plus en lien aussi avec le monde vivant. À propos du pédagogue libertaire Neill, déjà évoqué, et de « la religion « scientiste » ou « techniciste », avec son mythe central du « Progrès », et tous les mythes annexes », Alexandre écrira dans *La Clef des Songes* : « Cette religion-là, sans attendre que les jeunes l'aient rejetée, sera balayée sous peu et sans retour[1]. »

---

1. (90), « Neill et le péché originel – ou le mythe comme message ».

Après cette fièvre de bricolage et alors même qu'il avait l'intention (exprimée dans la lettre précédente) de reprendre son travail de méditation, Alexandre fut repris aussitôt après par un « accès de fièvre mathématique » qui dura de février à juin 1981[1]. Il évoquera dans la lettre du 10 octobre 1981 « le conflit apparent méditation/mathématique, qui a encore éclaté au grand jour dans les quatre mois février-juin cette année ».

Je le voyais ainsi passer d'une activité à l'autre. Pendant ses « accès de fièvre mathématique » des mois entiers pouvaient s'écouler sans qu'il m'écrive – je savais alors qu'il valait mieux ne pas le déranger.

54. Les Aumettes, le 18 juillet 1981

Cher Christian,

Depuis deux semaines presque, je suis pris à plein temps à écrire des lettres – et même des lettres substantielles – je n'ai jamais dû en écrire tant en si peu de temps ! Dans le nombre il y en avait pas mal qui, depuis des semaines ou des mois déjà, faisaient figure de « courrier en souffrance » – des lettres « dues » depuis longtemps, et que j'avais négligé d'écrire, embringué que j'étais à nouveau dans un accès de fièvre mathématique. Cette lettre que je t'écris est la toute dernière, sur une longue liste de lettres que je me proposais d'écrire, et qui ont été écrites sauf celle-là. C'est aussi, parmi les lettres en souffrance, celle qui a « souffert » (en silence) le plus longtemps. Que je n'aie pas répondu jusqu'à aujourd'hui, est sans doute le signe symbolique de cet éloignement tout à fait inattendu, depuis le début janvier exactement, d'une vie « méditative », d'une curiosité méditative, – intermède dont j'émerge depuis quelques semaines seulement. Et cette réponse tardive

1. Il décrira cet épisode dans *Récoltes et semailles* ([45] « Le Guru-pas-Guru – ou le cheval à trois pattes ») comme « une sorte de frénésie mathématique » et y reviendra dans *La Clef des Songes* ([122] « Fantasmagories d'un voyant – ou voyance et spiritualité ») où il parlera de « défonces » de « créativité insensée » et écrira : « Ce qui était fui dans cette course en avant était une connaissance au sujet de moi-même [...] alors même que [...] c'était bel et bien, au niveau intellectuel, une création. »

à ta lettre (du 17 décembre) est peut-être le signe d'une reprise – en fait, je pense reprendre une méditation systématique une fois la correspondance en retard écrite – c'est-à-dire, très exactement, après t'avoir écrit cette lettre-ci. C'est-à-dire, sauf imprévu, demain...

Je ne sais si ce sera vraiment une « réponse » à ta lettre de décembre – si cela aurait même grand sens, sept mois après, que je t'écrive une réponse circonstanciée à cette lettre. Tant de choses se sont passées depuis sûrement – on a à nouveau plus ou moins perdu contact l'un avec l'autre – ainsi je n'ai aucune idée, vraiment, dans quelle mesure tu es encore branché sur ce dont tu parles dans cette lettre. Je viens de la relire, « à tout hasard » je dirais presque, attentivement. Elle me frappe à nouveau par une grande richesse, une densité, une délicatesse de perception... Y répondre de façon tant soit peu circonstanciée demanderait une lettre aux dimensions considérables ! Ce n'est sans doute pas le moment – peut-être y reviendrons-nous un jour de vive voix. C'est dans cette lettre que tu parles, de façon extrêmement vivante, de cette « expérience de naissance » qui t'est venue (au moment justement où tu t'y attendais le moins...) – la fusion avec la Totalité avec l'expiration, qui était une extinction – et le surgissement de la vague née de cet Océan, la naissance, avec l'inspiration.

Ce que tu en dis rend particulièrement évident, illustre de façon frappante ce que tu veux dire, sans doute, en parlant des « limites de la méditation écrite » – que tu as l'air presque (par l'effet d'une expression maladroite il me semble, plus que par intention) de vouloir opposer aux « émotions » – terme qui pour toi, si je comprends bien, recouvre aussi tout ce qui est perception directe – « ordinaire » ou « extraordinaire », telle justement « l'expérience de naissance » que tu décrivais. Il est clair de toute façon que la « méditation écrite » (ou pensée, qu'à cela ne tienne) n'a guère d'intérêt dans le vase clos de l'intellect (ça doit donner des productions à la Spinoza, j'imagine, qui me font pas bander d'un poil j'avoue), qu'elle ne se suffit pas à elle-même – elle prend un intérêt par le matériau, la substance qu'elle sonde (et ce sont là ces émotions qui te sont chères), et par ce qui se passe lorsqu'un désir de connaître s'élance et pénètre dans cette substance vive, familière et pourtant incomprise, inconnue... Dans cette méditation, il est vrai que l'intellect le plus souvent mène la danse, et sûrement c'est à la fois sa force, et une limitation. Dans ton travail, il semblerait que tu sois arrivé à un point où (sauf pour des « problèmes » particuliers qui surgissent ici et là dans ta vie), elle n'a plus grand-chose à t'apporter. Dans le mien, il me semble que j'en suis encore loin. Quand je commencerai à piétiner ou à tourner en rond, je crois que je ne serai pas long à m'en apercevoir !

L'intuition dont tu parles suggérée par « la naissance » – comme quoi le « féminin » serait la totalité originelle dont surgit et naît le « masculin », comme la vague surgie de l'océan, correspond bien à l'intuition que j'en ai, puisant sans doute à des sources analogues – surtout la pulsion sexuelle et le « vécu » du sexe. (Le mot « vécu » en français est décidément inadéquat, à cause de sa forme au passé, qui en fait une sorte d'objet qu'on tiendrait en mains – le mot « expérience » prête aux mêmes objections, alors que le terme [substantif] allemand « *Erleben* » [« le vivre »] conviendrait parfaitement...) En termes de ce « vécu », il est « évident » que le sexe de la femme « contient » tout – que phallus en surgit (et la présence du clitoris est comme un rappel de cette connaissance) comme toute autre chose en surgit. C'est sans doute aussi pourquoi mes pulsions sexuelles « féminines » trouvent un assouvissement total, il me semble, dans le jeu amoureux avec une femme, et dans la pulsion même de retour à la matrice, au vagin. Par contre, il est tout aussi « évident » que le pénis ne « contient » nullement le vagin ou la matrice – encore plus évident même – ça crève les yeux littéralement ! Aussi il me semble qu'il faut beaucoup plus de « bonne volonté » à une femme (et aussi chez son partenaire) pour trouver à assouvir sa pulsion « masculine » de retour à la matrice, dans le jeu amoureux avec un homme. Et j'ai bel et bien l'impression, d'ailleurs, que le penchant homosexuel chez la femme a généralement une plus grande force, est plus « à fleur de peau », plus apparent que chez l'homme – alors que les forces de répression vis-à-vis de ce penchant me semblent à peu près du même ordre chez l'un et chez l'autre.

Ta lettre répondait à une assez longue lettre de moi, semble-t-il, où j'ai dû te parler de certaines conclusions, plutôt de certaines « forces » ou « courants » issus de l'enfance, que je discernais alors dans ma vie. Tu y fais quelques commentaires et poses quelques questions, qui montrent que l'aperçu (sûrement trop elliptique) que je t'avais donné dans ma lettre avait donné lieu à des représentations chez toi assez « à côté de la plaque », par moments. Mais j'ai l'impression que cela doit être trop loin de toi, maintenant, pour que ça ait beaucoup de sens pour le moment que je fasse des « rectifications de tir ».

Je crois que je vais m'en tenir à ces quelques pages, comme un premier pas de « reprise de contact ». Si tu viens dans le Midi chez tes parents cette année encore, peut-être auras-tu envie et le temps de passer chez moi. En principe je ne bouge pas de chez moi, sauf pour une dizaine de jours, à l'occasion de la visite de Mémé, qui arrive chez moi, le 28 juillet. Je te rappelle mon adresse : Les Aumettes 84 570 Mormoiron, tél (16/90) 61 88 30.

Bien affectueusement à toi,
Alexandre

Embrasse stp Odile, Johanna, Ahmed, Mama de ma part !

Je passais l'hiver 1980-1981 en Bretagne, dans ma retraite. Alexandre fait une allusion dans la lettre suivante à un récit détaillé que je lui fis par écrit d'une expérience personnelle étrange. J'étais en effet dans un état poussé d'introspection et avais traversé un soir, près du feu, une régression dans mon passé au cours de laquelle j'avais revécu ma naissance.

Dans une lettre précédente, je lui avais parlé des « limites de la méditation écrite » en opposant celle-ci aux « émotions ». Je lui avais écrit (cela ressort de ses propos) que le risque est de rester enfermé dans ce qu'il nomme « le vase clos de l'intellect ». Le terme « intellect » désigne ici la pensée rationnelle, la « raison » et non les capacités humaines à connaître, en un sens plus large.

L'écriture servait de fil d'Ariane dans sa méditation. Celle-ci pourrait être rapprochée de la méditation philosophique de notre culture occidentale. Mais ceci demande à être précisé. Dans le sens où Spinoza entendait ce terme, par exemple dans son *Traité de la réforme de l'entendement*, cette méditation pouvait en effet s'ouvrir sur des expériences intérieures apparentées plutôt à des *visions*, des perceptions au-delà de la simple raison, de la *ratio*. Spinoza classa ces compréhensions en tant que *scientia intuitiva*. Ce troisième *genre de connaissances* selon ce philosophe a déjà été évoqué à propos de la lettre du 9 janvier 1979.

À mes yeux la pensée rationnelle tenait dans ce qu'Alexandre nommait « méditation » une place essentielle et excessive : ceci me semblait être une limitation de son travail intérieur et pouvait contribuer à donner à ses recherches une apparence laborieuse. Il s'attaquait par sa méditation à une question qu'il désirait clarifier, comme s'il s'était agi d'une énigme mathématique. De mon côté, je pratiquais pendant de nombreuses années ce que lui-même nommait « méditation écrite » en m'appuyant en premier lieu sur le travail sur mes rêves. Bien souvent je trouvais que je tournais en rond. Alexandre ne manquait pas de le remarquer et de me le dire. Mais j'étais aussi à la recherche de compréhensions qui pouvaient procéder de chemins plus directs.

Pour ses méditations, Alexandre s'appuyait sur sa capacité à penser, d'une éblouissante finesse. J'avais l'impression lors de nos conversations que sa raison était exceptionnellement puissante, une machine à penser hypertrophiée, une merveille ! Je sais que ceci fera sourire les mathématiciens qui liront ces lignes, qu'ils prendront comme des évidences. Mais j'évoque là les capacités singulières d'Alexandre manifestées dans des domaines autres que les mathématiques.

Il ne s'agissait pas dans sa méditation, de la recherche du silence, d'un arrêt de l'activité de la pensée. Le sorcier Don Juan, héros réel ou mythique des ouvrages de Carlos Castaneda, nomme la pensée « bavardage intérieur ». La tradition hindouiste la compare à « un singe qui saute de branche en branche ». Il importe sans doute d'établir ici une distinction claire entre une pensée qui est en nous telle un bruit de fond quasi permanent, un vagabondage, et une pensée canalisée, celle du chercheur scientifique par exemple.

Pour Krishnamurti, la méditation signifie le silence du mode de pensée qui est simple bruit ou pensée maîtrisée, et l'émergence fulgurante d'une connaissance d'un autre ordre. Il nomme celle-ci *vision*, perception directe de « ce qui est » : c'est en ce sens que selon

Krishnamurti la pensée est « corruptrice » – ce genre de remarques valut à Krishnamurti bien des critiques dues à des incompréhensions : il répondit qu'il ne faisait pas l'éloge de l'amnésie ! Ce philosophe parle donc de la pensée comme d'une entrave à notre capacité à *voir*. Selon lui les concepts ne viennent qu'*après* la *vision* et seulement pour communiquer. La pensée reprend alors ses droits et permet l'expression d'une perception née du silence.

Même si Alexandre reconnaissait que sa pensée ne cessait jamais, il évoquait pourtant, exceptionnellement (par exemple dans sa lettre du 1er juin 1980) des compréhensions qui semblent plutôt s'apparenter à des *visions*, par exemple quand il parla de « la compréhension d'une "essence"… », « de cette "*Ganzheit*", de cette unité foncière, de la présence vivante de l'Enfant en moi… ». Pourtant il ne décrivit jamais ces instants de méditation, de « percées » (selon son expression), comme des sublimes moments de *visions*. Krishnamurti qualifierait ces compréhensions de *visions partielles*.

J'avais opposé maladroitement la méditation écrite aux émotions. Or, celles-ci n'étaient pas absentes dans les recherches d'Alexandre. Il comprenait en outre que la méditation doit aller au-delà d'elles, au-delà aussi de la raison. Il me semblait pourtant qu'Alexandre demeurait essentiellement dans ce champ-là, celui de la pensée rationnelle et des émotions, et que quelque chose lui faisait défaut, au moins dans une certaine mesure. Il ne connut pas la paix intérieure, le silence. C'est en ce sens peut-être qu'il est possible de dire que sa quête intérieure se heurta à certaines limites. Pourtant il avait beaucoup de cœur et une sensibilité hors normes. Il me semble, avec le recul de plusieurs décennies, qu'il demeura sur *le seuil* du silence. Son génie scientifique consista cependant en une extraordinaire capacité à voyager dans l'univers mathématique – à se mettre à l'écoute, dans des dispositions de type *yin* : il écrivit dans *La Clef des Songes*, (36), « Dieu parle à voix très basse » : « Quand Il parle, c'est à voix si basse que personne jamais ne L'entend… » Et dans ce même ouvrage, (30), « La Providence : invention ou découverte ? », il décrivit de manière sublime, merveilleuse, le processus de découverte en mathématique de « quelque chose de non-né encore et qui pourtant, de quelque mystérieuse façon, existe déjà et de toute éternité dans les limbes obscurs des choses non créées, comme une substance éternelle et qui attend et qui appelle ». Mais cette écoute ne s'exerça pas de la même manière, me semble-t-il, hors du champ des mathématiques, dans ce qu'il nommait *méditation* : des recherches scientifiques en mathématiques, même pratiquées à un niveau d'abstraction inconcevable pour le non-mathématicien, relèvent encore du champ intellectuel, et tout semble s'être passé comme si de tels travaux avaient oblitéré certaines régions de sa sensibilité pourtant exceptionnelle : ce qu'il nommait ses méditations en portait donc la marque. Au fil de ces années de dialogue avec lui il devint clair pour moi, peu à peu, que la méditation, au sens de Nisargadatta par exemple, soutenue par ce qu'il nomme « ferveur », doit procéder du silence intérieur, non de l'intellect, même le plus prodigieusement puissant.

Quelques années plus tard, dans son ouvrage *Récoltes et semailles*, Alexandre écrivit que la méditation telle qu'il la pratiquait était à distinguer de celle dont on parle couramment aujourd'hui, plutôt inspirée des traditions orientales.

La remarque au sujet du « penchant homosexuel chez la femme », « d'une plus grande force », plus « à fleur de peau », « plus apparent que chez l'homme », renvoie à des observations que nous avions faites à propos de femmes de notre entourage et de leurs tendances homosexuelles plus évidentes, moins enfouies et sans doute moins problématiques que chez la plupart des hommes. Je ne pense pas, contrairement à ce qu'il affirme dans la lettre précédente (et je ne comprends pas pourquoi il écrivit cela), que « les forces de répression vis-à-vis de ce penchant » soient « à peu près du même ordre chez l'un et chez l'autre ». Elles me semblent plus marquées chez les hommes : il s'agit probablement de l'une des nombreuses expressions du machisme, de cet intime et idiot sentiment de supériorité qui ignore une réalité évidente, l'existence en tout être humain de deux dimensions, *yin* et *yang*.

Dans ma lecture de *L'Éthique* de Spinoza, j'en étais encore aux premiers émerveillements ponctuels et fus bien incapable de faire part à Alexandre d'une compréhension plus générale des fondements de cette œuvre. À ma demande pressante, il avait lu quelques pages et s'était heurté à la structure que Spinoza a choisie pour son ouvrage :

ce philosophe présente en effet *L'Éthique* comme « démontrée suivant l'ordre géométrique » ! Mais il répond ce faisant à une exigence de son époque quant à la *forme* à donner aux traités philosophiques.

Alexandre aperçut dans ce livre des propositions, des axiomes, des définitions, des explications, des démonstrations, des corollaires, des scolies, des lemmes… Il confondit la forme et le fond, fut épouvanté et mit ce chef-d'œuvre de côté. Ce mathématicien tomba dans le piège habituel qui constitue la difficulté initiale de la lecture de *L'Éthique* : s'attacher à tenter de comprendre les articulations entre les différents paragraphes, les parties, les chapitres, au lieu de se laisser toucher par les passages qui peuvent parler au plus profond de notre âme et sont le fruit de la méditation de Spinoza, de ses visions qu'il évoque au début de son *Traité de la réforme de l'entendement*, ces « intervalles [qui] furent plus fréquents et plus longs […] à mesure que le vrai bien [lui] devint plus clair ».

Alexandre fut atterré par l'œuvre de ce philosophe et le prit pour un horrible intellectuel, un coupeur de cheveux en quatre. Il ne put saisir que son originalité fut de s'être exhaussé sur un plan supérieur à celui de la pensée rationnelle. J'avais trouvé chez Nietzsche aussi (je ne me souviens plus dans quel livre) une remarque de ce genre à propos de Spinoza, qu'il accusa de « tisser des toiles d'araignée » : or, celles-ci ne sont que la *structure* donnée à son *Éthique*, la marque de son intention de la rendre la plus acceptable possible par les lecteurs du XVIIe siècle. Il travailla avec la même méticulosité à la *forme* donnée à son œuvre, qu'à la taille de lentilles destinées à des loupes ou des télescopes – ouvrage qu'il accomplissait pour assurer son indépendance financière.

55. Les Aumettes, le 1er août 1981

Chers Christian et Odile,

Cela m'a fait plaisir d'avoir signe de vie de vous, et de plus l'annonce de votre visite prochaine vers le 18, 19 août si j'ai bien compris – si vous faites votre randonnée entre le 20 et le 26 à peu près. L'idée d'être des vôtres pour cette randonnée m'attire bien, et sauf imprévu d'ici là je pense que je me joindrai à vous. Mais il faudrait que vous me disiez ce qu'il me faut prévoir comme équipement minimum. Peut-être que j'arriverai à emprunter un bon sac à dos et un bon duvet à Yole ou à Matthieu – aurez-vous ce qu'il faut comme tente pour trois ou quatre personnes ? Une difficulté : ça doit faire une dizaine d'années que je marche en sandales – je ne possède même pas de chaussures de marche – une bonne paire de sandales suffira-t-elle pour le genre de randonnées que vous envisagez ? Sinon il faudra que j'achète des croquenots dare-dare pour m'y habituer un peu chaque jour, avant le départ, je sais que ce n'est pas évident de s'habituer à une nouvelle paire de chaussures. Il y a aussi le fait que je mène une vie où je bouge très peu depuis des années, donc ma condition physique n'est sans doute pas aux grandes performances – mais j'imagine que ce n'est pas non plus ce qui est prévu au programme.

En ce moment Mémé est avec moi depuis quelques jours, elle venait surtout pour voir Matthieu, à Rieu-Berlou, mais on vient d'apprendre que Matthieu vient de quitter le Rieu-Berlou pour aller vivre auprès d'une jeune femme, Marie, qui a d'ailleurs une fille très gracieuse de huit ou neuf ans – je les avais rencontrées deux, trois fois à Rieu-Berlou. On va finalement se rencontrer, Mémé, Matthieu, Marie, sa gamine et moi chez Mireille, mardi prochain le 4 août, qui est aussi le jour anniversaire de Mémé (qui aura quatre-vingt-un ans) et voir comment s'arranger pour que Mémé passe quand même quelques jours auprès de Matthieu, dont elle se languit beaucoup vraiment. En attendant elle passe quelques jours bien reposants chez moi, elle se plaît beaucoup ici. C'est vraiment dommage que Matthieu ne soit plus à Rieu-Berlou, c'est sûr que Mémé aurait beaucoup apprécié le lieu aussi, avec le voisinage des bêtes, qui met une ambiance particulière de vie paisible et simple, à laquelle elle aurait sûrement été très sensible.

Quand Mémé est arrivée, le 28 juillet, je venais de passer une semaine à méditer – le temps un peu de « rompre la glace » et d'entrer enfin dans le vif d'un sujet. Pendant son séjour il n'est guère question de continuer, il me semble plus important d'avoir une disponibilité aussi grande que possible à sa personne – ce n'est pas le moment de gâcher une occasion de dialogue avec elle, dans une ambiance de calme et de confiance, qui ne se représentera peut-être plus.

Mais je vais m'arrêter là, pensant que nous aurons l'occasion prochainement de parler ensemble de vive voix à loisir.

Affectueusement à tous les deux, Christian et Odile, votre
Alexandre

P.-S. Je vous rappelle le n° de téléphone au cas notamment où vous auriez du mal à trouver ma maison : (16/90) 61 88 30.

56. Les Aumettes, le 10 octobre 1981

Cher Christian,

Cela m'a fait plaisir de recevoir ta lettre, courte et bien intéressante. Comme tu ne rappliquais pas courant septembre, je me doutais qu'il y avait un empêchement, c'est bien dommage quand même. Si ce n'est pas manque de temps et d'envie, mais question frais de transport, depuis la Bretagne, je suis tout prêt et content de prendre tes frais en charge. Sinon, ce sera pour l'été prochain j'espère – peut-être même ferons-nous en commun cette fameuse balade, dont il est question depuis trois ans…

Je suis assez intrigué par ce que tu me dis sur la méditation – on dirait presque que tu as comme un espoir d'apprendre quelque chose sur tes vies antérieures ! Quant à moi, à supposer même que j'en entrevoie la possibilité, je ne serais guère tenté de le faire, car cela me donnerait l'impression de « diverger », alors que ma vie présente me donne une substance suffisamment riche et fascinante pour m'occuper – sans compter ce que je peux entrevoir de celle de mes proches. La méditation avance bon train, depuis la reprise (le 19 juillet). J'ai changé d'approche, je prends maintenant à tour de rôle les « grands investissements » dans ma vie, pour y poursuivre surtout l'action du conflit en moi sous ses multiples aspects – avant de m'attaquer de front au travail de fond sur le conflit lui-même, sa nature, son origine dans ma propre vie. Les « grands investissements » que j'ai vus jusqu'à présent (et il ne me semble pas y en avoir d'autres) sont « Faire » (surtout les maths bien sûr), « Enseigner », « Femmes », « Enfants », « Méditation ». J'ai mis deux mois (avec des interruptions assez nombreuses) pour faire le tour provisoirement du « Faire », le point de départ étant le conflit apparent méditation/mathématique, qui a encore éclaté au grand jour dans les quatre mois février-juin cette année. Depuis la mi-septembre j'en suis au thème « Enseigner », centré sur le « syndrome du Maître » (ou de l'« Instructeur ») : je commence à en entrevoir le bout – je prévois que j'aurai encore une dizaine de jours de méditation à y consacrer, pour finir d'en faire le tour. Depuis une semaine, je découvre que les deux « problèmes » de départ sont comme deux sommets distincts d'un même iceberg, d'un processus conflictuel entré dans ma vie en 1970, au moment de ma rupture (« officielle ») avec les maths et avec une identité (« officieuse », à demi clandestine depuis toujours) de mathématicien.

Les deux problèmes en question m'apparaissaient au mois de juillet comme les seuls « conflits non résolus » dans ma vie. Je ne me doutais pas qu'il me faudrait un tel travail – un travail de patience – pour en faire le tour, alors que des conflits ressentis comme infiniment plus pesants (surtout celui avec Mireille) s'étaient résolus, dans le passé, par une méditation d'une nuit, ou de quelques nuits. Mais c'étaient des conflits « localisés », en quelque sorte, dont le nœud central pouvait être compris suffisamment, sans de vastes rétrospectives sur d'assez longues périodes de ma vie. Et encore ça a été une surprise que ces deux « seuls » conflits dans ma vie, et surtout le fameux syndrome, ne remontent pas à mon enfance, mais font apparition relativement tard – au moment précis d'ailleurs, paradoxalement, ou un « premier couvercle » saute, et où ma vie, après dix-huit ans de stagnation, change de cap et retrouve un mouvement qu'elle avait perdu.

De plus en plus, je fais entrer les événements courants de la vie au jour le jour, et aussi les messages de certains rêves, dans la méditation, sans en quitter vraiment le fil. En plus du rêve de la « crucifixion », qui m'a fait reprendre la méditation, il y a eu quatre autres rêves importants depuis le mois de juillet, qui sont intervenus : des moments clefs de la méditation… Je suspecte d'ailleurs qu'il y a une quantité de rêves, d'une richesse peut-être comparable à ces « rêves messagers », qui passent à l'as – de les sonder tous, mes jours et mes nuits n'y suffiraient pas ! Il faut bien se faire une raison, pour les rêves et pour le reste – la richesse des choses est prodigieuse, et dépasse infiniment nos capacités pour « engranger », par l'écriture et la réflexion. Cela rejoint d'ailleurs ce que tu dis dans ta lettre. Il semblerait seulement que nous prenions la méditation par deux bouts opposés, ou du moins dans des optiques assez différentes. Et je ne suis pas sûr d'ailleurs d'avoir bien saisi la tienne. Pour moi, la « pulsion » (du sexe, de l'esprit – la pulsion de vie, de connaissance) est « sans problème » – j'en ai sondé et dit ce que j'avais à sonder et à dire, pendant quelques mois où j'ai écrit *L'Éloge* (Cet épisode, je le vois maintenant comme de même nature que mes accès de fièvre mathématique – des irruptions d'une fringale [refoulées] du « Faire », dans le cours d'une longue méditation…) Le « problème », qui absorbe toute mon attention, est dans le « conflit », c'est-à-dire dans l'antagonisme viscéral, ancestral, du « moi » vis-à-vis de la « pulsion ». C'est cet antagonisme que je voudrais comprendre de façon aussi approfondie qu'il me sera possible. (*En marge* : J'aime bien l'image de « l'ouvrier » et du « Patron », pour décrire les relations du « moi » à la pulsion « sexe – esprit ».) Et je me rends bien compte qu'une compréhension approfondie ne peut venir que d'une connaissance des vicissitudes de cet antagonisme dans ma propre vie. Même déjà en écrivant *L'Éloge,* ce « centre » d'intérêt pour ma recherche était fortement présent – il a commencé à apparaître d'ailleurs, il me semble, juste à ce moment-là. Chez toi, d'après ce que tu dis à l'occasion, je n'arrive pas à discerner un « centre ». Vu de loin, ça aurait l'air plutôt d'une sorte de promenade à travers champs et bois ! Tu dois bien avoir des fils conducteurs, mais j'ai l'impression que tu ne les laisses guère apparaître. Il y a bien les « perceptions extraordinaires » dont il t'arrive de parler, mais je n'arrive pas à y voir un « fil », ou encore : une question centrale qui tire sur toi, qui demanderait que tu la sondes. Dans le temps, je n'arrivais pas à discerner s'il s'agissait d'autre chose que d'une sorte de fringale diffuse « d'expériences extraordinaires » – il faut dire que notre contact épistolaire restait épisodique et relativement superficiel. C'est peut-être dommage car il n'y a pas tellement de gens pour qui la « méditation – recherche » est l'intérêt central dans la vie.

Je te signale que depuis le mois dernier, en commençant le thème de méditation « Enseigner », j'écris mes notes en français, et plus en allemand. Donc si ça t'intéresse à l'occasion, je peux te faire lire ce que tu voudras.

Pour les deux bouquins à moi, garde-les aussi longtemps que ça peut avoir une utilité. Je doute que j'aurai l'occasion de les rouvrir avant deux ou trois ans. S'il n'y a pas de diversion du côté maths, je pense que j'aurai fait le tour de mon programme de travail provisoire d'ici un an ou deux (plutôt deux !).

Il n'est pas impossible qu'à ce moment-là j'écrive quelque chose de nature « générale », sur le conflit et sur la méditation – mais dans un style sûrement très différent de celui de *L'Éloge*. Depuis un an, ce serait plutôt le style blagueur – je deviens sensible au côté comique des choses – il était temps !

Embrasse stp Odile de ma part. Au fait, en fouillant dernièrement dans des paquets de lettres du temps de Survivre, j'ai retrouvé une correspondance avec Xavier Sallantin, qu'Odile doit sûrement connaître ! Il m'avait bien semblé me souvenir en effet.

Bien affectueusement à toi,
Alexandre

P.-S. As-tu des nouvelles de Johanna et d'Ahmed ? Ça fait un moment qu'ils ne donnent pas signe de vie.

Alexandre compare dans cette lettre sa pratique de « la méditation » et la mienne.

J'étais plutôt à la recherche d'un état intérieur de lucidité d'où jaillirait la compréhension du chemin que je pourrais prendre dans ma vie. Je n'étais plus plongé dans l'exploration de mon passé personnel et avais le sentiment de l'avoir pour ainsi dire épuisé. J'essayais de chercher plus loin en arrière. Certains bouddhistes ou hindouistes pourraient dire que je recherchais mes vies antérieures.

Alexandre n'écartait pas la possibilité de l'existence de ce que certaines traditions nomment ainsi. Il était même persuadé de leur véracité, et nous en parlions souvent. Nous sentions qu'il ne fallait pas penser la réincarnation, de ce qu'on peut convenir de nommer « âme », en tant que simple changement de vêtement (le corps) lors du passage d'une incarnation à la suivante. Nous pensions qu'il pourrait s'agir d'un ensemble d'influences mystérieuses, subtiles, préexistantes à notre naissance, à l'œuvre dès l'instant même où nous venons au monde (ou même présentes dès notre conception), dessinant nos tendances, influençant notre tempérament, nos qualités, nos faiblesses, notre vie même[1]. J'avais eu sur ces questions un échange de lettres avec l'écrivaine Denise Desjardins. Elle pratiquait le *lying*, technique apprise du *guru* indien Swami Prajnanpad qui avait fait une synthèse personnelle de la tradition hindouiste et de la psychanalyse freudienne. Cette technique avait l'ambition de susciter la réminiscence de « vies antérieures » chez le sujet qui la pratiquait. J'avais parlé à Alexandre de cet échange. Après m'être heurté à de fortes résistances intérieures je compris pendant cette période que je m'étais plongé dans l'étude de la physique théorique par simple conditionnement.

Alexandre méditait à sa manière sur sa propre vie et ses conflits. S'il me semblait pratiquer la méditation comme il aurait poursuivi des recherches mathématiques, il ressentait ce que je faisais comme « une sorte de promenade à travers champs et bois ». Dans cette lettre transparaît avec force la dimension spéculative, laborieuse, de sa méditation : la pensée était son outil. Il avait formulé des questions reliées à ses investissements et les examinait sous tous leurs angles. Alexandre sortait d'une période de « fièvre mathématique » et semblait reprendre sa méditation dans l'élan de sa recherche scientifique, avec l'intention avérée de mettre de l'ordre dans ses pensées comme il venait de mettre

1. Dans *La Clef des Songes*, (92), « Neill et le Message – ou le miracle de la liberté », Alexandre écrira : « Je suis pour ma part persuadé, que les connaissances innées (inconscientes, bien sûr) que nous apportons avec nous en naissant, proviennent de l'expérience accumulée de toutes nos existences antérieures. »

de l'ordre dans un domaine particulier des mathématiques. Comme il l'écrivit dans cette lettre, nous prenions la méditation « par des bouts opposés ». Pourtant je suivais aussi sa méthode, ce qu'il m'avait appris, un travail patient d'écriture, analytique – mais j'avais remarqué que la compréhension véritable – la lueur ! – ne venait qu'après ce long labeur : au cours d'une promenade par exemple ou d'un moment de détente, ou comme un éclair, un « flash » à l'instant le plus inattendu. Il me semblait alors que ce qui s'apparentait à un travail patient de fouille archéologique avait rendu possible cette mise en lumière.

Il écrivait dans la lettre précédente du 18 juillet de la même année : « Dans cette méditation, il est vrai que l'intellect le plus souvent mène la danse, et sûrement c'est à la fois sa force, et une limitation… ». J'avais toutefois le sentiment (et j'en suis encore persuadé) que la méditation telle qu'il la pratiquait avait pour lui une certaine vertu transformatrice. Nous pourrions être tentés de parler d'*introspection* pour désigner ce travail intérieur nommé *méditation* par Alexandre : cependant le terme *introspection* met trop l'accent, à l'inverse, sur l'implication de la pensée rationnelle, au détriment de notre capacité à *voir*.

Il évoque dans cette lettre son « identité ("officieuse", à demi clandestine depuis toujours) de mathématicien ». Ceci reflète bien ce qu'il exprimait souvent au sujet de cette identité : il la considérait comme un abri mensonger.

D'après cette lettre, les dix-huit années qui ont précédé le début de son éloignement des mathématiques à partir de 1970, sont à ses yeux « dix-huit ans de stagnation ». Ceci ne peut être exprimé plus clairement : ces années-là, entre les âges de vingt-quatre et quarante-deux ans, correspondent à sa période de plus grande productivité mathématique. C'est un écho à la lettre précédente, du 9 février, dans laquelle il écrivait : « Lâcher la bride à la "passion mathématique" a été un facteur de stagnation, de sclérose spirituelle. » Une telle assertion pourra apparaître ahurissante pour certains lecteurs : comment Alexandre Grothendieck peut-il qualifier ses années d'acmé en mathématique, de summum de sa créativité, comme une « stagnation » ?

Il s'agit là de l'expression la plus simple et la plus claire de sa difficulté à concilier dans sa vie même ses recherches scientifiques et sa vie intérieure. Il ne put jamais se détacher des recherches en mathématique, ou même semble-t-il en physique, vers la fin de sa vie. Ceci entre en résonance avec une remarque qu'écrivit Einstein à Hermann Broch, à propos de sa lecture du livre *La Mort de Virgile* : « Je suis fasciné par votre Virgile – et je lui résiste de toutes mes forces. Ce livre me montre clairement ce que j'ai fui en me vendant corps et âme à la science : j'ai fui le JE et le NOUS pour le IL du IL Y A. » Que l'activité de recherche scientifique nécessite le sacrifice de la vie intérieure, qu'elle se fasse à son détriment, pourrait en soi n'être pas un problème : notre désir ne peut tout investir. Mais les préoccupations d'ordre écologique devraient être aujourd'hui mises au premier plan. Et retisser des liens avec le vivant ne semble possible que par une réappropriation de notre vie intérieure. La croyance qui paraît dominer est que la science telle qu'elle existe sera capable de trouver les solutions techniques adéquates pour résoudre les problèmes écologiques majeurs de l'époque présente. Elles ne pourront suffire : une relation différente avec le monde vivant devra exister.

La lettre précédente contient une allusion à une difficulté soulevée dans une lettre antérieure que je lui avais écrite et à laquelle il fait allusion : je lui avais fait part de mes difficultés à travailler sur l'ensemble des rêves que je notais. J'avais le sentiment qu'être attentif aux rêves les rendait plus profonds et accroissait ma capacité à les ramener à la surface. Il s'agissait d'un processus qui s'intensifiait de lui-même dès lors qu'il était stimulé par l'intérêt qui était accordé à ma vie onirique. Je ne trouvais pas le temps nécessaire pour les comprendre tous, et malgré un intense travail ne pouvais maîtriser ce bouillonnement intérieur et l'intégrer dans ma conscience. Alexandre était parvenu à la même conclusion : « La richesse des choses est prodigieuse, et dépasse infiniment nos capacités pour "engranger", par l'écriture et la réflexion. » Quand nous évoquâmes cette difficulté, il me conseilla d'écrire mes rêves en style télégraphique, ce que je trouvai difficile : ceci pourrait signifier en effet qu'au moment où nous écrivons un rêve, nous en avons déjà une certaine compréhension, puisque nous sommes capables de le résumer. Il est vrai que dans les rêves se trouvent souvent une profusion de détails qui se révèlent après coup d'importance secondaire.

Cependant une telle capacité à résumer un rêve dès sa retranscription, signifie une vivacité d'esprit dont je me sentais (et me sens encore) dépourvu.

Nous ne pouvons ramener à la conscience tout ce que nous traversons dans le monde des rêves. Celui-ci constitue ce que Husserl nomme une « région de la réalité ». Cette « région » semble dépourvue de toute limite. Krishnamurti résout cette question de manière radicale en considérant que les rêves sont aussi une expression du *bruit intérieur* et que la conscience de *l'être éveillé* doit demeurer même dans l'activité de rêve. Ainsi selon lui l'intégration des rêves peut être réalisée au fur et à mesure de leur apparition, si nous sommes suffisamment attentifs et alors même que nous dormons : l'énergie intérieure de l'*être éveillé* suffirait selon Krishnamurti à percevoir le travail du rêve en tant que simple manifestation de l'activité mentale, sans grand intérêt. Mais Krishnamurti parlait de lui-même, non des êtres ordinaires.

Alexandre et moi avions remarqué depuis longtemps que certains rêves sont sans importance. Je lus ensuite chez C. G. Jung, dans sa correspondance avec le physicien W. Pauli, la distinction qu'il établit entre les rêves relevant d'un bruit de fond plutôt stérile et ceux qui recèlent des messages profonds.

Alexandre redécouvrit donc après Freud, pour son propre compte et pendant les années couvertes par la présente correspondance, combien le rêve est bien « la voie royale qui mène à l'inconscient ». Il développa cela ultérieurement à sa manière, dans *La Clef des Songes*, en mettant l'accent sur une dimension de nous-même qu'il nomma « le Rêveur ». Nous pouvons nous représenter celle-ci comme un niveau transcendant notre simple individualité et relié à ce que nous pouvons convenir de nommer, et qu'il nomma, « Esprit ». Il identifia « le Rêveur » à « Dieu lui-même ». Et le sous-titre qu'il donna à *La Clef des Songes, Dialogues avec le Bon Dieu*, fait référence à ce dialogue avec Dieu qui s'établit par le travail sur les rêves.

Ainsi les rêves étaient la substance principale qui faisait l'objet de sa « méditation ». Ses souvenirs, plus ou moins précis selon les périodes de sa vie, et certains documents tels que des lettres, avaient me semblait-il moins d'importance pour lui. Ses notes de méditation, que j'eus l'occasion et l'énergie de lire, étaient pour l'essentiel un travail fervent destiné à élucider ses rêves. Avec le recul apporté par tant d'années qui me séparent de la période où eurent lieu nos intenses échanges, j'ai le sentiment que l'énergie qu'il était capable de mettre dans l'exploration de l'univers mathématique était pour ainsi dire insufflée dans sa vie onirique, pendant ses périodes de « méditation ».

Nous ne percevions pas les rêves (ou pas seulement) comme des réalisations déguisées de désirs refoulés, comme l'avait affirmé Freud. Ils étaient pour nous des messages, exprimés dans un langage subtil qu'il s'agissait de décrypter, à propos d'éléments de réalité que nous ne pouvions percevoir dans l'état de veille. Cette élucidation permettait d'éclairer des régions ignorées de nous-mêmes.

Souvent quand nous étions ensemble, nous nous racontions le matin les rêves de la nuit passée, dont des rêves intimes que mon respect à son égard ne me permet pas d'évoquer : je sais que ce respect doit perdurer même au-delà de sa mort.

Nous distinguions parmi les rêves, ceux de « castration » qui revenaient chez moi de manière cyclique : je lui dis que dans ceux-ci je me trouvais dans l'obligation de passer des examens universitaires ; j'étais en retard, ne parvenais pas tout à fait à résoudre les questions posées, etc. Il me dit qu'il faisait aussi des rêves de ce genre de manière récurrente, depuis qu'il avait délaissé (au moins partiellement) les mathématiques ; ces rêves l'étonnaient beaucoup par leur caractère insistant, presque tyrannique. Pour lui, me confia-t-il gentiment, en souriant, il s'agissait d'examens « d'un niveau un tout petit peu plus élevé que le niveau universitaire » : dans les rêves de ce genre il avait, me dit-il, « déjà fait quelque chose en mathématique, mais d'une valeur à peine acceptable ». Il fit un geste de la main et bien sûr cela nous fit rire. Nous voyions à l'œuvre dans ce genre de rêves, ce que Freud a nommé (dans la deuxième topique) « Surmoi » et qui est l'expression de l'autorité, parentale puis sociale, de la culture ambiante et de ses idéaux, de conditionnements imprimés en nous dès notre enfance.

Parmi les rêves récurrents Alexandre distingua ceux qu'il nomma « rêves d'avidité » qui nous amusaient beaucoup aussi – je faisais régulièrement de tels rêves, sous différentes variantes. Ils me surprenaient, révélaient en moi l'existence d'une région trouble que je n'avais pas trop envie de voir. Alexandre me dit que ces rêves étaient chez lui fréquents et qu'il en était lui-même surpris. Il s'agissait de rêves d'argent, sous de nombreuses formes, par exemple de pièces qui s'entassaient sur une table, tombaient bruyamment... Nous en parlâmes et convînmes qu'ils révélaient en nous l'existence de l'avidité, défaut universellement répandu, commun à la plupart des humains, pas seulement aux hommes d'affaires. Nous savions bien que de l'avidité à la cupidité il n'y a qu'un pas, et que cette dernière est sur le plan individuel l'un des facteurs essentiels des dégradations dramatiques de la biosphère. Cette peur de manquer et cette tendance à l'accumulation, si profondément enracinées en nous, sont peut-être un sentiment vestigial qui remonte à un passé immémorial.

Pendant les périodes d'intenses recherches mathématiques, Alexandre pouvait devenir distant, un peu froid, presque insensible ou même parfois désagréable. La lettre suivante est à cet égard assez caractéristique : il parle de notre échange épistolaire « relativement superficiel ». Dans l'ultime lettre qu'il m'écrivit en décembre 1989, il qualifie pourtant nos relations « d'affectueuses et fertiles ». Quand il écrivit la lettre précédente (octobre 1981), il n'avait pas fini de dépasser les tensions apparues entre nous au moment de la rédaction de son *Éloge de l'Inceste.* Son évocation du ton de cet ouvrage écrit deux années auparavant est un écho à des réserves que j'avais formulées : le style que je trouvais un peu ampoulé, voire emphatique, ainsi que son expression, trop provocatrice. Il écrira pourtant à propos de son *Éloge*, deux ou trois années plus tard, dans *Récoltes et semailles* : « Si je me suis abstenu [de le publier], c'est surtout parce que je me suis rendu compte ultérieurement que la forme était affligée par un propos délibéré de "faire poétique", de sorte que sa conception d'ensemble trop construite, et de nombreux passages manquent de spontanéité, au point par moments d'une raideur ou d'une enflure pénibles. Cette forme, ampoulée par moments, était le reflet de mes dispositions, où décidément c'est le "patron" souvent qui menait la danse – lourdement il va de soi. »

Les questions abordées dans son *Éloge* le travaillaient encore, tant elles sont essentielles. Il formulait ainsi la question centrale, la contradiction entre « le "moi" et la "pulsion" ». Elle peut être énoncée en termes simples : pourquoi n'obéissons-nous pas à nos pulsions, créatrices dans leur essence même, pourquoi nous bridons-nous ? Pourquoi notre culture occidentale est-elle « castratrice » ? Ou encore : pourquoi Alexandre Grothendieck n'eut-il pas de limites (ou presque) dans sa créativité, contrairement aux êtres humains ordinaires ?

57. Mormoiron, le 30 mars 1982

Cher Christian, j'ai reçu ta longue lettre de décembre dernier le jour où Ahmed arrivait chez moi pour une semaine. Je venais de reprendre une réflexion mathématique que j'ai continuée, avec une grande mise d'énergie, jusqu'à ces derniers jours. Je me rappelle que je m'étais senti en veine de te répondre sur-le-champ à ta substantielle lettre, mais ayant été empêché de le faire dans les jours mêmes, j'ai été entraîné ensuite dans de tout autres sillages. Et à l'instant je viens de relire ta lettre, comme si je la lisais pour la première fois.

Tu soulèves la question d'une différence d'essence entre le travail genre mathématique, et celui de la méditation écrite – avec un air innocent, pour peu on croirait une interview. Le cocasse de la chose m'avait échappé entièrement à la première lecture – comme presque toute la substance de ce que je vis m'échappe d'ailleurs, lorsque je ne prends pas soin de m'arrêter dessus, d'examiner. Il y a là une lourdeur, dont l'essence est l'inertie il me semble, et non une peur de connaître, dont je vois l'action paralysante partout autour de moi. Cette peur-là dans ma vie s'est évanouie. Par là aussi s'est effacée la différence la plus évidente, énorme, entre les deux voies privilégiées actuelles de ma soif de découverte, de ma soif de faire : mathématique, méditation. Elle s'est effacée au moment même où j'ai découvert la méditation – la grande peur de connaître s'est dissipée à ce moment-là, comme une fumée. Alors que, Soufi ou pas Soufi, tu continues à traîner cette peur comme un boulet de cent tonnes – comme tes parents et les miens l'ont traîné, comme chacun de mes enfants le traîne encore. (Sans compter leurs mères, et les autres femmes que j'ai aimées et dont des échos parfois me proviennent...)

Tu invoques la primauté de l'émotion, et en même temps je sens ta peur devant la douleur rédemptrice, qui briserait tes idées si chères, et la chaîne avec ce poids, dont tu ne voudrais pas te séparer pour un empire. Au moins les exercices de respiration, sous le contrôle d'un yogi ou soufi éclairé, ça n'a jamais fait de mal à personne, tu es « pouce » – couvert par le pavillon de « tous les grands enseignants », de « tous les grands enseignements », Krishnamurti, Aurobindo et Cie. Une fois que tu en es là, autant dire que tu ne risques plus rien – tu es au chaud en somme. Une identité de rechange toute trouvée, et qui te dispense au besoin d'avoir à appeler un chat un chat !

Je ne partage pas d'ailleurs un certain dédain qui semble de mise, vis-à-vis du besoin universel d'identité, dans divers milieux de haute spiritualité. Disons que je suis revenu d'un dédain tout verbal, qui ne correspondait pas à une compréhension, à une intelligence des choses – je me contentais d'adopter des idées qui me plaisaient au coup d'œil, ficelées par paquets bien assortis. Je me rends compte qu'on a tous une identité – y compris des gens comme Krishnamurti et Aurobindo, chez qui elle n'est pas moins encombrante, voire étouffante que chez le commun des mortels – et que c'est même important d'avoir une identité sainement assise et bien assumée (chose qui ne court pas les rues). Jésus-Christ et Bouddha avaient une identité comme toi et moi, c'est sûr, et qui ne leur causait aucun problème – ni pour la répudier, ni pour en chercher une autre. Jésus était fils de Joseph un tel et Marie une telle, né à tel endroit, tel passé et antécédents, élevé dans telles traditions (la mosaïque, pas piquée des vers...). Il n'a rien répudié de tout cela, tout en se sachant également « fils de Dieu », en toute simplicité – ce sont les Évangélistes qui ont senti le besoin de broder un roman, comme il est de rigueur, semble-t-il. Le jour où tu assumeras pleinement ton identité, tu cesseras de t'apitoyer sur ton père, Christian, ce qui est une façon de t'apitoyer sur toi et de noyer le poisson. Tu cesseras de t'accrocher à cette idée que « sa blessure » qu'il t'a transmise, est si démesurée et exceptionnelle – comme pour mieux te convaincre que décidément c'est foutu d'avance, que tu vas faire comme lui et le traîner jusqu'à la fin de tes jours, comme tout le monde. Tu n'as pas compris que le paquet qu'il t'a refilé, soigneusement ficelé, est *ta* richesse – mais comme tu as peur de le déficeler et de l'ouvrir, de manger et de boire, cette richesse-là, destinée à être chair et sang de toi-même, tu la traînes sous forme de ce boulet de cent tonnes ; tout en le tâtant précautionneusement de temps en temps, pour t'assurer à quel point il est lourd et imposant. Sûrement personne en ce vaste monde ne peut se vanter d'en avoir un aussi gros que toi ! De ce point de vue-là il y a une différence (sinon « un progrès ») par rapport à ton père, d'après le peu que je sais de lui – il ne doit jamais y avoir touché de près ou de loin. Pour mes parents ce n'était pas plus brillant – s'ils ne l'ont pas fait c'est qu'ils ne l'ont pas voulu, qu'ils avaient plus envie d'autres choses que d'apprendre quelque chose sur eux-mêmes. Ils ont fait leur choix – et ça a été ma joie de faire à leur place une partie du travail qu'ils ont éludé toute leur vie. Il n'y a là rien pour m'apitoyer, ni sur eux, ni sur moi, ni sur ma sœur (disons) ou sur mes enfants ou petits-enfants. Ils ont tous du pain sur la planche, ils ont des mains pour l'empoigner, des dents, une bouche, un estomac, etc. pour le manger et le transformer en connaissance. Mais l'appétit ça ne se commande pas, ça me ferait plaisir bien sûr de les voir manger de bon appétit, parfois même on dirait que l'un ou l'autre s'y mette, qu'il en a marre de tirer ce poids et puis non il préfère quand même continuer à suer et à faire suer.

C'est sûrement pour ça aussi que la mathématique a tendance un peu à prendre la relève sur la méditation. Dans la méditation, je suis rigoureusement seul à m'intéresser aux choses qui m'intéressent – personne d'autre n'a envie d'en entendre parler. Quand il s'agissait de dénouer des problèmes cruciaux dans ma vie, cela n'avait pas grande importance – il fallait que je voie clair, peu importait alors s'il y eût quelqu'un d'autre qui serait intéressé aux choses que je découvrais. Mais les « problèmes cruciaux », quand on ne fait pas que tourner autour, c'est fait pour être vu ou en quelques jours, ou quelques semaines ou mois à tout casser. Ce n'est sûrement pas un hasard si l'envie de faire des maths est revenue au galop, une fois que le dernier problème ressenti comme « urgent » se trouvait à peu près clarifié. Pourtant, le « programme » de travail que je voyais devant moi avait de quoi fasciner – il y avait, plutôt il y a, une substance fascinante, qui pendant près de six mois m'avait tiré en avant, alors que patiemment, méthodiquement je déchiffrais ma vie de ces douze dernières années. La solitude de ce travail ne me pesait nullement, pas plus que par le passé – c'était un travail trop à chaud ! Et elle n'a pas eu le temps jamais de me peser encore – sans à-coups, la fascination des mystères du monde mathématique a pris le relais, je ne sais pour combien de temps. Là aussi je travaille dans la solitude, mais par choix délibéré pour le temps qui me convient, et non par la force des choses. Quand j'aurai « fait le tour » préliminaire d'un thème nouveau d'une richesse déconcertante, entrevu depuis des années, je ne manquerai pas d'interlocuteurs intéressés, si j'en ressens alors le désir – et si les événements mondiaux n'y coupent court…

Bon, je vais m'arrêter là – sans savoir d'ailleurs quand cette lettre va te parvenir. Mireille me parlait d'un voyage aux États-Unis que tu allais faire, avec Odile, ces temps-ci. Si tu reçois la lettre avant ton départ : bon voyage à tous les deux !

Affectueusement,
Alexandre

Alexandre se consacra aux mathématiques pendant l'hiver 1981-1982. Je lui avais posé une question au sujet de la différence entre méditation et travail de recherche mathématique, dans une longue lettre écrite en décembre 1981. Et j'avais insinué une différence d'essence entre ces deux activités.

Il me semblait que la recherche scientifique et la méditation ne mettent pas en jeu les mêmes dimensions de nous-mêmes. Dans le passage cité ci-dessus (à propos de la lettre du 22 août 1979) d'un écrit ultérieur, *Récoltes et semailles*, il reconnut quelques années plus tard après avoir écrit la lettre précédente, qu'il percevait en effet entre ces deux activités humaines une différence, par la nature de l'implication que l'une ou l'autre exige de nous-mêmes.

Elles peuvent cependant toutes deux être paralysées par la peur de connaître. Il reviendra plus tard, en 1987, dans sa *Clef des Songes*, sur cette découverte de la méditation (en 1976), écrira que « ce jour mémorable [...] a été aussi le jour où pour la première fois la peur de connaître a montré son visage, la peur de connaître a disparu de [sa] vie[1] ».

L'activité scientifique peut s'accomplir dans un état de « sclérose spirituelle » qu'Alexandre stigmatisait dans une lettre antérieure (9 février 1981). Cette idée ressort moins nettement de la lettre du 30 mars 1982 – je sentis que ceci était la marque de son travail mathématique intense des mois précédents. Dans la lettre du 11 octobre 1976 il évoquait son « inertie spirituelle ». J'avais l'impression forte qu'elle était accentuée dans les périodes qu'il nommait « accès de fièvre mathématique ». Lui-même utilisait parfois dans nos conversations le terme « abrutissement » pour désigner cette coupure qu'il ressentait alors, dans ses relations avec les autres et le monde extérieur de manière plus générale. Ce mot me surprenait par sa violence. Alexandre voulait ainsi exprimer la colère et la frustration intérieures qu'il éprouvait pendant ses recherches mathématiques, dans la forme d'isolement qu'elles impliquent : il voulait signifier aussi que le travail méditatif, au sens où il l'entendait, lui semblait plus en accord avec le tréfonds de son âme.

Le travail scientifique accompli dans les paradigmes actuels a tendance à induire ce genre « d'inertie ». L'intensité de celle-ci dépend bien entendu du vécu personnel des chercheurs. Certains savent préserver une vie intérieure riche par la pratique d'un art ou d'une forme de méditation, ou le développement de liens forts avec le monde vivant. Laurent Schwartz, par exemple, avait la passion des papillons. Pendant les années postérieures à 1970, l'intensité de l'activité de recherche mathématique d'Alexandre avait diminué, si nous la comparons avec celle des années 1950 et 1960. Il était plus sensible à la nature, savait que les êtres vivants, plantes ou animaux (et les humains même, parfois), sont devenus des *choses* pour la plupart d'entre nous. Alexandre avait conscience de la dramatique *réification* de la nature et pressentait que pour la plupart des humains le contact avec les plantes et les animaux s'est délité – j'avais pu observer sa compassion à l'égard des animaux domestiques. Il s'appliqua au jardinage pendant la dernière

1. *La Clef des Songes*, (6), « Le fruit défendu, résistances et souffrances du créateur ».

partie de sa vie, à Mormoiron surtout, et pouvait exulter lors de promenades dans la nature.

Il considérait (*cf.* sa lettre du 10 septembre 1976) que « la pulsion de connaître » est plus stimulée en pleine nature que dans les laboratoires de recherche. Dès cette lettre il évoquait par l'exemple du « rucher bourdonnant » une vision de la connaissance humaine éloignée des conceptions habituelles, plus ou moins explicitées, selon lesquelles le langage mathématique serait pour la description de tous les plans de réalité, le langage nécessaire, absolu, définitif. Cette question qui me tourmentait fut l'une des questions essentielles qui traversèrent tous nos dialogues. Plus tard, dans *La Clef des Songes*, (133), « Les mutants », (9), « Les mutants et les sœurs ennemies », il formula ainsi une réponse à cette question : « Ainsi (parlant en connaissance de cause) je peux dire que "la mathématique" (et *a fortiori* "la science") est d'une étendue, d'une richesse infinie, inépuisable – quand on la regarde de l'intérieur. Quand on la regarde de l'extérieur, comme exprimant un certain aspect des choses que nous rencontrons dans l'univers, et un certain mode d'approche et de connaissance de ces choses, elle apparaît infime. Infime, mais non pas dérisoire – infime, mais pourtant nécessaire et ineffaçable, dans la texture de l'univers. »

Selon lui, la science telle qu'elle existe ne peut appréhender le « rucher bourdonnant ». Elle ne peut le saisir dans le parfait agencement de ses parties, dans sa globalité et en tant qu'unité vivante que nous pressentons. Tous les niveaux de réalité ne seraient donc pas descriptibles par les mathématiques, même les plus sophistiquées. Ceci résonnait en moi comme une vérité profonde. Mais comment accéder à une compréhension du vivant qui procéderait d'un chemin différent de celui emprunté par les méthodes analytiques conventionnelles ? Une voie autre paraissait ouverte par la sensibilité poétique, si éloignée, si peu académique ! L'approche scientifique et l'approche poétique du monde me paraissaient toutes deux justes ; elles semblaient complémentaires mais inconciliables, au moins en apparence, et de natures bien différentes.

Alexandre avait voyagé dans les arcanes des mathématiques et pressentait pourtant que celles-ci pourraient ne pas être l'unique clef de la compréhension du monde. Il gardait à leur égard une certaine réserve et se disait tout autant fasciné par l'exploration de sa vie intérieure, par ce qu'il nommait « méditation ». Je ne peux m'empêcher de penser à Newton et à ses recherches alchimiques dont on dit qu'il leur consacra plus de temps qu'aux mathématiques ou à la physique – il est d'usage de parler de « la malle de Newton » qui contiendrait ses manuscrits alchimiques, que personne n'aurait eu le courage ou le désir d'entreprendre de déchiffrer. Ses travaux alchimiques sont restés lettre morte tandis que les recherches intérieures d'Alexandre sont plus à même de susciter notre sympathie. Celles-ci paraissent très actuelles dans les crises que nous traversons. Pour Alexandre, la découverte de l'existence de son monde intérieur fut impulsée essentiellement par les philosophies traditionnelles orientales, ou inspirées de celles-ci. Quant à la psychanalyse (dans ses versions freudienne ou lacanienne) qu'il ne cessa de dénigrer pendant ces années-là, on ne peut nier qu'elle mit l'accent sur notre vie intérieure, au cours du XXe siècle. Et lui-même tempéra d'ailleurs sa position à son égard, quelques années plus tard, dans son ouvrage *La Clef des Songes* – il classa même Freud parmi les « mutants » !

Les réflexions sur les prétentions du langage mathématique à l'universalité se poursuivirent longtemps pour Alexandre. Il écrivit dans une note de *La Clef des Songes* une remarque à propos de la philosophie de Rudolf Steiner : « Si, faisant abstraction des brouillages, j'essaie de formuler la vision steinerienne de la science de demain, il me vient ceci : dans la réflexion et dans l'observation, elle devra inclure les phénomènes, faits et facteurs qui ne sont pas de nature "matérielle" ni même physique, mais qui relèvent d'une "autre réalité", d'une "réalité invisible" – celle qui échappe à tous nos appareils de mesure, et que pourtant le délicat "appareil" que constituent la psyché et le corps humain détecte et perçoit, sous certaines conditions. [...] Par "physique", j'entends ici l'exprimable en termes des concepts courants de la physique de nos jours. Mais je suis persuadé qu'on pourrait aller plus loin, en déclarant que ladite réalité échappe totalement par nature à toute description par un "modèle" mathématique, à l'image de ceux qui ont cours en physique depuis Kepler, Galilée, Newton. »

Il exprime donc clairement et avec force que pour la description de certains niveaux de réalité (Husserl ou Heisenberg les nommeraient

« régions de la réalité »), les mathématiques ne seraient pas l'outil adéquat.

Cette référence d'Alexandre à Rudolf Steiner doit être commentée. Ce philosophe qu'il reconnut plus tard comme un « mutant » a déjà été évoqué à propos de la lettre du 25 mai 1979. Les « brouillages » dont Alexandre parle sont une allusion aux innombrables concepts utilisés par Steiner, issus pour la plupart de l'ésotérisme du système théosophique dont il se dégagea pour créer ce qu'il nomma *anthroposophie*. Alexandre n'insinue pas que Steiner voulait ainsi « troubler ses eaux pour qu'elles paraissent profondes ». Mais ce qu'il exprimait dans les conférences ou les écrits que nous lisions de lui, ne nous paraissait pas assez mûri. Il s'était trop laissé absorber par des activités extérieures et n'avait pas eu le temps de rendre compte de ses recherches avec concision. Il n'avait pas pu, ou n'avait pas su, trouver le calme nécessaire à l'élaboration de ses idées, à l'indispensable « tamisage des concepts » dont parle le physicien Werner Heisenberg dans son *Manuscrit de 1942.*

Par son style et son expression, Alexandre est bien plus proche de Goethe que de Steiner. Chez Goethe, tout est clarté, et des métaphores élégantes sont choisies pour tenter de communiquer des perceptions profondes dans un langage poétique. Steiner semble plus difficilement lisible, même s'il n'a pas l'intention délibérée d'être obscur.

Alexandre était revenu aux mathématiques, m'écrivant à ce sujet : « Dans la méditation, je suis rigoureusement seul à m'intéresser aux choses qui m'intéressent – personne d'autre n'a envie d'en entendre parler. » Il s'agit d'un reproche, d'une réponse à mon absence de réaction à la proposition qu'il m'avait faite dans la lettre du 10 octobre 1981. Il m'avait écrit : « Je te signale que depuis le mois dernier, en commençant le thème de méditation "Enseigner", j'écris mes notes en français, et plus en allemand. Donc si ça t'intéresse à l'occasion, je peux te faire lire ce que tu voudras. »

J'avais compris que cette information était une demande assez pressante, au-delà de sa délicatesse habituelle dans l'expression des sentiments. Je le connaissais par cœur et avais saisi le message à peine voilé de son « si ça t'intéresse à l'occasion ». Je compris même que pendant cette phase de sa méditation, il avait particulièrement besoin d'être lu, avait choisi à ce moment d'écrire en français plutôt qu'en allemand afin que je puisse étudier ses écrits et lui en donner un écho : il savait que je ne connaissais que peu l'allemand. Son effort de ne plus écrire dans sa langue maternelle, dans laquelle il se sentait néanmoins plus à l'aise pour exprimer des subtilités, me mettait d'autant plus dans l'embarras.

Il se serait agi de lire ses réflexions sur les différents thèmes sur lesquels il avait médité pendant l'été et l'automne précédent. Pendant cette période j'étais plongé dans mes propres recherches et ne me sentais pas assez disponible. Je ne répondis pas à sa proposition de lecture. Lire de telles masses de notes manuscrites et lui donner l'écho qu'il attendait, aurait nécessité de consacrer beaucoup de temps à décortiquer ses réflexions pour dégager une vue d'ensemble, lui faire part de mes impressions, formuler des remarques. Je lisais avec facilité son écriture, ample et élégante. Mais les notes qu'il me proposait d'étudier représentaient des milliers de pages. Dans ce type de recherche il écrivait plusieurs dizaines de pages par jour. Je savais qu'il travaillait avec une énergie particulièrement grande pendant cette période, une sorte de fureur – l'éruption volcanique était à son comble ! Il aurait fallu impliquer une énergie très importante pour la circonscrire, la maintenir dans des proportions raisonnables, c'est-à-dire, avoir la clarté et la simplicité de lui signaler qu'il délirait, si tel était le cas. Me plonger dans de telles analyses représentait un travail considérable que je ne pus entreprendre à ce moment. Il aurait fallu que je le fasse à temps plein en mettant de côté toute autre tâche. Et ceci d'autant plus qu'il était d'une extrême exigence, quant à la pertinence des commentaires que je pouvais faire à propos de ses recherches méditatives. Avec le recul je perçois mon absence de réaction comme une faiblesse personnelle : je travaillais avec une grande intensité mais ne fus pas capable de faire plus. Pourtant, mon attitude était aussi l'expression plus ou moins consciente de mon désir d'indépendance, je ne voulais pas devenir son secrétaire, son confident, un ami personnel dévoué et disponible à tout instant : j'entrevoyais que j'aurai aussi mes propres connexions. Je ne poursuivis donc pas avec lui la communication avec le feu qu'il aurait souhaité. Il était difficile pour Alexandre comme pour quiconque, de réfléchir à des questions profondes, en apparence personnelles mais en réalité de portée générale, sans avoir la possibilité d'échanger avec un autre, ou d'autres, humains. Ceci fut le prix à payer pour le mode de vie marginal qu'il avait choisi en s'installant en des lieux isolés et en renonçant quasiment à tout voyage. Par mon choix d'indépendance et mes carences je le privai d'un contact et lui donnai des raisons supplémentaires de se distancier du genre humain.

Mon refus fragilisa notre relation. Et vers la fin des années 1980, il s'enferma progressivement, devint farouche, ombrageux et même irascible. Il est étrange de voir dans quelles souffrances personnelles ont été réalisées les découvertes mathématiques auxquelles il fait allusion. Lui qui pouvait s'émerveiller de choses simples, être traversé par une joie enfantine du simple fait d'exister !

Il me semble aujourd'hui que l'isolement qu'il traversa pendant la phase ultime de sa vie, celle qu'il vécut en Ariège, fut l'aboutissement d'un long processus, de nature paranoïaque. Il s'était délibérément mis à l'écart, ne voulait pas être rabattu sur son identité de mathématicien génial : ses aspirations étaient autres. Elles font penser à celles de Pascal, concrétisées par sa conversion au christianisme, ou bien à l'ouverture d'Einstein à l'égard de la spiritualité (ce physicien écrivit dans une lettre qu'il savait que nous sommes éternels), ou bien encore, à l'intérêt du physicien W. Pauli pour la psychanalyse jungienne, à ses dialogues avec Jung à propos de certains plans de réalité, du phénomène de synchronicité, des archétypes de l'inconscient, etc. En chacun de ces chercheurs existait donc la conviction de l'existence de régions de la réalité différentes de celles descriptibles par nos concepts et nos théories scientifiques actuelles.

Alexandre indiquait comme thèmes principaux de sa méditation : « "Faire" (surtout les maths bien sûr), "Enseigner", "Femmes", "Enfants", "Méditation" ». L'intérêt de ces recherches dépassait un plan purement personnel. Peu de scientifiques ont tenté de prendre un tel recul à l'égard d'eux-mêmes, de leurs créations et de leur vie. Sa pensée-scalpel était capable de déceler les moindres subtilités dans les vestiges de souvenirs qui lui restaient de son propre passé ou dans certains éléments de ce qui avait été sauvegardé de la correspondance de ses parents. Je trouvais certes sa méthode méditative peu adaptée à saisir l'essentiel.

Pourtant la méditation telle qu'il la pratiquait, cette intense recherche soutenue par le travail d'écriture, était pratiquée avec un tel élan, une telle sincérité – il dirait « une authenticité » – qu'il dût ensuite se sentir mieux, dans une certaine mesure. Il lui manqua sans aucun doute d'en parler avec ses semblables. Et ce travail intérieur inouï ne déboucha pas vers une ouverture vers les autres, ni vers la « décontraction du flâneur » qu'il avait évoquée dans sa lettre du 29 septembre 1979.

Il écrit que cette absence d'interlocuteurs sur ces questions abordées dans ses méditations est l'une des raisons pour lesquelles il s'est remis aux mathématiques, domaine pour lequel il ne manquera pas, dit-il, « d'interlocuteurs intéressés ». Et il ajoute : « Si j'en ressens alors le désir – et si les événements mondiaux n'y coupent court. » Il traversait alors un certain isolement, était pris dans « la fascination du monde mathématique », et particulièrement inspiré dans ses recherches, tout en avouant qu'en somme il se rabattait sur les mathématiques faute de mieux. Il fait allusion à « un thème nouveau d'une richesse déconcertante, entrevu depuis des années… ». Cette période fut perdue pour sa méditation mais bénéfique aux mathématiques[1] !

Il me raconta un jour l'histoire aujourd'hui intégrée dans sa biographie, à propos des circonstances dans lesquelles il avait plongé dans ses travaux mathématiques, vers la fin de son adolescence. L'une de ses premières recherches significatives avait été : « Comment formuler mathématiquement la notion de *mesure* ? ». Il retrouva ainsi la théorie de l'intégrale de Lebesgue, sans en avoir conscience sur le moment. Ce travail contenait « quelques beaux théorèmes » (me dit-il) qui interpellèrent le professeur de l'université de Montpellier auquel il le montra. Celui-ci s'était rendu compte qu'Alexandre était « doué » et l'avait recommandé au mathématicien Henri Cartan. Mais, précisa-t-il, « je ne m'étais pas rendu compte que tous ces résultats avaient déjà été

---

1. Il expliquera dans *La Clef des Songes* ([122] « Fantasmagories d'un voyant – ou voyance et spiritualité ») qu'il s'agit de « la très "longue marche à travers la théorie de Galois" où [il a] développé les intuitions maîtresses (dont certaines remontent aux années 1977 et suivantes) d'une "géométrie algébrique anabélienne" ». Il classera ces recherches parmi « les choses les plus profondes [qu'il a] tirées au jour dans [sa] vie de mathématicien ». *Cf.* mes commentaires à propos de ses deux lettres suivantes, d'avril 1982.

trouvés ». Il présenta ensuite ses travaux aux mathématiciens Laurent Schwartz et Jean Dieudonné. Ceux-ci lui dirent que ce n'est pas ainsi qu'on fait des mathématiques et le critiquèrent vertement. Quand Alexandre me fit ce récit, il exprima une gêne de n'avoir pas saisi une évidence : il fallait, pour faire des mathématiques, avoir déjà la maîtrise des « outils » découverts par d'autres. Alexandre aurait bien accompli ses recherches sans se préoccuper de ce qui avait été auparavant élaboré par d'illustres prédécesseurs. C'était seulement pour la joie de chercher qu'il aimait explorer l'univers mathématique. Dans le cas où son travail aurait concerné des domaines déjà étudiés, peu lui aurait importé qu'il le mène à une redécouverte.

Alexandre ne se sentait d'ailleurs pas du tout concerné par l'histoire des mathématiques ; il l'évoquait toujours avec un certain dédain, presque un mépris, me disant : « Certains s'intéressent à cela, laissons-le-leur. » Il me dit que l'historien des sciences s'efforce de saisir les méandres et les errances de la pensée humaine, préliminaires aux découvertes. Mais seule la recherche elle-même fascinait Alexandre.

Par modestie, il ne me raconta pas la suite de ce récit sur le début de ses recherches : Schwartz et Dieudonné lui donnèrent quatorze questions mathématiques à résoudre, en suspens à cette époque et considérées comme très difficiles, pour le mettre à l'épreuve et modérer peut-être les ambitions de ce jeune homme téméraire. Ils ne le revirent pas pendant quelques semaines. Alexandre revint les voir après en avoir résolu sept et tira au clair les autres plus tard.

J'étais sur le point de partir en Californie avec Odile pour assister à une série de causeries que Krishnamurti donnait chaque année au printemps, à Ojai. Ensuite je voulais voyager seul au Mexique – je n'étais pas à la poursuite de Don Juan, le sorcier yaqui, mais il s'en fallait de peu. Je voulais aussi faire ce voyage en Amérique centrale pour expérimenter les psychotropes de manière systématique.

Je n'avais pas informé Alexandre de notre départ, mais il l'avait appris. Je savais qu'il désapprouvait ce voyage et le trouvait inutile : particulièrement, notre intention de voir Krishnamurti de près, pour « le sentir » et nous faire une idée du milieu dans lequel il évoluait – au lieu de nous contenter de lire ses livres. Mon ami, quant à lui, commençait sérieusement à « revenir » de Krishnamurti : les réflexions à son sujet dont il fit part quelques années plus tard dans *La Clef des Songes* mûrissaient. Et après ce voyage nous parvînmes aux mêmes conclusions au sujet de ce philosophe : un être singulier qui succomba à la quasi-déification dont il fut l'objet dès sa « découverte » par les théosophes, en Inde, à l'âge de quatorze ans[1].

Ma quête dans ce voyage n'avait pas plus de sens pour Alexandre que mon contact avec le maître soufi rencontré deux années plus tôt, mon travail en yoga ou ce qu'il nommait mes « exercices de respiration ». Tout cela relevait selon lui d'une « fuite ». Seuls semblaient compter à ses yeux le travail intellectuel et la méditation, accomplis dans la solitude ou presque. C'était du moins ce qu'il affirma. Cela ne l'empêcha pas de demander à Odile et moi de lui parler de la perception que nous eûmes de Krishnamurti ainsi que de mes expériences au Mexique, dès notre retour de voyage – comme il m'avait pressé auparavant de lui restituer les enseignements du soufi.

Quand je le vis à la fin de l'été 1982, il me demanda en effet de lui raconter mes prises de psychotropes, peyotl et psilocybes. Il ne voyait (pas plus que moi) le bien-fondé d'éliminer du champ des recherches personnelles ce qui n'entrait pas dans le cadre des points de vue académiques. Il s'installa pour m'écouter, avec une intense concentration, selon son habitude – je fus amusé de voir à quel point cela l'intéressait. Il exigea que mon récit soit « le plus détaillé et le plus substantiel possible », que je prenne « tout le temps nécessaire et n'omette rien ». Il me dit qu'il concevait tout à fait que notre champ perceptif ordinaire est très étroit et que ce rétrécissement provient de nos conditionnements culturels, d'un amoindrissement terrifiant de nos capacités d'entendement.

---

1. Dans *La Clef des Songes* ([123], « Frères ennemis – ou une marraine pour deux messies »), Alexandre expose longuement le cas du « mutant » Krishnamurti, aux côtés du « mutant » R. Steiner, tous deux « "mis sur orbite" par la société théosophique du temps d'Annie Besant ». À propos de Krishnamurti ([126] « La paille et le grain », [3], « Krishnamurti – un bilan ») il parle de « mystification, mue par une vanité incontrôlée, par une folie des grandeurs délirante, encouragée par des foules d'auditeurs et de lecteurs dociles, admiratifs, subjugués », et dans (130), « Découverte ou connaissance infuse ? – ou l'énigme Krishnamurti », d'« affabulation, de délire, d'autoadulation béate ».

Ceci ne signifiait cependant pas, à nos yeux, que la prise de telles substances soit incontournable : je pressentais qu'Alexandre était si sensible qu'il n'aurait pu traverser ce genre d'expérience et nous n'en fîmes jamais de telle ensemble. Nous restions dans nos échanges dans un état de conscience calme et claire : celui que nous connaissons quand nous ne sommes pas trop sédentaires, assez reposés et n'avons pas pris le moindre excitant, café ou thé, ou tabac, ou alcool, ni mangé beaucoup de viande ou consommé des aliments de mauvaise qualité. Ce fut juste après ce voyage que je pris une décision dont je lui fis part et sur laquelle je ne revins jamais dans ma vie ultérieure : je compris que l'utilisation rituelle des psychotropes n'est pas ancrée dans notre culture. Ceci pourrait aujourd'hui être discuté à propos de l'alcool, du café, voire du cannabis, puisque ces substances sont devenues depuis longtemps ou sont en train de devenir des drogues officielles, légalisées ! Le législateur intègre peu à peu le cannabis parmi les plantes « autorisées », d'abord sous des formes tronquées (pour préparer l'opinion à une légalisation plus large) excluant certains composants chimiques (type THC) qu'élabore cette plante. Mais un tel point de vue ignore cette réalité : les constituants restants (type CBD) sont porteurs aussi de facettes (comme dit Husserl) du *génie* de cette espèce dont les effets sur les utilisateurs sont catastrophiques, sauf peut-être dans une intention thérapeutique bien ciblée. Des composants tels que les CBD sont donc vecteurs d'informations certes différentes de celles d'autres alcaloïdes tel le THC, mais constituent des « facettes » du même *être*, de la même espèce végétale. Les CBD ne peuvent être pensés sans faire référence au *génie* du cannabis, considéré comme un ensemble.

Les psychotropes ne devraient tout au plus faire l'objet que d'expériences ponctuelles, exceptionnelles. Je pensai que la nature a pourvu l'être humain de capacités d'entendement prodigieuses – concernant même des plans fondamentaux et non immédiatement appréhendables. Il me semblait inconcevable que la saisie de telles régions de la réalité puisse dépendre exclusivement de substances de ce genre, que nos compréhensions de choses essentielles soient subordonnées à la prise de substances extérieures, même considérées comme « sacrées » dans certaines cultures. Je voulus voir jusqu'à quel point pourraient parvenir mes compréhensions en m'appuyant sur une conscience non altérée, et cela même si je courais le risque de me priver ainsi d'expériences singulières. Je fis donc le choix de vivre une vie dans les dispositions dont avait parlé Novalis, « un amour et une innocence enfantines tout à fait particuliers à côté de l'entendement le plus précis ». Et je pense aujourd'hui à l'intérêt de recherches sur ces psychotropes du point de vue de ce que Husserl nomme « conscience pure » ; elles consisteraient à décrire de manière distanciée, lucide, les diverses formes de *modifications* de la conscience que ces substances sont capables de provoquer. Ceci vaut aussi pour les psychotropes dont l'usage est légalisé. Il s'agirait donc de tirer enfin au clair les caractéristiques précises des changements induits en nous par de telles plantes, ou par certaines substances animales. Les recherches pourraient s'appuyer sur les observations de dilutions (d'un niveau à définir), pour des espèces de familles botaniques telles que les Cannabaceae, les Papaveraceae, les Solanaceae ou les Ranunculaceae...

58. Mormoiron, avril 1982

Mon cher Christian, ta lettre ne m'importune aucunement, pas plus que la précédente – au contraire ! Et si je n'y avais pas répondu plus tôt, ce n'est nullement qu'elle ne m'ait pas intéressé – seulement parce que j'étais fortement pris ailleurs.

Tu as cru sentir dans ma lettre de l'« ironie », alors que je sais bien qu'il n'y en a aucune, pas plus que des dispositions « acerbes ». Je t'ai dit les choses que je voyais, telles que je les voyais – y compris des choses cocasses – et j'en voyais (et en vois) le comique. Il n'a pas été si rare dans ma méditation que je me mette à rire à gorge déployée, en découvrant le comique d'une situation, auquel je m'étais fermé jusque-là, ou qui m'avait entièrement échappé, parce que tout le sens d'une situation m'avait échappé. Dans ce rire, il n'y a ni ironie, ni sarcasme – c'est-à-dire rien par quoi quelqu'un, quelque part, veut s'élever au-dessus de quelqu'un d'autre – fût-ce lui-même. Ce rire est le signe d'une libération qui se produit alors qu'il fuse – et il n'est pas rare que dans le rire, il y ait de l'émerveillement. La réalité dépasse toujours infiniment toute fiction !

Ça m'est arrivé plusieurs fois qu'on me prête de l'ironie. La chose n'a rien de surprenant. C'est une façon, entre mille, de ne pas recevoir un message, qu'on redoute, en lui prêtant des motivations ou des dispositions agressives. Et ce n'est pas la première fois que la chose se produit entre toi et moi. Par certains côtés, ta lettre me ramène à deux ans en arrière, ou deux ans et demi. Il y a une différence, due sans doute à une évolution intérieure chez toi comme chez moi : ta lettre est affectueuse, et par certains côtés ouverte – elle encourage un échange, tu y dis des choses substantielles te concernant. La chose qui me semble la même, c'est la peur d'un message, qui te fait déformer son sens et ta perception de moi, qui te l'envoie – et par là te dispense de l'examiner. Tu me vois acerbe, tourmenté, me réfugiant dans les mathématiques pour cuver peut-être quelque déconfiture – tu m'encourages gentiment à me pencher sur ce cas – le tour est joué !

Une chose qui me semble également pareille, c'est que ta relation à moi est tout aussi « gelée » – tu continues, en un sens, à faire un grand demi-cercle prudent autour de ma personne. Il y a eu pourtant cette invitation amicale à une balade l'an dernier, c'est vraiment dommage que ça ne se soit pas fait. Si vous en faites encore une cette année et que vous vouliez encore de moi je suis partie prenante – et si un de mes enfants radine au moment précis où je m'apprête à partir avec vous, je l'envoie sur les roses – ou je lui dis de venir avec nous, sous réserve que vous vouliez de lui. Faire une balade ensemble serait vraiment une bonne façon de reprendre contact, lequel est visiblement perdu. (De toute façon, les moments de contact entre nous n'ont pas été tellement nombreux, il me semble – et c'est sans doute dans l'ordre des choses que de tels moments soient rares…)

Il me semble que c'était une chose « entendue » entre nous que l'élan de découverte n'est pas d'autre nature que l'élan qui nous tire vers le corps de la femme aimée. Cet élan-là est en toi comme en moi comme en tout être – personne n'a rien à envier à personne. Sa plénitude je crois ne dépend pas tellement de la direction qu'il prend (qui n'est pas toujours conforme à des choix ou des prévisions !), mais de notre capacité, en tel moment, de nous y donner sans réserve, c'est-à-dire de ne pas être divisé. Peu importe alors si ce qui est connu, découvert, objet de vision est le corps de la femme aimée, ou une structure mathématique, ou la substance de notre propre vie, – pour donner les exemples les plus proches de ma propre expérience, de mes propres investissements. « Peu importe » en ce qui concerne la plénitude, ou l'intensité (sur laquelle tu m'interroges) – je ne dis pas que ces trois voies de découverte soient bonnet-blanc, blanc-bonnet ! Dans ma relation aux mathématiques, j'étais divisé depuis 1970 jusqu'à l'an dernier – ma passion était désavouée, réprimée, sans que je m'en doute le moins du monde d'ailleurs (il fallait vraiment le faire !) – il n'est pas étonnant que les moments où cette passion-là était apparente étaient rares, et assez extraordinaires même que tu en aies néanmoins senti la présence, avant même qu'on se soit connus. Tu as quand même connu quelque chose de moi à ce moment, que moi-même tenais à ignorer !

Et le pincement au cœur dont tu parles dans ta lettre est bien le signe aussi d'une division en toi. Tu ne m'envierais pas, ni personne – pas plus que tu n'envierais un brin d'herbe ou une montagne d'être ce qu'ils sont – si tu vivais pleinement l'élan de connaissance en toi. Le monde est immense, tes moyens sont immenses – il t'appelle, tout est ouvert à toi – et tu envies Monsieur X, parce que « l'accès aux théories scientifiques m'est désormais fermé… » – il faut le faire ! C'est dingue – je vois à quel point c'est dingue, et je te le dis comme ça vient sous ma plume, sans me poser de question sur comment tu vas le recevoir – si tu ne vas pas penser-ci ou croire-ça. Si tu as envie de penser-ci et de croire-ça, ne te prive pas surtout ! Quant à moi, je retourne aux maths, content quand même de ces quelques moments passés un peu en ta compagnie.

Bien affectueusement à toi, et bises à Odile,
Schurik

Merci pour la belle carte de Modigliani. Figure-toi que je suis tellement parti dans les maths que même la beauté de femmes en chair et en os est en ce moment perdu pour moi – c'est à peine si je prends un moment pour sortir et me coucher quelques instants sous un cerisier en fleurs – qui vaut bien aussi la femme la plus belle du monde…

59. Mormoiron, avril 1982

Mon cher Christian – je reviens encore sur ta lettre, vraiment frappante. Il me semble que dans ma réponse, écrite sur-le-champ, je suis peut-être passé à côté de la chose essentielle – qui rend ta réponse justement si frappante.

Dans cette lettre à laquelle tu répondais, il y avait de la joie. Une joie sûrement qui ne demandait qu'à se communiquer – et elle était là aussi quand je t'ai écrit hier ou avant-hier, et en ce moment même où je t'écris elle est présente, évidente. Et je sais bien aussi que tu n'as pas pu ne pas sentir cette joie – si néanmoins tu l'as ressentie (la lettre) comme acerbe, ironique, amère, c'est qu'il y a quelque chose de vraiment fort qui a réprimé la perception d'une joie.

Cela m'avait d'ailleurs interloqué, mais je ne m'y suis pas arrêté, la contradiction apparente entre la vision que tu exprimes de moi, amer et tourmenté et se lançant dans les maths à corps perdu pour éluder quelque chose, et le « pincement au cœur » – pourtant je ne suis pas dans des dispositions si enviables ! Au fond, tu as bien senti la joie, et tu sais bien qu'elle vient d'ailleurs que des maths et des griseries d'un cerveau puissant. Quelque chose de fort te retient dans une sorte de tristesse de commande, la longue figure sur le tragique de la vie et tout ça – mais en même temps sûrement tu dois en avoir marre de cette tristesse qui empêche de respirer à pleins poumons.

Affectueusement à toi,
Schurik

Alexandre répond dans les deux lettres précédentes, non précisément datées, à un courrier dans lequel je revenais encore sur la différence entre activité de recherche scientifique et méditation. Alexandre semblait hors du temps, totalement absorbé dans les mathématiques. Pendant ces périodes de recherche intense il ne concevait pas que la moindre limite dût être assignée à cette pulsion. Il ne faisait guère alors de différence entre la pulsion sexuelle et celle qui l'animait dans la recherche mathématique, ou même celle qui le poussait à ce qu'il nommait « méditation ».

Je lui avais écrit que je le sentais moins communicatif sur les questions qui m'intéressaient. J'avais vu à Paris une exposition sur Modigliani et lui avais envoyé une reproduction d'un émouvant tableau de nu. Il s'agissait de ma part d'une provocation – j'essayais de l'interpeller pour qu'il revienne à nos dialogues philosophiques : parfois je m'impatientais quand il était plongé des mois durant dans ses recherches mathématiques. Je souffrais alors du manque de dialogue avec lui. Mon ami répond vivement, se défend de « cuver quelque déconfiture », fait l'éloge de « l'élan de découverte » et parle de sa division à l'égard des mathématiques entre 1970 et 1981. Il avait lâché la bride et insiste sur « la joie [...] [qui] vient d'ailleurs que des maths et des griseries d'un cerveau puissant... ». Par ses recherches mathématiques il touchait à la beauté du Monde. Alexandre se défend d'être un cerveau-ordinateur, une machine. Un regard superficiel aurait peut-être perçu son travail comme une mécanique subtile mais néanmoins routinière. Ceci rappelle la remarque de Mozart qui se qualifia de « machine à faire de la musique » – mais cette remarque était une plaisanterie, un regard amusé porté par lui-même sur ses capacités créatrices démesurées.

Pourtant, dans le passage déjà cité de *La Clef des Songes* à propos de sa lettre du 30 mars 1982 ([122], « Fantasmagories d'un voyant – ou voyance et spiritualité »), Alexandre parlera de cet épisode dans une perspective différente et complémentaire de celle qu'il m'explique dans ses deux lettres précédentes ! Il l'évoquera comme une « création vertigineuse », aux côtés de celui qui avait duré de février à juin 1981 (*cf.* mon commentaire à propos de sa lettre du 9 février 1981) : une « défonce mathématique [...] dont le mécanisme [...] sur [son] âme n'était pas différent de celui de l'ivrogne invétéré, ou du morphinomane [...] ». Il écrira que « cette froide exaltation et le plaisir intense de la création mathématique étaient au fond dérisoires [...] et laissaient [son] âme affamée et exsangue ». Et il rajoutera : « Dans la dernière de ces crises étranges, de janvier à avril 1982, ce que j'ai alors dégagé à grands traits fait partie des choses les plus profondes que j'ai tiré au jour au cours de ma vie de mathématicien. Ce coup-là, j'ai failli bel et bien rester sur le carreau. »

60. Les Aumettes, le 18 avril 1982

Cher Christian, dans tes lettres de ces dernières années, j'ai remarqué une sorte de leitmotiv dans l'insistance avec laquelle tu réitères la primauté des « émotions » sur la « pensée ». Peut-être ne mettrais-tu pas cette insistance, s'il n'y avait en toi un doute non examiné à ce sujet – et je me demande si tu as jamais examiné cette question (émotion/pensée). Dans ta dernière lettre, pour la première fois je crois, le doute s'exprime de façon presque explicite – tu ajoutes quelque chose comme « du moins il me semble ». Peut-être la situation est-elle mûre pour toi pour examiner, et cette question de la « valeur » respective des émotions et de la pensée, et (chose sûrement encore bien plus intéressante), l'histoire de ta propre relation à cette question – celle donc de tes options successives, des doutes qui s'y sont attachés aussi tenacement que tu les écartais, etc. Comme modeste contribution à une telle réflexion personnelle, je peux te soumettre cette impression que j'ai eue par moments, que ton « travail sur toi-même » (comme tu l'appelles) prenait parfois les apparences d'une chasse à « l'émotion » – aussi bien à retrouver des émotions plus ou moins oubliées de l'enfance, que d'en expérimenter des nouvelles. Pour ce qui est des retrouvailles avec les émotions oubliées de l'enfance, c'est là une chose dont je comprends (au moins partiellement, au niveau de la pensée surtout) l'importance, et c'est une chose qui pour l'instant a manqué totalement dans mon travail. Il y aurait sûrement beaucoup à dire à ce sujet, et peut-être aurons-nous l'occasion d'y revenir de vive voix. Mais je vois bien aussi qu'un travail qui se limiterait à cultiver l'émotion, si on peut dire, ne peut être que d'une portée très limitée. De telles dispositions s'accommodent fort bien de la sempiternelle peur de connaître.

L'émotion, comme la pensée, est presque toujours une réaction du psychisme à une situation déterminée. Cette réaction n'est jamais gratuite – nulle et non avenue – elle recèle toujours un enseignement sur nous-même, que nous sommes libres d'en extraire (c'est ce que dans ma lettre j'appelais « boire et manger »), de façon plus ou moins exhaustive, ou au contraire d'éluder, d'écarter. Une deuxième chose commune à l'émotion et à la pensée, c'est que l'une et l'autre peuvent être utilisées comme *moyens* pour connaître les choses, aussi bien que comme moyens pour nous cacher les choses, pour envoyer sur les roses les informations qui nous parviennent et qui nous paraissent indésirables. Souvent la force d'une émotion qui nous assaille nous apparaît garante de son authenticité, *i. e.* du fait que la vision des choses qu'elle véhicule soit véritable, corresponde à la réalité. Elle nous semble nous dispenser de tout examen ! Il en est de même de la cohérence formelle (souvent toute de façade) d'une pensée, de sa forme lapidaire ou frappante (d'où la vertu de conviction du slogan), etc. De toute façon, que tu battes pavillon « pensée » ou « émotion », et te fies à l'une plutôt qu'à l'autre ou inversement, tu connaîtras la vérité des choses et de toi-même quand tu as faim et soif de les connaître, et pas autrement : c'est alors que tu es en mesure de boire et de manger, et que les choses viennent se révéler à toi, qu'elles viennent au-devant de ton désir de connaissance. C'est pareil, qu'il s'agisse de maths, de physique ou de la substance de ta propre vie.

Une troisième chose qui m'apparaît commune entre la pensée et les émotions, c'est que ce sont des moyens de connaître limités. Mais il est vrai aussi qu'avec des moyens très limités, quand on est animé d'un désir véritable, on peut aller loin. Nous avons chacun, il me semble, des moyens illimités, dont nous n'utilisons qu'une fraction infime, et encore plus souvent à faire le mariole, qu'à boire et à manger le monde. Parmi ces moyens, il y a la pensée comme il y a les émotions. Par tempérament ou par conditionnement ou par les deux, nous pouvons développer une préférence pour tel moyen par rapport à tel autre. Cela ne fait pas grande différence, il me semble. La différence est entre celui qui est animé du désir de connaître, et celui mû par la peur de connaître. (Et cela peut être des moments différents dans la vie d'une même personne…)

D'opposer émotions et pensée (que ce soit au détriment de l'une ou de l'autre…) me paraît le signe d'une division (*En marge* : *i. e.* une partie de toi-même qui en récuse une autre…) en celui qui oppose, comme le peintre qui opposerait le fusain et le pinceau. Mais quand tu es vraiment animé du désir de peindre, tu n'es pas inhibé par des questions de préséance et tu te débrouilles pour peindre avec les moyens que tu trouves sous la main, sans dédaigner des bouts de charbon ou d'écorce, des cailloux, l'argile multicolore, ou ton propre sang si d'aventure il en vient à point.

Sans doute y a-t-il des différences entre émotions et pensées, l'une et l'autre sont aptes à nous restituer une réalité avec des colorations différentes, véritables l'une et l'autre. Mais discourir sur ces différences est un simple exercice de style, un boulot d'académicien, quand il n'y a pas une véritable recherche, animée par le désir de connaître. Je dirai seulement qu'une pensée qui serait coupée de toute émotion n'est ni plus ni moins stérile qu'une émotion qui voudrait à toute fin se dérober au regard de la pensée. Quand il y a désir de connaissance, il n'y a pas de peur, et émotion et pensée collaborent en bonne intelligence, sans songer à s'affronter ou à se supplanter l'une l'autre.

Peut-être ces réflexions éparses stimuleront-elles une réflexion chez toi, peut-être l'occasion se présentera-t-elle de revenir dessus ensemble, de vive voix. J'en serais enchanté !

Bien affectueusement à toi,
Schurik

Pendant ce même mois d'avril 1982, il m'écrivit la lettre précédente, que je ne lus que vers la fin de l'été suivant, après mon retour des États-Unis et du Mexique. Cette lettre conciliante qu'il m'adressa était suscitée par une intention d'apaisement, après les deux lettres précédentes dans lesquelles il m'avait quelque peu malmené.

Le peu de travail que j'avais accompli dans le champ scientifique m'avait laissé l'impression d'avoir été coupé de mes émotions. Alexandre m'écrit qu'il a le sentiment que je suis dans une « chasse à “l'émotion” ». Il a déjà été question de cela à propos de la lettre du 18 juillet 1981. J'avais tendance à parler de la primauté des émotions sur la raison, comme si celles-ci pouvaient être porteuses d'une forme supérieure de compréhension. Cette question était mal posée et le signe d'une confusion de ma part : je dirais plutôt aujourd'hui que j'avais la nostalgie de la fraîcheur de perception connue pendant mon enfance, de cet état qu'Alexandre et moi convenions de nommer « non-division ». Et il m'avait semblé que dans l'activité de recherche scientifique, dans le domaine des mathématiques par exemple, était concerné en premier lieu un sentiment d'ordre esthétique – il s'agissait à mes yeux de la contemplation d'une beauté un peu froide, mais je comprenais la joie d'Alexandre à voyager dans l'univers mathématique. Il semblait pris par la fascination, dans cette période d'intense création mathématique, et ne parlait plus de « sclérose spirituelle ».

Cette contemplation des merveilles du monde mathématique n'était pas rangée par Krishnamurti dans ce qu'il nommait le *voir*, ou se situait à ce que nous pourrions nommer « limite inférieure » de cette puissance particulière de notre entendement. Il réservait plutôt le terme *voir* à un mode de compréhension qui existe au-delà. Cette question centrale a déjà été plusieurs fois évoquée, sous différents angles, par exemple à propos de la lettre du 9 janvier 1979 et de ce que Krishnamurti désigne comme une « vision partielle », capacité concédée par lui au savant et à l'artiste : il considérait que tout ce qui relève de la science contemporaine concerne essentiellement le plan de la raison, de la pensée « ordinaire ». Et pour expliquer ce qu'il entend par *voir*, il aimait prendre l'exemple des souffrances morales qui sont notre lot en tant qu'humains. Selon lui une souffrance, dès qu'elle est *vue*, disparaît instantanément. Tout se passe comme si dans le processus qu'est le *voir*, apparaît en nous, ou plutôt au-delà de nous, un espace dont l'émergence permet un détachement de cette souffrance et suscite sa disparition, nous en libère. Mais le *voir* ne concerne pas seulement un dépassement des émotions qui nous traversent : il est possible de *voir* un paysage, un être vivant, une plante ou une personne… *Voir* signifie dans ces cas un mode de compréhension que nous pourrions qualifier de « global », « non analytique », procédant d'une perception située au-delà de notre mode ordinaire d'entendement. Notre conscience individuelle semble alors connectée à des plans supra-personnels.

Dans ses *Commentaires sur la vie*, ouvrage qu'Alexandre aimait beaucoup, Krishnamurti décrit sa perception du paysage qui l'entoure, avant de restituer un dialogue avec une personne venue lui rendre visite. Il est intéressant de percevoir la *verticalité* dans laquelle s'inscrit l'observation de son environnement, autant que la qualité de sa distanciation à l'égard de son interlocuteur – distanciation qui va de pair avec une parfaite empathie.

L'articulation entre ce qui relève de la pensée et les plans « spirituels » préoccupa beaucoup Grothendieck : dans sa *Clef des Songes* ([164], [53], « Les bêtes noires du maître », [1], « Ou haro sur le travail de la pensée »), il écrira quelques années après la lettre précédente, à propos de Krishnamurti : « Je n'ai pas connaissance d'un autre auteur qui, d'une façon aussi absolue que Krishnamurti, insiste non seulement sur les limites de la pensée, mais qui aille jusqu'à lui dénier toute utilité en dehors du plan exclusivement matériel et pratique, et qui en fasse quasiment, pour peu qu'elle s'avise de mettre son nez dans “le spirituel”, l'ennemi n° 1 de la spiritualité. » Cependant le concept de « vision partielle » utilisé par Krishnamurti dans ses dialogues avec le physicien David Bohm (échanges qu'Alexandre n'avait pas lus) atteste bien d'une certaine continuité entre ce qui relève de la pensée, selon Krishnamurti, et un mode de connaissance d'un autre ordre.

Sa remarque à propos du « boulot d'académicien », du « simple exercice de style » que serait « discourir » sur les « différences entre émotions et pensées », appelle un commentaire[1]. Il avait évoqué dans une lettre précédente (13 mars 1982) notre « besoin universel d'identité », en réaction à l'attitude de mépris qu'il me supposait avoir à l'égard de toute tentative de ce genre. Mais j'étais en marge de la société, étais bel et bien dépourvu de toute position sociale, ne parvenais pas à m'insérer dans une case ! Ma fascination pour les recherches philosophiques était telle que j'en avais même oublié de reprendre un fil dans mes études universitaires et n'eus aucune idée lumineuse quant à la voie que j'aurai pu choisir : je me retrouvais ainsi de manière définitive dans ce que je

1. Alexandre reviendra sur cette question à la fin du premier chapitre (« Tous les rêves sont une création du rêveur ») de *La Clef des Songes*, « Émotion et pensée – ou la vague et la cognée », Éditions du Sandre, 2024, pp. 47-50) : il décrira l'émotion contenue dans certains rêves, « cette vague vivante qui traverse l'être […], chose plus réelle et plus puissante […] que tout ce que nous avons connu en notre vie éveillée ». Et il évoquera le rôle de la pensée comme celui d'un « tâcheron, vigoureux et de bonne volonté, mais qui suivrait les consignes silencieuses d'un “guide” invisible, d'une toute autre finesse et d'un tout autre savoir que lui ».

nommais « le maquis ». Ceci devait générer des souffrances ultérieures et limiter de manière draconienne le nombre et la diversité de mes interlocuteurs. J'avais cependant compris qu'il fallait bien une identité pour pouvoir fonctionner parmi nos semblables, ce qui ne signifiait pas pour autant avoir un ego envahissant, le désir de se mettre à l'abri, être pris dans toutes sortes de peurs, se réfugier, se réduire et s'identifier à notre fonction humaine… De plus, avoir une certaine identité n'allait pas nécessairement de pair avec « le désir de gloire » récusé par Spinoza et qui selon lui s'oppose à l'accès à un autre mode d'être et d'entendement qu'Alexandre rapproche de la spontanéité de l'enfant. Car il semble possible, même si notre fonction humaine est prestigieuse, de rester humble et d'être d'autant plus conscient de nos responsabilités à l'égard de nos frères humains.

Nous savions bien que toute identité est mensongère, illusoire. Et la position d'Alexandre était particulière : il avait connu tous les honneurs, sauf peut-être celui d'être membre d'une académie – il aurait été mal à l'aise et je ne pense pas qu'il aurait pu le supporter, à moins d'y mettre toute la « folie contrôlée » dont il fût capable, et encore… Je me trompe peut-être, ses capacités d'adaptation étaient très grandes, caractérisées par une absence totale de peur, une assurance rare… Son adaptabilité me semblait exceptionnelle mais les situations dans lesquelles il se trouvait impliqué lui convenaient plus ou moins. Et si cet honneur lui était échu, il est probable qu'il l'aurait refusé. Pourtant, au-delà de tout cela et même s'il ne semblait pas tirer la moindre fierté de sa réussite intellectuelle et sociale, il n'y était pas au fond indifférent. J'avais le sentiment que ceci n'interférait pas dans notre relation et il y fit allusion dans sa lettre du 11 octobre 1976 : il était si simple dans sa vie quotidienne – cette simplicité était véritablement le fond de son cœur, de son âme – que je ne pensais jamais à sa position puissante au sein du milieu scientifique. Alexandre se permettait de parler des académiciens avec une légère condescendance mais savait bien la place qu'il occuperait ou occupait déjà dans l'histoire des mathématiques. Yole, sa dernière compagne, me raconta peu de temps avant sa propre mort qui survint à peu près trois années après celle de Schurik, qu'il lui avait un jour confié : « Mes apports en mathématiques seront perçus plus tard comme d'une importance comparable à ceux de Pythagore. »

61. Les Aumettes, le 26 décembre 1982

Cher Christian, Chère Odile,

À l'occasion des fêtes, recevez tous les deux mes meilleurs vœux pour une très heureuse nouvelle année !

Affectueusement,
Schurik

Le testament

62. Les Aumettes, le 28 janvier 1983

Cher Christian,

Cela m'a fait plaisir de recevoir un signe de vie de toi et Odile, et je serais très content de vous revoir l'un et l'autre au début février. Je te signale que je suis à Montpellier les mercredis et jeudi – par contre les lundi et mardi 7 et 8 février conviendraient parfaitement pour moi. Pour toute éventualité je te rappelle mon n° de téléphone (16/90) 61.88.30, et celui de Yole 69.70.70.

Bien affectueusement à toi et à Odile, et à très bientôt j'espère,
Alexandre

63. Les Aumettes, le 17 juin 1983

Cher Christian,

Je reçois ta lettre alors que justement je me disposais à t'écrire au sujet de la balade prévue. Yole m'avait déjà transmis vos recommandations au sujet des chaussures, on a été tous les deux samedi dernier s'acheter de bonnes chaussures de marche, qu'on a étrennées le lendemain. Je vais les mettre de temps en temps pour m'y habituer. – Il semble probable en effet que Yole finalement sera aux USA au moment de notre balade – à elle de voir. Elle pourra me procurer un sac à dos, un duvet aussi je crois, je disposerai aussi d'une tente légère. Pour les habits et provisions, je me conformerai à vos instructions ultérieures.

J'avais pensé qu'on rejoindrait Odile à Béna chez son père, ça m'aurait fait plaisir et intéressé de revoir son père, dans son cadre familier, sur mesure. Mais il ne semble pas que ce soit prévu comme ça dans votre programme.

Je n'ai pas très bien compris si c'est toi, ou toi avec Odile déjà fin prête, qui viens (ou venez) me chercher en gare de Toulouse, et si vous serez en voiture ou quoi.

Mes congratulations pour tes trente ans ! Dire que quand on s'est rencontrés, tu étais encore un « jeune homme » – ça doit faire près de dix ans ! Pas mal d'eau a coulé depuis, pour toi comme pour moi... Et je te souhaite aussi bon rétablissement de ta grippe étasunienne.

Bien affectueusement à toi et à Odile,
Schurik

Dans cette lettre datée de juin 1983, Alexandre évoque la randonnée en montagne projetée depuis longtemps et que nous fîmes ensuite, début août : une marche d'une semaine dans les Pyrénées centrales. Alexandre vint avec son amie Yole. Nous nous retrouvâmes dans l'Hérault et fîmes le voyage jusqu'aux Pyrénées en empruntant des routes secondaires, avec deux voitures. Odile et moi désirions continuer ensuite randonner dans une autre région. Chacun d'entre nous voyageait tour à tour dans chaque véhicule ; nous pouvions ainsi parler de manière plus personnelle. Quand je me retrouvai dans la même voiture qu'Alexandre, il me dit aussitôt que nous avions un long voyage devant nous, la chance de disposer d'un temps suffisant pour échanger, et qu'il avait pensé à « un sujet de réflexion ». La manière systématique et posée dont il envisageait toute question quelle qu'elle soit, me plaisait. Nous n'avions jamais eu encore, me dit-il, « l'occasion de parler ensemble d'un domaine qui [lui] tenait particulièrement à cœur, celui de la littérature russe ». Il me demanda ce qu'en somme je connaissais de cet extraordinaire domaine de l'art. Je lui parlais avec enthousiasme de mes lectures de Dostoïevski et de Tourgueniev, et surtout de Tchekhov dont les pièces de théâtre sont à mes yeux d'une beauté comparable à celle des tragédies grecques classiques ou des drames de Shakespeare. Je lui racontai la sublime interprétation que l'acteur Daniel Mesguich avait donnée de *Platonov* l'année précédente dans un théâtre parisien. Il m'écouta et me répondit qu'à ses yeux le plus grand de tous les écrivains russes était Tolstoï. Il fut désolé que de lui je ne connaisse qu'*Anna Karénine* et n'ai pas lu *Guerre et Paix*, summum à ses yeux de l'œuvre de Tolstoï. En effet je n'avais pas encore pris le temps de me plonger dans la lecture des deux mille pages de *Guerre et Paix*. Je lui dis que si je n'avais pu le faire, c'est qu'à partir de l'âge de dix-sept ans à peu près j'avais mis de côté presque toute lecture de ce genre, pour me focaliser sur des études scientifiques.

Le souffle des écrits de Tolstoï convenait au tempérament d'Alexandre et à ses origines russes, par son père. Il aimait ce débordement de vie, la multiplicité des situations, des sentiments et des personnages. Il avait travaillé en mathématiques avec démesure, comme Tolstoï avait écrit. Tous deux avaient une subtile parenté d'âme. Dans *La Clef des Songes*, Alexandre cita plus tard Tolstoï parmi les êtres qu'il considérait comme des « mutants ».

Nous marchions quelques heures par jour et installions un bivouac quand la nuit approchait. Nous étions euphoriques, contemplions les paysages et le ciel nocturne, regardions les plantes sans nous préoccuper de leur donner un nom : nous pensions au fond, sans même l'exprimer, que désigner et classer une plante était une tâche superficielle – je n'avais pas alors compris qu'elle est pourtant nécessaire. Yole avait cependant quelques notions de botanique. J'avais le sentiment, comme lors de mes randonnées précédentes en montagne, que ma relation à la Nature s'approfondissait, ou plutôt que je renouais avec elle. Un jour nous parvînmes dans une prairie d'altitude où coulait un ruisseau. Nous nous assîmes et contemplâmes les tourbillons de l'eau autour des pierres, dans la lumière cristalline pyrénéenne. Je lui demandai s'il était concevable de rechercher un modèle mathématique capable de décrire cette extraordinaire beauté. Il se replia légèrement sur lui-même, comme lorsqu'il s'intériorisait, et j'eus le sentiment d'avoir déclenché en lui une vague. Quand il émergea de sa réflexion il conclut avec une sorte de résignation, ou de tristesse, que « cette tentative de modélisation serait sans doute assez complexe », et « n'aurait finalement pas grand intérêt ».

La randonnée lui plut à tel point qu'il nous dit son souhait d'en refaire une, chaque été, « en ménageant dans son travail une interruption arbitraire ». Il venait en effet juste de commencer la rédaction de *Récoltes et semailles*, qui semblait l'absorber beaucoup.

Quand notre marche toucha à sa fin il vint près de moi lors d'une pause. J'étais assis par terre. Il se planta devant moi, immobile, l'air grave, et je sentis qu'il allait me faire part de pensées qui lui tenaient à cœur. Je redoutai ce qu'il allait me dire. Il déclara que pendant les jours précédents il avait beaucoup réfléchi, pensé à sa mort et à ses dernières volontés. Alexandre avait cinquante-cinq ans et je trouvai triste cette évocation de sa mort alors que nous venions de connaître quelques journées de grâce. Il avait envisagé de confier la gestion de ses manuscrits mathématiques non publiés au mathématicien Jean Malgoire. Et il souhaitait que je sois « l'exécuteur testamentaire » de son « œuvre non mathématique ».

À propos de son œuvre mathématique non publiée (il me parla alors de « vingt mille pages » de notes manuscrites) et de son devenir après sa disparition, de l'intérêt qu'elle pourrait susciter chez les mathématiciens, il m'avait confié au début des années 1980 : « Soit les lecteurs mathématiciens ou les historiens n'auront pas le niveau suffisant pour comprendre mes manuscrits, soit il s'agira de mathématiciens qui feront leurs propres mathématiques et ne s'intéresseront pas à ces recherches ». Il avait affirmé cela comme une évidence. Il se trompait. Ses écrits non publiés s'avérèrent par la suite assez intéressants pour attirer des mathématiciens de niveau suffisant pour les décrypter, les comprendre et en apprécier l'originalité.

Je lui donnai mon accord sur le moment, de m'occuper des dispositions exprimées dans son testament. Mais je sentis en moi une confusion et une réticence face à sa demande. Je ne lui dis rien de mon embarras.

64 – sans lieu, le 12 septembre 1983

Cher Christian,

Merci pour ta lettre avec la copie du testament. Je suis très content que tu acceptes ma proposition. Tu me parais remarquablement bien placé pour ce que je te demandais, et pas seulement « placé », car il me semble que, tant pour la tâche d'exécuteur testamentaire, que pour celle de dépositaire de l'héritage écrit, nous sommes bien sur la même longueur d'onde. Cela est pour moi plus important que les vicissitudes de tes relations personnelles à mes enfants, de toute façon moins chargées que leur relation à moi. C'est de ce côté surtout, et guère d'ailleurs, que je prévois des difficultés, dans lesquelles tu n'es pour rien. Le fait que tu vives avec Odile, en qui j'ai une confiance comparable à celle que j'ai pour toi, est une coïncidence heureuse et du meilleur augure. Aussi je n'ai nullement songé à l'éventualité de te trouver un remplaçant, à supposer même que la vie me réserve une rencontre avec quelqu'un qui me serait plus proche que toi et Odile, il ne me semble pas que ce soit une raison pour remettre en cause une tâche que tu as acceptée en toute connaissance de cause, et pour laquelle tu es parfaitement apte et bien placé. (À moins, bien sûr, que pour une raison ou une autre, toi-même désires être déchargé de cette tâche un jour, auquel cas – si je suis encore en vie – j'espère bien que tu n'hésiteras pas à t'en ouvrir à moi...) La même réflexion s'applique d'ailleurs au cas où chez un de mes enfants se produirait un renouvellement intérieur, mettant fin à son conflit avec moi et le rendant apte à assumer la tâche dont tu t'es chargé. Ce n'est pas forcément une raison pour la transférer de toi à lui ou à elle. Une qualité essentielle attachée à cette tâche est la *stabilité*, et pour cela il est préférable de ne pas la transférer d'une personne à une autre sans raison vraiment impérieuse. Pour moi en tout cas, sauf circonstance véritablement exceptionnelle et de force majeure, il n'est pas question de remettre en cause cet accord entre nous, qui me satisfait pleinement sans réserve aucune.

Ton désir de lire le testament de l'année dernière est bien naturel. Il y a pourtant une réticence en moi de le faire lire à quiconque, y compris d'ailleurs à un de mes enfants alors que je suis en vie encore, car dans ces lignes je m'adresse à nul autre qu'à eux, et d'une façon particulièrement personnelle. Il est bien possible que ce que j'essaie de dire ne « passe » chez aucun d'entre eux (à supposer qu'ils soient intéressés un jour à le lire), cela n'empêche que c'est à eux qu'il s'adresse et il est bon que ce soit eux en premier qui le lisent après ma mort s'ils sont intéressés alors. Si les choses se passent comme prévu, tu prendras alors par-devers toi l'ensemble de l'héritage écrit, et il est bien entendu que tu peux y lire tout ce qui t'intéresse, y compris le fameux testament, qui par lui-même n'est pas de nature plus personnelle (voire « confidentielle » !) que toute autre partie de mes notes.

Relisant ta lettre, je vois que tu y parles de quelqu'un de plus proche de mes enfants (non de moi) que toi, qui par suite serait mieux placé que toi pour être dépositaire de l'héritage écrit. Mais mes enfants sont au nombre de cinq, et chacun, je l'espère va changer considérablement avec les années. Être proche de chacun d'eux et à longue échéance est chose impossible et ce n'est pas là l'essentiel. Moi-même, et ce que j'ai à leur laisser en héritage à ma mort, ne suis en ce moment « proche » d'aucun d'eux au sens où tu l'entends, *et je n'ai pas à l'être*. Il suffit que je sois moi-même, comme il suffit que tu sois toi-même. C'est ainsi que moi-même, ou toi, pouvons être bénéfiques à nous-mêmes et aux autres – qu'ils choisissent ou non de se « rapprocher », ou de « s'éloigner ». Aussi, si je vous sens, toi et Odile, aptes à vous occuper du nécessaire à ma mort, et à garder à disposition de mes enfants un certain héritage, c'est avant tout parce que je vous sens proches de *moi*, et du genre d'héritage que j'ai à léguer. À supposer que tel de mes enfants, maintenant ou plus tard, projette sur toi le conflit qu'il a avec moi, son père – tu n'en serais pas moins apte pour la tâche dont tu t'es chargé – et même si la même chose devait se produire, avec un ensemble parfait, pour tous les cinq à la fois. Donc si interrogation il devait y avoir encore en toi au sujet de notre accord (et je serais le dernier à vouloir le décourager !), elle devrait raisonnablement concerner, non ta relation à mes enfants, mais bien ta relation à moi. Sans compter que de l'examiner avec quelque attention ne serait sûrement pas une mauvaise chose, tout à fait indépendamment même de questions testamentaires, même par exemple si tu devais mourir avant moi, ce qui après tout n'est nullement exclu ! Peut-être même, pour ne pas répéter le genre de « légèreté » qui a été mienne vis-à-vis de Serge, serait-il plus sérieux que nous considérions ton accord de principe comme entier et définitif, à partir du moment où tu aurais accordé quelque attention à ta relation à moi, pour y déceler (s'il devait y en avoir) des obstacles cachés. Je me souviens d'un temps pas très éloigné où je sentais ta relation à moi assez conflictuelle, et je ne sais si tu as eu l'occasion et l'envie depuis de la regarder de tant soit peu près, alors même qu'à présent les éléments de conflit semblent disparus de la scène visible. Mais je ne sais s'il peut arriver que de tels éléments disparaissent pour de bon, sans que quelque chose de conséquent se soit passé entretemps. Même si tel est le cas, il est toujours utile, quand l'occasion se présente, d'en faire le constat : tel conflit a eu lieu, et n'est plus… J'ai remarqué que tant que ce constat n'est pas fait, certains mécanismes liés au conflit disparu peuvent continuer à subsister, par pure inertie.

Je m'excuse de cette lettre un peu décousue, comme tu vois je n'étais qu'à moitié branché en commençant cette lettre !

Johanna et Samara sont là depuis une dizaine de jours – elles ont l'air de se plaire, et il n'est pas exclu qu'elles restent dans la région, si Johanna trouve quelque chose, sinon peut-être du côté d'Aspiran ou de Lodève, elle a en vue l'ancienne chambre d'Alexandre et Nari à Lodève qui serait libre. – On a même pu parler un petit peu de choses du passé, Johanna et moi, ce qui n'était pas arrivé depuis plus de deux ans.

Pour Serge, j'ai eu de lui une lettre-fleuve, qui le montre au point le plus bas où je l'ai vu depuis que je le connais. C'est une bonne chose pourtant que ça sorte en clair (en clair pour moi, du moins…), la mort d'Ella ayant été saisie comme une sorte d'aubaine grandiose pour « mettre le paquet », comme jamais il ne l'avait encore mis.

Bon, je te laisse, en t'embrassant très affectueusement ainsi qu'Odile, et Serge si tu le rencontres prochainement,

votre Schurik

Alexandre me demandait dans le courrier précédent d'examiner de près le conflit que nous avions eu à propos de son *Éloge*, en lequel les psychanalystes percevraient avec raison une expression de ma « révolte contre le père ». Cette suggestion pressante m'irrita : dans cette lettre il n'y avait de sa part la moindre remise en question de lui-même. Passer outre à ce que je percevais comme un ordre désagréable, aurait été possible si j'avais pu être conscient de la situation telle qu'elle existait, c'est-à-dire de toutes les dimensions de mon transfert et de sa possible résolution, ainsi que de l'existence d'un probable contre-transfert, ce qui était encore plus difficile à comprendre. J'avais la crainte que cette responsabilité me place dans une relation de dépendance à son égard, comme s'il me demandait de lui prêter un serment d'allégeance. Nous avions déjà traversé beaucoup d'orages mais je ne fus pas capable de passer ce cap. Il aurait fallu rencontrer Alexandre moins souvent et maintenir quand même un contact avec lui. Lui-même pouvait traverser un tel changement.

La maturité me faisait défaut pour assumer une telle responsabilité. Cette tâche « d'exécuteur testamentaire » me parut lourde. J'étais trop fragile, dépourvu de l'assise nécessaire ; je n'avais pas le sentiment de m'être saisi d'un fil qui pourrait guider ma vie. Le détachement me manquait, une légère distance à son égard. J'étais dans l'attitude du disciple, de celui qui reçoit, écoute attentivement et s'efforce d'intégrer ce qui est dit par le maître. Il s'agissait de comprendre sa vision du monde, d'en percevoir la puissance, la cohérence, l'actualité – et d'en entrevoir aussi les limites. Une chose est de prendre connaissance de l'œuvre d'un homme exceptionnel. Une autre est de vivre une relation d'amitié avec lui.

Il est difficile de pouvoir exister au sein de l'entourage proche d'un tel être, d'avoir sa propre vie intérieure, d'être soi-même, autre chose que ce qu'il nomma – reprenant une expression de son collègue mathématicien André Weil – une simple « caisse de résonance » de ses idées (concernant d'autres champs que celui des mathématiques, en l'occurrence…). Le risque était de vivre dans son ombre, d'être le « bon disciple » – d'autant plus qu'il avait une propension (il le savait) à se placer dans la position de maître. J'avais compris, lors de notre conflit de 1979 à propos de son *Éloge*, qu'Alexandre tenait à la fois (comme la plupart de ces êtres hors du commun, sans doute) d'un volcan ou d'un maelström. Dans une telle situation le risque de suivisme, de désagrégation, d'étouffement, d'engloutissement, est permanent à moins d'avoir atteint une grande maturité et d'être fortement structuré. Dans son domaine de prédilection, certains de ses collègues ont dû ressentir cela et il le reconnut lui-même dans *Récoltes et semailles* : « J'ai eu l'impression que mes amis se sentaient parfois accablés, parce que j'avançais trop vite et qu'ils avaient envie de ne pas passer leur temps uniquement à se tenir au courant de mes œuvres complètes au fur et à mesure que je leur envoyais mes pavés, ou que je leur racontais (par lettre ou de vive voix) ce que j'étais en train de concocter… »

Même l'ambiance autour d'Alexandre n'était pas ordinaire : il semblait avoir une « densité de présence » anormale. Quand il entrait dans une pièce certaines personnes pouvaient se sentir perturbées, saisies ou intimidées, ou même subtilement menacées, voire écrasées. Le côtoyer n'était pas facile même s'il était capable de rire de plaisanteries toutes simples, ou même bêtes. Ce qui m'animait en sa compagnie procédait de ma grande affection pour lui et de la liberté de pensée que je ressentais en sa présence, une légèreté de l'esprit, condition nécessaire à toutes nos réflexions. Être près de lui suscitait en moi une stimulation particulière – un effet un peu semblable à celui de la cocaïne, comme la lecture de Nietzsche !

De telles capacités créatrices impliquent souvent beaucoup de souffrances et de dommages dans l'entourage immédiat. En outre, et de manière paradoxale, Alexandre avait une certaine fragilité. Dans ses explorations incessantes de l'Inconnu, il m'apparaissait comme une corde trop tendue, prête à se briser à tout moment. Il avait besoin de personnes qui pouvaient en permanence être disponibles, répondre dans l'instant à ses exigences et accueillir ses terrifiantes angoisses. Il était très absorbant. Être dans cette position d'écoute n'était pas facile. Il ne supportait pas la moindre faiblesse ou déficience dans l'attention qui lui était accordée, quand il la sollicitait.

Je me souviens avoir répondu un jour, dans la précipitation, à une lettre qu'il m'avait écrite et à laquelle il me demandait de manière impérieuse de réagir sans délai. J'étais absorbé par d'autres tâches et n'avais pas eu le temps de mûrir suffisamment ma réponse pour être à la hauteur de son extrême exigence, dans la rigueur qu'il demandait en tout acte, et pas seulement en mathématique. Je tentai de me rassurer et de me persuader qu'il ne s'apercevrait pas de ma négligence, qu'il n'était quand même pas capable d'accorder une attention soutenue à la lecture de toutes mes lettres, le plus souvent très longues. Je pensai qu'il se contenterait de ma réponse que je savais bâclée. Mais il perçut clairement ma défaillance. Et quand nous nous vîmes il me reprocha vertement de n'avoir pas été assez critique sur ce qu'il m'avait écrit et d'être (me dit-il) « à la traîne » : je ne me souviens pas bien de ce dont il s'agissait, cela doit être une lettre que j'ai égarée. J'eus l'occasion de m'apercevoir maintes fois, qu'il lisait mes lettres avec la plus grande attention, scrutant chaque idée, chaque contradiction – je le vois encore, lisant en ma présence tel ou tel passage d'une lettre que je lui avais adressée, mettant en lumière les faiblesses de ma pensée. Pourtant, dans les périodes les plus vives de notre amitié je ne me sentais ni écrasé, ni menacé, c'était un vrai dialogue, entre deux humains qui cherchent à comprendre, s'entraident, se soutiennent, ont une affection et un respect mutuels, n'ont aucune peur d'avouer leurs faiblesses personnelles ou d'en déceler chez l'autre et de les exprimer. J'éprouve une certaine gêne, ou même une honte, à penser aujourd'hui à ma lourdeur, à certaines remarques que je pouvais lui faire, face à son assurance que je ressentais quelquefois excessive – je trouve ces propos indélicats de ma part mais comprends qu'il devait apprécier d'avoir un interlocuteur qui lui parle sans détour : je lui disais parfois que telle ou telle de ses affirmations me semblait « prétentieuse ». Mais le lecteur de *La Clef des Songes* a peut-être ressenti cela, face à ses critiques impitoyables de Sainte Thérèse d'Avila, Krishnamurti, Gandhi ou Légaut..., cet aplomb sidérant dans ses recherches des moindres failles chez ces êtres humains hors du commun, qui semblent les meilleurs parmi nous tous. Je rattache plutôt une telle attitude, de la part d'Alexandre, à une forme de perfectionnisme et d'exigence extrême dans la compréhension de ces « mutants », en l'occurrence : malgré leurs qualités singulières, ils demeuraient humains.

Décliner une demande aussi pressante au sujet de son testament n'était pas évident. Il y accordait beaucoup d'importance. J'étais gêné et lui écrivis une lettre confuse et embarrassée.

65. Les Aumettes, nuit du 17 au 18 octobre 1983

Chers Christian et Odile,

J'ai trouvé ta lettre tantôt, Christian, en revenant de Montpellier, et je l'ai lue et relue avec attention. Comme cette lettre m'intriguait et que mes pensées ont embrayé dessus, après une heure au lit je me suis levé, j'ai fait un feu, et me voilà à vous écrire.

La chose qui m'a surtout frappé dans ta lettre, Christian, c'est une impression d'embarras. Sûrement tu as dû t'en rendre compte en l'écrivant, mais apparemment sans y attacher un intérêt ou y accorder une attention. Cet embarras pourtant me semble bien dominer toute la lettre. Avant même de mettre le doigt dessus, la première chose qui me sautait aux yeux, c'est que ta lettre ne répondait pas à la mienne. Une deuxième, que tu ne soufflais mot de ta rencontre avec Serge. Une troisième, c'était que tu t'étais mépris entièrement sur ce que j'avais en tête (que le contexte me semblait rendre évident) quand je te parlais d'un « passé pas très éloigné », au sujet duquel d'ailleurs nous avions échangé quelques mots au moment de votre passage en coup de vent aux Aumettes, vers ce mois de février.

Pour ce qui est de ma précédente lettre à toi, Christian, je me rappelle qu'en l'écrivant, il s'est fait un travail de réflexion qui a fini par faire se décanter deux choses, tout à fait brumeuses encore quand je m'étais mis à t'écrire. L'une concerne un malentendu entre toi et moi sur ce qui est essentiel, et ce qui est accessoire dans la tâche que je te proposais d'assumer. Sans doute ce malentendu a-t-il eu lieu en partie du moins, parce que je ne m'étais pas formulé clairement à moi-même le point en question, qui s'est entièrement clarifié pour moi par cette lettre. L'autre chose, c'était de me rendre compte que, toutes proportions gardées, j'étais en train de répéter vis-à-vis de toi la même négligence que vis-à-vis de Serge naguère. « Toutes proportions gardées », car s'il devait rester chez toi une relation de type filial à moi, avec la kyrielle de contradictions que cela implique, sa portée dans ta vie est certes sans commune mesure avec celle dans la vie de Serge, ou d'aucun de mes enfants.

Quoi qu'il en soit, une des choses que ta lettre rend claires, c'est qu'au moment de l'écrire tu n'étais pas intéressé à jeter un coup d'œil sur cette relation, sur laquelle tu sembles penser (si j'ai bien compris) qu'il n'y a rien à dire depuis un tournant qui aurait eu lieu en 1979. Je n'ai pas eu connaissance non plus qu'à aucun moment (pas en tout cas en 1979 ou après) tu t'y sois intéressé. C'est vrai que les choses intéressantes à faire n'ont pas manqué et ne te manquent pas non plus maintenant, et je serais mal venu de m'attendre à ce que, simplement parce que je radine avec cette histoire testamentaire – crac, tu te mettes aussitôt à t'intéresser aux tenants et aboutissants d'une question qui ne t'a pas intéressé par le passé !

N'empêche que me voilà dans une situation de perplexité ! Visiblement, depuis ma lettre précédente en tout cas, ou bien depuis ta rencontre avec Serge, tu es divisé au sujet de cette foutue tâche « d'exécuteur » guillotinaire, pour ne pas dire garde-meubles testamentaire. À cette division-là il n'y a rien d'extraordinaire, et si tu me dis que c'est de l'imagination de ma part, ce serait tout aussi peu extraordinaire, et ne résoudrait pas ma perplexité – qui est dans ceci, qu'il m'incombe de trouver un, ami disons (pour éviter des termes solennels ou macabres comme « dépositaire », « exécuteur », etc.) qui soit en état de se charger de cette tâche assez simple (à mon sens), *sans division aucune*. Il est possible que je n'en trouve pas, ce ne serait pas un grand malheur. Mais il m'incombe, alors que je suis en vie (et même bien portant), de faire de mon mieux pour en trouver un ! bien sûr, les qualités en toi, aussi les particularités de conjoncture, qui me faisaient écrire que tu me paraissais la personne « idéale » (ou un mot dans ce genre) pour veiller au nécessaire sont bel et bien réelles – tout comme Serge, à bien des égards (pas tout à fait les mêmes…) pouvait me sembler la personne toute désignée. Il m'a plu tout simplement d'ignorer la division, alors que celle-ci pourtant sautait aux yeux, m'était connue de toute première main. Ce n'est pas le moment de recommencer la même connerie !

Si je vous écris à tous les deux dans cette perplexité, c'est que c'est à vous deux aussi que je m'étais adressé, il va y avoir deux mois ; non pour une « demande » ou pour requête d'ailleurs, mais plutôt pour parler avec vous d'une question personnelle qui me tient à cœur, et l'explorer avec vous, pour voir ensemble si toi, Christian, ou toi, Odile, pouviez peut-être assumer une certaine tâche, ou l'assumer conjointement, pour laquelle je pense vous avez des affinités, et pour laquelle je me sentais en confiance vis-à-vis de vous. Cette confiance de base est présente aujourd'hui comme alors, et n'est pas affectée par cette constatation, que j'ai négligé un certain aspect de la relation entre Christian et moi, qui à présent m'apparaît comme un obstacle nullement négligeable (alors que ces dimensions réelles me sont inconnues). Si toute cette histoire finit par vous casser les pieds, chose qui serait bien compréhensible, dites-le-moi et on n'en parlera plus. Si toi, Christian, ou toi Odile, voire même les deux, continuez à y attacher un intérêt actuel, en ce sens que vous vous sentiez concerné(e) par cette question testamentaire, et que vous voyiez, comme je le vois, qu'il se présente une difficulté qu'il convient de résoudre, sans faire mine de l'ignorer purement et simplement, j'en serais bien content et ce serait le moment de voir ensemble, à deux ou trois, le meilleur parti à tirer d'une situation, voire même à faire évoluer ladite situation.

Sur ces entrefaites il se fait quatre heures du matin, le feu a baissé pavillon depuis belle lurette et je crois que je vais faire pareil. Bonne nuit à tous les deux,

Schurik

P.-S. Johanna a fini par s'installer chez Yole, elle pensait rester à Mazan, Samara-Samba y va déjà à l'école. As-tu reçu ma lettre Odile, en réponse à la tienne (la poste déconne pas mal dernièrement…) ? Je n'ai pas répondu à ta missive-éclair me disant que tu larguais ton boulot.

Christian ne souffle mot de toi, ça me ferait plaisir en tout cas de savoir ce que tu deviens depuis que tu as quitté le boulot. Moi depuis un petit moment j'ai pas mal repris les maths, je me régale…

Alexandre prit la décision d'impliquer aussi Odile dans la gestion de son testament. Il vécut très mal que je ne veuille pas m'impliquer dans la réalisation de ses dernières volontés, me trouva « désinvolte ». Il n'avait pas apprécié ma plaisanterie au sujet de son horrible expression « exécuteur testamentaire » utilisée pour décrire la tâche qu'il voulait me confier : je lui avais indiqué que Boris Vian, parlant du travail d'un pharmacien, écrivit dans *L'Écume des jours* qu'il « exécuta l'ordonnance avec une petite guillotine de bureau ».

Il m'avait présenté les plans dessinés avec soin, d'un meuble qu'il avait l'intention de faire fabriquer. C'était une armoire, une cage plutôt, réalisée en bois de chêne et en épaisses barres métalliques noires. Elle était conçue en deux parties articulées entre elles qui pouvaient se rabattre l'une sur l'autre pour se refermer, comme un grand livre. Elle devait contenir ses notes manuscrites de méditation, ses papiers personnels, les lettres qu'il avait reçues dans sa vie et conservées, les doubles de certaines de ses propres lettres, ainsi que le tapuscrit de son *Éloge.*

Alexandre m'apprit que j'avais été dans sa vie l'un des plus prolifiques de ses correspondants. Il voulait que l'ensemble des documents soient classés en une série de volumes (il avait l'habitude d'écrire sur des feuilles pliées en deux), reliés et protégés par une couverture en cuir chamoisé – « dans l'intention d'adoucir la présentation de l'ensemble ». Ce meuble serait fermé et les écrits ne pourraient être consultés que par des personnes – ses enfants en premier lieu – choisies par le détenteur de la clé, moi-même en l'occurrence. Je devais ultérieurement choisir un successeur avec l'accord de ses cinq enfants. Cette bibliothèque, me confia-t-il, « mettrait ses écrits à l'abri pour cinq cents ans. Ensuite il n'est pas possible de savoir. » Je n'eus pas la clarté de lui dire combien ce projet me semblait lourd et étrange, ni de lui en parler avec l'intention de trouver ensemble la solution la plus judicieuse pour la transmission de son œuvre non mathématique. Le choix le plus simple aurait été un dépôt à la Bibliothèque nationale assorti d'une clause d'interdiction de lecture pendant quelques dizaines d'années par exemple, ou un siècle : la durée nécessaire à l'apaisement, à la relativisation des dimensions émotionnelles fortes impliquées dans ses notes de méditation.

Je n'eus pas l'énergie, ni la patience, ni la sensibilité, d'envisager calmement cette tâche et de préserver l'essentiel, le plus précieux, ce qui était sans prix : notre amitié. Nous ne retrouvâmes jamais la clarté et la profondeur de ce lien. Il me dit lors de l'une des dernières conversations que nous eûmes, qu'il s'agissait « entre nous de la situation classique décrite et répertoriée dans le dogme psychanalytique, celle du meurtre du Père ». Il avait tout à fait raison.

Pendant cette période Alexandre nous écrivit la lettre suivante plus apaisée et qui contrastait avec la gravité de celles échangées à propos de son testament. Il sentait combien ces moments étaient difficiles et nous en souffrions. Les lettres du 8 et du 12 novembre 1983 concernent encore son testament, des réflexions sur sa propre mort et ce qu'il nommait « ma désinvolture ».

Je lui avais demandé de nous aider dans notre projet de nous établir dans le sud de la France. Nous fîmes au printemps 1984 une étape de quelques semaines dans la région où il habitait, mais je ne lui rendis pas visite et il en fut profondément blessé. Je me sentais en dérive et indisponible pour le rencontrer, malgré les paroles apaisantes de Yole qui m'encourageait à passer le voir, me disant qu'il était très touché par la coupure que j'avais opérée dans notre amitié. Il m'avait conseillé (dans sa lettre du 29 septembre 1979) de « faire un petit boulot peinard et *vivre*, baiser à braguette rabattue, regarder autour de [moi] ». Mais lui-même fut tout à fait incapable de se satisfaire d'une telle vie immédiate, liée seulement aux contingences. Il ne put jamais « se laisser vivre ». Des connexions fortes lui étaient nécessaires. Je n'avais pas aimé qu'il m'écrive cela, avais trouvé de tels propos phallocrates, m'étais demandé où était l'amour ! J'avais eu l'impression qu'il délirait : mais il était très agacé (je le comprends) par mon excès de circonspection et ma stagnation au moins apparente, pendant cette période.

La rupture fut violente. Au printemps 1984, je plongeai en quelques mois dans une vie autre et coupai tous les ponts avec mon passé, jetant presque tous mes livres à la décharge du village de Bretagne dans lequel nous vivions. Il ne m'écrivit par la suite qu'une seule lettre, en 1989, dans laquelle il évoqua « la fin abrupte d'une amitié ». Et je ne le revis que plus de trente années après, peu de temps avant sa mort.

66. Les Aumettes, non daté

Cher Christian, chère Odile,

Juste un petit mot pour vous annoncer la naissance de E., il y a quatre jours, dans la maison de Yole. C'était le soir du jour où je vous ai écrit – un jour riche en événements à plus d'un titre d'ailleurs. Tout le monde était couché dans la maison à Mazan quand la naissance a eu lieu, Samara s'était réveillée juste après et est allée appeler Yole, qui m'a appelé. Mireille est venue plus tard dans la nuit. On n'a pas eu à faire grand-chose, Johanna prenant en charge l'essentiel, très calme et sûre d'elle. Elle n'a pas voulu qu'on appelle un médecin ou une sage-femme, le médecin du village est venu le lendemain constater que tout était OK. Il y aurait beaucoup à raconter et à dire sur cette naissance, qui s'est faite dans une ambiance très bénéfique, surtout pour Samara qui a participé fortement à l'événement.

Bien affectueusement à tous les deux,
Schurik

67. sans lieu, le 8 novembre 1983

Cher Christian,

Je trouve ta lettre du 1er en rentrant de Montpellier, et m'empresse de te répondre au sujet de vos projets d'installation. Avant de parler à M. Aubert de son terrain, j'aimerais connaître avec plus de précision ce que vous voudriez. Si j'ai bien compris, vous aimeriez vous installer sur le terrain (pour le cas où vous n'auriez rien trouvé de + définitif d'ici là) à partir de la mi-mars, pour une période de six mois (?) jusqu'à l'hiver prochain, tu laisses entendre ?, pour y habiter dans une tente. Il ne s'agit donc pas de la maison, à laquelle j'avais plutôt songé quand je vous en avais parlé. La condition nécessaire (et suffisante ?) pour qu'une telle location ait un intérêt pour vous, c'est qu'il y ait un point d'eau sûr pas trop loin ? Est-ce ça ? Je pense que Monsieur Aubert n'aura pas de réticence à un tel projet, et qu'il sera embarrassé seulement de prendre un loyer, alors que ce genre de « location » ne s'est sans doute jamais encore vu par ici. Il faudrait me dire si vous tenez beaucoup à ce qu'il y ait location, et si oui quel loyer vous voulez payer (cent francs par mois disons ou quoi ?). Il est possible qu'il refuse de prendre un loyer, alors qu'il est tout disposé à vous autoriser à camper sur son terrain, sur mon assurance qu'il n'aura pas à le regretter.

Pour ce qui est de vos (ou tes ?) projets avec R., je te signale que j'ai rarement vu une personne aussi inconstante dans ses projets que lui – également j'ai des doutes que la cohabitation s'avère viable à longue échéance entre lui et vous. C'est donc un peu aventureux peut-être de faire dépendre vos projets d'installation des efforts de R. pour trouver quelque chose par ici pour tous les trois, et il pourrait être prudent que vous mettiez aussi d'autres fers dans le feu.

Je suis bien d'accord avec toi qu'il n'y a guère d'intérêt que tu me dises quelque chose sur ta relation à moi, alors que tu as l'impression que ça ne pourrait être que la répétition des choses que tu avais écrites il y a quatre ans (décidément, tu y tiens à ne pas t'intéresser à ce qui serait plus proche d'aujourd'hui...). C'est la première fois d'ailleurs, il me semble, que tu me fais part qu'il y a eu cette réflexion en 1979 – et ceci d'ailleurs surtout pour me dire que ça n'aurait guère d'intérêt d'en parler de façon plus circonstanciée. C'est grâce au fameux « testament » finalement que j'apprends maintenant cette chose-là et d'autres tout aussi intéressantes – en un sens c'est un peu dommage que je sois tellement lancé sur les maths, alors que depuis deux, trois mois la densité des événements dans ma vie est telle, qu'elle mériterait une présence plus complète que celle que je lui accorde, qui est intermittente. D'ailleurs, ce n'est pas seulement pour ma relation avec toi – si ce testament n'était né spontanément sans que je n'y sois pour rien, il aurait fallu l'inventer ! J'attends avec intérêt la réponse d'Odile à ma lettre. Quand revient-elle d'Espagne ? Fais lui la bise de ma part stp quand tu la verras – et reçois mes affectueuses pensées,

Schurik

68. Les Aumettes, le 12 novembre 1983

Cher Christian,

Ma précédente lettre en coup de vent était déjà partie, quand je me suis aperçu que j'avais oublié de te remercier pour les bonnes choses que R. m'a apportées de ta part et que je n'ai pas eu l'occasion de goûter encore – sûrement je les mangerai en bonne compagnie, et à ta santé ! Là je viens de me rendre compte d'une autre omission – c'était de dire en termes explicites ce qui me semblait tellement clair que je ne songeais plus à le formuler même. Comme notre dernière correspondance (tout comme les [rares] autres occasions où étaient abordées entre nous des choses qui t'impliquent dans quelque chose d'actuel) a été plutôt du genre dialogue de sourds, un doute m'est venu si cette chose au moins avait « passé » : Je veux dire que la « perplexité » dont je te parlais dans mon avant-dernière lettre a été entièrement dissipée par ta dernière lettre. À l'inverse de ce disciple de Confucius dont tu me parlais, et tout comme Confucius lui-même sans doute, j'ai tendance à répéter plusieurs fois (c'est un euphémisme !) le même genre d'erreur – quitte à m'en apercevoir (parfois...) et de rectifier le tir. En l'occurrence, je me rends compte qu'il était déplacé que je te demande de te charger d'une quelconque tâche ou responsabilité testamentaire me concernant. Il n'est sans doute pas tout à fait exact d'ailleurs que je te l'aie « demandé », pas plus que je me serais avisé de te « demander » d'examiner ta relation à moi, ou quoi que ce soit d'autre – ce n'est pas dans cet esprit tout à fait que je me suis adressé à toi (en même temps qu'à Odile), mais plutôt : voir ensemble si une telle chose pourrait « coller ». Mais il est vrai qu'au moment où nous

nous sommes séparés, comme aussi au début de ma première lettre à ce sujet, j'étais bel et bien persuadé que ça « collerait » parfaitement !

Il resterait à voir entre Odile et moi si quelque chose à ce sujet va se faire – mais j'ai l'impression que c'est un peu loin de ses intérêts actuels, et vient un peu pour elle comme un cheveu sur la soupe !

Bien affectueusement à tous les deux,
Schurik

J'avais mis cette lettre sous enveloppe, mais mes pensées ayant embrayé sur le thème « testamentaire », il m'a semblé finalement qu'il serait bon de dire au moins quelques mots sur le fond, qui n'a pas été touché vraiment, pas même effleuré, dans cette lettre, ni la dernière.

Ma mort, Christian, est pour moi une chose à la fois simple, et très importante – comme la mort de ma mère ou de mon père (qu'il m'est arrivé de vivre en rêve, comme la mienne aussi), ou celle de l'un ou l'autre de mes enfants, ou la tienne. Elle est plus importante encore bien sûr, car c'est la mienne – comme ma naissance. L'importance de ma mort est la même que l'importance de ma vie. Il en est de même pour la mort et la vie de mes proches. Et beaucoup de choses brûlantes, de la vie de mes parents, de celle de chacun de mes enfants, de la mienne, trouvent un écho, plus qu'un écho souvent, dans les lettres et les notes que j'ai rassemblées pour mes enfants, avec tout le soin dont j'ai été capable. C'est peut-être un tort, un « trop » comme tu dis – mais tel que je suis, ces choses sont importantes pour moi, et c'est en ce sens-là que je t'ai pressenti, ainsi qu'Odile. Non pour une chose sans conséquence, mais pour une chose de valeur, d'importance : ma mort, et ma vie et celle des miens. Tu l'as bien senti d'ailleurs quand je vous en ai parlé, sans que j'aie à faire un discours explicatif. L'une et l'autre chose que je te soumettais était d'une importance exceptionnelle dans ma vie, et tout autant l'est au moment d'écrire ces lignes.

Ce qui m'a interloqué et touché, Christian, dans ta deuxième lettre à ce sujet, plus que « l'embarras » dont je t'ai parlé dans ma réponse, c'est un ton de désinvolture, sur l'air de « finalement tout ça c'est trois fois rien et pas de quoi fouetter un chat » du début à la fin. Cet air-là, en mieux dosé, était la dominante également dans celle que je viens de recevoir. (*En marge* : Un air de suffisance aussi, genre : « je veux bien consentir à m'encombrer de cette chose-là, du moment qu'il n'est pas question que, de plus, je la prenne encore au sérieux ! »)

À cette désinvolture soudain apparue se rattachent bien des associations d'idées très fortes, qu'il serait déplacé de poursuivre dans cette lettre. Sûrement cette désinvolture a un sens – mais ce sens visiblement ne t'intéresse pas, et ce n'est pas à moi de le sonder à ta place !

J'ai l'impression que cette fois, il n'y a plus d'omission – j'ai dit tout ce qu'il pouvait être utile de dire. Si ce n'est utile pour toi, ça l'a été en tout cas pour moi.

Bien affectueusement,
Schurik

J'écoutai le conseil qu'il m'avait donné quelques années plus tôt, de ne pas détruire mes papiers personnels et les lettres que j'avais reçues, y compris les siennes : je les rangeai, me disant que je les relirai peut-être plus tard. Je n'eus plus avec Alexandre le moindre contact pendant les années qui suivirent.

En 1990, Odile et moi reçûmes son étrange *Lettre de la Bonne Nouvelle*. Il l'envoya à deux cent cinquante personnes de son entourage. Il écrivait que nous faisions partie d'un groupe de deux à trois mille personnes, connues de lui personnellement, et que Dieu destinait à une grande mission : celle d'annoncer et de préparer le Nouvel Âge (ou Âge de Libération), qui (commencerait) le « Jour de la Vérité », le 14 octobre 1996… Dieu, écrivait-il, s'était manifesté à lui en 1986. Quelques semaines plus tard il nous envoya une lettre disant qu'il n'était plus certain de la véracité de ce qu'il avait affirmé dans sa lettre précédente, et avait peut-être été la victime d'une « mystification » par des « esprits ».

Je pense n'avoir pas alors pris plus que quelques minutes pour lire ces lettres. Mon habitude acquise dans la lecture de ses écrits, la connaissance intime que j'avais de lui et la profonde affection que je lui portais toujours, faisaient que je pouvais sentir dans l'instant la nature de ce qu'il écrivait dans cette veine « méditative », ainsi que ses dispositions intérieures. J'eus le sentiment qu'il avait perdu l'esprit : il délirait. C'était peut-être le résultat de l'excès de solitude et de ses jeûnes excessifs. J'avais été informé de son jeûne hydrique – il n'absorba que de l'eau – accompli vers la fin des années 1980 et qui dura quarante-cinq jours : mieux que le Christ ou Bouddha qui s'en étaient paraît-il tenus à quarante jours ! Il avait pu vivre cette épreuve terrible, voyager dans des régions lointaines de son intériorité et être traversé par certaines compréhensions fulgurantes. Mais il ne me sembla pas s'être libéré de la toile d'araignée de ses propres pensées. Il sombra dans la tentation prophétique. Or la capacité de prophétie, si elle existe, provient d'une région de la réalité qui ne relève pas de la simple pensée – même de celle d'un mathématicien de son niveau. Elle doit se situer encore au-delà. Il avait eu l'illusion de perceptions justes à propos de notre devenir collectif et de l'aventure de l'humanité, mais celles-ci n'étaient que le fruit de son imagination. On peut bien sûr se demander s'il n'était pas allé, dans son jeûne, au-delà de ce que son corps était capable de supporter (cela n'est pas sans rappeler les mortifications pratiquées dans toutes les religions, à toutes les époques), et si son intention, dans cette épreuve, était purement fondée sur la quête de Dieu ou teintée d'intentions égotiques.

Son propre ego « s'était emparé » de ce qu'il avait cru percevoir. C'est par cette jolie expression qu'il rendait compte de cet écueil, du phénomène que nous évoquions parfois, la prise de possession par l'ego d'une expérience intérieure exceptionnelle – ou de découvertes scientifiques originales. Il avait conscience de ce danger, mais cela lui était arrivé. Il avait développé en outre une sorte de paranoïa. J'avais toujours senti en lui cette tendance – il me sembla qu'elle l'avait submergé.

À propos du devenir de l'humanité il m'avait pourtant dit douter de la pertinence des idées de R. M. Bucke sur l'avènement d'une « Conscience cosmique » qui signifierait, en tout être humain, la fin de l'égoïsme, de l'avidité, de la violence et de la terrifiante peur de la mort. Alexandre s'aventurait maintenant dans des prophéties ! Il ne se passa rien de spécial en 1996, les tensions politiques internationales ne furent pas pires que pendant les années précédentes et la situation écologique poursuivit sa lente dégradation. Les humains préoccupés de renverser cette tendance en apparence inexorable continuaient dans l'ombre leurs œuvres difficiles. Il me semblait alors que notre enlisement progressif atteignait des niveaux irréversibles et que si un « dessein divin » existait, guidant notre destinée humaine, il était bien difficile d'en percevoir la moindre expression.

À partir du début de l'année 1984, je m'étais plongé dans l'étude et l'observation des plantes. J'eus tendance à ne voir plus qu'elles et la nature. J'étais très absorbé par ces travaux et empêtré dans toutes sortes de difficultés et de tracas matériels ; je n'avais pas su garder la moindre place pour notre amitié, maintenir avec Alexandre un contact, même ténu et de loin en loin. Il est vrai qu'il était difficile d'être avec lui dans la demi-mesure et qu'il avait tendance à fonctionner dans une relation selon la loi du tout ou rien. Son tempérament passionné lui faisait exiger dans une amitié une disponibilité absolue sauf dans ses périodes de création mathématique, pendant lesquelles rien d'autre, ni qui que ce fut, ne semblait exister.

En décembre 1989 il m'envoya une lettre. Il est significatif que j'en eusse oublié l'existence même. Je la redécouvris pendant l'été 2014, quelques mois avant sa mort, quand je relus l'ensemble de ce qu'il m'avait écrit et qui avait pu être conservé. Cette lettre me donne aujourd'hui l'impression qu'il réglait ses comptes avec les humains avant de s'enfermer. Au-delà du « pardon » apparent dont il parle, le ton un peu solennel et même prophétique m'interpella et me confirma dans le sentiment qu'il s'éloignait peu à peu des hommes. Quant au « prix » que j'aurai à « payer », pour « la fin abrupte d'une amitié », il avait tout à fait raison : je regrettais amèrement d'avoir mis fin à notre amitié.

69. Les Aumettes, le 22 décembre 1989

[Lettre datylographiée]

Cher Christian,

Cela doit faire six ans que des relations entre nous qui furent affectueuses et fertiles ont été coupées. Mieux que personne (à part moi), tu connais l'acte qui y a mis fin. Tu as encaissé le plaisir qu'il t'a procuré, puis le plaisir s'est éventé en te rendant à l'évidence qu'il n'était pas totalement gratuit, qu'il te fallait payer. Sûrement tu n'as pas pris la peine encore de vraiment réfléchir au prix (lequel dépasse, et de loin, la fin abrupte d'une amitié). Si tu avais pris cette peine, tu n'aurais pas manqué de me faire signe...

Je ne te cache pas que j'ai encaissé le coup très durement. (Tu sais qu'il ne pouvait en être autrement, et c'était justement là ton plaisir, et de là que vient que le prix sera lourd...) Tu avais su bien choisir ton moment, où les coups très durs pleuvaient. Je ne suis pas resté sur le carreau. Et avec le recul je peux constater que tous ces coups ne m'ont fait que du bien (peut-être l'as-tu toi-même senti ?) De toute façon, c'est une loi spirituelle sans aucune exception, que celui qui fait le mal consciemment en est la première et la principale victime (et dans le cas d'espèce, la seule...).

Cela n'empêche que la digestion a été longue et laborieuse. Sans doute n'y serais-je pas parvenu au bout, si Dieu ne m'y avait aidé, comme Il m'a aidé pour d'autres actes de pardon et des actes de contrition qui m'incombaient, pour me libérer du poids du passé. Si je t'écris aujourd'hui, c'est pour te dire que je t'ai pardonné. Le mal tenace que je ressentais à la seule idée de te rencontrer est à présent dissipé. Je suis à nouveau libre de toi, comme avant cet acte par lequel tu m'avais enchaîné (et tu t'étais toi-même enchaîné...).

L'idée ne me serait pas venue de te le dire, je crois, si Dieu ne m'avait dit de le faire. Tout comme la contrition d'un acte favorise et appelle le pardon, le pardon d'un acte appelle au repentir et par là, aide celui qui l'a commis à s'en libérer. Et j'ai confiance que tu te repentiras et te libéreras de ton acte ; non pas dans mille ans ni dans cent ans, mais dans un temps déjà proche, de sorte à avoir les mains libres pour les moissons qui s'annoncent. C'est là la deuxième chose que j'avais à te dire.

Je t'embrasse très affectueusement,
Schurik

Lettres d'Alexandre Grothendieck
à Odile Sallantin

Alexandre écrivit quelques belles lettres à Odile. Leur relation fut affectueuse. Elle le fut aussi avec nombre de personnes de son entourage, bien tristes de le voir cloîtré pendant plus de vingt années. Je présentai Odile à Alexandre pendant l'été 1979. C'était une chaude journée d'août. Il nous accueillit à la porte de sa maison de Villecun, avec un grand sourire.

Note personnelle d'Odile Sallantin

Quand j'ai rencontré Christian à Paris en juillet 1978, mes centres d'intérêt tournaient déjà autour de l'écologie et de la spiritualité.

J'étais passée par la faculté de Jussieu Paris-VII en 1971 et 1972 pour y étudier l'écologie dans un département qui venait de s'ouvrir : Étude du milieu et environnement. À cette époque, presque personne ne connaissait l'écologie mais il y avait déjà des militants aux portes de la fac pour distribuer des tracts sur l'impact dangereux de l'amiante dans les locaux de l'université.

Je fis connaissance de Claude Aubert qui m'avait offert son livre sur l'agriculture biologique et allai au second congrès de Nature et progrès en 1972.

Je cherchais à comprendre le monde globalement mais cette approche universitaire sectionnée en unités de valeur (U.V.) ne me satisfaisait pas. J'espérais que l'écologie allait faire une synthèse mais ce n'était pas du tout le cas !

Mon aspiration à chercher un sens à la vie m'a dirigée vers des expériences mystiques d'ordre contemplatif, dans des monastères, et à participer à Paris à des groupes de prière « charismatique ». Je me sentais transportée par ces moments collectifs et religieux, dans le premier sens de ce terme.

Cela m'a naturellement orientée vers la nécessité de relier ces expériences sensibles à un langage audible par tous, j'ai décidé alors de faire une formation à l'Institut catholique de Paris en 1973 auprès d'hommes et de femmes qui se destinaient au sacerdoce. Ce n'était pas du tout mon but mais ce fut une année très intéressante avec des cours d'histoire de l'église, de langues anciennes, de l'Ancien et Nouveau Testament, de psychologie et de philosophie.

Cependant, cette approche théologique, prônant un discours sur Dieu, m'a définitivement éloignée des dogmes. J'y voyais des histoires très humaines de guerre de religion avec de nombreux prophètes qui s'incarnaient dans leur époque. J'étais loin des monastères et des chants grégoriens.

Sans pour autant renier mon appel à un sens mystique de la vie au-delà des apparences immédiates, je décidai de m'orienter vers la psychologie pour arriver enfin à un métier. En 1974, j'obtins une équivalence pour faire des études de psychologie clinique d'orientation freudienne et lacanienne à la faculté de Censier-Paris-V et pris le statut d'étudiant-travailleur avec des cours du soir tout en travaillant dans différents centres hospitaliers, notamment psychiatriques. La question de la folie m'interpellait particulièrement, je fréquentais des enfants autistes, des adultes psychotiques. Je travaillais comme psychologue clinicienne dans la région parisienne.

Écologie, spiritualité, philosophie orientale, psychologie et psychanalyse furent avec Christian nos sujets de prédilection. J'ai pu, de manière fluide, m'intégrer aux échanges que Christian avait déjà avec Alexandre depuis cinq ans. J'avais été passionnée par le *Tao Te King* en rencontrant le père Claude Larre qui en avait fait une traduction et était aumônier à l'École polytechnique. Je m'intéressais au Yi King, lisais Aurobindo,

Freud, Bettelheim, Ouspensky, Satprem, Krishnamurti, Karl Graf Durkheim, Hermann Hesse, Jung, Ronald Laing, Castaneda…

Avant de rencontrer Alexandre pour la première fois en 1979 à Villecun, j'eus envie moi aussi de lui écrire de notre lieu de retraite en Bretagne en 1978. Je passai un an sans travailler professionnellement, pour me retirer en moi-même, faire en quelque sorte un journal intime sous forme d'introspection et d'observation de mes rêves.

C'est dans ce cadre-là que j'ai écrit quelques lettres à Alexandre, dont je n'ai pas gardé de double.

J'ai eu la grande chance d'avoir de sa part une écoute attentive et chaleureuse et nous avons pu nous voir pendant quelques années pour partager chez lui, dans les différents lieux où il a habité (Villecun, Gordes, Mormoiron), des moments simples et joyeux.

J'ai aussi eu la chance d'être accueillie par sa famille proche et de découvrir à travers ses enfants, un univers à l'opposé de ce que j'avais fréquenté par le passé. J'y rencontrai plein de jeunes et de moins jeunes qui avaient déserté la ville pour vivre dans la nature une décroissance avant l'heure.

Alexandre avait envie de rencontrer mon père Xavier Sallantin avec qui il avait eu des échanges épistolaires et j'ai eu la joie de lui faire découvrir ma famille dans leur lieu de vie au hameau de Béna, dans les Pyrénées-Orientales, à 1 600 mètres d'altitude.

Je garde dans mon cœur tous ces moments heureux ensemble, il aimait chanter avec moi à tue-tête le mantra *Nam-myōhō-renge-kyō* dans son lieu de méditation à Mormoiron.

Nous avons randonné ensemble plusieurs jours dans les Pyrénées, sommes allés nous baigner dans les sources d'eau sulfureuse de Dorres et avons contemplé la nature sauvage.

Mon seul regret est ne pas avoir su garder un contact avec lui quand nous avons plongé dans une vie très marginale et laborieuse et élevé trois enfants dans un lieu splendide, très retiré, à trois heures de marche de la plus proche agglomération. Je vivais au jour le jour et apprenais les gestes de millions de femmes qui vivent actuellement sans eau courante ni électricité.

Nous avons passé dix ans en immersion dans la nature.

*

La lettre suivante (2 décembre 1978) est une prise de contact avec Odile, qu'il n'avait pas encore rencontrée. Il évoque son incapacité à donner une opinion sur les êtres humains, enfants ou adultes, qualifiés de « débiles » [C. Escriva].

1. Villecun, le 2 décembre 1978

Chère Odile,

J'ai mis longtemps à te répondre, non seulement parce que ces dernières semaines et même mois je trouve peu de temps pour écrire des lettres qui n'aient un caractère d'urgence – ce qui ne m'a pas empêché de répondre à Christian plus vite qu'à toi – mais peut-être aussi parce que je suis embarrassé pour répondre à cette lettre manifestement substantielle. C'est que l'expérience à laquelle tu te réfères – l'enseignement à des enfants dits « débiles » – tombe hors du champ de mon expérience vécue, de mes observations. C'est même surprenant, sous ces conditions, que le texte que Christian t'a passé t'ait semblé pertinent pour ton propre champ d'activité. Il est vrai que dans son esprit, il était assez vaste (« *encompassing* », comme diraient les Anglais), il visait tous les blocages possibles (disons plutôt : tous ceux que j'ai pu percevoir avec plus ou moins de force au cours de mon existence) dans notre créativité – que ce soit dans nos capacités intellectuelles, dans notre vie amoureuse, ou dans nos possibilités de réponse adéquate aux provocations innombrables de la vie au jour le jour.

Mais ce sont toujours là des cas où on a la perception irrécusable de l'existence d'une créativité, simplement inhibée par une peur profonde au point de pouvoir paraître absente à tous, à commencer bien sûr par l'intéressé lui-même. Il semblerait que dans ta lettre tu suggères comme plausible l'existence d'une telle créativité aussi chez les enfants « débiles » dont tu as à t'occuper – sans oser être trop affirmative à ce sujet. Et on se demande en quoi ce texte pourrait raisonnablement être un encouragement, une caution pour ce que tu sens sans trop oser l'affirmer. Sans doute est-ce par un processus qui ne doit rien à la logique, et pas grand-chose aux mérites du texte et de l'expérience qu'il exprime – mais bien plus aux relations personnelles (*via* Christian) dans lesquelles pour toi l'un et l'autre s'insèrent.

Une autre difficulté pour te répondre me semble en ceci, que ta propre expérience concrète est à tel point « entre les lignes » qu'elle ne provoque aucune réponse en moi ! Et de me borner à digresser sur quelques évidences générales (que la curiosité est une forme de désir, – le désir de connaissance – et que le désir amoureux, et peut-être même l'amour avec un grand A, est puissamment chargé de cette forme-là de désir, que c'est une curiosité intense) me semblerait n'être pas une réponse du tout !

Oui, décidément, autant l'admettre carrément : je ne suis pas en mesure de répondre à ta lettre – du moins pas autrement que comme à une lettre de simple prise de contact, de sondage quant aux dispositions chez moi pour une communication ultérieure, moins laconique peut-être. Et mon regret pesamment exprimé de n'arriver à te répondre de façon adéquate, t'apprendra j'espère mon désir de mieux te connaître. Par Christian, soit dit entre parenthèses, je ne connais de toi autre chose que l'existence, – pas même ton occupation professionnelle ! Grâce à ta lettre, j'en sais quand même déjà un peu plus…

Bien cordialement à toi,
Alexandre

2. La Gardette, le 20 janvier 1980

Chère Odile,

Cela m'a fait plaisir de recevoir un signe de vie de toi – et substantiel, qui plus est. J'avais un peu l'impression que notre relation manquait de vie propre, qu'une certaine passivité en toi comme en moi (une inertie plutôt, peut-être) faisait qu'elle passait à peu près totalement par la personne de Christian. Détail significatif – je n'avais pas ton adresse ! Cela m'a un peu forcé la main pour te faire parvenir mes « vœux » par l'intermédiaire de Christian. Mais n'est-ce pas significatif encore que l'idée ne me soit venue de t'écrire directement à toi, aux bons soins de ton père ? Ou plutôt, je me rappelle maintenant que cette pensée m'a effleuré – c'est un réflexe de paresse qui l'a écarté : oh, pour quelques vœux… Et pourtant, je savais bien au fond que les quelques « lettres de vœux » que j'avais écrites n'étaient pas une sorte de formalité, d'amicale politesse – qu'elles avaient un autre sens. Et sans doute l'as-tu senti malgré le détour – et ta rencontre avec Johanna sans doute t'a stimulée aussi pour reprendre un dialogue, interrompu depuis ton passage à la Gardette.

Ce temps me semble maintenant comme un passé très lointain, tant il s'est passé de choses, toujours imprévues, dans mon voyage dans l'Inconnu ! Sous sa forme intensive il était commencé alors depuis un mois – votre passage a été comme une césure de quelques jours, une halte. Chaque jour j'avançais, tous les quelques jours je faisais quelque découverte qui me mettait le cul par terre. Mais je restais encore extérieur au sujet, je le sentais bien. Au lieu d'une rencontre avec mes parents, dont je sentais bien l'importance que ce ne pouvait être que de là qu'il y aurait le vrai départ – je restais encore pris dans un travail à peu près entièrement cérébral, débrouillant les pistes que mes parents s'évertuaient à brouiller à plaisir. Parfois je me faisais l'impression d'un détective méthodique et imperturbable, parfois celle d'un arbitre dans un match (où les coups bas ne manquaient pas), comptant et commentant les coups.

Il me semblait rétrospectivement que le virage – la percée, a eu lieu après votre passage, parce que je l'associe à certaines découvertes particulièrement époustouflantes que j'ai faites vers la fin septembre. Mais en regardant à l'instant dans mes notes, je vois que la « retrouvaille » avec ma mère a eu lieu le 1er et 2 septembre, juste avant votre venue donc – et la retrouvaille avec mon père le 11 – juste après. Dans mes notes, ces deux moments se suivent immédiatement – mais il n'y a pas de notes entre le 3 et le 10, temps qui correspond à votre passage. Vous êtes donc arrivés au beau milieu d'un « moment » particulièrement crucial de mon travail, qui a été « coupé en deux » de ce fait, alors que normalement il ne devait y avoir aucune césure dans ce moment de retrouvailles avec ma mère et avec mon père. Je ne m'en suis pas aperçu avant maintenant, emporté que j'ai été au jour le jour par la fascination du voyage, et n'ayant pas pris le temps encore pour une première rétrospective… C'est un peu comme si Christian était arrivé là comme un bolide intempestif, pour rompre un processus profond, qui n'a été qu'interrompu cependant, se poursuivant après votre départ, comme si votre passage n'avait pas eu lieu.

Cela explique bien un certain état de vacuité où je me trouvais pendant votre séjour, un état de disponibilité particulièrement fragmentaire, où les forces profondes en moi n'étaient pas impliquées – elles étaient comme entre parenthèses pendant ces quelques jours. J'ai dû vous apparaître alors bien absent, distant peut-être – et il est vrai qu'il n'y avait qu'une partie de moi qui était avec vous, s'efforçant tant bien que mal à faire face aux exigences d'une rencontre qui aurait demandé la participation de ma personne tout entière. En fait, plus qu'à aucun autre moment de mon travail, en ce mois de septembre je n'étais pas en mesure de rencontrer quiconque. Mais je ne le savais pas d'avance !

Je ne veux pas dire que ton passage ou celui de Christian soit nul ou non avenu, qu'il n'apporte pas sa substance propre par moi encore insuffisamment comprise, tout comme le sens de ce passage. Mais sur le coup il ne s'insérait pas organiquement dans mon travail intérieur comme je m'y étais attendu, et comme certains dialogues du mois dernier par exemple s'y insèrent.

Une des découvertes implicites dans mon travail de ces derniers mois, c'est l'extraordinaire importance de notre relation aux parents – qu'ils soient encore en vie ou non, d'ailleurs. Ainsi, ma relation à mes parents ne me semblait pas conflictuelle – j'avais pour eux beaucoup d'admiration, me reconnaissait en eux, me sentait accepté, et acceptant. Je me rendais compte depuis longtemps que j'avais puisé en eux beaucoup de ma substance, et (à quelques corrections près de ces dernières années) cette substance me semblait précieuse. Pourtant, ma relation à mes parents était morte ; elle était devenue part de la rigidité dans ma vie – et non part de sa souplesse, de sa fluence. Elle était prise dans des images figées, poussiéreuses. Depuis quelques années, depuis 1974 en fait, je me rendais vaguement compte que ces images n'étaient que des images, elles se déglinguaient un peu – mais je m'imaginais que ce n'était pas important pour mon présent – que ce n'était pas mon boulot de me préoccuper de qui avaient été mes parents, quels avaient été leur relation à moi, la mienne à eux. Cela ne m'empêchait pas, en même temps, de tirer assurance et fierté de ces images – je jouais un double jeu, en somme.

Un rêve d'une grande force, très beau, m'a montré un jour ce double jeu. Quand finalement j'ai accepté ce message du rêve, j'ai su qu'il me faudrait retrouver un contact vivant avec mes parents, et pour cela méditer sur leur vie et sur ma relation avec eux – c'est le travail que j'ai commencé quelques mois plus tard. Mais à quel point mes parents avaient été des inconnus pour moi – à quel point il était important que je sonde cet Inconnu, que je découvre la personne de ma mère et de mon père et leur relation à moi (en attendant d'en arriver par la suite à ma relation à eux) – je ne fais que découvrir progressivement au jour le jour de mon travail présent, alors que je sens que moi-même jour après jour me transforme par ce travail, et que ma relation à autrui se transforme.

Cette extrême importance de notre relation à nos parents *n'est pas* une dépendance par rapport à eux. Il me semble, au contraire, que notre dépendance est maintenue aussi longtemps justement que nous nous refusons d'assumer cette importance. C'est en découvrant nos parents et notre relation à eux, que réellement nous devenons libres d'eux. Ce qui était un poids, un carcan, devient une connaissance vivante, un moyeu de notre liberté. La « réconciliation » avec nos parents n'est autre chose que la découverte d'eux – nous ne découvrons qu'en acceptant, en aimant. Nous pouvons nous réconcilier avec des parents morts depuis bien longtemps, ou avec des parents qui nous maudissent, alors qu'ils nous maudissent encore… Et ce n'est qu'en étant libres de nos parents que nous pouvons être dans leur vie un appel de liberté – une invitation aimante à sortir de leur isolement volontaire, à faire face à leurs peurs.

Je t'écris à ce sujet, parce que je vois par ta lettre que tu en es toujours au même point dans ta relation à ton père (de ta mère tu ne parles pas de toute façon...) : essayant en vain de te défendre de lui « accorder trop d'importance ». Mais l'importance de cette relation est sans doute indépendante de celle que tu veux bien lui « accorder » – et tes efforts infructueux (et c'est sans doute une bonne chose qu'ils soient infructueux !) pour te minimiser cette importance, ne sont peut-être que les effets du bruit, par lesquels tu te distrais indéfiniment d'un travail tout simple et urgent. Le lieu de ce travail n'est sans doute pas Béna – quand le moment sera venu, tu trouveras sans peine le lieu propice, au lieu de disperser ton énergie.

Tu vas peut-être être mécontente de cette lettre, qui semble répondre si peu à la tienne, me parlant de ton travail. Tu traverses, dis-tu, une phase de réflexion à propos de ton travail, mais aussi sans doute sur la question : que vais-je faire de ma vie, dans les années qui viennent ? Et au début de ta lettre, tu écartais la sempiternelle mention de ton père comme une sorte de malencontreuse obsession, qui voudrait t'empêcher de parler, de t'occuper de ce qui t'importait « réellement » : ton travail, ta vie.

Mais dans ton travail, plus que dans beaucoup d'autres, ta personne, ta relation à toi-même, est impliquée de façon essentielle. Ce travail n'est-il pas autant un reflet de celle que tu es (avec tes désirs, tes élans, tes peurs, tes blocages) que des circonstances « extérieures » ? (et notamment des enfants et adultes que tu y rencontres, sans compter des contraintes institutionnelles) ? Et dans ces choix que tu as devant toi, c'est encore celle que tu es et la connaissance que tu en as qui sont impliquées de façon essentielle. Et n'est-il pas clair, éclatant, que dans ta personne, la relation avec ton père pèse d'un poids considérable ? T'efforçant sans succès de balayer ton père du champ de ton attention, c'est la découverte de toi-même que tu éludes, qui devrait être *au début* de tout travail de réflexion sur ta vie, ton travail, tes perspectives. Si ta relation à ton père est perçue comme un poids, comme une entrave – et si elle est figée en effet, au lieu d'être source de connaissance et d'énergie, n'est-ce pas justement à cause de ta résistance à assumer son extraordinaire importance dans ta vie ? Quand tu te lamentes : ah quel dommage que mon père est si froid et si ci et si ça… tu te persuades en même temps que c'est à cause de tout ça, « par sa faute », que ta relation avec lui est une relation morte. Mais en réalité ta relation à ton père ne dépend de nul autre que seulement de toi-même, Odile Sallantin parfaitement ! Il ne dépend que de toi qu'elle vive, qu'elle soit en toi une source de joie, de peine, de connaissance – une source d'énergie et de force. C'est seulement quand ce pas aura été franchi il me semble, que ton travail de réflexion deviendra un vrai travail, un travail en profondeur, au lieu de patiner craintivement à la surface de toi-même…

Bien affectueusement à toi,
Alexandre

Alexandre exprime dans cette lettre la nécessité, pour chaque être humain, de comprendre la relation à ses parents, pour qu'elle devienne « une connaissance vivante, un moyeu de notre liberté… ». Selon lui la méditation permet cette intégration, est un « voyage dans l'inconnu » comme peut l'être une recherche mathématique. Même si l'arrière-plan philosophique de la psychanalyse n'était pas du goût d'Alexandre, celle-ci avait compris depuis longtemps l'importance de la relation à nos parents. Et Alexandre insistait, de manière plus générale, sur la nécessité de la connaissance de soi-même.

3. La Gardette, le 2 juillet 1980

Chère Odile,

Ta lettre courte et substantielle m'a fait plaisir, ce n'est pas tellement souvent qu'on voit autour de soi une stagnation intérieure « de toujours » faire place à un travail intense. (Encore que j'ai été plutôt gâté dernièrement à ce sujet par mon entourage…) Si j'avais suivi mon désir immédiat, je t'aurais répondu sur-le-champ – mais j'ai été assez bousculé ces dernières semaines, et n'ai que peu de moments tranquilles pour la correspondance.

Relisant ta lettre, je me rends compte qu'à part la joie qu'elle m'a faite je n'ai pas tellement de commentaires à faire. Le plus important qui demande réponse : j'ai été touché de votre invitation à me joindre à vous pour votre balade, du onze au vingt-sept juillet, et j'ai été très tenté d'être des vôtres. Et je me suis encore resondé en ce moment même – s'il n'y avait eu les problèmes de déménagement, peut-être j'aurais saisi un certain temps creux de la méditation pour une belle balade avec vous. Ce ne sera pas pour cette fois-ci – mais si vous voulez encore de ma compagnie d'ici un an ou deux, et qu'on ne soit alors dispersé aux quatre vents, sûrement la chose se fera !

J'attends avec grand intérêt d'autres nouvelles sur ce que vous devenez, toi et Christian. Il m'a écrit une lettre très substantielle et je vais essayer de lui répondre ces jours-ci, pour qu'il ait la lettre avant votre balade. Mais je ne sais pas s'il faut vous écrire à Paris ou en Bretagne.

Il y a un passage de ta lettre qui m'a accroché : « […] j'ai un peu peur de trop penser à moi, de me nombriliser au lieu d'arriver au résultat inverse, sortir de soi, de son moi pour être en communication totale avec le monde. » J'ai bien connu ces rationalisations, qui expriment les résistances profondes, invétérées contre un regard sur soi-même qui menace de bouleverser la quiétude rassurante (fut-elle étriquée et pénible.) d'un *statu quo* de toujours ! Ici, c'est un cliché qui vient au secours de ces résistances – le cliché qui *oppose* la connaissance de soi (ou l'intérêt passionné pour soi – la curiosité de soi) avec une « communication totale au monde ». Et ce cliché lui-même est l'expression transparente d'un mépris invétéré de soi, prenant la forme d'une opposition entre le « soi » (méprisable) et le « monde » – qui pour le coup devient objet d'une sorte de *culte* de circonstance, d'un culte verbal. Mais au fond, tu sais bien que ce sont des mots, que ce « monde » dont tu parles est un monde en carton-pâte auquel tu te raccroches peureusement. Il n'y a pas de communion dans la fuite – ni avec le « monde » ni avec la fourmi qui s'affaire devant tes yeux, ni avec ton père, ni avec ton amant. La communion avec le monde, et la communion avec soi, sont une seule chose.

Que tu me croies sur parole à ce sujet ne servirait à rien – les clichés ne servent à rien qu'à éluder. Mais rien ne t'empêche de prendre le taureau par les cornes – d'élucider tes doutes au lieu de te complaire dans une connivence trouble avec eux.

Je t'embrasse très affectueusement,
Alexandre

Dans la lettre précédente Alexandre répond à Odile à propos de sa crainte de « se nombriliser » et parle des investissements « extérieurs » et « intérieurs ». Il n'existait pas pour lui de différences. Ces deux types d'investissements peuvent générer des découvertes.

J'ai déjà indiqué qu'une action d'ordre politique, *i. e.* « vers l'extérieur », ne convenait pas trop à sa nature, du moins après son installation dans le sud de la France. Spontanément c'est « vers l'intérieur » qu'il se tournait. Et on peut dire en un sens que l'investissement dans la Mathématique est aussi « vers l'intérieur », qu'il relève de la vie intérieure. Mais il ne concerne pas la connaissance de soi, qui est l'ambition de la méditation. À ses yeux la découverte de l'univers mathématique n'avait pas plus de valeur que la découverte de soi, même si lui-même était plus tourné vers les mathématiques ; mais son opinion sur cette question était fluctuante, comme je l'ai déjà souligné. Il était dans l'illusion quand il exprima avec force au début des années 1970, qu'il fallait arrêter la recherche scientifique et que lui-même avait définitivement cessé de s'y consacrer. J'ai déjà remarqué que pendant cette période, il pensait même sans doute que tout le milieu de la recherche scientifique le suivrait dans sa décision !

4. Les Aumettes, le 23 mars 1981

Chère Odile – cela me fait plaisir de recevoir ta lettre, si sereine et comme un rappel, s'il en était besoin, du bienfait d'un calme, alors que depuis une semaine ou deux, sinon plus, j'étais en période de fermeture, de crispation intérieure. Pour la première fois depuis bien longtemps, je me sentais « mal dans ma peau », pendant des jours qui sont devenus des semaines, sans velléité aucune de regarder ce qui se passait – au lieu de ça, je faisais des maths à jet continu – c'était une sorte de rechute dans une attitude de gosse buté que je connais bien chez moi et que je croyais dépassée une fois pour toutes. Mais non, il n'y a pas de « une fois pour toutes » dans ces choses-là, je le constate encore une fois. Il y a quelques jours j'ai quand même fini par prendre la peine de regarder, j'ai médité pendant un après-midi – j'étais vraiment plus « sortable » ! C'était rien de sensationnel, de toute façon je savais bien au fond pendant tout ce temps où j'étais si mal de quoi il retournait – sûrement pas de quoi fouetter un chat ! J'ai bien ri avec cette pointe d'étonnement dans le rire, que tu dois bien connaître. C'est vraiment mauvais signe quand on est coupé du rire – en tout cas c'est bien fatigant de s'en maintenir coupé mordicus. N'empêche qu'en ce moment, la machine à faire des maths – et l'envie de fouiller les maths – sont bel et bien lancées, et il me semble qu'il vaut mieux la laisser aller à bout de course. C'est un épisode étrange quand même ce réveil intempestif d'une fringale qui semblait consumée, à la faveur d'un incident de parcours tellement anodin en apparence. Pour le moment, je n'en perçois pas le sens – de retrouver au tournant du chemin l'emprise d'une passion impérieuse, tyrannique même – comme une maîtresse très jalouse de tous mes instants. Il est vrai qu'il y a un *plaisir* dans de telles sujétions, un plaisir intense dans la sujétion même – il est particulièrement puissant et clair dans la sujétion charnelle. Je ne l'ai jamais vraiment bien regardé, ce plaisir-là, tellement aux antipodes, il est vrai, de l'image de moi-même que j'aimais entretenir. Les quelques heures de méditation m'ont d'ailleurs refait sentir opportunément le mystère à découvrir ou à sonder dans ma propre vie – qui semblait s'être évanoui à l'horizon, à des années-lumière de distance. Le voilà quand même discrètement présent, alors que la fringale de maths reste maîtresse – c'est la folie (pas – tout à fait – contrôlée en l'occurrence) de Don Juan, chère à Christian…

Ta lettre était vraiment une bonne lettre, il m'a semblé bien sentir de quoi tu parlais (alors que je m'en maintenais coupé pourtant). Il y avait comme un soulagement en moi, une joie sûrement, de me rendre compte que des choses nouées en toi se dénouaient, qu'un travail se faisait, que tu t'ouvrais à la saveur des vraies choses. Sûrement que tu n'es plus la même qu'il y a quelques mois, ou un an ou deux. Ça fait beaucoup de bien, de se laisser changer, sans s'agripper. Ça ne signifie pas que le conflit disparaisse de notre vie sans retour, que nous ne retombions jamais dans des mécanismes de fuite, d'inertie, non. Mais si le conflit « en général » ne peut être éradiqué une bonne fois et qu'on n'en parle plus – par contre, tout conflit actuel, si invétéré, si enraciné qu'il soit, peut être résolu entièrement sans avoir à y revenir jamais – peut-être transformé en une connaissance vivante. Pour cela, il est important d'aller jusqu'au bout – de ne laisser aucun « coin sombre », de ne passer cavalièrement sur aucune réserve intérieure, sur aucun doute ou malaise, si élusif ou brumeux qu'il paraisse – mais de les sonder tous avec grande attention, l'un après l'autre. Je souhaite que tu ailles ainsi jusqu'au bout dans ce gros ensemble de nœuds de ta relation à tes parents – sans avoir à y revenir jamais – que tu sois entièrement libre d'eux, « à l'aise » et toi-même avec eux – et ceci, que leur vie soit pour toi occasion de joie, ou de tristesse. Alors joie et tristesse ne sont pas des réactions de défense, de repli, mais des *actes*, qui portent fruit.

Bon, je vais te laisser pour poster ces lettres, y compris une pour Johanna. N'oublie pas de m'avertir quand vous déménagez, et de me donner ton adresse.

Affectueusement à toi et à Christian,
Alexandre

Alexandre paraît exprimer dans cette lettre surprenante *une différence de degré* dans la valeur des connaissances respectives apportées par les mathématiques et la méditation. L'activité de recherche en mathématique relèverait d'une attitude de « gosse buté », les mathématiques seraient « une maîtresse très jalouse de tous [ses] instants ». Et il déplore que le « mystère à découvrir ou à sonder dans [sa] propre vie – [semble] s'être évanoui à l'horizon, à des années-lumière de distance ». Dans une lettre ultérieure (30 mars 1982) il exprimera pourtant qu'il ne perçoit pas de différence d'essence entre ces deux lieux d'investissement, les mathématiques et la méditation. L'intersection entre ces deux activités créatrices qui concernent la compréhension de « régions de la réalité » différentes, est peut-être qu'elles tendent toutes les deux vers le *voir*.

5. Soumet d'en bas, 3 juillet 1981

Chère Odile,

Je t'écris de chez Alexandre et Nari, où je suis arrivé aujourd'hui même. Ils sont en pleins travaux, mais dans une atmosphère si tendue entre eux que je n'ai trouvé où m'insérer, et que je profite du loisir inattendu que j'ai trouvé ce soir pour écrire quelques lettres qui attendaient un moment propice. Demain, si l'ambiance ne se détend pas, j'irai voir un couple ami qui habite dans la région (Daniel, Amalia avec une fillette, Sarah), et je rentrerai plus tôt que prévu, en attendant le moment favorable où je pourrai mettre la main à la pâte, dans une ambiance où le travail devient une joie.

J'ai trouvé ta lettre en rentrant très fatigué de chez Matthieu et de Montpellier – j'ai été obligé de prendre un repos à peu près total pendant à peu près une semaine. Chez Matthieu je m'étais froissé un muscle, ça faisait un point persistant qui me fatiguait beaucoup. Il y a cinq jours, j'ai fait un rêve d'une grande force, qui me montrait par une « mise en scène » frappante un aspect important de ma relation à mon corps – une relation ambiguë d'attachement profond (non sans une sorte de tendresse) et de tyrannie impitoyable. Le point de côté était pris par « le rêveur » comme élément, transformé en un clou impressionnant traversant la poitrine d'un des deux personnages, cloué sur une croix en bois mal dégrossi. C'était deux hommes, robustes et sauvages, qui se ressemblaient comme des frères – plus que des frères ! – dont l'un menait l'autre à sa crucifixion – ivre de sa force, de son pouvoir.

J'étais spectateur et interlocuteur « passif » d'une scène d'une réalité toute simple, fortement perçue, et irrécusable – mais qui semblait concerner des personnes qui m'étaient totalement étrangères. Les premières associations au réveil m'ont conduit à décrire ce rêve dans une lettre à un ami, et à le sonder un peu. Je me rends compte maintenant, après coup, de la force des résistances qui ont joué, pour obturer le sens évident de ce rêve. Ce sens est apparu, sans travail apparent, plus tard dans la nuit – après que sans transition j'avais sauté de la lettre dans les maths, jusque tard dans la nuit. C'est en sentant cette fois-là l'état d'épuisement de mon propre corps, auquel ma vie durant je m'étais fermé (dans des circonstances similaires), que sans aucun propos délibéré, j'ai su quel était le message de ce rêve. Je me suis alors accordé un repos bien nécessaire, et dans la nuit qui a suivi, j'ai fait un rêve encore, dont le message (je l'ai réalisé au lendemain du réveil) complétait ou continuait celui du rêve précédent – un rêve avec une réalité toute autre, et toute aussi indubitable – ce n'était plus une parabole saisissante, mais un vécu par nul autre que moi-même, sans personnages interposés. Johanna enfant y était aussi, et je lui ai écrit ce rêve le jour même. Peut-être quelque chose bougera dans la relation entre nous – en tout cas je me rends compte qu'après une sorte de « gel » de plus d'une demi-année, il y a un travail qui reprend – suscité par le gel, pourrait-on dire.

Je pensais répondre à ta lettre, puis c'est autre chose qui est venu – peut-être est-ce une réponse quand même. Dans le rêve dont je te parlais, la mort se profilait, comme l'aboutissement inéluctable du cahotant chemin de croix, des trépidations de cette fièvre de puissance. Il y avait là une note burlesque, comme plusieurs fois déjà dans mes rêves où la mort est présente – cette fois-ci encore, une fois le sens saisi, il y a eu ce rêve, dans lequel sûrement entrait aussi la joie malicieuse (clairement perçue) du « rêveur » – on sentait qu'il avait dû s'amuser comme un petit fou à concocter ce rêve, aux consonances délibérément lugubres !

Ta lettre est venue avec une sorte d'à-propos assez étrange – le lendemain matin je recevais un coup de fil de Tinh (une proche amie, dont Christian sans doute t'a parlé), où entre autres choses et presque incidemment (mais j'y ai senti comme une bravade, une intention de provocation, dans cette espèce de mépris affiché à l'égard de son propre corps) qu'elle venait (après des mois de symptômes épuisants) de constater une tumeur de l'utérus, qui aurait de bonnes chances d'être cancéreux – le chirurgien préconise l'opération d'urgence. Mais c'était embêtant, parce qu'elle venait de payer un billet pour un voyage éclair aux États-Unis, le lui rembourserait-on, etc., etc. Le chemin de crucifixion de son propre corps, ça faisait bien longtemps que je la voyais engagée dedans – la nouvelle n'avait vraiment rien d'étonnant. C'est vraiment étrange qu'on voie si clairement souvent de telles choses, bien flagrantes, chez les autres, sans les voir chez soi-même, où on est encore bien plus aux premières loges ! C'est une dizaine de jours plus tard que j'ai eu le rêve du chemin de croix (c'était d'ailleurs en charrette et en camionnette, pas à pied – on n'arrête pas le progrès...), qui m'a fait comprendre que je suivais le même chemin qu'elle. Je lui ai d'ailleurs écrit en ce sens. Si ça se trouve, elle est opérée à l'heure qu'il est – elle ne m'a pas redonné signe de vie.

De Christian aussi, je n'ai pas signe de vie depuis un bon moment. Je suis d'ailleurs en reste encore d'une réponse à une longue et substantielle lettre de lui, du mois de décembre. Ça n'a peut-être plus grand sens que j'y réponde avec un tel décalage – si ça se trouve, elle est bien loin pour lui maintenant, et il a d'autres chats à fouetter – ou d'autres questions qui l'absorbent en ce moment. On a un peu perdu le contact, lui et moi, ce qui n'a pas été forcément une mauvaise chose peut-être. Tu laisses entendre qu'il passe des jours difficiles en ce moment, et je sais si peu des relations entre toi, lui et ton (votre ?) ami Huynh, que je n'ai guère idée en quoi sa vie « n'est pas rose tout le temps », comme tu dis. Mais sûrement n'est-ce pas la première ni la dernière fois que Christian est confronté à une souffrance – et je crois qu'il sait bien, au fond, que ça aussi, ce n'est pas une mauvaise chose…

Il commence à se faire tard – le remue-ménage a cessé – il y a un grand silence. Alexandre et Nari sûrement dorment, et je vais faire de même !

Affectueusement,
Alexandre

Le « mépris de son propre corps » était poussé chez lui à un degré surprenant. J'ai évoqué l'importance très grande qu'il accordait à la nourriture, combien il avait compris son impact sur la clarté de son esprit. Cependant, ce qu'il était capable d'exiger de lui-même semblait ne pas avoir de limites, ou presque – il affirmait parfois qu'il n'aimait pas « pousser la machine ». Une telle productivité signifiait en effet de longues périodes d'intense travail intellectuel.

Il raconte dans cette lettre un rêve qu'il fit, dans lequel l'un des deux personnages (représentant une partie de lui-même), « ivre de sa force, de son pouvoir », crucifie un autre personnage (autre partie de lui-même). Un travail de recherche mathématique tel qu'il pouvait l'accomplir tenait en somme d'une crucifixion. C'est ainsi que dans le tréfonds de lui-même il le traversait. Tous les créateurs n'ont pas vécu leur labeur comme un supplice.

Dans le milieu scientifique Alexandre était réputé pour sa singulière productivité. Il me dit un jour que l'une de ses particularités en tant que mathématicien était « de pouvoir faire en un mois ce qui nécessitait à la plupart de ses collègues une ou plusieurs années de travail ». Entendre un tel propos pouvait surprendre. Mais affirmer cela faisait partie de son « authenticité » : c'était vrai, tout simplement.

6. Les Aumettes, le 2 juillet 1983

Chère Odile,

Merci pour ton mot et les précisions que tu me donnes. Je viens d'avoir un mot de Yole aussi des USA, qui finalement pense être des nôtres quand même. Comme elle prévoyait de rentrer à Mazan le 25 au soir pour repartir le lendemain matin le 25 (car j'avais cru qu'on allait se retrouver le 26), je lui conseille de vous contacter pour se mettre d'accord avec vous, soit qu'elle arrive à venir un ou deux jours plus tôt, soit que vous soyez d'accord pour partir un jour plus tard que prévu – mais ne vous sentez pas obligés de modifier vos plans si cela vous ennuie, après tout on s'était entendus suffisamment à l'avance pour donner à Yole le temps de faire ses projets en conséquence, si elle tient à être des nôtres. Je suis en tout cas d'accord d'avance avec ce que vous aurez décidé.

Je te dis donc à bientôt – d'ici le bon début d'été à tous les deux !
Votre
Alexandre

7. Les Aumettes, le 24 septembre 1983

Chère Odile, cela me fait plaisir de recevoir ton mot, plus qu'un mot d'ailleurs – quelques échos de sentiments, pensées, perplexités... C'est vrai que nous nous connaissons peu, et avant cette balade on se connaissait encore moins. Cela n'empêche l'existence d'une confiance, et d'une communication. Une des choses que j'apprécie en toi, c'est que tu ne parles pas pour ne rien dire. Christian non plus, ni moi, mais plus que lui et moi, il me semble, tu laisses mûrir avant de parler, et tu ne parles que quand le moment est propice. Peut-être t'arrive-t-il de laisser passer des occasions pour parler, comme il m'arrive (plus souvent peut-être !) de laisser passer des occasions d'écouter. Pour ce qui est de mon testament, je suis content que tu t'associes à Christian pour les deux tâches dont il veut bien se charger, le moment venu. Il m'a écrit de Paris à ce propos, sans doute te fera-t-il lire ma réponse. Il me dit qu'il pense partir chez ses parents pour les vendanges, je m'attendais un peu qu'il en profiterait peut-être pour venir faire un tour ; d'après ta lettre ses projets seraient changés, puisqu'il doit rester à Launay pour le mois à venir ?

Tu parles de tes « tergiversations », d'un travail qui à la fois te passionne, et te coûte beaucoup, « car » il te « pompe beaucoup d'énergie ». Drôle d'explication ! Si tu sens une passion, ou si tu t'y investis, c'est évident que ça « pompe » de l'énergie, et dans les deux sens : ça t'en fournit (à un degré qui parfois te laisse bouche bée), *et* la transforme en autre chose. C'est un processus vital d'une grande force et il a en lui un pouvoir de fécondité. Le ton de regret presque dont tu parles de cette « pompe » montre que dans cette passion (si c'en est bien une) tu es divisée, et sans doute le pouvoir fécondant en est-il plus ou moins perturbé – ce qui est de nature à augmenter, à renforcer tes réticences. Cas typique de dispersion d'énergie, dû sans doute à une situation où tu n'es pas au clair avec toi-même, prise dans le conflit apparent de trois désirs ou besoins, vrais ou imaginaires je ne saurais le dire à ta place : ton travail « professionnel » vers l'extérieur, le travail vers l'intérieur, le désir de la maternité. Il y a un temps pour chaque chose et le vrai courage à vivre permet de sentir en chaque saison de notre vie, voire à chaque moment, où est l'essentiel et où est l'accessoire, voire la diversion. Bien des conflits, apparents ou plus ou moins occultés, apparaissent alors comme des conflits bidons... Mais si tu n'arrives à discerner entre des désirs en apparence contradictoires, peut-être vaut-il mieux encore suivre l'un d'eux en abandonnant toute réticence, pour t'en séparer sans regret le jour où il sera devenu clair que ce n'était pas un vrai désir à toi, ou que ce désir est brûlé. L'énergie investie alors n'est pas de l'énergie dispersée, c'est l'énergie qui circule dans une expérience suivie jusqu'à son aboutissement, et dont tu tires une connaissance au bout du compte, non un surplus de confusion.

J'ai embrassé Samara-Samba de ta part, elle est toujours aux Aumettes avec sa maman Johanna. Johanna et Samara semblent se plaire par ici, j'ai l'impression qu'elles se sont détendues, et « ça passe » assez bien entre chacune d'elles et moi. Serait-ce que Johanna, plus simple que Mireille, a fini par accepter qu'un certain jeu qu'elle jouait avec moi tourne désormais à vide ? Là je la sens assez naturelle et il y a une affection qui circule, sans effusions. Peut-être attendait-elle que je la pousse un peu pour s'installer « dans la région », ce dont je me suis bien gardé tu t'en doutes, du coup elle cherche à trouver que chose par ici, et je l'aide quand je peux le faire et qu'elle me le demande, Yole aussi bien sûr. Il y a de bonnes chances qu'elle trouve quelque chose avant son accouchement. En ce moment, Mémé est là (depuis une semaine), on fait très bon ménage ensemble tous les quatre, sans compter les jeunes gens du « cabanon » d'en bas qu'on voit assez souvent. Les mathématiques avec tout ça sont un peu beaucoup négligées, mais je ne le regrette pas – ce n'est pas pressé ça ! Je reprendrai sans doute après le départ de Mémé, après-demain, après une interruption quasi complète de près d'un mois.

Je vais te laisser en te souhaitant plein de bonnes choses, ainsi qu'à Christian.

Affectueusement à toi,
Alexandre

8. Les Aumettes, le 2 février 1984

Chère Odile,

Je ne m'attendais pas à recevoir signe de vie de toi de sitôt, et ai été content de lire tes quelques lignes. Il m'a semblé comprendre que tu prenais des leçons de chant – mais on n'a pas attendu ce moment, non, pour « chanter ensemble » depuis belle lurette, il me semble !

Ici la principale nouvelle est qu'Ahmed a réapparu. Il compte installer un cabinet d'acupuncture dans la région, pour être près des enfants et de Johanna. J'ai été vraiment content de le retrouver, et il a été aux petits soins pour moi – en ce moment j'ai la cote chez lui !

Donne le bonjour de ma part stp à Bay et à Françoise.

Affectueusement à toi,
Schurik.

Je sus plus tard qu'il avait demandé en 1984 d'entrer au CNRS. Après plus de dix années d'enseignement à l'université de Montpellier, il avait envie d'un autre travail. Ces tâches lui coûtaient, son cœur se serrait quand il les évoquait et il semblait presque accablé. Il les assurait avec sérieux comme toute responsabilité dont il était chargé, de quelque ordre qu'elle fût, mais ne percevait en ces travaux que peu d'intérêt. Tout au plus y trouvait-il la joie de la vulgarisation, la satisfaction de sortir de la tour d'ivoire dans laquelle il avait été enfermé pendant sa période de mandarinat.

Il présenta dans son dossier de demande d'admission au CNRS une ébauche des recherches qu'il désirait entreprendre, *Esquisse d'un programme*. Mais dans sa lettre de candidature il exigea de ne pas avoir à s'occuper d'étudiants en thèse. Cette condition étant rédhibitoire pour son admission, celle-ci lui fut refusée. Le CNRS trouva une solution moyenne, un statut qui prévoyait que le salaire d'Alexandre lui soit payé par le CNRS et qu'il garde son poste à l'université de Montpellier, pour lequel il n'aurait plus à assurer de tâches d'enseignements.

Il est difficile d'évaluer l'influence de cette situation ambiguë sur sa productivité en mathématique pendant ces années qui précédèrent sa mise à la retraite. Il est probable qu'une admission claire au CNRS l'aurait stimulé à publier. D'autres facteurs ont également pu entrer en jeu, tels des jalousies et un rejet de la part d'un milieu professionnel dont il s'était lui-même séparé plus de dix années auparavant, ainsi que les rigidités administratives : « Il faut protéger les forts contre les faibles », pourrait-on dire avec Nietzsche, dans ce cas.

Mais Alexandre ne semble pas avoir fait preuve non plus de beaucoup de souplesse dans cette candidature. Peut-être au fond était-il « divisé » (pour reprendre un terme qu'il aimait utiliser…) dans son désir de réintégration d'une institution officielle : j'ai déjà relevé que ses tendances anti-establishment étaient très marquées.

En 1988 j'eus connaissance de la lettre qu'il avait adressée à l'Académie des sciences royale de Suède et envoyée au journal *Le Monde* pour expliquer les raisons de son refus du prix Crafoord (attribué conjointement à lui-même et à P. Deligne) d'un montant de 270 000 dollars. Il y dénonçait « le pillage pur et simple entre confrères (et surtout aux dépens de ceux qui ne sont pas en position de pouvoir se défendre) [...] devenu quasiment une règle générale, et [...] en tout cas toléré par tous, y compris dans les cas les plus flagrants et les plus iniques ». Il stigmatisait « un esprit et [...] une évolution, dans le monde scientifique, [...] profondément malsains, et d'ailleurs condamnés à disparaître à brève échéance tant ils sont suicidaires spirituellement, et même intellectuellement et matériellement ». Et il concluait en écrivant : « Je ne doute pas qu'avant la fin du siècle, des bouleversements entièrement imprévus vont transformer de fond en comble la notion même que nous avons de la “science”, ses grands objectifs et l'esprit dans lequel s'accomplit le travail scientifique. »

Il se demandait en somme ce qu'était devenue la contemplation de la beauté de l'univers mathématique, lâchait la bride à son sens de la justice et son obsession de la vérité : la plupart des scientifiques étaient selon lui mus en premier lieu par des ambitions personnelles, égotiques. « Ils se pressaient vers la lumière, comme l'écrivit Nietzsche, non pas pour voir mieux, mais pour mieux briller. » La science officielle était devenue une machine colossale à produire des connaissances ; celles-ci n'avaient pour la plupart aucun intérêt ou leur acquisition ne faisait pas partie des tâches les plus urgentes que l'humanité devait dorénavant accomplir.

Alexandre s'exprimait avec sa spontanéité habituelle, désarmante, était capable de crier en plein désert : il m'avait dit un jour qu'à certains moments de notre vie il faut avoir le courage de clamer haut et fort ce que l'on pense, à contre-courant de l'opinion dominante, même si l'on sait que cela ne servira en rien – au moins en apparence et dans l'immédiat.

Ce refus d'un tel prix fit écho en moi à une conversation que j'avais eu un jour avec lui au sujet des récompenses élevées attribuées aux scientifiques brillants. Il m'avait dit qu'il lui paraissait plus cohérent d'un point de vue éthique de refuser ce genre de prix. Il avait pourtant accepté la médaille Fields en 1966, même s'il ne voulut pas assister (pour des raisons politiques) à la cérémonie de remise de cette récompense qui eut lieu en URSS. Ce prix lui fut attribué pendant la période antérieure à ses prises de conscience du début des années 1970. Je lui avais demandé s'il pensait imiter Jean-Paul Sartre en envisageant ainsi de décliner un prix tel que la médaille Fields. Sartre avait en effet refusé le prix Nobel de littérature. Alexandre m'avait répondu qu'il ne fallait pas « imaginer tout de suite qu'on est Jean-Paul Sartre ». Un tel point de vue relevait de sa modestie spontanée, même s'il aurait pu se douter que son œuvre mathématique avait au moins autant d'importance, dans un domaine autre de la connaissance, que l'œuvre littéraire et philosophique de Sartre. Alexandre percevait les récompenses scientifiques ou autres dans l'ensemble du contexte de ce qu'il avait nommé « Nouvelle Église universelle » et de sa collusion avec le complexe militaro-industriel dont il désirait demeurer autant que possible à l'écart. De ce point de vue, accepter le prix Crafoord n'aurait pas été cohérent même si cet argent aurait pu être reversé à des associations écologiques ou humanitaires, par exemple.

Sa décision de s'isoler, en 1991, avait été longuement méditée. Sa solitude à Lasserre pendant les premières années ne fut cependant pas totale ; elle s'intensifia peu à peu au point qu'il ne voulût plus recevoir personne. Pendant cette période de sa vie il resta au courant dans une certaine mesure de l'avancée des mathématiques et garda un lien par correspondance avec quelques mathématiciens. Il ne lui était pas nécessaire pour être bien informé d'avoir de nombreux contacts dans le milieu scientifique ou de participer à des séminaires.

Son ultime désir était d'entreprendre « un dialogue avec Dieu » dans une solitude aussi parfaite que possible et dans la liberté. Il voulait essayer de « tout comprendre » – une bonne fois pour toutes ! Et il tenta de se dégager, avec violence, de toute relation affective. « L'affection peut soulager, avait-il écrit quelques années plus tôt dans *La Clef des Songes*, elle peut même nourrir, mais elle ne libère pas. » Comment pourrions-nous le lui reprocher, même si cette décision fut au prix d'accabler de tristesse son entourage ?

Cependant, même les plus obstinés des ermites acceptaient parfois de recevoir leurs proches, et bien souvent d'ailleurs l'érémitisme n'était qu'une période dans leur vie. Celui d'Alexandre eut plutôt le visage de ce que lui-même nommait « une fuite », en pareil cas. Un tel esseulement ne me semblait pas une garantie absolue de créativité. Restent à explorer les quelques dizaines de milliers de pages de notes mathématiques ou philosophiques qu'il laissa de ces vingt-trois années d'isolement…

Au printemps 1984 je m'étais débarrassé de presque tous mes livres, n'avais gardé que Rimbaud, Tagore, Krishnamurti, Spinoza, un volume sur l'enseignement de Ramakrishna, *La Bhagavad Gita*, une édition du *Tao Te King*, un livre de Claude Aubert sur l'agriculture biologique et une petite flore. J'avais besoin d'action et mis de côté quasiment toute lecture. Nous nous plongeâmes dans le ramassage et la culture de plantes médicinales dans un lieu très retiré des Alpes du sud, en montagne, à plusieurs heures de marche, inaccessible en véhicule. La nature, moins anthropisée en de tels sites, parut constituer le référentiel, le socle qu'Odile et moi recherchions. Mes rêves angoissants et récurrents de noyade cessèrent. Nous connûmes difficultés matérielles et soucis de toutes sortes. Certains amis nous dirent que nous jouions « le retour à la Nature », l'idéal rousseauiste, et que cela nous passerait. Cet ensauvagement fut une expérience forte, nous eûmes le sentiment d'un recommencement, d'un allègement. Ne pas utiliser d'outils mécaniques pendant quelque temps permet d'en user ensuite avec modération.

Après une telle expérience de survie, robinsonnade de près de dix ans, les échanges avec Alexandre et son intelligence lumineuse, abyssale, me manquèrent. La beauté de la nature de l'arrière-pays des Alpes-Maritimes, la douce lumière de cette région méditerranéenne ne me suffisaient pas. Pendant toutes ces années, je ne me souviens que d'une lettre que je lui écrivis, pour lui annoncer la naissance de notre fille Ananda fin mars 1986. Il ne me renvoya pas cette lettre mais ne me répondit pas – il était vraiment fâché, ce que je comprends après la violence avec laquelle j'avais instauré une coupure avec lui, deux années auparavant. Vers le milieu des années 1990, je m'étais un peu posé et eus envie de le revoir. J'avais eu besoin de marquer une distance et compris que cette attitude était à mettre sur le compte de mon jeune âge. Il avait fallu que j'avance dans ce que Jung nomme « processus d'individuation ». Et je voulus alors savoir où Alexandre en était, ce qu'il avait trouvé dans ses méditations, lui parler de mes propres travaux. Je regrettais de ne pas avoir maintenu avec lui un lien même mince et tentais de renouer le contact pendant des années, par des lettres que je lui envoyais en essayant toutes sortes de ruses. Il était trop tard. Quand j'indiquais mon adresse au dos de l'enveloppe, il me renvoyait ma lettre en écrivant invariablement « Retour à l'envoyeur » d'une écriture fine et nerveuse. Quand je ne l'indiquais pas, il ouvrait le courrier, la trouvait, glissait ma lettre dans une nouvelle enveloppe et me la retournait. Je n'étais certes pas le seul à faire ce genre de tentatives. Je savais qu'il ne recevait quasiment personne et faisait tout pour protéger sa solitude. Un cauchemar récurrent me poursuivit pendant des années – à vrai dire, presque jusqu'au moment où je le revis, alors même qu'il parvenait au terme de sa vie : il était enfermé dans une forteresse entourée de murailles élevées. Je tournais autour d'elle en cherchant comment y pénétrer, et sans jamais parvenir à trouver la moindre entrée. J'étais désespéré. Alexandre s'était emmuré.

Alors je compris peu à peu, douloureusement, que nos dialogues me manqueraient toujours. Et depuis lors je me surprends encore à penser bien souvent à des questions que je n'ai pu lui poser, et à imaginer des conversations que nous n'avons pas eues en raison de mon immaturité. Je pris aussi la mesure de notre amitié. Je voulais lui parler de ma lecture de Spinoza (j'étais peiné qu'Alexandre soit manifestement passé à côté de son message…), lui dire combien les conceptions de ce philosophe – qui par certains aspects de son caractère me semble si proche de lui – m'avaient aidé dans mes recherches sur les plantes. J'aurais voulu réfléchir avec lui sur la mort. Avec bien d'autres personnes rencontrées, moines bouddhistes par exemple, j'avais bien souvent l'occasion d'évoquer la mort, mais leurs propos me semblaient le plus souvent être une simple répétition de leurs croyances.

Certains moines chrétiens m'avaient donné à peu près le même sentiment. Au mois de décembre 1978 j'avais écrit au père Victor

Sion, de l'ordre des Carmes déchaux, pour solliciter une entrevue. Il était prêtre-ouvrier et vivait avec deux jeunes collègues dans une HLM de la banlieue d'Orléans. Le père Sion m'avait parlé de sa propre peur de la mort et de la fin en lui de cette peur, de sa compréhension que la mort n'est que « la séparation de l'âme et du corps » : ces propos prononcés par un religieux hypersensible qui avait passé sa vie à prier (il regarda mes mains, mes oreilles, j'eus l'impression qu'il déshabillait mon âme), sonnaient pour moi de manière plutôt abstraite. Je sentais à l'arrière, peut-être à tort (j'étais allergique à toute religion organisée), la présence du dogme. Dans les paroles d'Alexandre à propos de la mort je n'entendais rien de « théorique ». Les limites mêmes de ses compréhensions étaient exprimées avec modestie.

Alexandre fut très intéressé par le récit que je lui fis de mon entrevue avec ce carme, me dit qu'il le « sentait bien » et imaginait que c'était le genre d'être « qui serait heureux qu'un enfant de sa famille intègre l'École polytechnique ». Victor Sion m'avait conseillé instamment de revenir dès que possible à mes travaux en physique, en affirmant que si je ne le faisais pas, je le regretterais toute ma vie. Mais d'autres portes s'ouvrirent pour moi. Alexandre avait pressenti le conditionnement de ce religieux, son conformisme, son attachement à la réussite sociale, au prestige, aux idées convenues. Je savais que le général de Gaulle lui avait rendu visite régulièrement avec son épouse, dans les moments difficiles d'exercice de son pouvoir. Et le père Victor Sion y fit allusion lors de notre échange en me racontant combien renoncer au pouvoir, en 1969, avait coûté à de Gaulle et plus encore à son épouse.

Je n'eus d'Alexandre que de lointains échos pendant les années de son isolement entre 1991 et sa mort. Dans le cercle restreint de sa famille et de ses proches nous avions connaissance du lieu où il s'était établi.

Vers le milieu des années 1990, j'appris qu'il cultivait des rosiers avec soin. Des personnes avaient vu son jardin, certaines avaient échangé quelques mots avec lui – avant qu'il ne les congédie vite. J'avais su aussi que vers la fin de sa vie, il parlait aux plantes dont il s'occupait. Ceci pourrait apparaître comme une preuve de démence. Je ne le comprends pas ainsi. Les plantes, qu'il pressentait être dotées d'une forme de sensibilité dont il reste à explorer la nature, furent pour lui des présences vivantes dans l'effroyable solitude qu'il s'était infligée. Je fus plutôt rassuré qu'il ait maintenu avec le monde vivant un certain lien. Peu de temps avant sa mort, ses enfants purent enfin pénétrer dans sa maison de Lasserre. Ils trouvèrent de multiples pots de plantes, posés sur le sol. Alexandre avait tracé parmi eux des petits sentiers pour pouvoir se déplacer. Il vivait ainsi en compagnie de ses amies silencieuses.

Un autre scientifique remarquable, le physicien Nicolas Tesla, avait orienté son énergie créatrice sur l'étude des phénomènes électromagnétiques et finit ses jours à New York, dans la solitude, dans une chambre d'hôtel dont il ne sortait guère. Il ne parlait plus qu'aux pigeons. Ceci semble avoir été une compensation : ce physicien avait travaillé avec une telle passion dans un domaine de « non-vie » – celui du monde de l'électricité – qu'il avait peut-être besoin de trouver, ou de retrouver, des dimensions de la nature plus liées au vivant. Alexandre avait voyagé dans l'univers des abstractions mathématiques et en éprouvait aussi la nécessité, d'autant plus qu'il s'était lui-même isolé. Il semble exister bien des similitudes entre lui et Tesla, par exemple leur exceptionnelle capacité de travail, leurs originalités en tant que chercheurs ainsi que la lassitude qu'ils éprouvèrent à l'égard du genre humain vers la fin de leur vie – accablement d'intelligences supérieures face aux carences des êtres ordinaires ? Cependant, Tesla, à l'inverse d'Alexandre, était très attaché à la réussite sociale.

Après la mort de son père, Matthieu Grothendieck trouva dans des papiers en désordre présents dans la maison de Lasserre une remarquable lettre, assez récente (janvier 2012), écrite par Alexandre à son jardinier à propos du livre *Plaidoyer pour l'arbre* du botaniste Francis Hallé. Matthieu me la communiqua. Le jardinier avait prêté cet ouvrage à son client. Dans cette lettre (je ne sais si elle fut envoyée à Hallé), Alexandre critique vivement ce botaniste d'ignorer « ce fait élémentaire, et névralgique : que l'arbre a des *sentiments* ». Aux yeux de Francis Hallé, écrit Alexandre, « l'arbre est un étranger ».

Cette lettre me sembla un écho à nos réflexions sur la nature de l'approche scientifique contemporaine. Le point de vue exprimé par Alexandre à l'encontre des conceptions de ce botaniste est en effet très éloigné de ceux des paradigmes dominants, pour lesquels une plante se réduit à un ensemble de gènes, de composants chimiques, d'organes repérés avec minutie et désignés par la botanique classificatoire. À l'école, dès le premier regard porté sur une plante, lors d'une description de la plus banale (en apparence) des fleurs, par l'énumération et la désignation des organes floraux – dès cet instant une orientation est donnée, une limitation assignée à notre compréhension.

Cette approche me parut limitée dès lors que je me tournai vers les plantes ; je sentis qu'elle n'aurait que trop répondu à mes propres tendances obsessionnelles. Je n'avais pas quitté un domaine de la science officielle pour sombrer dans un autre qui relevait d'un paradigme similaire. En outre, je préférais l'extrême rigueur de nos plus belles théories physiques, leur élégance, aux imprécisions des classifications des plantes et à leur inadéquation manifeste à une compréhension plus approfondie du règne végétal. Je pris vite conscience de l'insuffisance des taxonomies qui (par exemple) établissent souvent au sein d'un genre botanique, des coupures plus ou moins arbitraires, en occultant le continuum qu'un regard autre permet de percevoir. Le point de vue de Linné, « classer c'est connaître », me parut confondre la carte et le territoire, ne dissiper que très partiellement le mystère qu'est la vie végétale. Le point de vue analytique en termes de constituants chimiques, me sembla pécher par le même travers : la distinction de chémotypes au sein d'une espèce végétale me parut floue, insuffisante pour rendre compte de la richesse et de l'organisation sublime d'un tel être vivant. Et pour couronner cela, je constatai que la phytothérapie tentait de comprendre les propriétés thérapeutiques d'une espèce à partir de simples considérations sur certains constituants chimiques considérés isolément, en éludant par là même l'immense richesse du chimisme, sa complexité abyssale. Je me retrouvais donc ramené aux questions dont Alexandre m'avait fait part dès notre premier échange personnel à Villecun en 1975, quelques années après qu'il eut hésité à quitter les mathématiques pour se tourner vers la biologie. Il m'avait alors dit sa consternation face à ce faux espoir, ce paradigme inadéquat qu'il résuma ainsi : « comprendre la vie à partir des statistiques ». Ces paroles avaient étrangement résonné en moi et faisaient écho à des questions qui m'habitaient depuis mon adolescence.

Lettre d'Alexandre Grothendieck à son jardinier

Lasserre le 19.1.12

Merci, merci ! cher Mr Herbert, pour votre magnifique travail et celui de Rémi, et pour la chaleur, et le soin infini, que vous y avez mis. Vous ne pouvez vous imaginer à quel point je suis soulagé de voir ce jardin entre de bonnes mains, alors que les forces me font défaut. Car vous ne pouvez imaginer à quel point je souffrais, impuissant, avec mes amies plantes, de voir l'état de ce qui fut un jardin. Mais voilà à nouveau un beau jardin, digne de ces amies et où elles peuvent se plaire.

Pour faire honneur au beau livre de Francis Hallé que vous m'avez donné tantôt, j'ai passé ce matin près de 3 heures à le parcourir, alors pourtant que le travail pour mes amies m'appelait avec urgence. Un livre sur l'arbre ! J'ai noté deux belles qualités de ce « plaidoyer » (?) : une chaleur, et un respect pour l'arbre. J'imagine que c'est là ce qui vous incite à me le donner. Mais comment se fait-il que vous étiez en possession de ce livre ? Seriez-vous un ami de l'auteur ? (Celui-ci cite longuement un ami élagueur, José le Piez.)

J'ai noté également ce qui est sûrement la plus grande carence de ce livre : l'auteur est trop savant, sa bibliographie de 292 titres trop impressionnante. L'arbre est un étranger, qu'il respecte et auréole d'un passé géologique prestigieux*. Il n'a pas soupçon qu'un homme puisse partager la souffrance d'une plante, ou d'une branche, une feuille, une fleur de celle-ci, ou faire sien le contentement de cette âme, ou sentir son affection et en être réconforté. S'il me lisait, ce que j'évoque à l'instant, il me prendrait pour un illuminé. (« Anthropomorphe » de surcroît.)

Puisque je vous vois si bien disposé vis-à-vis de moi, je demanderais bien encore votre assistance, pour certains livres que je n'arrive pas à me procurer par des librairies. Si vous le voulez bien, je vous en ferai une liste une autre fois.

Dans l'attente de vous revoir mardi (peut-être avec le livre d'Alice Courouble, qui sait !), bien cordialement,

Alexandre

* Et de citations d'auteurs non moins prestigieux. Tout en ignorant ce fait élémentaire, et névralgique : que l'arbre a des *sentiments*, souffre quand il est agressé, ou mésestimé, apprécie les marques d'attention, d'estime ou d'affection.

Je fus touché par la lettre qu'Alexandre écrivit à son jardinier à propos du *Plaidoyer pour l'arbre* de Hallé. Il pressentait que les plantes sont des êtres vivants et que le point de vue académique ne suffit pas à dissiper le mystère qu'elles incarnent. Je trouvai donc ce commentaire d'Alexandre en résonance avec ce que je traversai moi-même. Au début des années 1990 je m'étais en effet aperçu qu'il est possible de pénétrer, par notre sensorialité, dans le chimisme d'un extrait de plante, de le relier à ce que nous pouvons convenir de nommer *génie* de l'espèce végétale, de rechercher une compréhension de l'ordre de celle que Spinoza décrit dans son *Éthique* pour les concepts moraux. Je compris que ce faisant nous nous écartons des conceptions mécanistes formulées par Galilée, par sa distinction entre les « qualités premières » (position, forme, mouvement des corps...) et les « qualités secondes » (goûts, odeurs, saveurs...) qui selon lui « ne sont plus que des mots quand on les sépare des êtres vivants... ». Ces « qualités secondes » n'existeraient selon Galilée que dans la conscience de l'observateur et seraient dépourvues de tout intérêt, n'auraient aucune valeur cognitive. Ceci semble être une définition parfaite de la *vision matérialiste* de la Nature. Seules les « qualités premières » prises en compte par la physique auraient un sens. Ce qui peut être perçu de manière sensorielle n'aurait aucune réalité propre et ne pourrait fonder une connaissance de quelque ordre qu'elle soit. Ces conceptions sur la prééminence des « qualités premières » font écho à celles de Kepler : « Ces nombres m'ont plu parce que ce sont des quantités, c'est-à-dire quelque chose qui exista avant les cieux. Car les quantités furent créées au commencement en même temps que la substance : mais le ciel ne fut créé que le deuxième jour ». Ainsi, selon Kepler, les mathématiques seraient la clé définitive de l'interprétation des choses, toutes les régions de la réalité seraient descriptibles en termes mathématiques.

La vision d'Alexandre à propos de la connaissance scientifique telle qu'elle existe aujourd'hui, vision évoquée par exemple (de manière allusive) dans sa lettre du 10 septembre 1976, est aux antipodes de celles de Kepler ou de Galilée. Alexandre était intimement persuadé que la description de certaines « régions de la réalité » ne pourra relever des mathématiques, que celles-ci ne sont pas le langage adéquat pour cela. J'ai cité à propos de sa lettre du 30 mars 1982 quelques traits qu'il entrevoyait dans notre « science de demain », évoquée dans sa *Clef des Songes* (1988) : la nécessaire implication de notre psyché et de notre corps.

En 1997, le botaniste Jean-Michel Florin attira mon attention sur les travaux de Goethe sur les plantes : l'auteur du *Werther*, plus connu pour son œuvre poétique et littéraire que ses recherches sur le monde végétal, se fonda sur les conceptions spinozistes de la connaissance et tenta une autre approche vers la fin du XVIIIe siècle qui vit pourtant l'émergence de la chimie analytique. Ce même siècle avait aussi connu l'avènement de la méthode de taxonomie linnéenne. Je compris que Goethe, chercheur inclassable, « mutant » selon Alexandre, avait commencé à explorer une voie d'accès à une compréhension plus approfondie du vivant, des plantes du moins, par l'étude de ce qu'il avait nommé *métamorphose* : par l'observation fine du déploiement de la plante au cours de sa croissance, il avait cherché à la saisir en tant qu'unité, ensemble doté d'une organisation générale (en relation selon lui avec l'archétype platonicien) que les méthodes analytiques ne peuvent appréhender, par leur nature même : par une intuition analogue, Alexandre parla dans sa *Clef des Songes* du « phénomène » en tant que manifestation, expression du « plan spirituel ». Cette recherche présente cependant une difficulté épistémologique majeure : malgré toute la rigueur impliquée dans ce type d'observation, on ne peut éluder que cette méthode procède de la sensorialité humaine, laquelle devient outil de connaissance. Après avoir trouvé cette porte fortuitement au début des années 1990, je pris donc appui quelques années plus tard sur les travaux de Goethe, encouragé par ses conceptions qui me semblèrent dès l'abord annoncer l'avenir même si elles n'étaient demeurées qu'à l'état ébauche. Et depuis lors je tentais dans mes recherches sur les plantes, d'approcher leur *être*, c'est-à-dire de sortir de la caverne, pour reprendre la métaphore de Platon : j'entrepris d'essayer d'entrevoir cette « unité » que les approches académiques des plantes, classificatoires ou chimiques, nécessaires mais non suffisantes, ont occultée. Je fus rassuré de voir, en avançant, que les deux points de vue, goethéen et académique, ne sont pas contradictoires mais complémentaires, peuvent faire l'objet de travaux que Kuhn nomme « ajustements » entre paradigmes. Dans un opuscule peu connu de W. Heisenberg, *Le Manuscrit de 1942*, je trouvai aussi exprimé un point de vue de ce genre, à propos de la nécessité d'un changement radical de paradigme pour la compréhension de ce que le co-inventeur de la mécanique quantique examine dans la « région de la réalité » qu'il désigne en tant que « vie organique » : il s'appuie sur Goethe – non pour les recherches de ce poète sur les plantes, travaux qu'il n'a manifestement pas lus –, mais pour sa conception de l'existence de diverses « régions de la réalité » descriptibles par des méthodes d'approches et des ensembles de concepts différents. Et il exprime l'idée forte de la nécessité de l'implication de l'observateur dans l'approche du vivant, plus adéquate à sa description que les actuels points de vue : « Peut-être n'est-il pas possible de démarquer la région de la réalité qui englobe la vie organique de la région plus étendue qui inclut, dans ses parties accessibles au langage ordinaire, le savoir sur l'âme humaine ». Pour de telles descriptions, écrit-il, le recours à des « allégories » (nous dirions plutôt : des métaphores) sera nécessaire. Il s'agirait donc de saisir, selon l'indication de Heisenberg, ce que nous pourrions nommer « l'organisation supérieure » d'un être vivant, organisation non appréhendable même par les méthodes analytiques les plus fines. Cette idée était aussi celle de Grothendieck, qui n'avait lu ni cette œuvre originale et hardie de Heisenberg, ni celle de Goethe sur les plantes, mais entrevoyait cela de manière vague, suffisamment précise quand même pour formuler des conceptions de ce genre – j'ai déjà remarqué qu'il était sensible à la nature, surtout depuis son installation à la campagne. Ou plutôt, il avait retrouvé les liens qu'il avait pendant son enfance, sans doute comme chacun de nous.

De telles relations à la nature peuvent être rapprochées de celles que les peuples premiers entretiennent avec elle. L'homme moderne peut considérer ces liens comme surannés, des vestiges de dispositions primitives, régressives, l'expression d'une nostalgie d'un état de fusion avec la nature environnante : ce point de vue sur « les cultures primitives » semble erroné et nous sommes en train de payer sévèrement notre incompréhension. L'ethnologue Thierry Sallantin observa deux botanistes français en Guyane, en mission dans la région du cours supérieur de l'Oyapock. Ils tiraient des coups de fusil vers le haut de la canopée pour tenter de détacher des branches fleuries d'un arbre qu'ils désiraient identifier. Les Indiens Wayampis les regardèrent un moment avec stupéfaction et finirent par rire. Ils montrèrent à ces botanistes qu'en cognant légèrement le bois avec leur machette et en écoutant le son émis, en sentant l'odeur de l'écorce, ils pouvaient l'identifier au sein d'un ensemble d'arbres botaniquement proches. Leur relation au monde végétal est certes très différente de la nôtre. Elle entre davantage en résonance avec les conceptions de Goethe (par exemple) qu'avec nos points de vue analytiques actuels !

Mon regret le plus amer est de n'avoir pu communiquer avec Alexandre sur ces recherches dont il aurait sans peine compris l'esprit, puisque nous en avions parlé dès nos premières conversations et qu'il les précisa plus tard dans des extraordinaires passages de *La Clef des Songes*. J'ai le sentiment qu'il aurait saisi en quelques heures les fondements de tels paradigmes pour l'approche du règne végétal et les aurait recoupés avec ses propres questionnements sur la nécessité d'autres approches, pour la compréhension des « régions de réalité » particulières qui concernent le vivant. Il aurait aussi compris que ces conceptions, par le contact particulier et intime qu'elles permettent avec les plantes (ces recherches sont des expériences de non-séparation, de contact direct avec l'unité constituée par un être vivant), signifient un approfondissement de notre relation à la nature, relation devenue aujourd'hui pathologique. Je découvris dans la *Clef des Songes*, entre autres merveilles, ce commentaire d'Alexandre sur le « mutant » Edward Carpenter, passage dans lequel une telle vision est évoquée : « Carpenter insiste sur la dimension spirituelle de la perception sensorielle, qui selon lui est appelée à s'affiner au point que tous les sens finissent par se sublimer et par s'unir dans un sens unique de perception cosmique, d'essence spirituelle. [...] Il souligne que le stade "civilisationnel" de l'humanité ([...] qui à présent est prêt de toucher à sa fin [...]), se distingue du stade qualifié de "sauvage" ou de "barbare" (!), par une extraordinaire régression de l'acuité sensorielle, allant d'ailleurs de pair avec une coupure de plus en plus marquée par rapport à l'environnement naturel. [...] Nous serions appelés à retrouver toute la finesse de perception sensorielle perdue, en même temps que la conscience de nos liens à l'environnement naturel et au Tout Cosmique, comme un de nos moyens essentiels et négligés d'exploration et de connaissance du monde, indissolublement lié et peut-être [...] indiscernable de nos facultés intuitives tant intellectuelles que spirituelles[1]. »

*

J'eus connaissance en 2010 de sa *Déclaration d'intention de non-publication*, reproduite dans la revue *La Recherche* : « Je n'ai pas l'intention de publier, ou de republier, aucune œuvre ou texte dont je suis l'auteur, sous quelque forme que ce soit, imprimée ou électronique, que ce soit sous forme intégrale ou par extraits, textes de nature scientifique, personnelle ou autres, ou lettres adressées à quiconque – ainsi que toute traduction de textes dont je suis l'auteur. Toute édition ou diffusion de tels textes qui aurait été faite par le passé sans mon accord, ou qui serait faite à l'avenir et de mon vivant, à l'encontre de ma volonté expresse précisée ici, est illicite à mes yeux. » Cette revue avait reproduit la lettre elle-même, manuscrite. Son contenu était précis et avait été manifestement bien médité. Mais je fus effrayé par son écriture, la trouvai disloquée, déséquilibrée, même compte tenu de l'âge qu'il avait alors, près de quatre-vingt-deux ans. C'était celle de ses mauvais

1. *La Clef des Songes,* (134), « Les mutants », (10), « La réconciliation ».

jours. Son écriture était le plus souvent ronde, élégante, ouverte, généreuse. Elle pouvait être plus grosse encore, solennelle presque, quand il avait beaucoup réfléchi, estimait que ce qu'il avait à exprimer était important et lui tenait à cœur : il disait alors en riant qu'il avait écrit de « sa plus belle plume ». Parfois son écriture était petite et nerveuse, troublée, par exemple quand il était irrité et rédigeait un courrier de manière précipitée, sans en avoir envie.

Dans cette *Déclaration d'intention de non-publication* Alexandre disait son désir de coupure avec les hommes, « de son vivant » : aucun texte de lui, de quelque nature qu'il fût, récent ou non, ne devait être publié. Ceci signifie des dispositions de fermeture extrême, de repli sur soi, presque d'implosion. Je le savais capable d'attitudes de ce genre, plus ou moins intenses. Elles atteignirent à ce moment un point culminant. Il devait avoir le sentiment que ses publications le maintenaient encore en contact avec l'humanité sur un plan immatériel et pouvaient perturber la solitude totale qu'il souhaitait. Il croyait en effet à l'existence de tels niveaux de réalité, sur lesquels nous sommes tous reliés. Ce désir de *non-publication* n'alla pas jusqu'à ne plus vouloir qu'il y ait la moindre édition de ses œuvres *après* sa disparition. S'il avait exprimé ce souhait, le présent livre n'existerait pas. Mais Alexandre savait qu'il lui était impossible de gommer son passage, de disparaître de la surface de la terre sans laisser la moindre trace, comme la plupart des humains.

Dans sa chambre à Lasserre ses enfants découvrirent peu de temps avant sa mort les écrits qu'il nous laissait : une cinquantaine de volumes soigneusement rangés sur la cheminée, tels un cadeau donné aux hommes, un témoignage de son travail, une ultime preuve de son appartenance à l'humanité et de son amour pour elle malgré les années de solitude farouche de la fin de sa vie.

*

En juillet 2012 j'essayais de le voir, comme bien d'autres personnes avaient tenté de le faire. Je me rendis à Lasserre et attendis quelques heures devant son portail. La lumière électrique de la cuisine était allumée. Aucun bruit ne provenait de la maison. Je parlais un peu avec sa voisine, une dame qui me donna quelques nouvelles de lui. Elle avait beaucoup souffert de ses exigences. Alexandre lui avait reproché peu de temps après son installation dans ce village de gaver les oies et de martyriser ainsi les animaux. Il ne lui adressait plus la parole depuis des années. Alexander-Sascha me raconta plus tard qu'un habitant d'une maison voisine écrivit une lettre à Alexandre, pour se plaindre qu'une branche d'un arbre du jardin d'Alexandre abîmait les tuiles de la toiture de sa maison. Ce voisin lui demanda de tailler cet arbre. Alexandre lui répondit aussitôt par écrit que c'était plutôt sa toiture qui empêchait l'arbre de pousser ! Ses relations avec son voisinage étaient tendues ou inexistantes.

Ses pas avaient tracé un petit sentier depuis la porte d'entrée jusqu'à la rue. Il sortait peu et surtout pour prendre son courrier dans la boîte à lettres. Sa voisine me raconta qu'il s'organisait pour se rendre en ville le moins souvent possible et que, même pour les soins dentaires, il appelait un taxi qui le ramenait ensuite chez lui. Un producteur de légumes et de fruits passait pour lui apporter sa nourriture, qu'il choisissait toujours avec beaucoup de soin.

Quand l'heure de sa probable sortie approcha, je compris après bien des résistances intérieures qu'il fallait respecter sa solitude puisqu'il en avait exprimé le désir. Vouloir à tout prix lui parler aurait été de l'irrespect. Je partis, la mort dans l'âme, et ne le revis que juste avant sa mort, un peu plus de deux années plus tard.

*

Au mois de juillet 2014 je fis un rêve d'une extraordinaire force et à partir de ce moment j'eus la conviction intime qu'Alexandre allait bientôt parvenir au terme de son expérience terrestre. Ce rêve m'incita à dactylographier ses lettres et à commencer à prendre les notes qui constituent avec elles le présent livre. Je reconnus ce rêve comme un message venu d'une région « non ordinaire » de la réalité. Il me sembla porter une vérité précieuse. J'ai peine à concevoir qu'il puisse s'agir d'une simple élaboration de mon propre inconscient, comme pourraient l'affirmer certains psychanalystes. Ou alors, il faudrait admettre que cet « inconscient » ne se limite pas à celui qu'ils ont pensé !

J'étais dans une ville bruyante, parmi les hommes. Dans une rue habitait Alexandre ; il pouvait disposer de toute une série de pièces dans sa maison et s'était enfermé dans l'une d'elles. J'errais de l'une à l'autre, le cherchant en vain, dans l'angoisse. Je perçus soudain quelle était celle dans laquelle il se trouvait et commençai à lui parler à travers la porte qu'il avait fermée à clef. Je lui fis part de pensées qui me touchaient et concernaient nos capacités humaines à connaître. Je lui demandai désespérément d'ouvrir la porte, lui dis que je voulais le voir et lui parler. Il ne répondit pas et je finis par hurler en frappant avec mes poings sur la porte, en le sommant de l'ouvrir, en pleurant, en criant que maintenant cela suffisait, sa claustration était devenue insupportable, nous ne pouvions plus demeurer dans une telle horreur, une telle tristesse. Alexandre m'écouta enfin, sortit et nous commençâmes à parler de questions qui nous tenaient à cœur. Je lui expliquai que trente années auparavant j'avais dû m'éloigner de lui, fuir pour être moi-même, mais que pendant tout ce temps il était resté présent dans mes pensées. Je le trouvai dans une sorte de désespoir mais aussi de concentration intense – celle dont il était toujours capable, l'élan vers la compréhension, une tension permanente pour découvrir l'Inconnu. Nous nous serrâmes dans les bras et je lui rappelai ce qu'il m'avait bien des fois expliqué, que la recherche en mathématique consiste en la saisie de vastes structures, d'immenses architectures. Je lui dis que j'avais voulu travailler dans d'autres directions, la compréhension des plantes par la sensorialité et l'intuition, non par la raison. Il souffrait d'une solitude effroyable, l'exprima, se mit à pleurer et nous vécûmes des instants de communication profonde. Ses enfants arrivèrent, ils étaient lumineux et nous nous retrouvâmes comme autrefois. Alexandre me confia alors un livre ; il le mit entre mes mains. Ce livre parlait de lui-même. En me réveillant à demi pour noter le présent rêve je compris qu'il s'agissait du livre que j'avais envie d'écrire et dont la charpente serait ses propres lettres et la restitution du fond de nos dialogues.

Je m'éveillai avec le sentiment qu'Alexandre avait peut-être réussi à franchir un seuil, à communiquer au-delà du temps et de l'espace.

Des années d'intense méditation dans la solitude ne l'avaient-elles pas transporté dans une région particulière de la sensibilité ? Ne pouvait-il, depuis cette région, communiquer avec des êtres éloignés ? Et cela, peut-être même sans qu'il en soit lui-même conscient ? L'avoir ainsi retrouvé dans un rêve suscita en moi une euphorie qui dura plusieurs heures. Ne fallait-il pas postuler l'existence d'un niveau de réalité auquel nous avons accès par les rêves ou notre intuition ? Un plan sur lequel nous pouvons communiquer avec les vivants ? peut-être aussi avec des personnes disparues parfois depuis bien longtemps, et dont nous ne sommes jamais séparés ? Un plan de réalité sur lequel sont conservées les mémoires de tous les événements passés ?

Lors de ma première rencontre avec Alexandre, en 1973, j'avais eu le sentiment étrange, inconnu de moi jusqu'alors, de l'avoir déjà rencontré – j'avais eu l'impression de le retrouver enfin, après une longue séparation. Et même après des années d'éloignement et sa fin qui approchait, je sentais qu'un lien subtil perdurait entre nous par-delà l'espace et le temps.

Vers la fin du mois de septembre 2014, Johanna me téléphona pour m'informer que les voisins d'Alexandre, à Lasserre, venaient de lui dire ne pas l'avoir vu depuis plusieurs jours. Il ne sortait plus relever son courrier. Johanna et Sascha se rendirent auprès de lui pour l'assister. Ils se relayèrent avec Matthieu et Serge, pour s'occuper de lui. Il vécut encore un mois et demi.

Il ne voulut pas recevoir le mathématicien américain John Tate et son épouse, venus le rencontrer une dernière fois. Tate lui écrivit sur un papier quelques mots simples et chaleureux, évoquant leur âge avancé, la brièveté et la beauté de la vie. Mais Alexandre resta inflexible et les deux visiteurs ne franchirent pas le seuil de la porte de sa chambre.

Johanna me demanda de l'aider à répondre au désir d'Alexandre d'être accompagné par les plantes. Il ne voulait pas de la médecine conventionnelle.

Je me rendis à Lasserre. Je ne l'avais pas vu depuis plus de trente ans. En lui circulait une force de même nature que pendant ses années de maturité – un élan vital d'une exceptionnelle puissance. Cette énergie s'était certes amoindrie en intensité mais ne l'avait pas abandonné. Il était quasiment aveugle, n'entendait presque plus, était partagé quant à la présence dans sa maison « d'autant de monde » : « Trois ou quatre personnes, cela fait beaucoup », dit-il en souriant. Par moments, il affirmait avec force qu'il voulait demeurer seul et que chacun quitte sa maison. Quand je lui parlai, vers 2 heures du matin, en l'informant que je répondais à sa demande « d'accompagnement par les plantes » et persuadé qu'il aurait oublié mon existence, il dit qu'il avait connu autrefois une personne qui portait mon nom, cita la période précise pendant laquelle nous nous étions fréquentés. Je lui avouai que c'était moi. Il me demanda de partir et que d'ailleurs tout le monde devait avoir quitté sa maison « demain matin à 6 heures ». Le lendemain matin, il semblait avoir oublié son exigence de la veille. Sur la suggestion des enfants de Mireille présents, je consentis alors, avec beaucoup de réticence, à me présenter à Alexandre sous un faux nom (ce que certains d'entre eux avaient dû faire lors de leur arrivée chez leur père) et lui dis que je pouvais les aider à s'occuper de lui. Il me tendit la main, je fus si ému que je ne pus la lâcher ; il la retira doucement, je vis un doute passer sur son visage, mais il ne dit rien.

Il semblait connecté sur un autre temps mais regardait parfois son réveil en l'approchant tout contre son visage. Selon son habitude, il l'avait réglé sur l'heure solaire, non sur l'heure officielle.

Alexandre avait fabriqué des macérations de plantes dans de l'alcool, près de deux mille litres d'alcoolatures stockées dans des bonbonnes, des extraits qu'il nommait « liqueurs ». Il était persuadé qu'elles allaient avoir une importance cruciale pour aider les hommes dans les temps difficiles que nous sommes appelés à traverser : les plantes, selon lui, allaient nous sauver ! Au début de notre relation personnelle, lors de sa retraite à Villecun et pour exprimer à mon intention le recul qu'il avait pris sur sa période militante à Paris pendant les années précédentes, il m'avait dit (en riant de lui-même) qu'il avait alors voulu « sauver l'humanité ». Ce désir était manifestement revenu à la charge, bien des années plus tard, sous des modalités différentes.

Alexandre s'était impliqué sans mesure dans la fabrication de ces alcoolatures de plantes, comme dans tout ce qu'il entreprenait. Et il leur accordait alors plus d'importance qu'à ses découvertes mathématiques ou ses méditations philosophiques, qu'il paraissait même avoir oubliées : j'eus l'impression, comme bien souvent avec lui, que « la réalité, comme d'habitude, dépassait de très loin la fiction », selon une expression que nous aimions répéter et qui nous amusait. Qu'il se fût tourné vers le monde végétal ne me surprit pourtant pas, puisqu'il s'agit de l'une des formes de vie les plus immédiates, de l'une des expressions les plus simples du Mystère. Pendant les années de notre amitié nous n'en avions que peu parlé, sauf à nous émerveiller de tel ou tel arbre, de telle ou telle petite plante. Je fus surpris par cette connexion commune aux plantes, que nous eûmes pendant ces longues années d'éloignement.

Alexandre dit avec force : « Je sais où je vais ». Nous n'eûmes pas la possibilité de lui demander d'en parler : il était difficile d'échanger avec lui. Johanna m'avait prévenu mais j'avais du mal à intégrer un tel changement : il fallait pour communiquer, écrire à la craie sur une petite ardoise et la lui présenter près de son visage. Il la regardait, répétait ce qu'il lisait, critiquait les éventuelles fautes d'orthographe (qu'il n'avait jamais supportées) et répondait à haute voix, avec force.

Il semblait traversé à la fois par une joie indicible, une légère appréhension et une impatience. Comme s'il était sur le point d'entreprendre un long voyage. Il semblait lassé de cette Terre et dit qu'il nous regarderait « d'en haut ». Son inlassable soif de connaître semblait plus vivante que jamais : une expression là encore de l'attrait qu'il ressentait pour toute découverte, une excitation devant l'Inconnu dans lequel il allait pénétrer. Il avait bien l'intention de regarder aussi profondément que possible ce qu'il allait traverser. N'est-ce pas là l'attitude juste face à la mort – plutôt que la peur et la fuite ? Il n'existe que peu de récits d'ultimes instants : Socrate décrivant jusqu'à l'extrême limite les effets de la ciguë, C. G. Jung s'émerveillant de ce qui le traversait, et disant tantôt « Merveilleux, merveilleux », puis : « Ah ! me voilà revenu dans ma caisse ! ». Ou bien fallait-il pour disposer de tels témoignages aller chercher loin de notre culture, dans les écrits traditionnels tibétains, tel le *Bardo Thödol* ? Alexandre était un peu impatient et voulut se suicider, estimant que sa vie était parvenue à son terme et qu'il était temps d'entreprendre le grand voyage. Il demanda à son fils Sascha d'aller lui acheter des lames de rasoir, Sascha lui répondit qu'il était venu auprès de lui pour l'aider à vivre, non à mourir.

Je n'avais jamais voulu lire ses ouvrages *Récoltes et semailles*, et *La Clef des Songes*. Les enfants me montrèrent les tapuscrits. C'était étrange de les parcourir alors qu'Alexandre se reposait dans la pièce voisine. Je reçus cette expérience comme un cadeau.

Je passais les nuits à les lire, mais leur ampleur est telle (par le nombre de pages et la profondeur des idées) que ma première lecture fut assez superficielle. Je découvris des joyaux et eus l'impression d'avoir été dans l'égarement de ne pas m'être intéressé plus tôt à ces œuvres – signe de la distance que j'avais eu besoin de prendre à son égard. Près de trente années s'étaient écoulées depuis l'écriture de ces livres.

Dans *Récoltes et semailles* je reconnus son style spontané, perçus la structuration originale de cet ouvrage et ses dimensions inclassables : à la fois journal tenu au jour le jour, mémoires, méditation sur son passé et sa créativité, traité philosophique, récit historique de ses découvertes en mathématiques… Et roman policier, par la recherche des auteurs des pillages dont il fut l'objet.

La véracité de ce qu'il écrivait ne me semblait pas pouvoir être mise en doute, sauf quelques erreurs ponctuelles, secondaires, qu'il aurait pu faire. Je connaissais suffisamment son intégrité morale et son obsession presque maladive de la justice et de la vérité. Mais la souffrance dans laquelle il écrivait cela, les dispositions intérieures qui étaient les siennes face à la perte d'éthique dans le milieu scientifique et à la banalisation du pillage des idées, m'attristèrent dès l'abord.

Il ne cherchait pas à dissimuler ses hésitations et ses errances dans cette longue méditation écrite au jour le jour. Sa pensée se précisait et s'approfondissait par des notes, des notes ultérieures à l'intérieur de celles-ci, des amplifications ambitieuses… L'ensemble était irrigué par la sève puissante de ce qu'il nommait « authenticité », expression sans crainte de ses propres limites mais aussi de ses impitoyables exigences que je connaissais bien – exigences à l'égard d'autrui, pas seulement de lui-même.

Les réflexions philosophiques et les considérations sur la nature de la création scientifique et la méditation me fascinèrent. Je repérai lors de cette première lecture les passages plus intimes dans lesquels il évoquait sa créativité, les ressorts de celle-ci et sa manière *yin* de faire des mathématiques. Ceci me ramena à *L'Éloge* dont l'écriture avait été déclenchée par son contact avec l'enseignement de Lao-tseu sur la contemplation et l'humilité qui nous rendent capables de pénétrer dans les arcanes de l'Inconnu. C'est cela qui avait touché l'hypersensibilité d'Alexandre, au-delà de l'interprétation érotique qu'il avait d'abord eue de cette œuvre.

Lors de ce premier contact avec *Récoltes et semailles* j'eus donc l'impression qu'il avait perdu son énergie à régler ses comptes sur des questions de pillages de ses idées et d'antériorité dans ses découvertes mathématiques. Ceci me rappela le déplorable, l'insupportable conflit entre Newton et Leibniz à la fin de leur vie, à propos de la primauté de l'invention du calcul infinitésimal. À ce moment je perçus cela comme une faiblesse de sa part et fus affligé de le voir descendre à un tel niveau.

Alexandre dénonça en effet le pillage dissimulé. Celui-ci doit être distingué d'une inspiration assumée, apportée par des prédécesseurs reconnus en tant que tels : Newton par exemple écrivit qu'être « monté sur des épaules de géants » lui avait permis de voir loin. Alexandre aurait pu passer outre à ces vols. Cependant, sa créativité devait commencer à diminuer et il sombra (me sembla-t-il lors de cette première lecture) dans une certaine complaisance pour lui-même. Il avait quitté le milieu scientifique en 1970 et supporta mal pourtant d'en avoir été oublié, sinon banni. Je crus percevoir dans cet ouvrage l'expression du désir d'être reconnu et honoré. Il n'avait pas encore réussi quand il l'écrivit, à tirer un grand trait sur ses années consacrées aux mathématiques, au sein du milieu académique. La méditation poursuivie sur un millier de pages, dans *Récoltes et semailles*, l'aida sans doute à assumer cette période de sa vie.

Une lecture plus tardive de cet ouvrage, quelques années après sa disparition, me permit de mieux comprendre cette recherche méditative, bien dans le style que je connaissais de lui dans ses méditations écrites : nous pouvons avoir l'impression qu'il manqua de détachement à l'égard de ses découvertes et qu'il souffrit du phénomène classique d'inflation égotique, mais ce point de vue me semble exagéré. Il m'avait dit et écrit qu'il ne pouvait être question dans des recherches intérieures ou scientifiques, d'abandonner toute trace d'ego. Face aux pillages, il fut poussé à exprimer ceci clairement. Il ne supporta pas que ses découvertes, fruits d'un labeur prodigieux, de ses dons personnels et de sa volonté exceptionnelle, aient été accaparées par d'autres mathématiciens. Et il parla (dans 3.4. « Un vent d'enterrement… ») « d'apothéose du mépris de ce qui, depuis plus de deux mille ans que notre science existe, a été le fondement tacite et immuable de l'éthique du mathématicien : savoir, cette règle élémentaire, de ne pas présenter comme siens les idées et résultats pris chez un autre ». C'est en premier lieu un sentiment d'écœurement qui l'anima, un dégoût face à la pratique courante (semble-t-il) du vol des idées, à l'effondrement de l'éthique et à une recherche scientifique devenue foire d'empoigne. Ce livre est aussi une exhortation pressante adressée au milieu des chercheurs qu'il traite de « communauté d'endormis » : un encouragement à la recherche intérieure, au « travail sur soi » qui aide à déraciner les comportements égotiques, les tendances envahissantes d'un « moi » préoccupé de s'agrandir. Autoagrandissement au détriment de ce qu'Alexandre nommait « l'enfant » en nous, fasciné par l'exploration et la découverte de l'Inconnu. Il pressait aussi les scientifiques à prendre en compte dans leurs travaux les questions d'éthique et à cesser de contribuer à ce qu'il nomma « notre course autodestructrice ».

Cette amertume fut sans doute accentuée par l'esseulement qu'il traversait pendant cette période : privé de presque toute communication avec autrui, il devait parfois ruminer de manière stérile. Personne ne pouvait l'écouter et le tempérer, l'apaiser, l'aider à surmonter ses blessures. Il s'était replié sur lui-même et attaquait. Il aurait fallu qu'il puisse percevoir dans ces actes de pillage ou dans ces mystifications, l'expression triviale, manifeste, d'égoïsme et d'irrespect : l'accaparement de certaines de ses idées découvertes lors des explorations de l'univers mathématique, la contrefaçon opérée par des mathématiciens qui n'avaient pas su être conscients de leurs tendances égotiques et avaient confondu « en toute bonne foi » leurs découvertes et les siennes.

C'était au fond terriblement banal. Un profond éclat de rire aurait suffi à le libérer. Il le connut peut-être pourtant vers la fin de ses méditations exprimées dans son ouvrage *Récoltes et semailles*. Il écrivit en effet (14.3.2. « Le retour des choses [ou un pied dans le plat] ») : « Ce qui frappe dans cette situation, c'est le comique ubuesque, énorme, irrésistible, de la chose ! J'ai dû sentir ce comique confusément au cours des jours derniers, mais il vient de se révéler à moi dans sa vraie nature seulement en cet instant, où j'ai placé la dernière majuscule sur mes obsèques solennelles – dans un soudain et irrésistible éclat de rire ! C'est le rire justement qui avait manqué jusqu'à présent dans cette étape dite "ultime" de la réflexion, où la note dominante était plutôt l'air peiné du "Monsieur bien" déçu dans ses légitimes expectatives (voire abominablement trompé). »

Si l'on met donc à part le contenu historique de cette œuvre – le récit détaillé de certaines découvertes mathématiques, qui intéresse l'histoire des sciences –, le reste, du point de vue psychologique, semble plutôt simple, concerne l'exploration de turpitudes (le pillage des idées d'autrui) auxquelles le milieu de la recherche scientifique n'a pas réchappé. Ce n'est certainement pas le récit « détaillé et circonstancié » (selon une expression aimée par Alexandre !) de ces bassesses qui va changer quelque chose dans le milieu scientifique. Mais, au moins, cela aura été dit. La disparition de tels comportements ne pourrait se faire qu'au prix de bouleversements fondamentaux de la structure psychique des chercheurs : la recherche scientifique s'est en effet muée en lieu de rivalités et en quêtes de gloires personnelles.

Par cet exemple de plus de mille pages l'on peut comprendre ce qu'Alexandre nommait *méditation* : la focalisation sur des événements considérés individuellement, leur passage au crible, la recherche patiente et méthodique de liens entre eux, de relations logiques qui les unissent. Une telle méthode pouvait naturellement mener à une vision d'ensemble, mais son inconvénient était d'être laborieuse.

Elle se situe aux antipodes de la *méditation* telle que la conçoit Krishnamurti par exemple : celle-ci consiste à laisser advenir en nous un espace de silence. Elle peut être décrite comme une élation qui permet une appréhension globale d'un phénomène : une plongée dans le vide, un dégagement libérateur, un dépassement jubilatoire de toutes nos tensions intérieures, nos déchirures, nos résistances. Cette question me semble centrale puisqu'elle concerne nos capacités de connaissance. Je l'ai abordée sous différents angles, à diverses reprises, par exemple à propos de sa lettre du 18 juillet 1981.

La *méditation* d'Alexandre était donc au fond très analytique ! Sa beauté se traduit par le parfait ajustement de tous les éléments examinés, l'authenticité de chacun d'eux et leur articulation au sein d'un ensemble – en l'occurrence, la réalité de son enterrement symbolique et de l'occultation de certaines de ses découvertes mathématiques, ainsi que sa compréhension de l'effondrement de l'éthique dans le milieu scientifique. Il aurait été plus léger, pour ses lecteurs et surtout pour lui-même, que tout son ouvrage procédât d'un rire initial ! Cependant il apporta, par cet ouvrage, sans que ce fût vraiment son intention première – j'ai déjà indiqué qu'il ne s'intéressait guère à l'histoire des mathématiques – une contribution significative à la genèse de ses découvertes. Le cœur de cette œuvre me semble pourtant être une méditation sur l'éthique souhaitable dans le monde de la recherche, ainsi que les dispositions intérieures qui devraient être celles des chercheurs.

D'un tout autre ordre me semble le contenu de *La Clef des Songes, Dialogues avec le Bon Dieu* : ce livre témoigne de l'intensité de sa quête intérieure qu'il faut bien qualifier de « spirituelle », qualificatif qu'Alexandre utilise de préférence à celui de « mystique » – il n'emploie que peu ce dernier terme, sans doute par souci de moins heurter le lecteur scientifique : il savait bien que ces réflexions couraient le risque d'être qualifiées d'ésotériques, avec le plus grand des mépris ! Après avoir tiré au clair son passé scientifique dans ses différents aspects, dans *Récoltes et semailles*, il poursuivit et approfondit des recherches en gestation depuis des années sur un plan de réalité qu'il nomma « spirituel », à la suite de multiples traditions religieuses[1].

Je fus touché de lire le bilan de recherches dont je savais qu'elles l'avaient toujours fasciné : il les avait stimulées en moi-même dès nos tout premiers dialogues, d'abord par son incitation à la lecture de Krishnamurti – j'ai déjà évoqué cela[2] à propos de ma découverte de ce philosophe dont il me montra un ouvrage, *La Première et Dernière*

1. Dans *La Clef des Songes*, V, « Aspects d'une mission », (2), « La connaissance spirituelle », 10 (56), « L'Arbre du bien et du mal – ou la connaissance spirituelle », Alexandre définit « la réalité spirituelle » comme « la réalité première, primordiale, dont toute autre réalité dérive [...], celle qui est "derrière" toute autre réalité ».

2. *Cf.* p. 60-61.

Liberté. J'avais conscience que ces points de vue se situaient hors du champ académique et ne soupçonnais pas qu'il oserait les exposer un jour dans une œuvre écrite, aboutie – il pouvait se sentir protégé par son autorité scientifique mais ne se souciait pas, par tempérament, que cette troisième œuvre située hors du champ mathématique strict pût faire l'objet d'une indifférence ou d'une réprobation : il ne connaissait décidément aucune peur dès lors qu'il abordait des questions qui le remuaient profondément. Cette attitude est à comprendre dans le cadre de sa liberté individuelle, ce courage dont il parlait, qu'il sentait nécessaire quand on va à contre-courant. *La Clef des Songes* concerne ses questionnements les plus vifs, les plus viscéraux. Je sais que ceux-ci le touchaient infiniment plus que ses investigations de l'univers mathématique. Et je me doute qu'une telle œuvre sera balayée d'un revers de la main par la plupart des lecteurs, tant elle concerne des champs éloignés des points de vue actuels dominants sur les choses. Elle va donc être rangée dans la vaste rubrique « ésotérisme » mais contient pourtant ce qu'il considérait comme la quintessence de ses recherches, ce qu'il explora de plus profond, au-delà même de ses découvertes mathématiques. Il s'agit entre autres d'un regard distancié sur la méthode scientifique qui a certes fait ses preuves dans le paradigme qui est le sien, mais n'aura pu garantir à l'humanité de réchapper à sa propre destruction, ou pourrait même l'y précipiter. Au rejet de cette œuvre par le milieu académique, Alexandre aurait juste répondu, avec une voix tremblante d'indignation, que le terme « ésotérisme » n'était qu'une « étiquette » qui tentait d'éluder la puissance et la profondeur de ces méditations. Il utilisait souvent le terme « étiquette » pour caractériser une incompréhension radicale, l'usage d'un concept qui prétend constituer une explication mais signifie au contraire que nous n'avons rien compris.

Par ces réflexions il courut donc une fois de plus le risque de passer pour un naïf et de se voir reprocher d'aborder des questions pour lesquelles il n'aurait pas de compétence, ou qui selon certains n'auraient aucun intérêt. Il n'avait qu'à revenir aux mathématiques, pour lesquelles il s'était montré génial ! Il prit la liberté d'examiner le cas de grands enseignants spirituels, de mystiques, de philosophes et de scientifiques, d'êtres dont « la tâche (est) de préparer la Mutation et l'Après – le grand Travail qui nous attend tous, à longueur de générations et de siècles… ». « Par la créativité innée qui repose en chacun de nous », remarque-t-il, « ne sommes-nous pas tous, tant que nous sommes, des "mutants en puissance"[1] ? » Cette exploration atteste de la fascination qu'il eut à l'égard de ces êtres qui semblent les plus extraordinaires parmi les humains. Il porta ainsi un regard d'enfant sur Kropotkine, Carpenter, Krishnamurti, Freud, Gandhi, Teilhard de Chardin, Neill, Fujii Guruji, Légaut, Carrasquer, Slovik, Sainte Thérèse d'Avila, Whitman, Hahnemann, Ramakrishna, Riemann, Steiner, Tolstoï, Darwin, Bucke… Alexandre écrivit qu'il en était « dès à présent », « pour chacun de ces "mutants" », « un héritier[2] ». Et il désigna « Bouddha, Lao-tseu, Jésus », comme « les grands égaux de Dieu[3] ».

Pendant ces journées qui furent les dernières de sa vie, je fus surpris par la profondeur de sa sensibilité accrue encore par le quasi-jeûne dans lequel il était depuis plusieurs semaines. Parfois il prenait un maigre repas et le finissait en disant que c'était le dernier, qu'il voulait s'arrêter définitivement de manger et que maintenant cela suffisait, il lui fallait partir. Mais il changeait d'avis ensuite. Il retrouvait par moments son humour, exhortait son fils Sascha à patienter, lui disant calmement : « Ton père ne va pas décéder tous les jours ! » Une nuit il voulut en finir en cherchant un couteau qu'il ne put trouver, dans l'obscurité. Il réagit de manière surprenante à un massage à l'huile essentielle d'Angélique archangélique qui ranima ses forces vitales ; il demanda quelle était cette plante, dit qu'il n'avait jamais appris la botanique. Cette odeur suscita en lui une euphorie. Après quelques journées de soins attentionnés de ses enfants, dans sa maison, Alexandre demanda d'être transporté à l'hôpital. Il semble qu'il voulut se dégager de toute relation humaine personnelle : en toute simplicité il annonça aux médecins qui l'accueillirent, qu'il venait là pour mourir. Ceux-ci se demandèrent quel était cet étrange patient et l'un d'eux eut sans doute tôt fait de trouver son nom sur Internet. Alexandre ne passa pas inaperçu et l'hôpital ne

1. *La Clef des Songes*, (111), « Les mutants », (4), « Nous sommes tous des mutants en puissance ».
2. *Ibid.*
3. *Ibid.*, (24), « Mission et karma – ou l'apprenti et le Maître ».

fut pas le milieu neutre dont il semblait rêver et qui n'existe pas. Il ne pouvait faire abstraction de ses semblables. Matthieu lui donna à respirer sur son lit d'hôpital l'arôme indescriptible de pruche, *Tsuga canadensis*. C'était un cadeau fait à son âme.

Ses funérailles furent au-delà de la tristesse, dans la simplicité et le dépouillement qu'il aimait tant. Les enfants jouèrent de la musique, dirent quelques mots simples et chantèrent des jolis chants. Ce fut l'inclination face au Mystère : nous devons être humbles et savoir que nous ne connaissons pas encore grand-chose. Alexandre mourut pourtant, comme Spinoza, avec la certitude intime que certaines dimensions de lui-même relevaient de l'éternité.

Mathématiciens, physiciens et penseurs

Liste des mathématiciens cités

Bourbaki, Nicolas : Nom collectif d'un groupe fondé en 1935 (Weil, Delsarte, Dieudonné, Cartan, Chevalley…). Le groupe publia les *Éléments de mathématiques*, influençant profondément les mathématiques modernes.

Bruter, Claude Paul (1937-) : Auteur de *Sur la Nature des Mathématiques* (1973) et explorateur des liens entre art et mathématiques.

Caramello, Olivia (1984-) : Spécialiste des topos, présidente de l'Institut Grothendieck.

Cartan, Élie (1869-1951) : Pionnier en géométrie différentielle et théorie des groupes de Lie.

Cartan, Henri (1904-2008) : Expert en analyse complexe et topologie algébrique, cofondateur de Bourbaki.

Cartier, Pierre (1932-2024) : Chercheur en géométrie algébrique et physique mathématique, membre de Bourbaki.

Cauchy, Augustin Louis (1789-1857) : Innovateur en analyse réelle et complexe, algèbre et physique.

Chevalley, Claude (1909-1984) : Spécialiste des groupes algébriques et corps de classes, cofondateur de *Survivre*.

Copernic, Nicolas (1473-1543) : Astronome et défenseur du système héliocentrique.

Deligne, Pierre (1944-) : Expert en géométrie algébrique et théorie des nombres, connu pour la résolution des conjectures de Weil.

Delsarte, Jean (1903-1968) : Cofondateur de Bourbaki et contributeur à l'analyse fonctionnelle.

Dieudonné, Jean (1906-1992) : Inventeur des groupes formels, cofondateur de Bourbaki et coauteur des *Éléments de Géométrie Algébrique.*

Dixmier, Jacques (1924-) : Spécialiste des algèbres d'opérateurs et des représentations des groupes, auteur de science-fiction.

Euclide (vers -3e siècle) : Auteur des *Éléments,* référence majeure en géométrie.

Faltings, Gerd (1954-) : Chercheur en théorie des nombres, connu pour la conjecture de Mordell.

Galois, Évariste (1811-1832) : Créateur de la théorie de Galois, mort en duel.

Godement, Roger (1921-2016) : Contributeur en analyse harmonique, militant antimilitariste.

Grothendieck, Alexandre (1928-2014) : Visionnaire en analyse et géométrie algébrique, auteur de *Récoltes et semailles.*

Kepler, Johannes (1571-1630) : Astronome et théoricien des lois du mouvement planétaire.

Kontsevich, Maxim (1964-) : Innovateur en déformations et physique mathématique.

Lafforgue, Laurent (1966-) : Chercheur en géométrie algébrique, contribue au programme de Langlands.

Lebesgue, Henri-Léon (1875-1941) : Fondateur de la théorie de l'intégration.

Leibniz, Gottfried Wilhem (1646-1716) : Philosophe et co-créateur du calcul différentiel.

Leray, Jean (1906-1998) : Inventeur de la théorie des faisceaux et des suites spectrales, contribue à la mécanique des fluides.

Malgoire, Jean (1953-) : Élève de Grothendieck et dépositaire de ses manuscrits.

Motchane, Léon (1900-1990) : Industriel et fondateur de l'IHÉS.

Newton, Isaac (1642-1727) : Inventeur de la mécanique classique et du calcul différentiel.

Pascal, Blaise (1623-1662) : Pionnier en géométrie projective, probabilités et physique mathématique.

Pliouchtch, Léonid (1939-2015) : Dissident ukrainien et chercheur en analyse.

Poincaré, Henri (1854-1912) : Contributeur majeur à la topologie et à la relativité restreinte.

Pythagore (v.–580, v.–495) : Philosophe et fondateur du pythagorisme.

Ramanujan, Srinivasa (1887-1920) : Autodidacte indien et découvreur de formules en théorie des nombres.

Riemann, Bernhard (1826-1866) : Fondement de la géométrie, fonction zêta, et analyse complexe.

Ruelle, David (1935-) : Chercheur en physique mathématique.

Samuel, Pierre (1921-2009) : Expert en algèbre commutative et membre de Bourbaki.

Schwartz, Laurent (1915-2002) : Créateur de la théorie des distributions, membre de Bourbaki et militant engagé.

Serre, Jean-Pierre (1926-) : Topologie algébrique, géométrie algébrique et théorie des nombres, théorie des groupes, membre de Bourbaki.

Soula, Jacques : Professeur d'analyse, conseiller de Grothendieck.

Tate, John (1925-2019) : Géométrie algébrique et théorie des nombres.

Weil, André (1906-1998) : Cofondateur de Bourbaki. Résout la conjecture de Riemann en caractéristique finie et propose les « conjectures de Weil ».

Liste des physiciens cités

Archimède (– 287, – 212) : Pionnier en hydrostatique, mécanique, optique et ingénierie (vis d'Archimède, palan, machines de guerre).

Bohm, David (1917-1992) : Théoricien de la mécanique quantique (modèle déterministe de De Broglie-Bohm), en dialogue avec Krishnamurti.

Bohr, Niels (1885-1962) : Inventeur du modèle atomique de Bohr, contributeur majeur à la mécanique quantique et à la réflexion philosophique associée.

Einstein, Albert (1879-1955) : Auteur de la relativité restreinte et générale, opposé à l'interprétation probabiliste de la mécanique quantique.

Galilée (1564-1642) : Fondateur de la physique moderne, promoteur de l'héliocentrisme et innovateur en cinématique et dynamique.

Heisenberg, Werner (1901-1976) : Cofondateur de la mécanique quantique (formulation matricielle), controversé pour son rôle en Allemagne nazie.

Kervran, Louis (1901-1983) : Défenseur de l'hypothèse des transmutations biologiques, non reconnues par la science.

Lévy-Leblond, Jean-Marc (1940-) : Auteur d'essais critiques sur la science et ses implications culturelles et sociales.

Oppenheimer, Robert (1904-1967) : Directeur scientifique du projet Manhattan, figure centrale de la physique nucléaire.

Pauli, Wolfgang (1900-1958) : Contributeur essentiel à la mécanique quantique et au principe d'exclusion de Pauli.

Tesla, Nikola (1856-1943) : Innovateur dans le domaine de l'électricité (courant alternatif, moteurs asynchrones) et pionnier des communications sans fil.

Liste des penseurs cités

Artaud, Antonin, *Van Gogh. Le suicidé de la société*, Paris, Gallimard, 1979 ; *Héliogabale ou l'anarchiste couronné*, Paris, Gallimard, 1979 ; *Les Tarahumaras*, Paris, Gallimard, 1978.

Aubert, Claude, *L'Agriculture biologique*, Paris, Courrier du Livre, 1972.

Aurobindo Ghose, Shrî Aurobindo, *Commentaire de la Bhagavad-Gîtâ*, Paris, Albin Michel, 1970.

Badiou, Alain, *Deleuze. La clameur de l'Être*, Paris, Hachette, 1997 ; *Le Séminaire-Nietzsche. L'antiphilosophie 1 (1992-1993)*, Paris, Fayard, 2015.

Beauvoir, Simone de, *Mémoires d'une jeune fille rangée*, Paris, Gallimard, 1958 ; *La Force de l'âge*, Paris, Gallimard, 1960.

Bohm, David, *Le Temps aboli. Dialogues avec J. Krishnamurti*, Monaco, Les éditions du Rocher, 1999.

Broch, Hermann, *La Mort de Virgile*, Paris, Gallimard, 1980.

Bucke, Richard Maurice, *La Conscience cosmique. Une étude de l'évolution de la conscience humaine*, Paris, Éditions du IIIe millénaire, 1989.

Carpenter, Edward, *Towards Democracy*, Londres, The Labour Press, 1883.

Castaneda, Carlos, *L'Herbe du diable et la Petite Fumée*, Paris, 10/18, 2012 ; *Les Enseignements d'un sorcier yaqui*, Paris, Gallimard, « Folio », 1985 ; *Le Voyage à Ixtlan*, Paris, Gallimard, « Folio », 2012 ; *Histoires de pouvoir*, Paris, Gallimard, « Folio », 1993.

Connes, Alain, Gauthier-Lafaye, Patrick, *À l'ombre de Grothendieck et de Lacan. Un topos sur l'inconscient*, Paris, Odile Jacob, 2022.

Courouble, Alice, *Amie des Juifs*, Paris, Bloud et Gay, 1946.

Dante Alighieri, *La Divine Comédie*, Paris, Gallimard, « Bibliothèque de la Pléiade », 2021.

Deleuze, Gilles, « Sur Spinoza », cours donnés à l'université Paris-VIII-Vincennes, https://www.webdeleuze.com/cours/spinoza.

Deleuze, Gilles, Guattari, Félix, *L'Anti-Œdipe*, Paris, Minuit, 1972 ; *Mille plateaux*, Paris, Minuit, 1980.

Desjardins, Denise, *De naissance en naissance*, Paris, La Table ronde, 1977 ; *La Mémoire des vies antérieures*, Paris, La Table ronde, 1980.

Dostoïevski, Fiodor, *L'Idiot*, Paris, Le Livre de Poche, 1994 ; *Le Joueur*, Paris, Le Livre de Poche, 1983 ; *Crime et châtiment*, Paris, Le Livre de Poche, 2008.

Eckermann, Johann Peter, *Conversations de Goethe avec Eckermann*, Paris, Gallimard, 1942.

Freud, Sigmund, *Le Mot d'esprit et sa relation à l'inconscient*, Paris, Payot, 1992 ; *Le Malaise dans la civilisation*, Paris, Payot, 2010 ; *L'Interprétation du rêve*, Paris, PUF, 2012 ; *Cinq psychanalyses*, Paris, Payot, 2017.

Gandhi, Mohandas, *Autobiographie ou mes expériences de vérité*, Paris, PUF, 2012.

Gibran, Khalil, *Le Prophète*, traduction Camille Aboussouan, Paris, Casterman, 1977.

Goethe, Johann-Wolfgang, *Les Souffrances du jeune Werther*, Paris, Le Livre de poche, 1999 ; *Faust I et II*, Paris, Flammarion, 2015 ; *La Métamorphose des plantes et Autres Écrits botaniques*, Paris, Triades, 1999.

Guattari, Félix, *La Révolution moléculaire*, Paris, Éditions Recherches, « Encres », 1977.

Gurdjieff, Georges Ivanovitch, *Rencontres avec des hommes remarquables*, Paris, Stock, 1979 ; *Récits de Belzébuth à son petit-fils*, Paris, Stock, 1979.

Hahnemann, Samuel, *L'Organon de l'art de guérir*, Sainte-Foy-lès-Lyon, Similia, 2017.

Hallé, Francis, *Éloge de la plante. Pour une nouvelle biologie*, Paris, Points, 2014 ; *Plaidoyer pour l'arbre*, Arles, Actes Sud, 2024.

Heisenberg, Werner, *Le Manuscrit de 1942*, Paris, Allia, 2003 ; *La Partie et le Tout. Le monde de la physique atomique (Souvenirs, 1920-1965)*, Paris, Flammarion, « Champs Sciences », 2016.

Hesse, Hermann, *Le Jeu des perles de verre*, Paris, Le Livre de Poche, 2002 ; *Le Loup des steppes*, Paris, Calmann-Lévy, 2004.

Husserl, Edmund, *Idées directrices pour une phénoménologie et une philosophie phénoménologique pures*, Paris, Gallimard, 1950.

Iyengar, Bellur Krishnamachar Sundararaja, *Yoga Dipika. Lumière sur le yoga*, Paris, Buchet Chastel, 1978 ; *Pranayama Dipika. Lumière sur le Pranayama*, Paris, Buchet Chastel, 2002.

Jaulin, Robert, *La Mort Sara. L'ordre de la vie ou la pensée de la mort au Tchad*, Paris, CNRS Éditions, 1967 ; *Notes d'ailleurs*, Paris, Christian Bourgois, 1980.

Jerven, Walter, *Tao Te King, Das Buch vom Lauf des Lebens*, Munich, O.W. Barth, 2010.

Jung, Carl-Gustav, *W. Pauli/C.-G. Jung, Correspondance, 1932-1958*, Paris, Albin Michel, 2000.

Koestler, Arthur, *Les Somnambules*, Paris, Le Livre de poche, 1967 ; *Le Zéro et l'Infini*, Paris, Le Livre de poche, 1974.

Krishnamurti, Jeedu, *La Première et la Dernière Liberté*, Paris, Le Livre de poche, 1995 ; *Se libérer du connu*, Paris, Stock, 2012 ; *L'Éveil de l'intelligence*, Paris, Le Livre de poche, 2013.

Kropotkine, Pierre, *L'Entraide, un facteur de l'évolution*, Montréal, Écosociété, 2001.

Kuhn, Thomas Simon, *La Structure des révolutions scientifiques*, Paris, Flammarion, 1983.

La Boétie, Étienne, *Discours de la servitude volontaire*, Paris, Mille et Une Nuits, 1997.

Lacan, Jacques, *Écrits*, Paris, Seuil, 1966.

Laing, Ronald, *La Politique de l'expérience*, Paris, Stock, 1975.

Lanza del Vasto, *Le Pèlerinage aux Sources*, Paris, Gallimard, 2014.

Lao-Tseu, *Tao Te King*. Diverses traductions :

Richard Wilhem et Étienne Perrot, Paris, Librairie de Médicis, 1974. François Houang et Pierre Leyris, Paris, Seuil, 1979. Jean Levi, Paris, Albin Michel, 2009. Walter Jerven, Munich, O.W. Barth, 2010. Claude Larre, Paris, Desclée de Brouwer, 2015. Liou Kia-hway, Paris, Gallimard, 2022. Jean Levi, traductions et commentaires, *Le Lao-Tseu*, suivi des *Quatre Canons de l'Empereur jaune*, Paris, Albin Michel, 2009.

Lawrence, David Herbert, *L'Amant de Lady Chatterley*, Paris, Le Livre de Poche, 1997.

Leclerc, Annie, *Parole de femme*, Arles, Actes sud, 2001 ; *Épousailles*, Paris, Grasset, 1998.

Légaut, Marcel, *Introduction à l'intelligence du passé et de l'avenir du christianisme*, Paris, Aubier, 1999.

Lévi-Strauss, Claude, *Tristes tropiques*, Paris, Terre humaine-Pocket, 2001 ; *La Pensée sauvage*, Paris, Le Livre de poche, 1990.

Lévy-Leblond, Jean-Marc (dir., avec Alain Jaubert), *(Auto)critique de la science*, Paris, Seuil, 1973 ; *L'Esprit de sel : science, culture, politique*, Paris, Fayard, 1981 ; *Impasciences*, Paris, Seuil, 2003.

Lyotard, Jean-François, *Dérive à partir de Marx et Freud*, Paris, 10/18, 1975 ; *Des dispositifs pulsionnels*, Paris, 10/18, 1973.

Miller, Henry, *Le Colosse de Maroussi*, Paris, Stock, 1972 ; *Tropique du Cancer*, Paris, Gallimard, 1972 ; *Tropique du Capricorne*, Paris, Le Livre de poche, 1976.

Neill, Alexander Sutherland, *Libres enfants de Summerhill*, Paris, Le Livre de poche, 2004.

Nietzsche, Friedrich, *Ainsi parlait Zarathoustra*, Paris, Le Livre de poche, 1972 ; *Par-delà le bien et le mal*, Paris, Le Livre de poche, 1991 ; *Le Gai Savoir*, Paris, Le Livre de poche, 1993 ; *La Généalogie de la morale*, Paris, Le Livre de poche, 2000.

Nisargadatta, Maharaj, *Je suis*, Paris, Les Deux Océans, 2000.

Novalis, *Hymnes à la Nuit. Le Monde doit être romantisé*, Paris, Allia, 2002.

Ouspensky, P. D., *Fragments d'un enseignement inconnu*, Paris, Stock, 2003.

Parnet, Claire, *Dialogues avec Gilles Deleuze*, Paris, Flammarion, 1977.

Pauli, Wolfgang, Jung, Carl, *Correspondance, 1932-1958*, Paris, Albin Michel, 1992.

Pessis, C., *Survivre et vivre. Critique de la science, naissance de l'écologie*, Paris, L'Échappée, 2014

Prem Rawat, *Apprendre à s'écouter*, Paris, Seuil, 2021 ; *Quand le désert fleurit… et autres graines de vie*, Paris, Leduc, 2019. Site https://www.premrawat.com/fr/.

Ramakrishna, *L'Enseignement de Ramakrishna*, Paris, Albin Michel, 2005.

Ramana Maharshi, *L'Enseignement de Ramana Maharshi*, Paris, Albin Michel, 2005.

Reich, Wilhem, *La Révolution sexuelle*, Paris, 10/18, 1972 ; *La Fonction de l'orgasme*, Paris, L'Arche, 1997 ; *Écoute petit homme*, Paris, Payot, 2019.

Riesel, René, *Catastrophisme, administration du désastre et soumission durable* (avec Jaime Semprun), Paris, Éditions de l'Encyclopédie des nuisances, 2008.

Rilke, Rainer Maria, *Élégies de Duino, Sonnets à Orphée et autres poèmes*, Paris, Gallimard, 1994 ; *Lettres à un jeune poète et autres lettres*, Paris, Flammarion, 2020 ; *Notes sur la mélodie des choses et autres textes*, Paris, Gallimard, « Folio », 2023.

Rimbaud, Arthur, *Œuvres complètes*, Paris, Gallimard, « Bibliothèque de la Pléiade », 1972.

Rolland, Romain, *Au-dessus de la mêlée*, Paris, Petite Bibliothèque Payot, 2019.

Rousseau, Jean-Jacques, *Les Rêveries du promeneur solitaire*, Paris, Pocket, 2018.

Ruelle, David, *L'Étrange beauté des mathématiques*, Paris, Odile Jacob, 2011.

Sallantin, Thierry, *Un parc contre les Amérindiens. Histoire de la première tentative de mise en place d'un parc national en Guyane française : 1992-2001*, Paris, université Paris-VII-Denis-Diderot, mémoire rédigé sous la direction d'Éric Navet, 2001.

Soljénitsyne, Alexandre, *Une journée d'Ivan Denissovitch*, Paris, 10/18, 1970 ; *Le Pavillon des cancéreux*, Paris, Julliard, 1971 ; *L'Archipel du goulag*, Paris, Seuil, 1974.

Spinoza, Baruch, *Œuvres complètes*, Paris, Gallimard, « Bibliothèque de la Pléiade », 1974.

Steiner, Rudolf, *Comment acquérir la connaissance des mondes supérieurs. L'initiation*, Paris, Triades, 1985 ; *Le Cours aux agriculteurs*, Montesson, Novalis, 2003.

Tagore, Rabindranath, *Le Jardinier d'amour. La Jeune Lune*, Paris, Gallimard, 1980.

Tchekhov, Anton, *Œuvres complètes*, Paris, Gallimard, « Bibliothèque de la Pléiade », 1967-1971

Teilhard de Chardin, Pierre, *Le Phénomène humain*, Paris, Seuil, 1970.

Thoreau, Henry David, *Walden ou la Vie dans les bois. La désobéissance civile*, Paris, Les Pionniers de l'Écologie, Le Pommier, 2023.

Tolstoï, Léon, *Guerre et Paix*, Paris, Gallimard, 2002 ; *Anna Karénine*, Paris, Le Livre de poche, 1997.

Tourgueniev, Ivan, *Mémoires d'un chasseur*, Paris, Gallimard, 1981.

Van Gogh, Vincent, *Correspondance générale*, Paris, Gallimard, 1990.

Vian, Boris, *L'Arrache-cœur*, Paris, Le Livre de poche, 1992 ; *L'Écume des jours*, Paris, Le Livre de poche, 2014.

Vivekananda, *Les Yogas pratiques*, Paris, Albin Michel, 2005.

Whitman, Walt, *Feuilles d'herbe*, Paris, Gallimard, 2002 ; *Leaves of Grass* (édition originale 1855), Londres, Penguin Classics, 2017.

Zweig, Stefan, *Le Monde d'hier. Souvenirs d'un Européen*, Paris, Le Livre de Poche, 1996.

Autour d'Alexandre Grothendieck

Alaxandre Grothendieck :

Conférence au CERN du 27 janvier 1972 : *Allons-nous continuer la recherche scientifique ?* Version audio : https://framatube.org/w/e72d4aaf-b17b-4c33-98f2-896e2b5974b3. Retranscription : http://www.fabriquedesens.net/Allons-nous-continuer-la-recherche.

Récoltes et semailles, I, II. Réflexions et témoignage sur un passé de mathématicien (Gallimard, 2022).

La Clef des songes. Dialogues avec le Bon Dieu (Sandre, 2024) : ce volume reprend la première moitié environ de l'ouvrage intégral.

Revue *Survivre et vivre* : voir l'ouvrage de Céline Pessis, *Survivre et vivre. Critique de la science, naissance de l'écologie* (L'Échappée, 2014).

Institut Grothendieck : Home – Istituto Grothendieck.

Site italien avec traduction en anglais et en français. L'Institut Grothendieck est une fondation italienne à caractère international dédiée à la recherche de pointe en mathématiques et dans leurs interactions avec d'autres disciplines. Sa mission principale est le développement des mathématiques dans un sens unificateur et interdisciplinaire, avec une référence particulière à la théorie des topos de Grothendieck. L'Institut a également pour but d'honorer la figure d'Alexander Grothendieck, par des études, y compris de caractère humaniste, visant à diffuser son œuvre et développer son héritage culturel au sens large.

Conseil scientifique : Olivia Caramello, Alain Connes, Laurent Lafforgue, Maxim Kontsevich.

Centre d'études grothendieckiennes-Institut Grothendieck : www.csg.igrothendieck.org.

La vocation principale de ce centre de recherche est de mener des recherches historiques et des travaux de type éditorial visant à faciliter la publication des nombreux écrits inédits de Grothendieck et à promouvoir la réalisation de nouvelles éditions de ses œuvres déjà publiées, ainsi que leur traduction dans différentes langues. Le Centre a également pour but de stimuler une réflexion philosophique et interdisciplinaire sur les questions abordées par Grothendieck dans ses travaux scientifiques et de diffuser ces idées auprès d'un public large et varié, tant dans les sciences que dans les humanités, afin de créer de nouvelles synergies entre différents domaines de la connaissance.

Conférence Alain Connes et Patrick Gauthier-Lafaye, *Entretien au séminaire du champ lacanien*, soirée animée par Marc Strauss, 30 novembre 2023, disponible sur YouTube.

Colloque « *Lacan et Grothendieck – l'impossible rencontre* ? », 21 et 22 mai 2022, disponible sur Youtube : contient la conférence *Un topos sur l'inconscient*, par Alain Connes et Patrick Gauthier-Lafaye, 21 mai 2022

Conférence *Mathématiques et inconscient*, par Daniel Sibony, 21 mai 2022.

Conférence *L'événement-Grothendieck dans la philosophie d'Alain Badiou*, par Ivan Segré, 22 mai 2022.

Conférence d'Alain Connes du 13 octobre 2016 : *Alexandre Grothendieck, un créateur réfugié en lui-même*, Collège de France, disponible sur YouTube.

Conférence d'Alain Connes du 7 octobre 2018 : *Un topo sur les topos. Lectures grothendieckiennes* (École normale supérieure), disponible sur YouTube.

Conférence d'Olivia Caramello du 18 décembre 2021 : *La « notion unificatrice » de topos*, Lectures grothendieckiennes (École normale supérieure), disponible sur YouTube.

Colloque *Visions en mathématiques : de Grothendieck à nos jours*, 14 juin 2023, Institut Henri-Poincaré, disponible sur YouTube.

Pierre Cartier, Olivia Caramello, Alain Connes, Laurent Lafforgue, Colin McLarty, Gilles Pisier, Jean-Jacques Szczeciniarz et Fernando Zalamea (2021), *Lectures grothendieckiennes*, coédition Spartacus IDH/SMF, Nouvelles visions des sciences. Contient l'exposé de Laurent Lafforgue, *La Notion de vérité chez Grothendieck.*

Georges Bringuier, *Alexandre Grothendieck : itinéraire d'un mathématicien hors normes* (Privat, 2016).

Alexandre Grothendieck, légende rebelle des mathématiques, par Marie Durrieu, Les Grandes traversées, France Culture, 5 émissions : https://www.radiofrance.fr/franceculture/ podcasts/serie-alexandre-grothendieck-legende-rebelle-des-mathematiques.

Philippe Douroux, *Alexandre Grothendieck. Sur les traces du dernier génie mathématiques* (Allary Éditions, 2016).

Grothendieck Circle. Site internet d'information sur Alexandre Grothendieck : https://www.grothendieckcircle.org.

Membres fondateurs : Harvey Shoolman, Alain Herremann, Matthias Künzer, Pierre Alexandre Lochak, Colin McLarty, Leila Schneps. Site animé par Leila Schneps. Contient de nombreuses références bibliographiques, dont l'une à l'œuvre de Winfried Scharlau, *Who is Alexander Grothendieck ? Anarchy, Mathematics, Spirituality*

Allyn Jackson, *Comme appelé du néant. As If Summoned from the Void : The Life of Alexandre Grothendieck* : https://www.ams.org/notices/200409/fea-grothendieck-part1.pdf et http://www.ams.org/notices/200410/fea-grothendieck-part2.pdf.

Yan Pradeau,: *Algèbre. Éléments de la vie d'Alexandre Grothendieck* (Allia, 2016).

Laurent Schwartz, *Un mathématicien aux prises avec le siècle* (Odile Jacob, 1997).

David Ruelle, *L'Étrange beauté des mathématiques* (Odile Jacob, 2008).

Hervé Nisic, *Grothendieck. L'Espace d'un homme. Le projet Grothendieck*, film, 2010-2024. N.B. : les cinq premières minutes peuvent être vues sur L'ESPACE D'UN HOMME, https://vimeo.com/33110361.

Aurélien Barrau, *L'Hypothèse K. La science face à la catastrophe écologique* (Grasset, 2023)

Table des matières

Cet ouvrage a été composé
par Nord Compo
à Villeneuve-d'Ascq (Nord).

N° d'édition : 4150-1035-Z

Dépôt légal : septembre 2025

www.ingramcontent.com/pod-product-compliance
Lightning Source LLC
LaVergne TN
LVHW010633051026
849532LV00001B/48
* 9 7 8 2 4 1 5 0 1 2 3 6 6 *